U1018281

基于 MATLAB 的小波分析应用

(第二版)

主　编　周　伟

副主编　张一鸣　桂　林　陈燕东　张　龙

西安电子科技大学出版社

内 容 简 介

本书详细介绍了使用 MATLAB 小波工具箱进行信号处理、图像处理、机械故障诊断、数字水印以及语音信号处理等方面的方法和技巧，最后介绍了在 Visual C++中使用 MATLAB 小波工具箱的方法。

与第一版相比，第二版采用了最新推出的 MATLAB R2008 小波分析工具箱，增加了对新增的小波函数、提升了小波功能和多信号小波的介绍，并且增加了 MATLAB 小波在数字水印、生物医学信号处理和矩阵方程求解等领域中的典型应用实例。

本书可供信号处理、图像处理、机械故障诊断、数字水印、语音/生物医学信号处理以及矩阵方程求解等领域中使用 MATLAB 小波技术的工程技术人员借鉴，同时也是理工科各专业高年级本科生、研究生学习小波分析必不可少的参考书。

图书在版编目(CIP)数据

基于 MATLAB 的小波分析应用 / 周伟主编. －2 版. —西安：西安电子科技大学出版社，2010.6

ISBN 978-7-5606-2375-7

Ⅰ. 基…　Ⅱ. 周…　Ⅲ. 小波分析—计算机辅助计算—软件包，MATLAB　Ⅳ. O177

中国版本图书馆 CIP 数据核字(2009)第 239413 号

策　　划　毛红兵
责任编辑　曹　昳
出版发行　西安电子科技大学出版社(西安市太白南路 2 号)
电　　话　(029)88242885　88201467　　邮　　编　710071
网　　址　www.xduph.com　　电子邮箱　xdupfxb001@163.com
经　　销　新华书店
印刷单位　陕西光大印务有限责任公司
版　　次　2010 年 6 月第 2 版　2010 年 6 月第 2 次印刷
开　　本　787 毫米×1092 毫米　1/16　印　张　22.875
字　　数　538 千字
印　　数　4001～6000 册
定　　价　33.00 元

ISBN 978-7-5606-2375-7/O・0103

XDUP 2667002-2

如有印装问题可调换

本社图书封面为激光防伪覆膜，谨防盗版。

前　言

目前小波分析在许多工程领域中都得到了广泛的应用，成为科技工作者经常使用的工具之一。MATLAB 作为一种高性能的数值计算和可视化软件，经过各个领域专家的共同努力，现已包含信号处理、图像处理、通信、小波分析、系统辨识、优化以及控制系统等不同应用领域的工具箱。本书以 MATLAB R2008 中的小波分析工具箱为蓝本，结合工程实际中的各应用领域，由浅入深地讲解了如何应用 MATLAB 来实现小波分析。

本书各章内容安排如下：

第 1 章简要介绍了小波变换的基本理论。

第 2 章对 MATLAB 小波工具箱进行了简要介绍。

第 3 章介绍了 MATLAB 小波工具箱的图形用户接口。

第 4 章介绍了常用的小波变换函数和小波函数。

第 5 章讲述了 MATLAB 小波在信号处理中的应用，主要介绍了 MATLAB 小波在信号分解、信号重构、信号去噪、信号压缩、信号分析、信号检测和信号延拓 7 个方面的应用。

第 6 章讲述了 MATLAB 小波在图像处理中的应用，从图像分解、图像重构、图像去噪、图像压缩、图像增强、图像融合以及图像延拓等方面介绍了 MATLAB 小波在图像处理中的应用。

第 7 章介绍了 MATLAB 小波在机械故障诊断中的应用，重点以发动机故障诊断和齿轮故障诊断为例，从故障的机理以及小波的特点分析说明了 MATLAB 小波在机械故障诊断中的应用。

第 8 章介绍了 MATLAB 小波在数字水印中的应用。包括基于小波变换域的主要数字水印算法，以及 MATLAB 小波在数字水印中的应用实例。

第 9 章介绍了 MATLAB 小波在语音/生物医学信号处理中的应用，重点介绍了小波在语音信号增强中和语音信号压缩中的应用。

第 10 章介绍了 MATLAB 小波在矩阵方程求解中的应用。

第 11 章介绍了 MATLAB 提升小波变换及其应用，在介绍了 MATLAB 的提升小波变换函数后，介绍了提升小波变换在一维信号和二维信号处理中的应用。

第 12 章介绍了 MATLAB R2008 中新增的多信号小波分析及其应用。

第 13 章介绍了 Visual C++调用 MATLAB 小波实例。介绍了 VC 调用 MATLAB 函数的两种方法：VC 通过 MATLAB 引擎调用 MATLAB 函数以及 VC 调用 MATLAB 编译生成的

C/C++函数。

本书通过大量的实例对如何应用 MATLAB 进行小波分析进行讲解，力求图文并茂、深入浅出，具有很强的可操作性和可移植性。读者可以根据本书的内容迅速掌握 MATLAB R2008 小波分析工具箱的使用。

本书的例子代码均可在 http://www.kylinx.com/books/matlabxb2/index.htm 免费下载。

本书由周伟主编，参加本书编写工作的有张一鸣、桂林、陈燕东、张龙、吴石林、谭羽、刘晓东、李惠霞、胡春雷等。由于时间仓促以及作者本身水平有限，书中不妥之处在所难免，敬请各位专家和广大读者批评指正。

编　者

2010 年 3 月

第一版前言

目前小波分析在许多工程领域中都得到了广泛的应用，成为科技工作者经常使用的工具之一。MATLAB 作为一种高性能的数值计算和可视化软件，经过各个领域专家的共同努力，现已包含信号处理、图像处理、通信、小波分析、系统辨识、优化以及控制系统等不同应用领域的工具箱。本书以 MATLAB 7.0 中的小波分析工具箱 3.0 为蓝本，结合工程实际中的各应用领域，由浅入深地讲解了如何应用 MATLAB 来实现小波分析。

与同类书籍相比，本书并没有过多拘泥于 MATLAB 小波分析工具箱中小波函数的介绍，而是更侧重于小波分析技术在具体工程实践中的应用。

本书各章内容安排如下：

第 1 章简要介绍了小波变换的基本理论。

第 2 章对 MATLAB 小波分析工具箱进行了简要介绍。

第 3 章介绍了 MATLAB 小波分析工具箱的图形用户接口。

第 4 章讲述了 MATLAB 小波在信号处理中的应用。主要介绍了 MATLAB 小波在信号分解、信号重构、信号去噪、信号压缩、信号分析和信号检测六个方面的应用。

第 5 章讲述了 MATLAB 小波在图像处理中的应用。从图像分解、图像重构、图像去噪、图像压缩、图像增强以及图像融合等方面介绍了 MATLAB 小波在图像处理中的应用。

第 6 章介绍了 MATLAB 小波在机械故障诊断中的应用。以发动机故障诊断和齿轮故障诊断为例，从故障的机理以及小波的特点重点分析了 MATLAB 小波在机械故障诊断中的应用。

第 7 章介绍了 MATLAB 小波在数字水印中的应用，包括基于小波变换域的主要数字水印算法，以及 MATLAB 小波在数字水印中的应用实例。

第 8 章介绍了 MATLAB 小波在语音信号处理中的应用。重点介绍了小波在语音信号增强和语音信号压缩中的应用。

第 9 章介绍了 MATLAB 提升小波变换及其应用。在介绍了 MATLAB 的提升小波变换函数后，介绍了提升小波变换在一维信号和二维信号处理中的应用。

第 10 章介绍了 Visual C++调用 MATLAB 小波实例。介绍了 VC 调用 MATLAB 函数的两种方法: VC 通过 MATLAB 引擎调用 MATLAB 函数以及 VC 调用 MATLAB 编译生成的 C/C++函数。

本书通过大量的实例对如何应用 MATLAB 进行小波分析进行了讲解，力求图文并茂、深入浅出，有很强的可操作性和可移植性。读者可以根据本书的内容迅速掌握 MATLAB 7.0 小波分析工具箱的使用。

本书的例子代码均可在 http: //interzym.nease.net/books/matlabxb/index.htm 免费下载。

本书由周伟主编，参加本书编写工作的有周伟、桂林、周林、张家祥、韩超、王勇、阮坚、王鹏、邓强、高宏伟、刘东、张雄明、潘海龙、张晖、严虎等。

由于时间仓促以及作者本身水平有限，书中不妥之处在所难免，敬请各位专家和广大读者批评指正。

编　者

2005 年 7 月

目　录

第 1 章　小波分析基础

目前，小波变换在许多工程领域中都得到了广泛的应用，成为科技工作者经常使用的工具之一。本章将对小波变换的基本概念进行简要的介绍。

1.1　小波变换的由来

自从 1822 年傅里叶发表“热传导解析理论”以来，傅里叶变换一直是传统的信号处理的基本方法。傅里叶变换的基本思想是将信号分解成许多不同频率的正弦波的叠加，即将信号从时间域转换到频率域。

傅里叶变换能够满足大多数应用的需求，但是由于傅里叶变换在转换时丢掉了时间信息，因此无法对某一时间段的频域信息或者某一频率段所对应的时间信息进行分析。即傅里叶变换具有最高的频域分辨率，但不具有时域分辨率。

傅里叶变换的这种特性在分析非平稳性信号时，表现出严重的不足。然而实际中的信号均包含大量的非平稳成分，例如偏移、趋势、突变等，它们往往反映了信号的重要特征。因此需要寻求同时具有时间分辨率和频域分辨力的分析方法。

为了研究信号在局部时间的频域特征，1946 年 Gabor 提出了著名的 Gabor 变换，之后发展成为短时傅里叶变换(Short Time Fourier Transform，STFT)。其基本思想是对信号加窗，然后对窗内的信号进行傅里叶变换，因此它可以反映出信号的局部特性。STFT 在实际中得到了广泛的应用。但 STFT 的定义决定了其窗函数的大小和形状与时间和频率无关，为固定大小和形状。一般说来，实际中高频信号持续时间很短，而低频信号持续时间较长，因此希望能够对低频信号采用大时间窗进行分析，而对高频信号采用小时间窗进行分析。小波变换继承了 STFT 的思想，它的窗口大小不变，但窗口形状可以改变，是一种时间窗和频率窗都可改变的时频分析方法，即在低频部分具有较高的频率分辨率和较低的时间分辨率，在高频部分具有较高的时间分辨率和较低的频率分辨率，因此在时频域都具有很强的表征信号局部特征的能力。

1.2　Haar 小波

在小波分析中，尺度函数φ和小波函数ψ起着非常重要的作用，实际上信号的分析处理都是通过这两个函数生成的函数簇对信号实现分解和重构。尺度函数和小波函数之间具有非常紧密的关系，有时人们也称尺度函数为“父”小波，称小波函数为“母”小波。小波是在一定的现代数学分析和信号处理等实际应用中发展起来的，具有较高的理论要求和工程背景，学习有一定的难度。本节将以最早、最简单的小波——Haar 小波为例，希望通过对 Haar 小波的学习能够对小波分析这种方法有所了解。

1.2.1　Haar 小波简介

定义 1　Haar 函数 $\varphi(x)$ 的定义为

$$\varphi(x)=\begin{cases}1, & x\in[0,1)\\ 0, & 其他\end{cases}$$

显然，对于正数(负数)k，$\varphi(x-k)$ 的图形为 $\varphi(x)$ 向右(左)平移单位 k 后的结果。假设 V_0 为所有线性组合 $\sum_{k\in\mathbf{Z}} a_k\varphi(x-k), a_k\in\mathbf{R}$ 所构成的空间，其元素可以通过图 1.1 来表示。

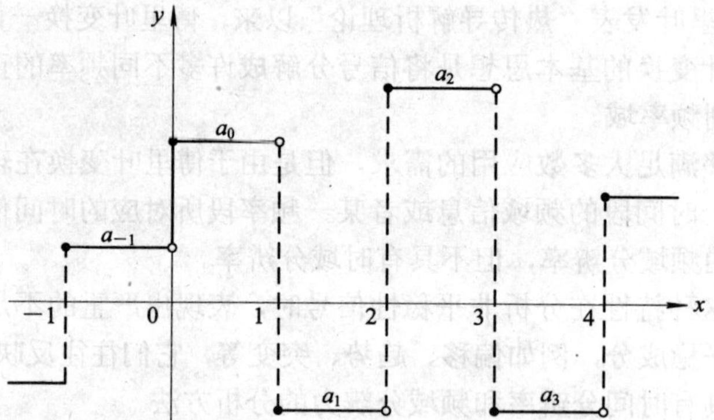

图 1.1　空间 V_0

基于 Haar 函数可以对信号的高、低频部分进行分析。由函数 $\{\cdots,\varphi(2^n x+1),\varphi(2^n x),\varphi(2^n x-1),\varphi(2^n x-2),\cdots\}$ 生成的函数集合构成的空间 V_n 描述的是在时间区间长度为 $1/2^n$ 内取常数的信号。显然，n 越大，表示的是信号变化越剧烈的部分；而 n 越小，表示的是信号变换越缓慢的部分。空间序列 V_n 具有如下性质：

(1) 单调性：空间序列 V_n 具有下面的递增性质：

$$V_0\subset V_1\subset V_2\cdots V_{n-1}\subset V_n\subset V_{n+1}\cdots$$

由于 $\varphi(2x)\in V_1$，$\varphi(2x)\notin V_0$，因此上面的包含关系严格成立；

(2) 伸缩性：对于函数 $f(x)$，当且仅当 $f(2^n x)\in V_n$ 时，$f(x)\in V_0$；

(3) 逼近性：

$$\bigcap_{j\in\mathrm{Z}} V_j=\{0\},\ \overline{\bigcup_{j\in\mathrm{Z}} V_j}=L^2(\mathrm{R})$$

(4) 平移不变性：$f(x)\in V_0\Rightarrow f(x-k)\in V_0,\forall k\in\mathbf{Z}$；

(5) 正交基性质：函数 $\{2^{n/2}\varphi(2^n x-k);\ k\in\mathrm{Z}\}$ 构成空间 V_n 的标准正交基。

实践中，比如对于信号的去噪等典型应用，噪音常常表现为信号的高频部分，因此去噪相当于将信号中的高、低频成分分离出来。高频分量表现为变换比较快的部分，这可以通过 n 取较大值时的函数集合 $\{2^{n/2}\varphi(2^n x-k)\,;\ k\in\mathbf{Z}\}$ 来刻画。注意到 V_n 是至少宽度为 $1/2^n$ 的区间上取常数的简单函数组成的空间序列，在 V_n 中的信号高频部分(对应于噪声)最大可能为当且仅当在时间长度为 $1/2^n$ 内取常数值的信号部分，因此要达到去噪的目的只需要将信号分为当且仅当在时间长度为 $1/2^n$ 内取常数值的信号部分(对应空间 W_n)和至少宽度为 $1/2^{n-1}$ 的区间内为常数值的部分(对应空间 V_{n-1})。

因此，如何求解 W_n 是下一步需要解决的问题。求解的基本思想是：找到一个函数 $\psi(x)$，像函数 $\varphi(x)$ 的伸缩和平移 $\{2^{n/2}\varphi(2^n x-k)\,;\ k\in\mathbf{Z}\}$ 能够张成空间 V_n 一样，函数 $\psi(x)$ 的伸缩和平移 $\{2^{n/2}\psi(2^n x-k)\,;\ k\in\mathbf{Z}\}$ 也能张成空间 W_n。同时要求 $\psi(x)$ 和 $\varphi(x)$ 能够建立直接的联系。

定理1　设 W_n 是由形如 $\sum_{k\in\mathbf{Z}} a_k\varphi(2^n x-k)$ ($a_k\in\mathbf{R}$)的函数所组成的线性空间，其中 a_k 含有限个非0项，则 W_n 构成 V_n 在 V_{n+1} 中的正交补，并且 $V_{n+1}=V_n\oplus W_n$。

定理2　能量有限空间 $L^2(\mathbf{R})$ 可以分解为如下形式之和：

$$L^2(\mathbf{R})=V_0\oplus W_0\oplus W_1\oplus\cdots$$

因此，$f\in L^2(\mathbf{R})$ 可以唯一地表示为

$$f=f_0+\sum_{k=0}^{\infty}\omega_k$$

其中 $f_0\in V_0$，$\omega_k\in W_k$。

1.2.2　基于Haar小波的信号分解与重构算法

基于Haar小波的信号分解与重构过程可总结为如下的算法。

第一步(采样)，如果待分解的是模拟信号 $f(t)$，选择 $N=2^n$(大于Nyquist速率)，得到采样信号值 $a_k^n=f(k/2^n)$，其中 k 的取值保证 k/N 位于信号 $f(t)$ 发生的时间范围之内，并在每一个不小于 $1/N$ 的时间段内都能取到采样信号 $a_k^n=f(k/2^n)$，于是可以用信号

$$f_n(x)=\sum_{k\in\mathbf{Z}} a_k^n\varphi(2^n x-k)$$

对连续信号 $f(t)$ 进行高精度的近似。

第二步(分解)，将信号 $f_n(x)$ 逐级分解为

$$\begin{aligned}f_n(x)&=W_{n-1}(x)+W_{n-2}(x)+\cdots+W_{l-1}(x)+f_{l-1}(x)\\&=W_{n-1}(x)+W_{n-2}(x)+\cdots+W_0(x)+f_0(x)\end{aligned}$$

其中

$$W_{l-1}(x)=\sum_{k\in \mathbf{Z}} b_k^{l-1}\psi(2^{l-1}x-k)\ ,\ f_{l-1}(x)=\sum_{k\in \mathbf{Z}} a_k^{l-1}\varphi(2^{l-1}x-k)$$

系数 a_k^{l-1} 与 b_k^{l-1} 按照上标从大到小的顺序从 $l=n$ 开始直到 $l=0$ 结束，满足

$$b_k^{l-1}=\frac{a_{2k}^l-a_{2k+1}^l}{2}\ ,\ a_k^{l-1}=\frac{a_{2k}^l+a_{2k+1}^l}{2}$$

第三步(信号的处理)，将分解后的信号表示成下面的形式

$$f_n(x)=\sum_{l=0}^{n-1}W_l(x)+f_0(x)=\sum_{l=0}^{n-1}\left(\sum_{k\in \mathbf{Z}} b_k^l\psi(2^l x-k)\right)+\sum_{k\in \mathbf{Z}} a_k^0\varphi(x-k)$$

信号处理的过程就是根据实际问题的需要对系数 b_k^l 作适当的修正。例如，如果用于去噪的目的，则将某个认为不可能存在的频率范围对应的系数 b_k^l 设置为 0；而用于压缩时，则可以根据压缩比的大小以及小波系数的取值范围，设置适当的阈值，当小波系数绝对值小于该阈值则令其为 0。设修正后的小波系数记为 $\tilde{b}_k^l$。

第四步(信号的重构)，设重构后的信号值满足

$$\tilde{f}_n(x)=\sum_{k\in \mathbf{Z}} a_k^n\varphi(2^n x-k)$$

则上述信号值可以通过下面的递推过程得到

$$\tilde{a}^l=\tilde{L}U\tilde{a}^{l-1}+\tilde{H}U\tilde{b}^{l-1}\ ,\ l=1，2，3，\cdots，n$$

其中，$\tilde{a}^0$ 和 $\tilde{b}^l$ $(l=0，1，2，\cdots，n-1)$是根据第二步、第三步得到的修正系数。

下面举一个例子说明上面的算法。

【例 1-1】　利用 Haar 小波分解定义在时间区间[0，1]上的信号，如图 1.2 所示。设采样点为 $f(k/2^8)=a_k^8$，$k=0，1，2，\cdots，2^8-1$。

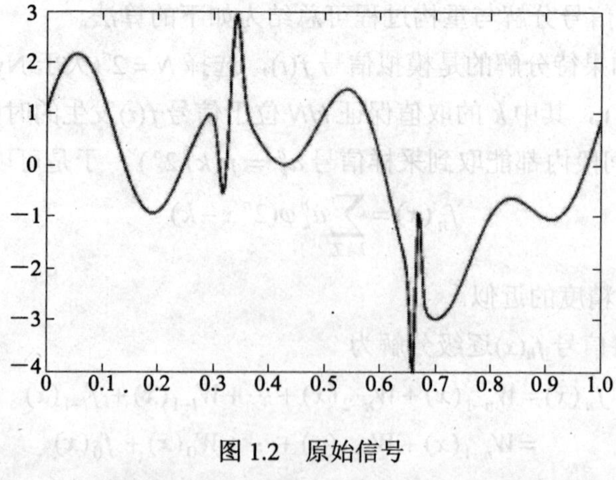

图 1.2　原始信号

按照上面的算法对信号进行分解，得到信号在不同空间中的分量，如图 1.3、图 1.4、图 1.5 和图 1.6 所示。

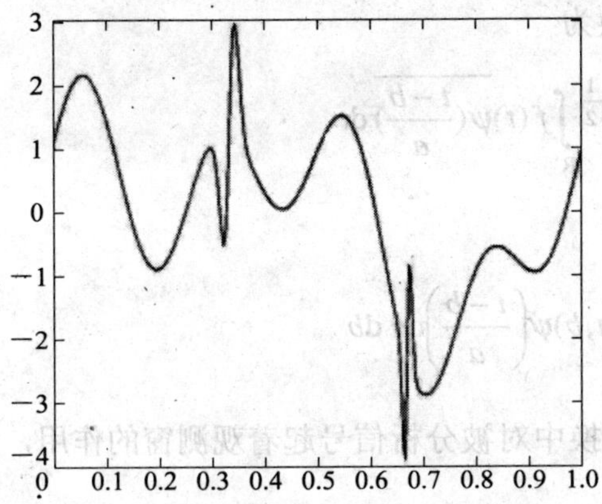

图 1.3　V_7 中的分量

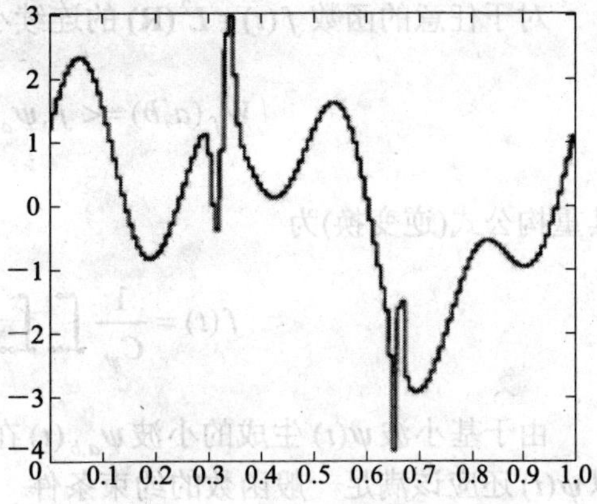

图 1.4　V_6 中的分量

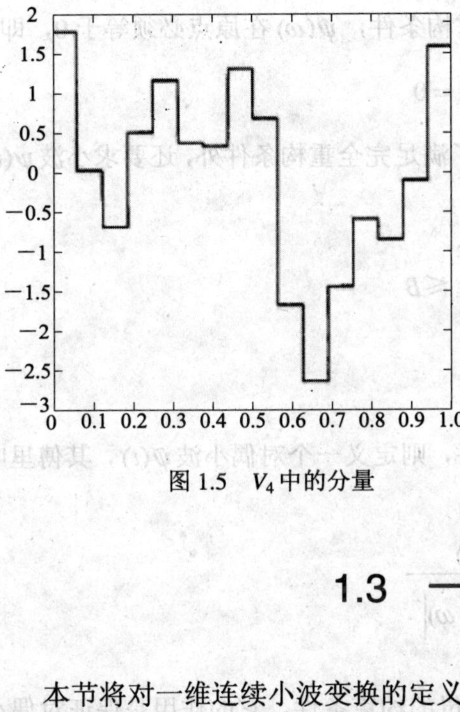

图 1.5　V_4 中的分量

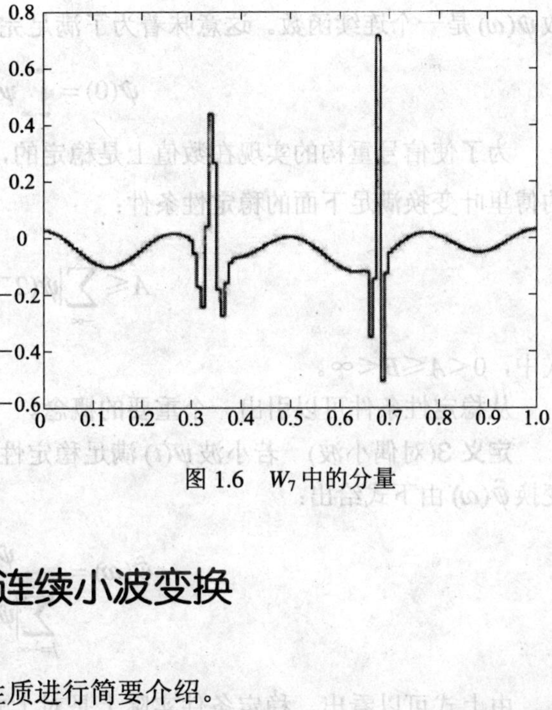

图 1.6　W_7 中的分量

1.3　一维连续小波变换

本节将对一维连续小波变换的定义和性质进行简要介绍。

定义 2　设 $\psi(t)\in L^2(\mathbf{R})$，其傅里叶变换为 $\hat{\psi}(\omega)$，当 $\hat{\psi}(\omega)$ 满足容许条件(完全重构条件或恒等分辨条件)

$$C_\psi = \int_{\mathrm{R}} \frac{\left|\hat{\psi}(\omega)\right|^2}{|\omega|} \mathrm{d}\omega < \infty$$

时，称 $\psi(t)$ 为一个基本小波或母小波。将母函数 $\psi(t)$ 经伸缩和平移后得

$$\psi_{a,b}(t) = \frac{1}{\sqrt{|a|}}\psi\left(\frac{t-b}{a}\right) \quad a,b\in \mathbf{R};\ a\neq 0$$

称其为一个小波序列。其中，a 为伸缩因子，b 为平移因子。

对于任意的函数 $f(t)\in L^2(\mathbf{R})$ 的连续小波变换为

$$W_f(a,b)=<f,\psi_{a,b}>=|a|^{-\frac{1}{2}}\int_{\mathrm{R}} f(t)\overline{\psi(\frac{t-b}{a})}\,\mathrm{d}t$$

其重构公式(逆变换)为

$$f(t)=\frac{1}{C_\psi}\int_{-\infty}^{\infty}\int_{-\infty}^{\infty}\frac{1}{a^2}W_f(a,b)\psi\left(\frac{t-b}{a}\right)\mathrm{d}a\,\mathrm{d}b$$

由于基小波 $\psi(t)$ 生成的小波 $\psi_{a,b}(t)$ 在小波变换中对被分析信号起着观测窗的作用，所以 $\psi(t)$ 还应该满足一般函数的约束条件

$$\int_{-\infty}^{\infty}|\psi(t)|\mathrm{d}t<\infty$$

故 $\hat{\psi}(\omega)$ 是一个连续函数。这意味着为了满足完全重构条件，$\hat{\psi}(\omega)$ 在原点必须等于 0，即

$$\hat{\psi}(0)=\int_{-\infty}^{\infty}\psi(t)\mathrm{d}t=0$$

为了使信号重构的实现在数值上是稳定的，除了满足完全重构条件外，还要求小波 $\psi(t)$ 的傅里叶变换满足下面的稳定性条件：

$$A\leqslant\sum_{-\infty}^{\infty}\left|\hat{\psi}(2^{-j}\omega)\right|^2\leqslant B$$

式中，$0<A\leqslant B<\infty$。

从稳定性条件可以引出一个重要的概念。

定义 3(对偶小波)　若小波 $\psi(t)$ 满足稳定性条件，则定义一个对偶小波 $\tilde{\psi}(t)$，其傅里叶变换 $\hat{\tilde{\psi}}(\omega)$ 由下式给出：

$$\hat{\tilde{\psi}}(\omega)=\frac{\hat{\psi}^*(\omega)}{\sum\limits_{j=-\infty}^{\infty}\left|\hat{\psi}(2^{-j}\omega)\right|^2}$$

由上式可以看出，稳定条件实际上是对上式分母的约束条件，它的作用是保证对偶小波的傅里叶变换存在。

值得注意的是，一个小波的对偶小波一般不是唯一的，然而在实际应用中一般希望它是唯一的。因此，寻找具有唯一对偶小波的合适小波就成为小波分析的基本问题之一。

下面对连续小波变换的性质作一个总结，其主要具有以下重要性质：

(1) 线性性：一个多分量信号的小波变换等于各个分量的小波变换之和。

(2) 平移不变性：若 $f(t)$ 的小波变换为 $W_f(a, b)$，则 $f(t-\tau)$ 的小波变换为

$$W_f(a,b-\tau)$$

(3) 伸缩共变性：若 $f(t)$ 的小波变换为 $W_f(a,b)$，则 $f(ct)$ 的小波变换为

$$\frac{1}{\sqrt{c}}W_f(ca,cb)\text{，}\quad c>0$$

(4) 自相似性：对应不同尺度参数 a 和不同的平移参数 b 的连续小波之间是自相似的。

(5) 冗余性：连续小波变换中存在信息表述的冗余。

1.4　离散小波变换

在实际运用中，尤其是在计算机上实现时，连续小波变换必须加以离散化。因此，有必要讨论连续小波 $\psi_{a,b}(t)$ 和连续小波变换 $W_f(a,b)$ 的离散化。

在连续小波中，考虑函数

$$\psi_{a,b}=|a|^{-\frac{1}{2}}\psi\left(\frac{t-b}{a}\right)$$

这里 $b\in\mathbf{R}$，$a\in\mathbf{R}_+$，且 $a\neq 0$，ψ 是容许的。为方便起见，在离散化中，总限制 a 只能取正值，这样相容性条件就变为

$$C_\psi=\int_0^\infty\frac{|\hat{\psi}(\bar{\omega})|}{|\bar{\omega}|}\mathrm{d}\bar{\omega}<\infty$$

通常，把连续小波变换中尺度参数 a 和平移参数 b 的离散化公式分别取作 $a=a_0^j$，$b=ka_0^jb_0$，这里 $j\in\mathbf{Z}$，扩展步长 $a_0\neq 1$ 是固定值，为方便起见，总是假定 $a_0>1$(由于 m 可取正也可取负，因此这个假定无关紧要)，所以对应的离散小波函数 $\psi_{j,k}(t)$ 即可写作

$$\psi_{j,k}(t)=a_0^{-\frac{j}{2}}\psi\left(\frac{t-ka_0^{\ j}b_0}{a_0^{\ j}}\right)=a_0^{-\frac{j}{2}}\psi(a_0^{-j}t-kb_0)$$

而离散化小波系数则可表示为

$$C_{j,k}=\int_{-\infty}^{\infty}f(t)\psi_{j,k}^{*}(t)\mathrm{d}t=<f,\psi_{j,k}>$$

其重构公式为

$$f(t)=C\sum_{-\infty}^{\infty}\sum_{-\infty}^{\infty}C_{j,k}\psi_{j,k}(t)$$

C 是一个与信号无关的常数。

1.5 多分辨分析与小波构造

定义 4(多分辨分析) 空间 $L^2(\mathbf{R})$ 中一列闭子空间 $\{V_j\}_{j\in\mathbf{Z}}$ 称为 $L^2(\mathbf{R})$ 的一个多分辨分析(MRA)，如果该序列满足下列条件：

(1) 单调性：$\cdots\subseteq V_{j-1}\subseteq V_j\subseteq V_{j+1}\subseteq\cdots$，$\forall j\in\mathrm{Z}$；

(2) 逼近性：$\bigcap_{j\in\mathbf{Z}} V_j=\{0\}$，$\overline{\bigcup_{j\in\mathbf{Z}} V_j}=L^2(\mathbf{R})$；

(3) 伸缩性：$f(x)\in V_j \Leftrightarrow f(2x)\in V_{j+1}$，$\forall j\in\mathbf{Z}$；

(4) 平移不变性：$f(x)\in V_0 \Rightarrow f(x-k)\in V_0$，$\forall k\in\mathbf{Z}$；

(5) Riesz 基存在性：存在 $g\in V_0$，使 $\{g(x-k)|k\in\mathbf{Z}\}$ 构成 V_0 的 Risez 基。

多分辨分析是由一个尺度函数建立起来的，因此多分辨分析的建立等价于寻找尺度函数在多分辨分析的框架下的性质，下面根据 $V_j\subset V_{j+1}$ 以及 $V_{j+1}=V_j\oplus W_j$ 建立尺度函数方程的关系式。

定理 3 设 $\{V_n;n\in\mathbf{Z}\}$ 为一个具有尺度函数 φ 的正交多分辨分析，则下列尺度关系式成立：

$$\varphi(x)=\sum_{k\in\mathbf{Z}} h_k\varphi(2x-k)$$

其中，$h_k=2\int_{-\infty}^{\infty}\varphi(x)\overline{\varphi(2x-k)}\mathrm{d}x$，并且有 $\varphi(2^{j-1}x-l)=\sum_{k\in\mathbf{Z}} h_{k-2l}\varphi(2^j x-k)$，有时等价地表示为 $\varphi_{j-i,l}=\dfrac{\sqrt{2}}{2}\sum_{k\in\mathbf{Z}} h_{k-2l}\varphi_{jk}$，其中 $\varphi_{jk}(x)=2^{\frac{j}{2}}\varphi(2^j x-k)$。

【例 1-2】 在 Haar 小波系统中系数 h_k 的值满足 $h_0=h_1=1$，而其他系数 h_k 均为 0。

【例 1-3】 Daubechies 在 1988 年给出的一个更好的简单例子是一个仅有 4 个非 0 系数的小波(俗称 D4 小波)，相关系数 h_k 的值为

$$h_0=\frac{1+\sqrt{3}}{4},\quad h_1=\frac{3+\sqrt{3}}{4}$$

$$h_2=\frac{3-\sqrt{3}}{4},\quad h_3=\frac{1-\sqrt{3}}{4}$$

而其他的系数为 0，对应尺度函数的图形如图 1.7 和图 1.8 所示。

尺度函数计算取决于尺度方程的系数 h_k，求尺度函数等价于求 h_k。下面介绍 Mallat 在 1989 年得出的结论。

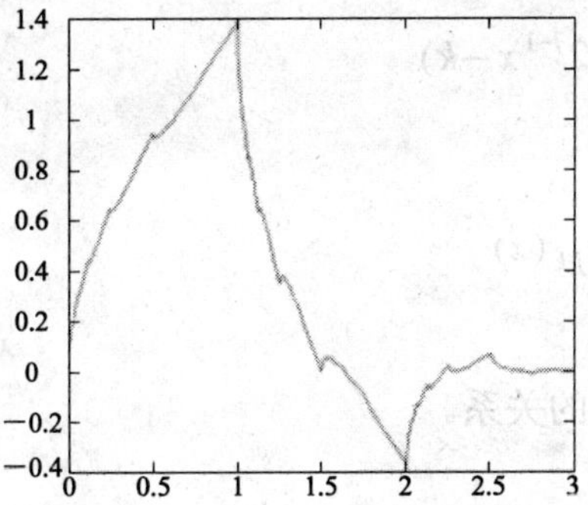

图 1.7　D4 尺度函数

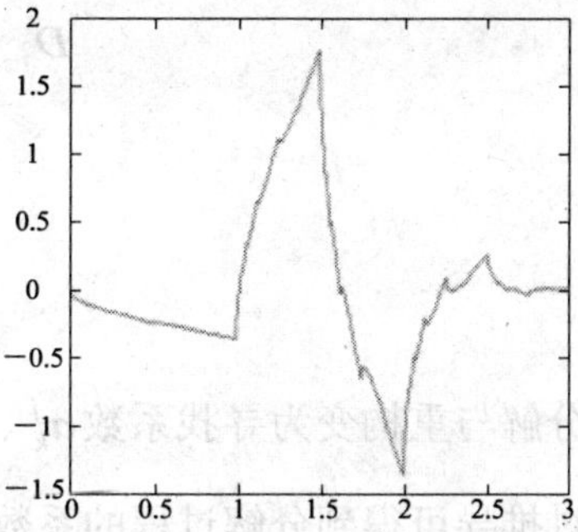

图 1.8　D4 小波函数

定理 4　(Mallat，1989)设$(\{V_m;\ m\in \mathbf{Z}\};\ \varphi(t))$是一个正交 MRA，则存在$\{h_k\}\in l^2$使得下面的双尺度方程$\varphi(x)=\sum_k h_k\varphi(2x-k)$成立，并且利用尺度函数$\varphi(x)$构造函数

$$\psi(x)=\sum_k g_k\varphi(2x-k)$$

$\psi(x)$的伸缩和平移构成$L^2(\mathbf{R})$的正交基，其中$g_k=(-1)^k\overline{h}_{1-k}$。

进一步，当$W_j=\mathbf{span}\{2^{\frac{j}{2}}\psi(2^j x-k);k\in\mathbf{Z}\}$时，$W_j\perp W_{j'},j\neq j'$，$W_j\oplus V_j=V_{j+1}$。

上面定义的$\psi(x)$称为小波函数。

下面介绍基于 Mallat 方法的信号分解重构算法。基本思想是：设H_jf为能量有限信号在分辨率2^j下的近似，则H_jf可以进一步分解为f在分辨率2^{j-1}下的近似$H_{j-1}f$以及位于分辨率2^{j-1}与2^j之间的细节$D_{j-1}f$之和，其分解过程如图 1.9 所示。

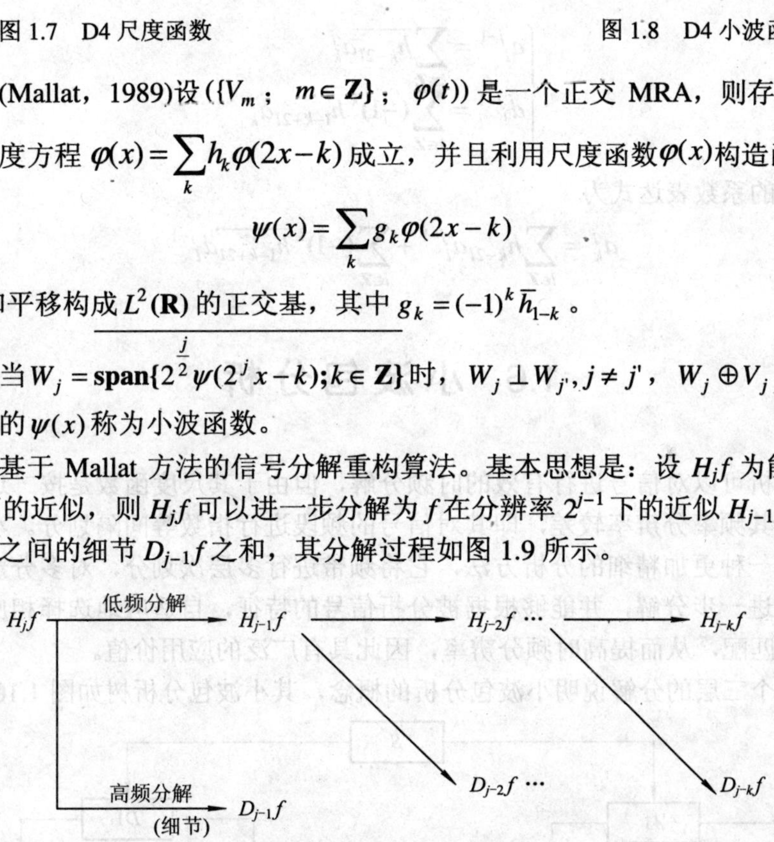

图 1.9　信号不同频带的分解过程图

下面讨论实施上述分解过程的具体表达式。

引理 1　双尺度方程中系数$\{h_k\}$、$\{g_k\}$可以通过内积

$$h_{m-2n}=\sqrt{2}<\varphi_{j-1,n}\varphi_{j,m}>,\quad g_{m-2n}=\sqrt{2}<\psi_{j-1,n}\varphi_{j,m}>$$

来计算。因此设

$$H_{j-1}f(x)=\sum_{k=-\infty}^{+\infty}a_k^{j-1}\varphi(2^{j-1}x-k)$$

$$D_{j-1}f(x)=\sum_{k=-\infty}^{+\infty}d_k^{j-1}\psi(2^{j-1}x-k)$$

$$H_jf(x)=\sum_{k=-\infty}^{+\infty}a_k^j\varphi_{j,k}(x)$$

则信号分解与重构变为寻找系数 a_k^j 、a_k^{j-1} 与 d_k^{j-1} 之间的关系。

通过推导可得到分解过程的系数表达式为

$$\begin{cases}a_l^{j-1}=\sum\limits_{k\in\mathbf{Z}}\overline{h_{k-2l}}a_k^j\\ d_l^{j-1}=\sum\limits_{k\in\mathbf{Z}}(-1)^k h_{1-k+2l}a_k^j\end{cases}$$

重构过程的系数表达式为

$$a_k^j=\sum_{l\in\mathbf{Z}}h_{k-2l}a_l^{j-1}+\sum_{l\in\mathbf{Z}}(-1)^k\overline{h_{1-k+2l}}d_l^{j-1}$$

1.6 小波包分析

多分辨分析可以对信号进行有效的时频分解，但由于其尺度函数是按二进制变化的，因此在高频段其频率分辨率较差，即其对信号的频段进行指数等间隔划分。小波包分解能够为信号提供一种更加精细的分析方法，它将频带进行多层次划分，对多分辨分析没有细分的高频部分进一步分解，并能够根据被分析信号的特征，自适应地选择相应频段，使之与信号频谱相匹配，从而提高时频分辨率，因此具有广泛的应用价值。

下面以一个三层的分解说明小波包分析的概念，其小波包分析树如图 1.10 所示。

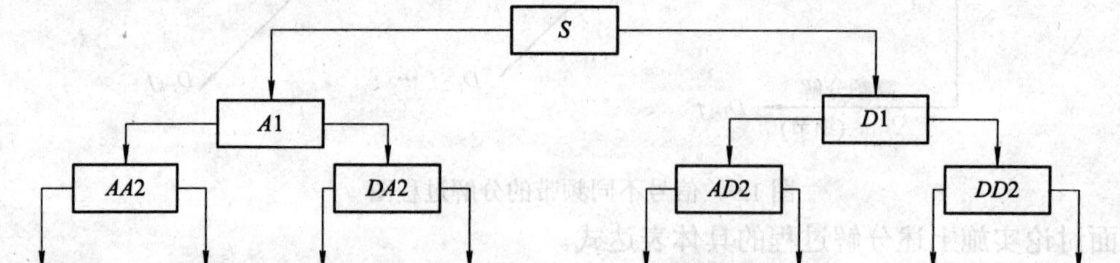

图 1.10　三层小波包树形分解图

小波包分解具有如下关系：

$$S=AAA3+DAA3+ADA3+DDA3+AAD3+DAD3+ADD3+DDD3$$

小波包可以定义为：考察多分辨分析中的分解空间：$L^2(\mathbf{R})=\underset{j\in\mathbf{Z}}{\oplus}W_j$，该表达式表明多分辨分析是按照不同的尺度因子 j 把空间 $L^2(\mathbf{R})$分解为子空间 $W_j(j\in\mathbf{Z})$的之和。其中 W_j 为小波函数$\{\varphi_{j,k}\}_{k\in\mathbf{Z}}$的闭包(小波子空间)。下面讨论如何进一步对小波子空间 W_j 按照二进制分数进行频率的细分，以达到提高频率分辨率的目的。

一种自然的做法是将尺度子空间 V_j 和小波子空间 W_j 用一个新的子空间 U_j^{2n} 统一起来表征。令 $U_j^0 = V_j$，$U_j^1 = W_j$，$j\in\mathbf{Z}$，则正交分解 $V_{j+1} = V_j \oplus W_j$ 即可用 U_j^n 的分解统一为

$$U_{j+1}^0 = U_j^0 \oplus U_j^1,\quad j\in\mathbf{Z}$$

定义子空间 U_j^n 为函数 $u_n(x)$ 的闭包空间，而 U_j^{2n} 是函数 $u_{2n}(x)$ 的闭包空间，并令 $u_n(x)$ 满足下面的双尺度方程：

$$\begin{cases} u_{2n}(x) = \sum\limits_{k\in\mathbf{Z}} h_k u_n(2x-k) \\ u_{2n+1}(x) = \sum\limits_{k\in\mathbf{Z}} g_k u_n(2x-k) \end{cases} \tag{1-1}$$

其中 $g_k = (-1)^k h_{1-k}$，即两系数也具有正交关系。特别地，当 $n=0$ 时，由以上两式直接得到

$$\begin{cases} u_0(x) = \sum\limits_{k\in\mathbf{Z}} h_k u_0(2x-k),\ \{h_k\}\in l^2 \\ u_1(x) = \sum\limits_{k\in\mathbf{Z}} g_k u_0(2x-k),\ \{g_k\}\in l^2 \end{cases} \tag{1-2}$$

(1-2)式分别为尺度函数 $u_0(x)$ 与小波函数 $u_1(x)$ 的双尺度方程。利用(1-1)式与(1-2)式可以得到如下空间分解：

$$U_{j+1}^n = U_j^{2n} \oplus U_j^{2n+1}$$

定义 5(小波包) 由(1-1)式与(1-2)式构造的序列 $\{u_n(x)\}$(其中 $n\in\mathbf{Z}_+$)称为由基函数 $\varphi(x) = u_0(x)$ 确定的小波包。

最后给出小波包的分解与重构算法。

小波包分解算法：由 $\{d_l^{j+1,n}\}$ 求 $\{d_l^{j,2n}\}$ 与 $\{d_l^{j,2n+1}\}$ 可得

$$\begin{cases} d_l^{j,2n} = \sum\limits_k h_{k-2l} d_k^{j+1,n} \\ d_l^{j,2n+1} = \sum\limits_k g_{k-2l} d_k^{j+1,n} \end{cases}$$

小波包重构算法：由 $\{d_l^{j,2n}\}$ 与 $\{d_l^{j,2n+1}\}$ 求 $\{d_l^{j+1,n}\}$ 可得

$$d_l^{j+1,n} = \sum_k (h_{l-2k} d_k^{j,2n} + g_{l-2k} d_k^{j,2n+2})$$

第 2 章　MATLAB 小波工具箱简介

MATLAB 小波工具箱是在 MATLAB 中实现各种小波变换的基础。本章将对 MATLAB 小波工具箱的小波分析函数、自定义小波函数以及 MATLAB 小波工具箱的面向对象设计方法等进行简要介绍。

2.1　MATLAB 小波工具箱的小波分析函数

MATLAB 小波工具箱中提供了大量的小波分析函数，用户可以利用这些函数完成需要的功能。按照函数的用途可以对它们进行分类，主要包括小波工具箱图形用户接口函数、通用小波变换函数、小波函数、一维连续小波变换函数、一维离散小波变换函数、二维离散小波变换函数、小波包变换函数、离散平稳小波变换函数、提升小波变换函数、Laurent 多项式函数、Laurent 矩阵函数、信号/图像的压缩和去噪函数、其他的小波应用函数、树管理函数以及其他函数。下面将这些函数的用途进行简单的介绍，详细的使用方法将在后续的章节中进行介绍，另外还有一些函数将在附录中说明其用法。

1. 小波工具箱图形用户接口函数

小波工具箱提供了两种进行信号分析的方法，一种是使用命令行方式，另外一种就是使用小波工具箱图形用户接口方式。在图形用户接口方式下，用户无需编写任何程序，只要通过菜单操作和各种参数的选择就可对信号进行小波分析。在命令行窗口中输入 wavemenu，即可进入小波工具箱图形用户接口界面。表 2-1 列举了小波工具箱图形用户接口函数。

表 2-1　小波工具箱图形用户接口函数

函 数 名	说　明
wavemenu	启动小波工具箱图形用户接口

2. 通用小波变换函数

MATLAB 小波工具箱提供的通用小波变换函数如表 2-2 所示。用户可以利用这些函数实现计算与小波相关的滤波器组、进行信号的插值和采样、计算小波函数和尺度函数以及小波管理等功能。

表 2-2 通用小波变换函数

函数名	说明	函数名	说明
biorfilt	双正交小波滤波器组	scal2frq	尺度对应频率
centfrq	计算小波中心频率	wavefun	尺度函数
dyaddown	二元采样	wavefun2	二维尺度函数
dyadup	二元插值	wavemngr	小波管理
intwave	积分小波函数	wfilters	小波滤波器组
orthfilt	正交小波滤波器组	wmaxlev	最大小波分解尺度
qmf	镜像二次滤波器		

3. 小波函数

MATLAB 小波工具箱提供的小波变换函数如表 2-3 所示，它们主要用于产生一些基本的小波函数及其相应的滤波器。

表 2-3 小波变换函数

函数名	说明	函数名	说明
biorwavf	双正交样条小波滤波器	mexihat	墨西哥帽小波
cgauwavf	复 Gaussian 小波	meyer	Meyer 小波
cmorwavf	复 Morlet 小波	meyeraux	Meyer 小波辅助方程
coifwavf	Coiflet 小波滤波器	morlet	Morlet 小波
dbaux	Daubechies 小波滤波器计算	rbiowavf	反向双正交样条小波滤波器
dbwavf	Daubechies 小波滤波器	shanwavf	复 Shannon 小波
fbspwavf	复频域 B-样条小波	symaux	Symlet 小波滤波器计算
gauswavf	Gaussian 小波	symwavf	Symlet 小波滤波器

4. 一维连续小波变换函数

MATLAB 中的一维连续小波变换函数如表 2-4 所示。用户可以利用它们由某一模式构造用于连续小波变换的小波函数，还可以进行一维连续实小波或复小波变换。

表 2-4 一维连续小波变换函数

函数名	说明
cwt	一维连续实小波或复小波变换
pat2cwav	由某一模式构造小波
wscalogram	计算连续小波变换系数的能量百分比

5. 一维离散小波变换函数

MATLAB 小波工具箱提供的一维离散小波变换函数如表 2-5 所示。利用这些函数，用户可以进行一维小波单尺度和多尺度分解，提取多尺度小波变换系数，进行小波重构等。

表 2-5　一维离散小波变换函数

函 数 名	说　明	函 数 名	说　明
appcoef	提取一维小波变换的低频系数	upwlev	一维小波分解的单尺度重构
detcoef	提取一维小波变换的高频系数	wavedec	多尺度一维小波分解
dwt	单尺度一维离散小波变换	waverec	多尺度一维小波重构
dwtmode	离散小波变换的延拓模式	wenergy	一维小波分解的能量
idwt	单尺度一维离散小波逆变换	wrcoef	小波分解结构的低频或高频重构
upcoef	一维小波系数的直接重构		

6. 二维离散小波变换函数

MATLAB 小波工具箱提供的二维离散小波变换函数如表 2-6 所示。利用这些函数用户实现二维小波单尺度和多尺度分解、提取多尺度小波变换系数、小波重构、计算小波分解的能量等功能。

表 2-6　二维离散小波变换函数

函 数 名	说　明	函 数 名	说　明
appcoef2	提取二维小波分解的低频系数	upwlev2	二维小波分解的单尺度重构
detcoef2	提取二维小波分解的高频系数	wavedec2	多尺度二维小波分解
dwt2	单尺度二维离散小波变换	waverec2	多尺度二维小波变换重构
dwtmode	离散小波变换的延拓模式	wenergy2	二维小波分解的能量
idwt2	单尺度二维离散小波逆变换	wrcoef2	二维小波分解的低频或高频重构
upcoef2	二维小波分解系数的直接重构		

7. 小波包变换函数

MATLAB 小波工具箱提供的小波包变换函数如表 2-7 所示。用户可以利用这些函数实现一维小波包分解、二维小波包分解、提取小波包分解结点系数、小波包重构、小波包树结构结点的组合和分割等功能。

表 2-7　小波包变换函数

函 数 名	说　明	函 数 名	说　明
bestlevt	计算最佳小波包树	wpdec2	二维小波包分解
besttree	计算最佳树	wpfun	小波包函数
entrupd	小波包熵更新	wpjoin	小波包重组
wnerngy	小波或小波包分解的能量	wprcoef	小波包系数的重构
wp2wtree	从小波包树中提取小波树	wprec	一维小波包重构
wpcoef	提取小波包系数	wprec2	二维小波包重构
wpcutree	剪切小波包树	wpsplt	分解小波包
wpdec	一维小波包分解	wentropy	计算小波包的熵

8. 离散平稳小波变换函数

MATLAB 中提供的离散平稳小波变换函数如表 2-8 所示，通过离散平稳小波变换可以获得小波变换的平移不变性。这些函数用于进行一维离散平稳小波变换及逆变换、二维离散平稳小波变换及逆变换。

表 2-8 离散平稳小波变换函数

函数名	说明	函数名	说明
iswt	一维离散平稳小波逆变换	swt	一维离散平稳小波变换
iswt2	二维离散平稳小波逆变换	swt2	二维离散平稳小波变换

9. 提升小波变换函数

MATLAB 中提供的提升小波变换函数如表 2-9 所示。利用这些函数可以实现一维提升小波变换及逆变换、二维提升小波变换及逆变换、一维提升小波变换系数的提取或重构、二维提升小波变换系数的提取或重构、转化提升方案为滤波器组、添加提升步骤到提升方案中、将滤波器组转化为提升方案等功能。

表 2-9 提升小波变换函数

函数名	说明	函数名	说明
addlift	添加提升步骤到一个提升方案中	laurpoly	构造 Laurent 多项式
bswfun	计算并画出双正交尺度和小波方程	ls2filt	将提升方案转化为滤波器组
displs	显示提升方案	lsinfo	关于提升方案的信息
filt2ls	将滤波器组转化为提升方案	lwt	一维提升小波变换
ilwt	一维提升小波逆变换	lwt2	二维提升小波变换
ilwt2	二维提升小波逆变换	lwtcoef	一维提升小波变换系数的提取或重构
liftfilt	应用基本的提升步骤到滤波器组中	lwtcoef2	二维提升小波变换系数的提取或重构
liftwave	将提升方法与小波关联	wave2lp	将 Laurent 多项式与小波关联
laurmat	构造 Laurent 矩阵	wavenames	能够应用于提升小波变换的小波名称

10. Laurent 多项式函数

如表 2-10 所示，MATLAB 小波工具箱提供了一个用于构造类 Laurent 多项式的函数 laurpoly。

表 2-10 Laurent 多项式函数

函数名	说明
laurpoly	构造 Laurent 多项式

11. Laurent 矩阵函数

如表 2-11 所示，MATLAB 小波工具箱提供了一个用于构造类 Laurent 多项式的函数 laurmat。

表 2-11 Laurent 矩阵函数

函 数 名	说 明
laurmat	构造类 Laurent 矩阵

12. 信号/图像的压缩和去噪函数

MATLAB 小波工具箱提供的信号/图像的压缩和去噪函数如表 2-12 所示。利用这些函数用户可以获取一维小波去噪或压缩的阈值、获取二维小波去噪或压缩的阈值、获取小波包去噪的阈值、使用小波进行信号的压缩或去噪、使用小波包进行信号的压缩获取或去噪、产生含噪声的小波测试数据等。

表 2-12 信号/图像的压缩和去噪函数

函 数	说 明
ddencmp	获取在消噪或压缩过程中的默认阈值
thselect	去噪的阈值选择
wbmpen	获取一维或二维小波去噪阈值
wdcbm	使用 Birgé-Massart 算法获取一维小波变换的阈值
wdcbm2	使用 Birgé-Massart 算法获取二维小波变换的阈值
wden	使用小波进行一维信号的自动消噪
wdencmp	用小波进行消噪或压缩
wnoise	产生含噪声的小波测试数据
wnoisest	估计一维小波系数的噪声
wpbmpen	小波包去噪的阈值选择
wpdencmp	用小波包变换进行信号的压缩或去噪
wpthcoef	小波包分解系数的阈值处理
wthcoef	一维信号小波系数的阈值处理
wthcoef2	二维信号小波系数的阈值处理
wthresh	软阈值或硬阈值处理
wthrmngr	阈值设置管理

13. 一维多信号小波分析函数

在 MATLAB R2008 中新增加了一组一维多信号小波分析函数，提供了多个信号的一维小波分析能力，如表 2-13 所示。

表 2-13 一维多信号小波分析函数

函 数 名	说 明	函 数 名	说 明
wmspca	多尺度主成分分析	mswcmp	一维多信号小波压缩
wmulden	小波多元去噪	mswcmpscr	一维多信号小波压缩比
chgwdeccfs	改变多信号的一维分解系数	mswcmptp	一维多信号压缩阈值和压缩比
mdwtcluster	一维多信号聚类	mswden	一维多信号小波去噪
mdwtdec	一维多信号小波分解	mswthresh	一维多信号阈值
mdwtrec	一维多信号小波重构	wdcenergy	一维多信号分解能量分布

14. 其他的小波应用函数

如表 2-14 所示，MATLAB 小波工具箱还提供了其他一些小波函数，利用它们可以合成布朗运动、进行局部布朗运动的参数估计、融合图像以及融合矩阵或数据。

表 2-14　其他的小波应用函数

函　数　名	说　明
wfbm	合成局部布朗运动
wfbmesti	局部布朗运动的参数估计
wfusimg	融合两幅图像
wfusmat	两个矩阵或数据的融合

15. 树管理函数

MATLAB 工具箱还提供了一些用于小波包分解树管理的函数，如表 2-15 所示。利用这些函数进行小波包分解树结构操作，如计算终结点、计算上溯结点、计算下溯结点、计算树的深度、构造类 DTREE 等。

表 2-15　树 管 理 函 数

函数名	说　明	函数名	说　明
allnodes	计算树结点	noleaves	列举非终结点
cfs2wpt	通过系数重构小波包树	ntnode	计算终结点的个数
depo2ind	将深度-位置结点形式转化为索引结点形式	ntree	构造类 NTREE
disp	显示 WPTREE 对象的信息	plot	画树结构
drawtree	画出小波包分解树	read	读 WPTREE 对象的字段值
dtree	构造类 DTREE	readtree	从图形中读小波包分解树的结构
get	获得 WPTREE 对象的字段内容	set	设置树对象字段值
ind2depo	索引结点形式转化为深度-结点形式	tnodes	计算终结点
isnode	判断结点是否存在	treedpth	计算树的深度
istnode	判断结点是否是终结点并给出排列值	treeord	求树结构的叉数
leaves	列举终结点	wptree	构造类 WPTREE
nodeasc	计算上溯结点	wpviewcf	画有色的小波包系数
nodedesc	计算下溯结点	write	写树对象字段值
nodejoin	重组结点	wtbo	类 WTBO 的重构
nodepar	计算父结点	wtreemgr	NTREE 对象管理
nodesplt	分解结点		

16. 通用和示例函数

如表 2-16 所示，MATLAB 还提供了一些通用函数和示例函数。

表 2-16 通用和示例函数

函 数 名	说 明	函 数 名	说 明
wcodemat	矩阵伪彩色编码	wtbxmngr	小波工具箱管理
wextend	延拓向量或矩阵	wvarchg	查找方差改变点
wkeep	保留部分向量或矩阵	waveinfo	小波信息
wrev	翻转向量	wavedemo	小波工具箱例子

2.2 自定义小波函数

小波工具箱包含大量的小波函数，但是对于一些特殊的应用要求，可能需要添加新的小波函数。可以使用 wavemngr 函数添加新的小波函数。小波工具箱允许用户使用命令行和图形用户接口两种方式来定义新的小波函数。

2.2.1 准备添加一个新的小波函数

通过使用 wavemngr 函数用户可以添加新的小波函数和小波函数族。需要注意的是，用户在使用 wavemngr 命令添加一个新的小波函数之前，必须进行如下工作：

(1) 选择一个小波函数的全称名(full name)。

(2) 选择一个小波函数的缩写名(short name)。

(3) 选择一个小波的类型(wt)。

(4) 定义小波系列的序列号(nums)。

(5) 新建一个 MAT 文件或 M 文件。

(6) 对于没有有限冲击响应滤波器的小波函数，定义有效支撑集。

下面将对这些步骤进行详细讨论。

1. 选择小波函数的全称名

小波函数的全称名必须是一个字符串。

小波工具箱中已经定义的小波全称名有：Haar、Daubechies、Symlets、Coiflets、BiorSplines、ReverseBior、Meyer、Dmeyer、Gaussian、Mexican_hat、Morlet、Complex Gaussian、Shannon、Frequency B-Spline 以及 Complex Morlet。

2. 选择小波函数的缩写名

小波函数的缩写名的字符个数必须小于或等于 4。

小波工具箱中已经定义的小波缩写名有：haar、db、sym、coif、bior、rbio、meyr、dmey、gaus、mexh、morl、cgau、fbsp 以及 cmor。

3. 选择小波的类型

小波的类型主要有以下五种：

(1) 具有有限冲激响应滤波器的正交小波。这种类型的小波可以通过尺度滤波器 w 定义。小波工具箱中已经定义的此种类型的小波有 Haar、Daubechies、Coiflets 以及 Symlets。

(2) 具有有限冲激响应滤波器的双正交小波。这种类型的小波可以通过两个尺度滤波器 wr 和 wd 定义。BiorSplines 小波是已经定义的此种类型的小波。

(3) 不具有有限冲激响应滤波器，但有尺度方程的正交小波。这种类型的小波可以通过定义尺度方程和小波方程来进行定义。Meyer 小波是小波工具箱中已经定义的此种类型的小波。

(4) 不具有有限冲激响应滤波器和尺度方程的小波。这种类型的小波可以通过定义小波方程来进行定义。小波工具箱中已经定义的此种类型小波包括 Morlet 和 Mexican_hat。

(5) 具有有限冲激响应滤波器和尺度方程的复小波。这种类型的小波可以通过定义小波方程来进行定义。小波工具箱中已经定义的此种类型小波包括 Complex Gaussian 和 Shannon。

4. 定义小波系列的序列号

如果存在一个小波函数系，则缩写名和序列号一起构成一个小波函数名。参数 nums 是包含序列号的字符串，序列号之间用空格隔开。对于单小波的序列(如 Haar、Meyer 和 Morlet)，没有这个参数。

例如，对于第一 Daubechies 小波，fsn = 'db'，nums = '1 2 3'，因此它可以产生三个小波函数 db1、db2 和 db3。

对第一 BiorSplines 小波，fsn = 'bior'，nums = '1.1 1.3 1.5 2.2'，因此它可以产生四个小波函数 bior1.1、bior1.3、bior1.5 和 bior2.2。

5. 新建一个 MAT 文件或 M 文件

wavemng 函数需要一个文件参数(file)，它是一个包含 MAT 文件或 M 文件名称的字符串。对于一个包含许多小波的小波系，必须定义一个 M 文件，M 文件的格式取决于小波的类型。对于只含单小波的小波系，必须定义一个 MAT 文件。这个 MAT 文件必须以该小波函数系的缩写名参数(fsn)作为它的名称，同时要有一个单变量，其名称为 fsn，其值为尺度滤波器。M 文件可以按照下面的方式进行定义。

1) 第 1 类小波(具有有限冲击响应滤波器的正交小波)

M 文件的第一行的语法结构是：

```
function w = file(wname)
```

其中，输入参数 wname 是小波函数名，输出参数 w 是相应的尺度滤波器。尺度滤波器 w 必须为偶数长，如果不是，则工具箱将自动补 0，将其变为偶数长。

在工具箱提供的小波函数中，尺度滤波器的和为 1。对于一个新的小波函数(尺度滤波器的数值为 0 除外)，用户可以不进行标准化，因为工具箱会自动对其标准化并使用标准化的版本。

已经定义的这种类型的 M 文件有 Daubechies 小波的 dbwavf.m，Coiflets 小波的 coifwavf.m 以及 Symlets 小波的 symwavf.m。

2) 第 2 类小波(具有有限冲击响应滤波器的双正交小波)

M 文件的第一行的语法结构是：

```
function [wr, wd] = file(wname)
```

其中，输入参数 wname 是小波函数名，输出参数 wr 和 wd 分别是相应的重构尺度滤波器和分解尺度滤波器。尺度滤波器 wr 和 wd 都必须是偶数长。一般来说，初始的双正交滤波器并不满足这个要求，因此工具箱会对它们进行补 0。

在工具箱提供的小波函数中，尺度滤波器的和为 1。对于一个新的小波函数(尺度滤波器的数值为 0 除外)，用户可以不进行标准化，因为工具箱会自动对其标准化并使用标准化的版本。

BiorSplines 小波的 biorwavf.m 是小波工具箱中已经定义的这种类型的 M 文件。

3) 第 3 类小波(具有尺度方程的正交小波)

M 文件的第一行的语法结构是：

function [phi, psi, t] = file(lb, ub, n, wname)

函数返回的是在 n 点的支撑长度[lb ub]上的尺度方程 phi 和小波方程 psi 在 t 处的值。参数 wname 是可选的。

meyer.m 是小波工具箱中已经定义的这种类型的 M 文件。

4) 第 4 类小波(不具有有限冲激响应的尺度滤波器)或第 5 类小波(不具有尺度方程)

M 文件的第一行的语法结构是：

function [psi, t] = file(lb, ub, n, wname)

或

function [psi, t] = file (lb, ub, n, wname, "additional arguments")

函数返回的是在 n 点的支撑长度[lb ub]上的小波方程 psi 在 t 处的值。

已经定义的第 4 类小波的 M 文件有 Mexican_hat 的 mexihat.m 和 Morlet 小波的 morlet.m。已经定义的第 5 类小波的 M 文件有 Shannon 小波的 shanwavf.m 和 Complex Morlet 小波的 cmorwavf.m。

需要注意的是，对于第 3、4、5 类小波，参数 wname 是可选的。仅仅当用户所添加的新小波函数系含有不只一个小波并且用户打算在 GUI 模式下使用小波函数系时，参数 wname 才是必需的。

6. 定义有效支撑集

有效支撑集的定义仅对第 3、4、5 类小波需要，因为它们不具有紧支性。定义有效支撑集就是定义一个上界和下界。对于已有的小波函数，其有效支撑长度的定义如表 2-17 所示。

表 2-17　小波函数系的有效支撑长度

小波函数系	下界(lb)	上界(ub)
Meyer	−8	8
Mexican_hat	−5	5
Morlet	−4	4

2.2.2　添加一个新的小波函数

用户可以使用 wavemngr 函数添加一个新的小波函数。wavemngr 函数的调用格式主要有以下两种：

(1) wavemngr ('add', fn, fsn, wt, nums, file)

(2) wavemngr ('add', fn, fsn, wt, nums, file, b)

下面举例对 wavemngr 函数的用法进行详细介绍。

本例中关于新的小波函数的有关参数定义如下所示。

- 小波函数系的全称名：Ndaubechies；
- 小波函数系的缩写名：ndb；
- 小波类型：1(具有有限冲击响应滤波器的正交小波)；
- 小波函数系中的序列号：1 2 3 4 5；
- 新建的用于产生滤波器的 M 文件：ndbwavf.m。

程序代码如下所示：

```
% 列举初始的小波函数系
wavemngr('read')
% 添加新的双正交小波
wavemngr('add','Ndaubechies','ndb',1,'1 2 3 4 5','ndbwavf');
% 列举所有的小波
wavemngr('read',1)
```

程序运行结果如下所示：

```
ans =
=====================================
Haar                    haar
Daubechies              db
Symlets                 sym
Coiflets                coif
BiorSplines             bior
ReverseBior             rbio
Meyer                   meyr
DMeyer                  dmey
Gaussian                gaus
Mexican_hat             mexh
Morlet                  morl
Complex Gaussian        cgau
Shannon                 shan
Frequency B-Spline      fbsp
Complex Morlet          cmor
=====================================
ans =
=====================================
Haar                    haar
```

```
=====================================
Daubechies                   db
------------------------------
db1    db2  db3  db4
db5    db6  db7  db8
db9    db10 db**
=====================================
Symlets                      sym
------------------------------
sym2  sym3 sym4 sym5
sym6  sym7 sym8 sym**
=====================================
Coiflets                     coif
------------------------------
coif1  coif2 coif3 coif4
coif5
=====================================
BiorSplines                  bior
------------------------------
bior1.1    bior1.3    bior1.5    bior2.2
bior2.4    bior2.6    bior2.8    bior3.1
bior3.3    bior3.5    bior3.7    bior3.9
bior4.4    bior5.5    bior6.8
=====================================
ReverseBior                  rbio
------------------------------
rbio1.1    rbio1.3    rbio1.5    rbio2.2
rbio2.4    rbio2.6    rbio2.8    rbio3.1
rbio3.3    rbio3.5    rbio3.7    rbio3.9
rbio4.4    rbio5.5    rbio6.8
=====================================
Meyer                        meyr
=====================================
DMeyer                       dmey
=====================================
Gaussian                     gaus
------------------------------
gaus1 gaus2   gaus3    gaus4
```

```
gaus5  gaus6   gaus7     gaus8
gaus**
=======================================
Mexican_hat                    mexh
=======================================
Morlet                         morl
=======================================
Complex Gaussian               cgau
-----------------------------
cgau1  cgau2      cgau3       cgau4
cgau5  cgau**
=======================================
Shannon                        shan
-----------------------------
shan1-1.5     shan1-1     shan1-0.5   shan1-0.1
shan2-3       shan**
=======================================
Frequency B-Spline             fbsp
-----------------------------
fbsp1-1-1.5  fbsp1-1-1   fbsp1-1-0.5    fbsp2-1-1
fbsp2-1-0.5  fbsp2-1-0.1 fbsp**
=======================================
Complex Morlet                 cmor
-----------------------------
cmor1-1.5    cmor1-1     cmor1-0.5  cmor1-1
cmor1-0.5    cmor1-0.1   cmor**
=======================================
Ndaubechies                    ndb
-----------------------------
ndb1   ndb2  ndb3  ndb4
ndb5
=======================================
```

从上面的结果可以看出，用户已经向系统中添加了一个 Ndaubechies 小波函数系。用户需要注意的是，MATLAB 并不对新小波的数学特性进行检查，这些需要用户自己来完成。

2.2.3　使用新的小波函数

当使用 wavemngr 函数添加了一个新小波后，MATLAB 会自动在当前目录生成三个文件：两个 ASCII 文件(wavelets.asc 和 wavelets.prv)，以及一个 MAT 文件(wavelets.inf)。

此时，用户还不能在小波工具箱中使用添加的新小波函数。用户按照下面的 5 个步骤进行设置后，即可以使用新的小波函数。

(1) 创建一个新的目录以存放自己的小波函数的系列；

(2) 将上面提到的三个文件存放在该目录下；

(3) 将这个新建的目录放入 MATLAB 的搜索路径中(具体方法参见 MATLAB 的 path 函数)；

(4) 如果需要修改小波函数系，最好在同一个目录中进行。如果将每次生成的小波函数系放在不同的目录中，可能会产生不可预料的结果；

(5) 定义一个名为<fsn>info.m 的 M 文件。

完成以上步骤后，当用户在小波工具箱中的图形用户接口中单击 Wavelet Display 按钮时，这个文件就会自动出现在显示框中，并显示出这个新建的小波函数系列。

下面将以上一节添加的新小波函数为例，说明如何使用新的小波函数，具体操作步骤如下：

(1) 创建一个新的目录 D:\wavelet。

(2) 将 wavelets.asc、wavelets.prv 以及 wavelets.inf 文件放入目录 D:\wavelet 中。

(3) 在 MATLAB 主菜单 File 中选择 Set Path 选项，如图 2.1 所示，将目录 D:\wavelet 加入到 MATLAB 的搜索路径中。

(4) 在目录 D:\wavelet 中新建一个文件 ndbinfo.m，文件的第一行要求为 function w = file(wname)。

在完成上述设置后，在 MATLAB 的命令行中输入 wavenemu，打开 MATLAB 图形用户接口，单击 Wavelet Display 按钮，在打开的窗口中右侧即可看到小波函数 ndb，如图 2.2 所示。

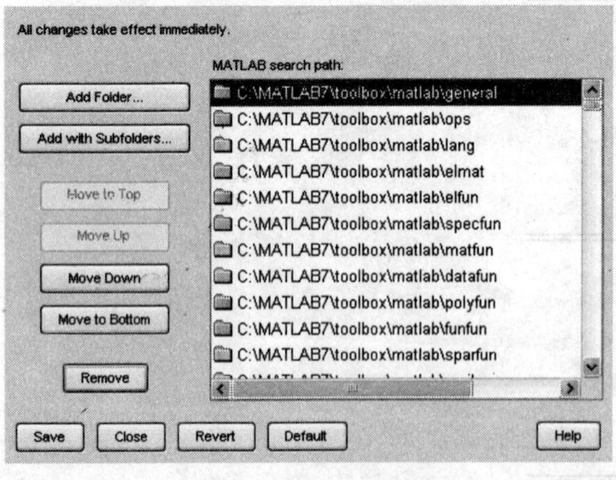

图 2.1 Set Path 选项

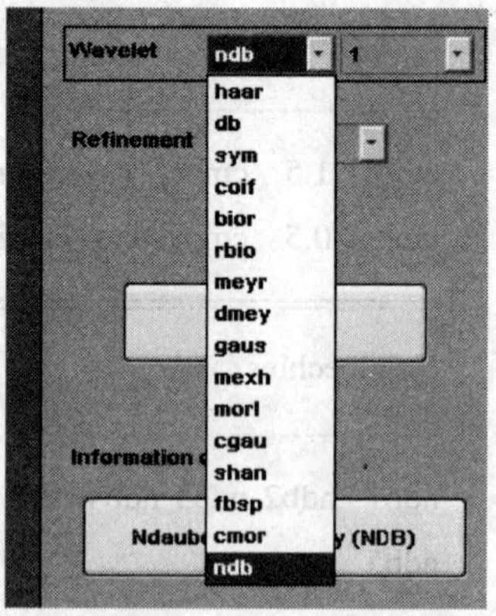

图 2.2 小波函数 ndb

2.3 面向对象设计方法

在 MATLAB 小波工具箱中，小波包树结构中使用了面向对象的设计方法。熟悉 MATLAB 里基本的面向对象语言和术语是非常有帮助的。本节将介绍在 MATLAB 小波工具箱中使用的对象以及相关函数，并利用预先定义的树结构和面向对象的设计来扩展工具箱的功能。

2.3.1 小波工具箱中的主要对象

小波工具箱中定义了四类对象，它们之间的层次关系如图 2.3 所示。

只有小波包分析函数使用这些对象。更准确地说，在小波工具箱中使用 WPTREE 对象来产生小波包。

WTBO ——► NTREE——► DTREE——► WPTREE

图 2.3 对象类

1. WTBO 对象

WTBO 类是一个抽象类，小波工具箱中的任何一个类都是 WTBO 类的子类。

WTBO 对象的字段包括：

- wtboInfo：对象信息(不使用)；
- ud：用户数据。

WTBO 对象的方法包括：

- wtbo：WTBO 类的构造函数；
- get：获得 WTBO 对象字段内容；
- set：设置 WTBO 对象字段内容。

2. NTREE 对象

NTREE 类用来进行树操作(节点标志、节点分解/合成等)，它也是一个抽象类。

NTREE 对象的字段包括：

- wtbo：父对象；
- order：树的叉数；
- depth：树的深度；
- spsch：结点的分割方法；
- tn：终结点索引的列向量。

NTREE 对象的方法包括：

- ntree：类 NTREE 的构造函数；
- findactn：找到激活的结点；
- get：获得 NTREE 对象字段内容；
- nodejoin：重组结点；
- nodesplt：分解结点；
- plot：画 NTREE 对象；
- set：设置 NTREE 对象字段内容；
- tlabels：树结点的标签；
- wtreemgr：管理 NTREE 对象。

3. DTREE 对象

DTREE 对象用于进行与向量或矩阵相关的处理，它也是一个抽象类。

DTREE 对象的字段包括：

- ntree：父对象；
- allNI：所有结点信息；
- terNI：终结点信息。

DTREE 对象的方法包括：

- dtree：类的构造函数；
- expand：扩展对象树；
- fmdtree：DTREE 对象字段管理；
- nodejoin：重组结点；
- nodesplt：分解结点；
- rnodcoef：结点系数重构；
- defaninf：定义所有结点信息；
- get：获得 DTREE 对象字段内容；
- plot：画 DTREE 对象；
- read：读取 DTREE 对象字段值；
- set：设置 DTREE 对象字段内容；
- write：写 DTREE 对象字段值；
- merge：重组某一结点数据；
- recons：重组结点系数；
- split：分解某一终结点数据。

4. WPTREE 对象

WPTREE 类用于管理一维和二维小波包。它重载了 DTREE 类的一些方法，如 split、merge 以及 recons。不过 WPTREE 类的大多数方法都不是重载得到的，如 bestlevt、besttree 以及 wp2wtree。

WPTREE 类的字段包括：

- dtree：父对象；
- wavInfo：小波结构信息；
- entInfo：熵结构信息。

字段 wavInfo 是一个复合结构，它包括小波名称 wavName、低通分解滤波器 Lo_D、高通分解滤波器 Hi_D、低通重构滤波器 Lo_R 和高通重构滤波器 Hi_R。

字段 ntInfo 也是一个复合结构，它包括熵名称 entName 和熵参数 entPar。

WPTREE 类的方法包括：

1) 构造函数

- wptree：类 WPTREE 的构造函数。

2) 重载的类 DTREE 的方法

- defaninf：定义所有结点信息；

- get：获得 DTREE 对象字段内容；
- merge：重组某一结点的数据；
- read：读取 WPTREE 对象字段值；
- recons：重构小波包系数；
- set：设置 DTREE 对象字段内容；
- split：分解某一终结点数据；
- tlabels：小波包树结点的标签；
- write：写 WPTREE 对象字段值。

3) 类 WPTREE 的方法

- bestlevt：小波包树最佳层次；
- besttree：最佳小波包树；
- entrupd：小波包树熵 gengxin；
- wp2wtree：从小波包树中提取小波树；
- wpcoef：小波包系数；
- wpcutree：分解小波包树；
- wpjoin：重组小波包；
- wpplotcf：画有色的小波包系数；
- wprcoef：重构小波包系数；
- wprec：一维小波包重构；
- wprec2：二维小波包重构；
- wpsplt：分解小波包；
- wpthcoef：小波包系数阈值；
- wpviewcf：画有色的小波包系数。

用户可以在命令行窗口输入 help wavelet，在 Wavelets Packets Algorithms 和 Tree Management Utilities 这两部分察看上面的类的方法。在输入 help wavelet 后，Wavelets Packets Algorithms 和 Tree Management Utilities 两部分的结果如下所示。

```
Wavelets Packets Algorithms.
  bestlevt    - Best level tree (wavelet packet).
  besttree    - Best tree (wavelet packet).
  entrupd     - Entropy update (wavelet packet).
  wenergy     - Energy for a wavelet packet decomposition.
  wentropy        - Entropy (wavelet packet).
  wp2wtree    - Extract wavelet tree from wavelet packet tree.
  wpcoef          - Wavelet packet coefficients.
  wpcutree        - Cut wavelet packet tree.
  wpdec           - Wavelet packet decomposition 1-D.
  wpdec2          - Wavelet packet decomposition 2-D.
  wpfun           - Wavelet packet functions.
```

wpjoin	- Recompose wavelet packet.
wprcoef	- Reconstruct wavelet packet coefficients.
wprec	- Wavelet packet reconstruction 1-D.
wprec2	- Wavelet packet reconstruction 2-D.
wpsplt	- Split (decompose) wavelet packet.

Tree Management Utilities.

allnodes	- Tree nodes.
cfs2wpt	- Wavelet packet tree construction from coefficients.
depo2ind	- Node depth-position to node index.
disp	- Display information of WPTREE object.
drawtree	- Draw wavelet packet decomposition tree (GUI).
dtree	- Constructor for the class DTREE.
get	- Get tree object field contents.
ind2depo	- Node index to node depth-position.
isnode	- True for existing node.
istnode	- Determine indices of terminal nodes.
leaves	- Determine terminal nodes.
nodeasc	- Node ascendants.
nodedesc	- Node descendants.
nodejoin	- Recompose node.
nodepar	- Node parent.
nodesplt	- Split (decompose) node.
noleaves	- Determine nonterminal nodes.
ntnode	- Number of terminal nodes.
ntree	- Constructor for the class NTREE.
plot	- Plot tree object.
read	- Read values in tree object fields.
readtree	- Read wavelet packet decomposition tree from a figure.
set	- Set tree object field contents.
tnodes	- Determine terminal nodes (obsolete - use LEAVES).
treedpth	- Tree depth.
treeord	- Tree order.
wptree	- Constructor for the class WPTREE.
wpviewcf	- Plot wavelet packets colored coefficients.
write	- Write values in tree object fields.
wtbo	- Constructor for the class WTBO.
wtreemgr	- NTREE object manager.

2.3.2　对象的应用

用户可以使用命令行方式、GUI 方式或者结合这两种方式来应用 WPTREE 对象。下面通过几个例子从简单到深入进行说明。

【例 2-1】　本例将介绍如何画树结构、如何改变树结构的标签和行为以及使用函数 wpviewcf 画有色的小波包系数。

程序代码如下所示：

```
load cnoislop;
x = cnoislop;
% 对信号使用 haar 小波进行层次为 2 的小波包分解
t = wpdec(x,2,'haar');
```

运行结果如图 2.4 所示。

将结点标签从深度-位置改为索引，并单击结点 3，运行结果如图 2.5 所示。

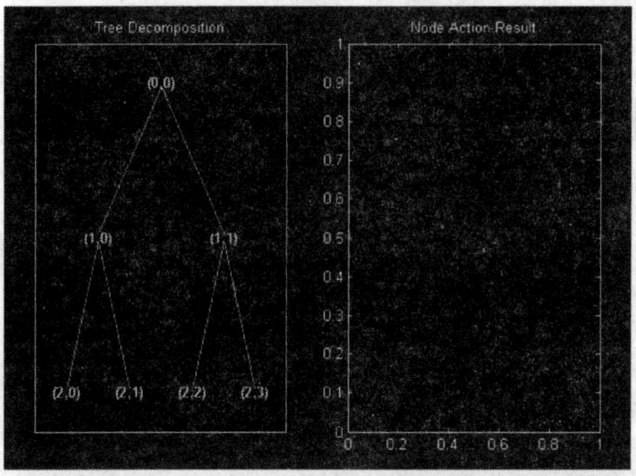

图 2.4　信号小波包分解树结构

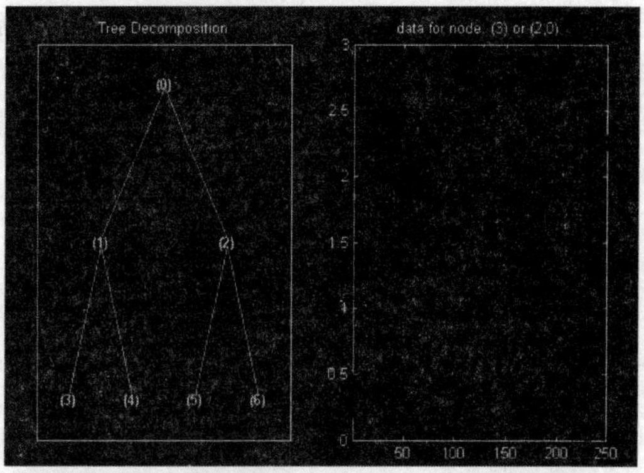

图 2.5　改变结点标签为索引形式并单击结点 3

将结点行为从显示改为分解-合成，单击结点 1，运行结果如图 2.6 所示。

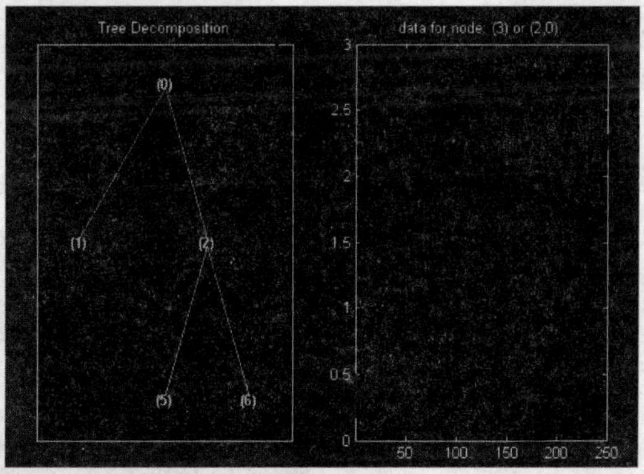

图 2.6　合成结点 1

在前面的基础上添加代码如下：

```
% 重组索引为 1 的结点
newt = wpjoin(t,1);
% 在原图中重新绘制树结构
plot(newt,fig);
```

运行结果如图 2.7 所示。

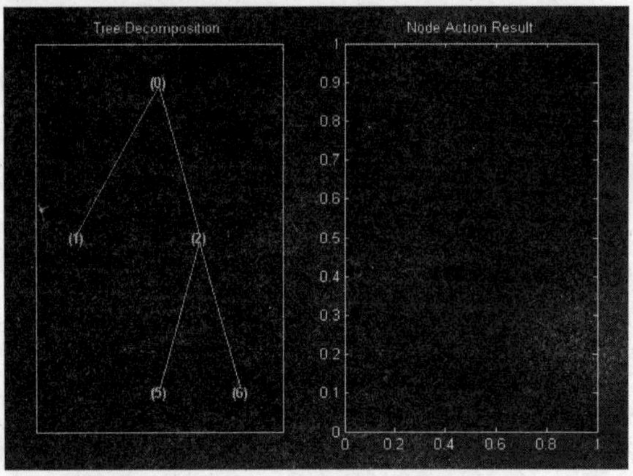

图 2.7　重组结点 1

在前面的基础上添加代码如下：

```
% 使用 wpviewcf 函数显示有色的小波包系数
wpviewcf(newt,1)
% WPVIEWCF(T,CMODE) 画出树 T 的终结点的有色的系数
% T 是一个 wptree 对象.
% CMODE 是一个代表着色模式的整数：
    %    1: 'FRQ : Global + abs'
    %    2: 'FRQ : By Level + abs'
    %    3: 'FRQ : Global'
    %    4: 'FRQ : By Level'
    %    5: 'NAT : Global + abs'
    %    6: 'NAT : By Level + abs'
    %    7: 'NAT : Global'
    %    8: 'NAT : By Level'
```

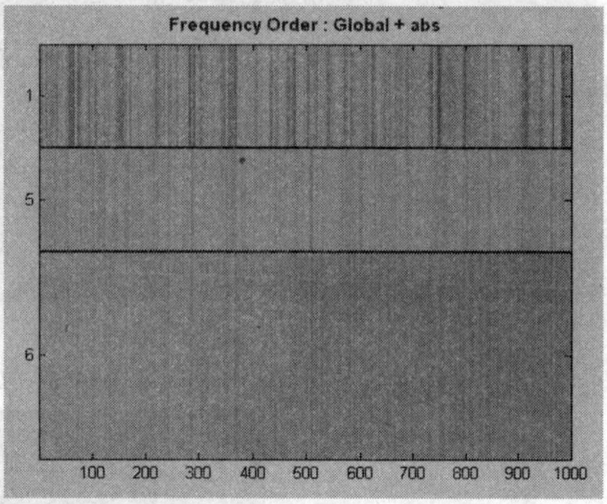

图 2.8　终结点的有色系数

运行结果如图 2.8 所示。

【例 2-2】　举例介绍一个二维小波包分解结点操作的例子，通过修改终结点的系数，得到一个有趣的结果，原图中的左右位置对调了。

程序代码如下所示：

```
load wgatlin;
t = wpdec2(X,1,'db2');
plot(t);
% 单击结点(0,0)
```

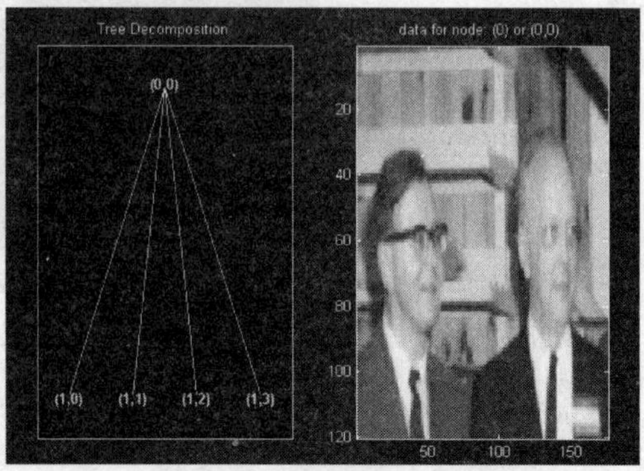

图 2.9　图像小波包分解及察看结点(0,0)

结果如图 2.9 所示。

在前面的基础上添加代码如下：

```
% 修改四个终结点的系数
newt = t;
```

```
NBcols = 40;
for node = 1:4
   cfs = read(t,'data',node);
   tmp = cfs(1:end,1:NBcols);
   cfs(1:end,1:NBcols) = cfs(1:end,end-NBcols+1:end);
   cfs(1:end,end-NBcols+1:end) = tmp;
   newt = write(newt,'data',node,cfs);
end
plot(newt)
% 单击结点(0,0)
```

结果如图 2.10 所示。

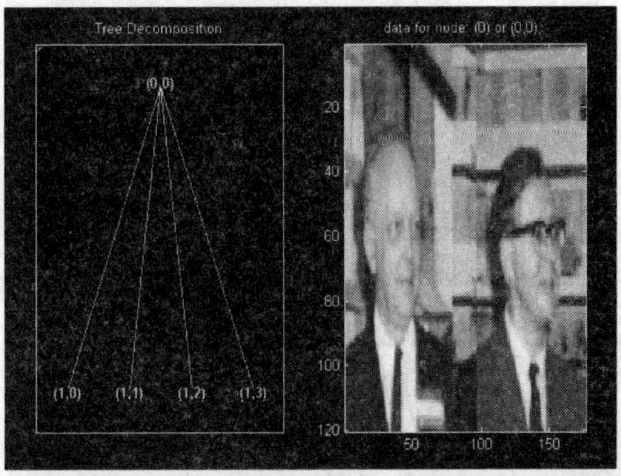

图 2.10　修改终结点系数后的结点(0,0)

【例 2-3】　本例将介绍一个使用小波包阈值去噪的例子，分别使用全局阈值处理和对各个结点分别进行阈值处理得到消噪后的信号。

程序代码如下：

```
load noismima
x = noismima;
t = wpdec(x,3,'db4');
plot(t);
% 单击结点(0，0)
```

结果如图 2.11 所示。

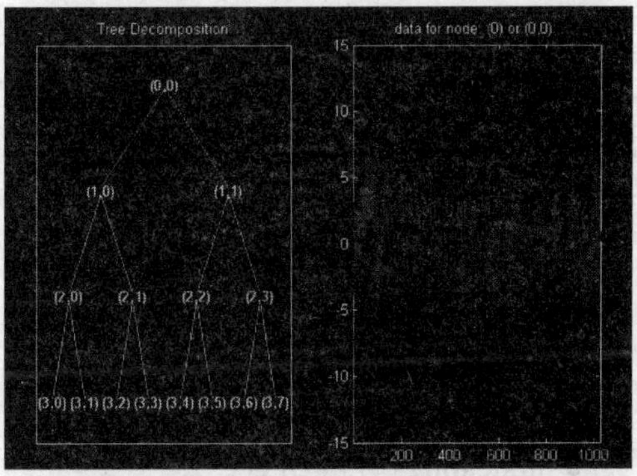

图 2.11　小波包分解及结点(0，0)

在前面的基础上添加代码如下：

```
% 全局阈值处理
t1 = t;
sorh = 'h';
thr = wthrmngr('wp1ddenoGBL','penalhi',t);
cfs = read(t,'data');
cfs = wthresh(cfs,sorh,thr);
t1  = write(t1,'data',cfs);
plot(t1)
% 单击结点(0，0)
```

结果如图 2.12 所示。

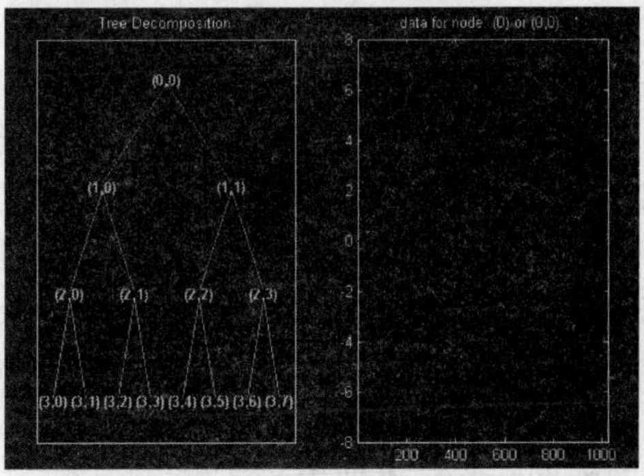

图 2.12　全局阈值处理后的结点(0，0)

在前面的基础上添加代码如下：

```
% 对各个结点分别进行阈值处理
t2 = t;
sorh = 's';
thr(1) = wthrmngr('wp1ddenoGBL','penalhi',t);
thr(2) = wthrmngr('wp1ddenoGBL','sqtwologswn',t);
tn   = leaves(t);
```

```
for k=1:length(tn)
    node = tn(k);
    cfs = read(t,'data',node);
    numthr = rem(node,2)+1;
    cfs = wthresh(cfs,sorh,thr(numthr));
    t2 = write(t2,'data',node,cfs);
end
plot(t2)
% 单击结点(0，0)
```

结果如图 2.13 所示。

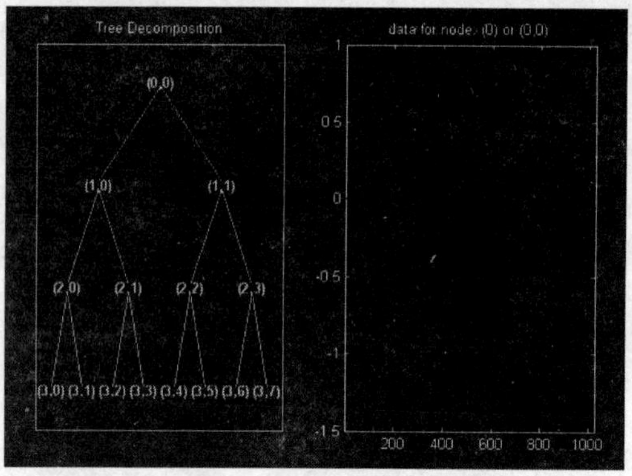

图 2.13　结点阈值处理后的结点(0，0)

【例 2-4】　在这个例子中将介绍构造一个新的对象类 NewTREE，它重载了其父对象 DTREE 的方法 Expand、Fmdtree、Nodejoin、Nodesplt、Rnodcoef 以及 Defaninf。

类 NewTREE 定义描述为：Class NewTREE (parent class: DTREE)。

NewTREE 对象的字段包括：

- dtree：父对象；
- dwtMode：DWT 扩展模式；
- wavInfo：小波结构信息。

WavInfo 结构信息包括：低通分解滤波器 Lo_D、高通分解滤波器 Hi_D、低通重构滤波器 Lo_R 和高通重构滤波器 Hi_R。

NewTREE 对象的方法包括：

- newTREE：类 NewTREE 的构造函数；
- expand：扩展对象树；
- fmdtree：DTREE 对象字段管理；
- nodejoin：重组结点；
- nodesplt：分解结点；
- rnodcoef：结点系数重构；
- defaninf：定义所有结点信息。

【例 2-5】　构造一个右小波树对象 RWVTREE。

在这个例子中创建了一个新的对象类 RWVTREE。类 RWVTREE 继承于类 WTREE 并重载了方法 split、merge 以及 plot，plot 方法显示了如何添加 Node Labels。

关于类 RWVTREE 的用法，用户可以在目录 toolbox/wavelet/wavedemo 中查看一个一维的例子 ex1_rwvt.m 和一个二维的例子 ex2_rwvt.m，它们都可以直接运行。

类 RWVTREE 的定义描述为：Class RWVTREE (parent class: WTREE)。

类 RWVTREE 的字段包括：

- dummy：不使用；
- wtree：父对象。

类 RWVTREE 的方法包括：

- rwvtree：类 RWVTREE 的构造函数；
- merge：重组某一结点的数据；

- plot：画 RWVTREE 对象；
- split：分解某一终结点的数据。

下面运行例子 ex2_rwvt.m，通过重载类 WTREE 的方法，在画的小波树结构图中可以将低频信号以黄色表示，而高频信号以红色表示。

程序代码如下。

```
% 加载图像
  load woman;
  lev = 2;
  wav = 'db1';
% 创建小波树
  t = rwvtree(X,lev,wav);
% 画树 t
  plot(t)
% 打开菜单 Node Label
```

结果如图 2.14 所示。

单击结点 20，结果如图 2.15 所示。

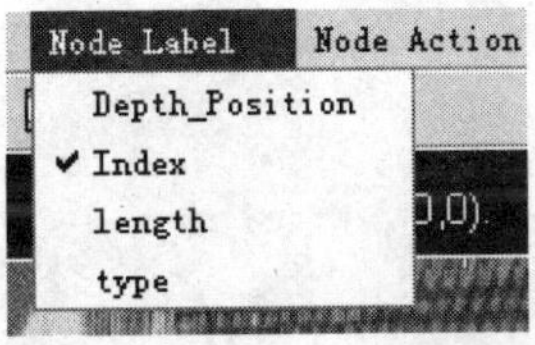

图 2.14　菜单结点标签

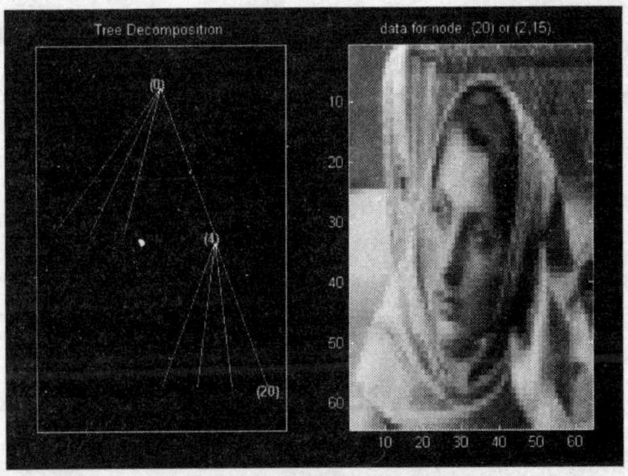

图 2.15　结点 20 信息

可以看到结点 20 为黄色，单击结点 20 结果显示是低频信号。单击结点 3，结果如图 2.16 所示。可以看到结点 3 为黄色，单击结点 3 结果显示是高频信号。

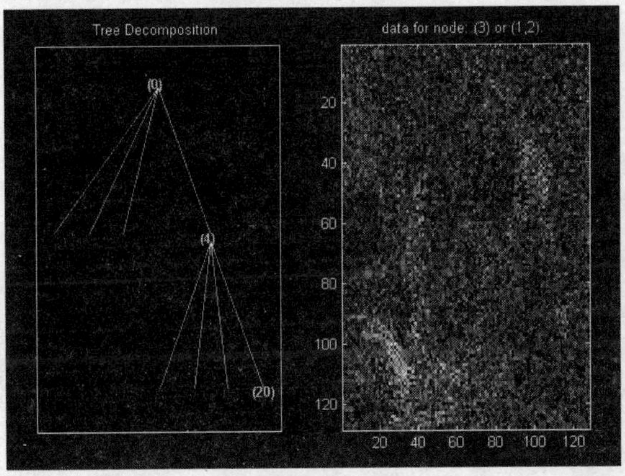

图 2.16　结点 3 信息

将结点行为从显示改为分解-合成，合成结点 4；将结点行为从分解-合成改为显示，单击结点 4，结果如图 2.17 所示。

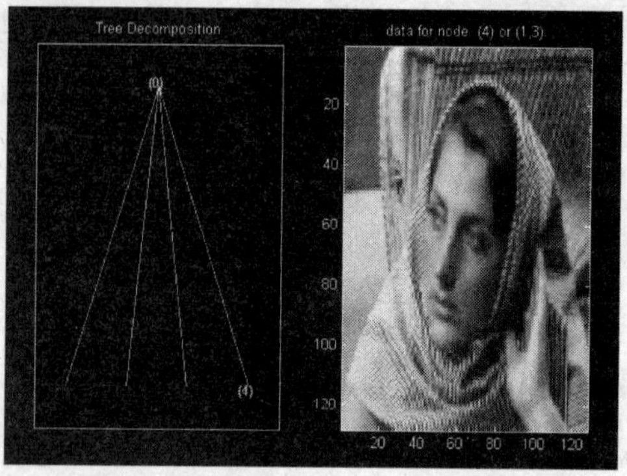

图 2.17　合成结点 4 并显示其信息

【例 2-6】　在这个例子中创建了一个新的对象类 WVTREE。类 WVTREE 继承于类 WTREE 并重载了方法 get、plot 以及 recons，其中 plot 方法显示了如何添加 Node Labels 和 Node Actions。

关于类 WVTREE 的用法，用户可以在目录 toolbox/wavelet/wavedemo 中查看一个一维的例子 ex1_wvt.m 和一个二维的例子 ex2_wvt.m，它们都可以直接运行。

类 WVTREE 的定义描述为：Class WVTREE (parent class: WTREE)。

类 WVTREE 的字段包括：

- dummy：不使用；
- wtree：父对象。

类 WVTREE 的方法包括：

- wvtree：类 WVTREE 的构造函数；
- get：获得 WVTREE 对象字段内容；
- plot：画 WVTREE 对象；
- recons：重构结点系数。

下面运行例子 ex2_wvt.m，通过重载类 WTREE 的方法，可以在画的图中将低频信号以黄色表示，而高频信号以红色表示。

程序代码如下：

```
% 加载图像
  load woman;
  lev = 2;
  wav = 'db1';
% 创建小波树
  t = wvtree(X,lev,wav);
% 画树 t
  plot(t)
% 分别打开菜单 Node Label 和 Node Action
```

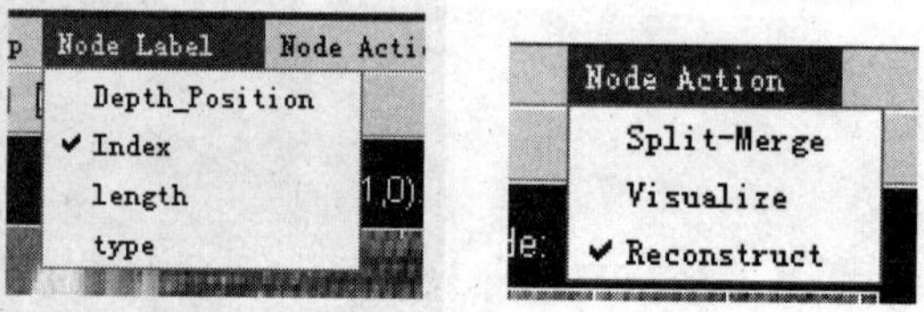

图 2.18　菜单结点标签和结点行为

结果如图 2.18 所示。

单击结点 5，结果如图 2.19 所示。可以看到，结点 5 为黄色，单击结点 5 结果显示是低频信号。

将结点行为从显示改为分解-合成，单击结点 1，再将结点行为从分解-合成改为重构，单击结点 1，结果如图 2.20 所示。

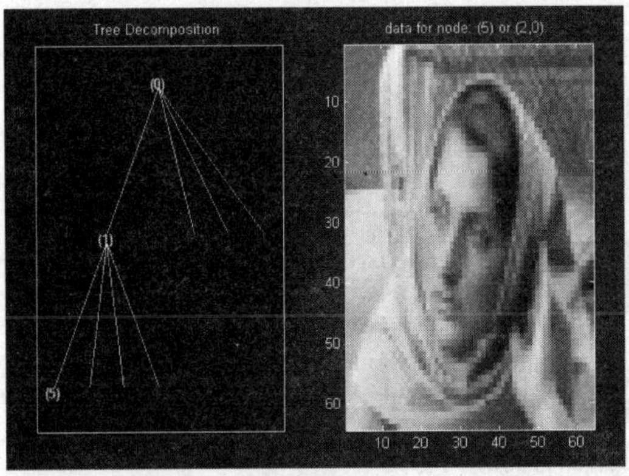

图 2.19　结点 5 信息

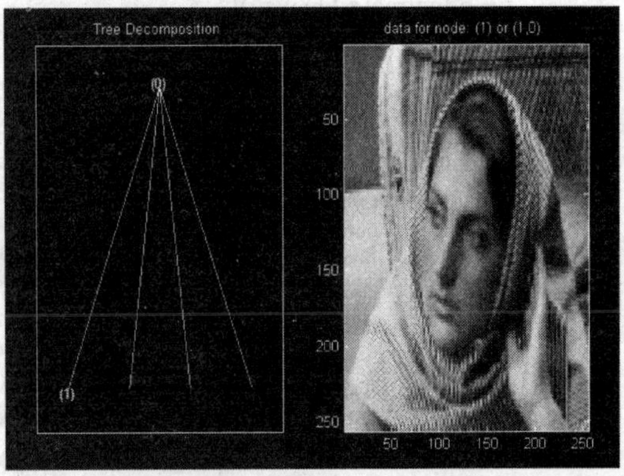

图 2.20　合成结点 1 并显示

【例 2-7】　这个例子构造了一个新的对象类 EDWTTREE。定义一个 ε-DWT 树类，并重载了类 DTREE 的方法 merge、plot、recons 以及 split、plot 方法显示了如何添加 Node Labels、Node Actions、Tree Actions。

关于类 EDWTTREE 的用法，用户可以在目录 toolbox/wavelet/wavedemo 中查看例子 ex1_edwt.m，它可以直接运行。

类 EDWTTREE 的定义描述如下：

Class EDWTTREE (parent class: DTREE)

类 EDWTTREE 的字段包括：

- dtree：父对象；
- dwtMode：DWT 扩展模式；
- wavInfo：小波结构信息。

字段 wavInfo 包括小波名称 wavName、低通分解滤波器 Lo_D、高通分解滤波器 Hi_D、低通重构滤波器 Lo_R 和高通重构滤波器 Hi_R。

类 EDWTTREE 的方法包括：

- edwttree：类 EDWTTREE 的构造函数；
- merge：重组某一结点数据；
- plot：画 EDWTTREE 对象；
- recons：重构结点系数；
- split：分解某一终结点数据。

下面运行例子 ex1_edwt.m，通过重载类 DTREE 的方法，可以在画的图中将低频信号以黄色表示，而高频信号以红色表示。

程序代码如下：

```
% 加载信号
load noisbloc;
```

```
x = noisbloc;
lev = 2;
wav = 'haar';
% 创建小波树
t = edwttree(x,lev,wav);
plot(t)
% 分别打开菜单 Node Label、Node Action、Tree Action
```

结果如图 2.21 所示。

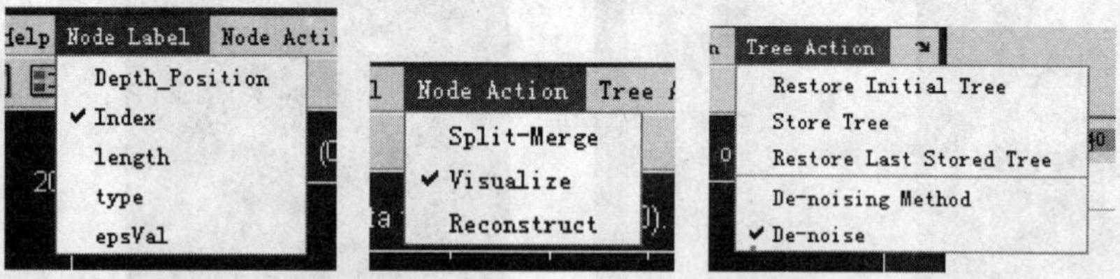

图 2.21　菜单结点标签、结点行为和树行为

单击结点 0，结果如图 2.22 所示。将结点行为从显示改为分解-合成，分解结点 5 和 20，结果如图 2.23 所示。

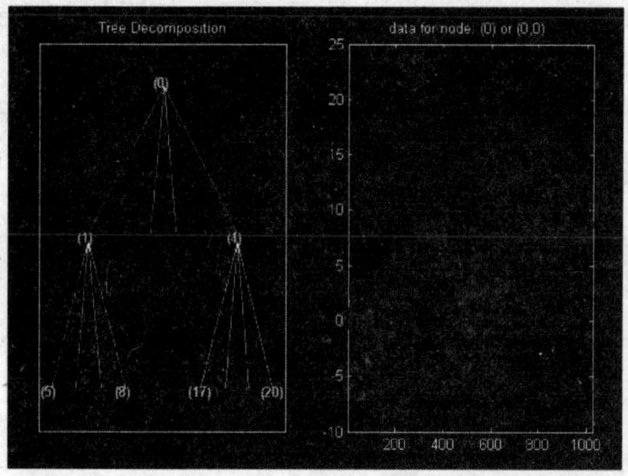

图 2.22　显示结点 0

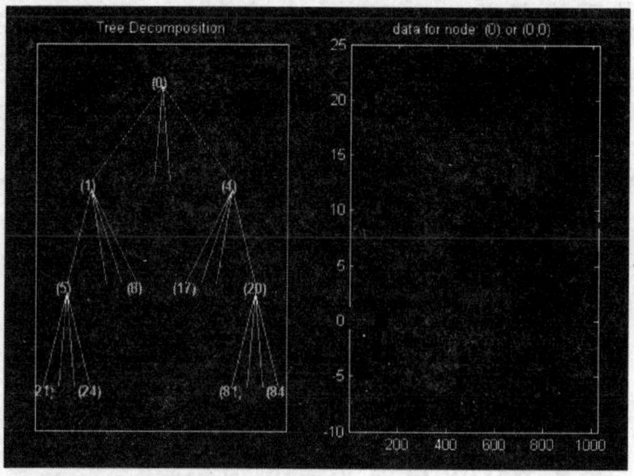

图 2.23　分解结点 5 和 20

选择树行为为 De-noise，单击结点 0，结果如图 2.24 所示。

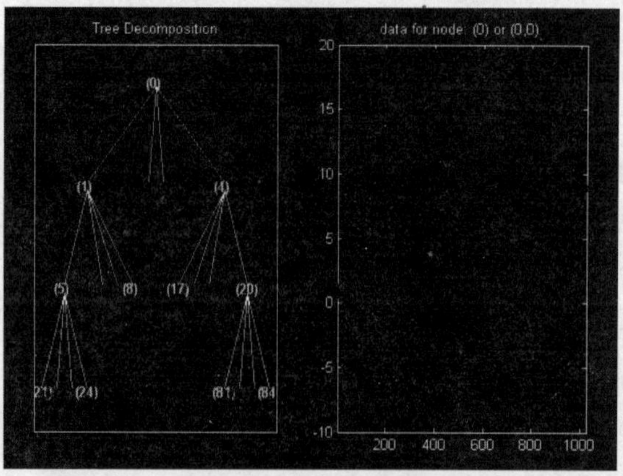

图 2.24　结点 0 去噪

第 3 章　小波图形用户接口

除了命令行方式之外，小波工具箱还提供了图形用户接口 GUI(Graphical User Interface)方式，可以利用它实现小波分析的绝大部分功能。在 GUI 模式下，不需要进行任何编程，只要通过菜单操作和各种参数的选择就可对信号进行小波分析。本章将对 GUI 的用法进行介绍。

3.1　GUI 启动

启动 MATLAB 后，在命令行窗口中输入 wavemenu，即可进入 GUI 工作环境，其主界面如图 3.1 所示。

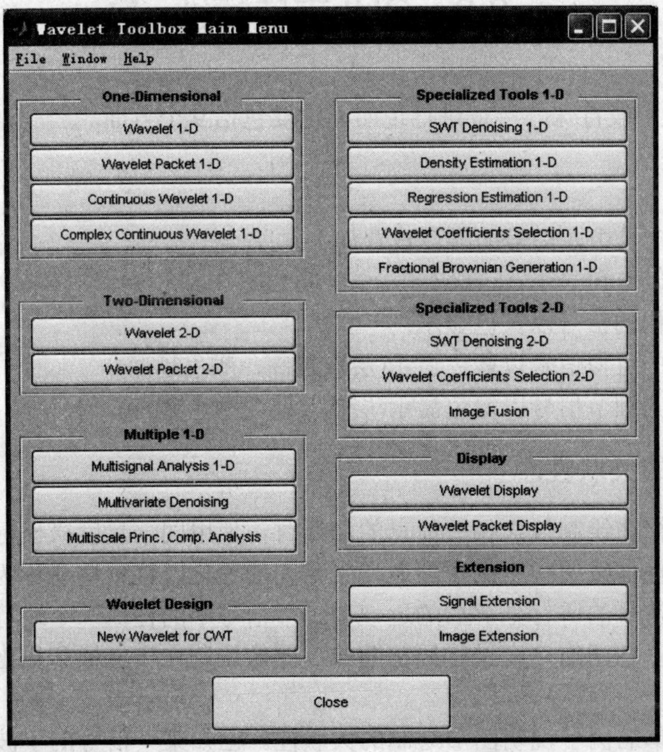

图 3.1　GUI 主界面

可以看出，GUI 的功能非常强大，其功能从左到右、从上到下分别如表 3-1 所示。

表 3-1　GUI 的主要功能

主要功能	子 功 能	主要功能	子 功 能
一维小波分析	一维离散小波变换	一维小波分析专用工具	一维平稳小波降噪
	一维小波包变换		一维小波密度估计
	一维连续小波变换		一维回归估计
	一维连续复小波变换		一维小波系数选择
二维小波分析	二维离散小波变换		一维 FBM 产生
	二维小波包分析	二维小波分析专用工具	二维平稳小波去噪
一维多信号分析	一维多信号分析		二维小波系数选择
	一维多变量去噪		图像融合
	多尺度主成分分析	小波显示	小波显示
小波构造	CWT 小波构造		小波包显示
		延拓	信号延拓
			图像延拓

3.2　GUI 主要特征

本节将对 GUI 中较特殊的特征进行说明，主要包括 9 个方面。

3.2.1　颜色设置

在所有的图形工具中，信号的颜色设置如下。

- 对原始信号以红色显示；
- 对分解或重构的信号以黄色显示；
- 对小波分解的近似信号以蓝色显示(层次越高，颜色越深)；
- 对小波分解的细节信号以绿色显示(层次越高，颜色越深)。

3.2.2　图形绘制的关联性.

小波分析工具箱在绘制包含相关信息的曲线时，使用同一尺度横坐标，当一条曲线的横坐标变化时，其他曲线的横坐标也随之发生相同的变化，这种性质称为曲线绘制的关联性。例如，对某一信号的所有分解后的近似和细节信号中的任何一个进行局部缩放，则所有的分解曲线都将以相同的尺度进行局部缩放。图像绘制在横坐标和纵坐标方向都具有关联性。

下面举一个简单的例子说明图形绘制的关联性。已知某一信号的小波分解的近似和细节信号如图 3.2 所示，对图 3.3 左原始信号中红色矩型框中选择的部分进行放大后，即得到图 3.3 中的右图，可以看到相应的所有分解信号都进行了局部放大。

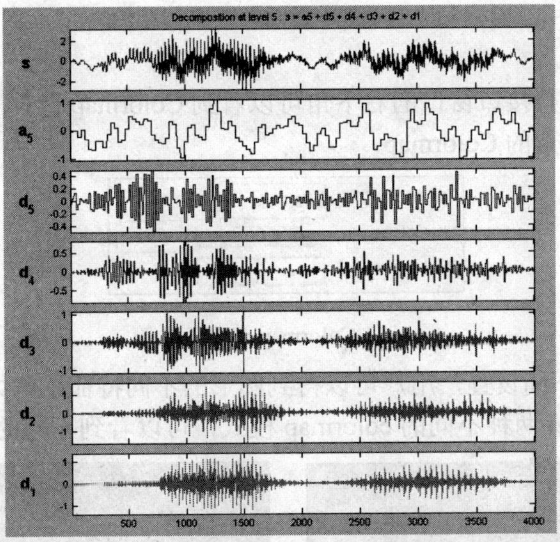

图 3.2　信号分解近似和细节信号

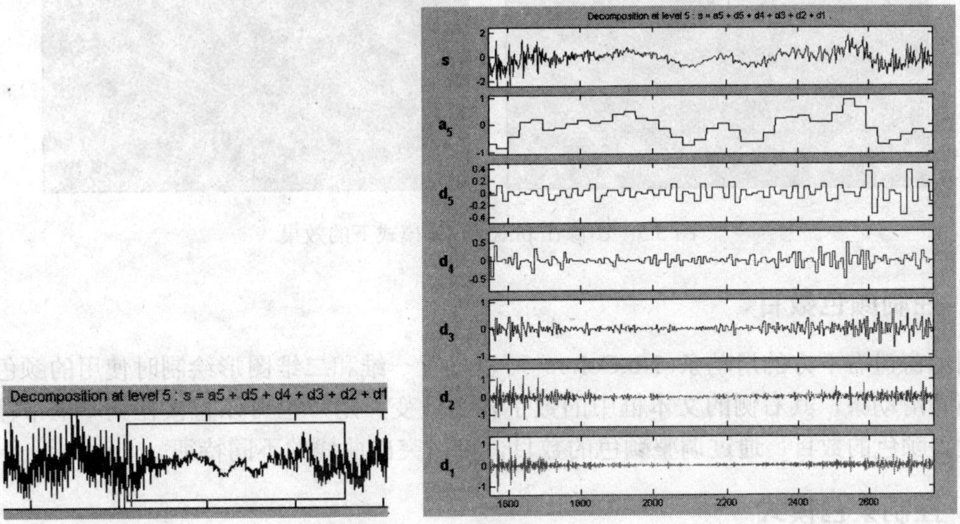

图 3.3　信号的局部放大

3.2.3　鼠标的使用

可以使用下列 3 种类型的鼠标对小波工具箱进行控制，其主要使用方法如表 3-2 所示。

表 3-2　鼠标的使用

	选择或激活控制	显示十字形或与位置相关的信息	调整曲线的上下左右位置
两键鼠标	单击左键	单击右键	同时单击左右键
三键鼠标	单击左键	单击中键	单击右键
单键鼠标	单击鼠标键	shfit +鼠标键	Option+鼠标键

注：根据操作系统的不同，单击中键和单击右键的功能可能倒置。

3.2.4　控制染色

在小波分析图形用户接口窗口的右下角可以看到 Colormap 选择工具箱，如图 3.4 所示，利用它可以调整绘制图形的 Colormap。

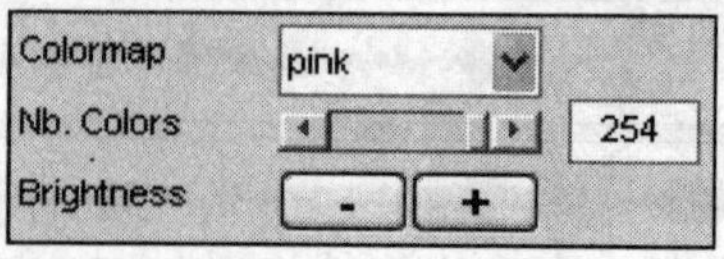

图 3.4　Colormap 选择工具箱

通过 colormap 的不同设置，用户可以得到图形的不同特征。例如在二维小波分析工具中，分别使用 pink 和 jet 两种不同的 colormap 模式，可以看到不同的效果，如图 3.5 所示。

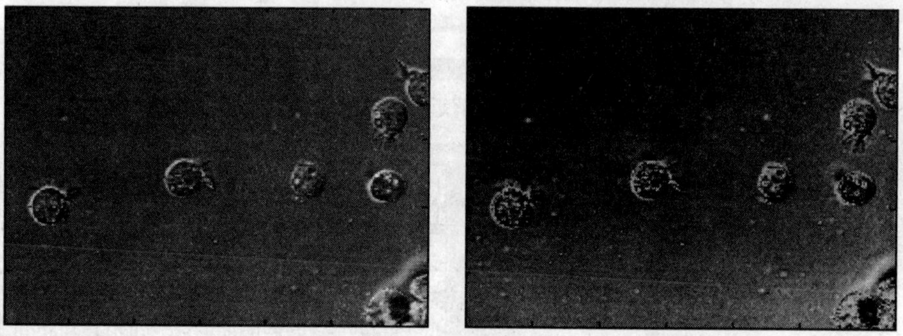

图 3.5　图像在 pink 和 jet 模式下的效果

3.2.5　控制颜色数目

利用窗口右下方的滑动条 Nb.Colors 可以设置一维和二维图形绘制时使用的颜色的数目。拖动滑动条，其右侧的文本框中的数字随之改变，用户也可以直接在文本框中输入数字来设置颜色的数目。通过调整颜色的数目，可以突出曲线的不同特征。

3.2.6　控制染色模式

在连续小波工具中，在窗口的右边有一个 Coloration Mode(染色模式)选择框，可以进行不同染色模式的选择，如图 3.6 所示。

在一维小波分析工具中，在窗口右边的 Display Mode(显示模式)中选择 Show and Scroll、Show and Scroll (Stem Cfs)、Superimposed Mode 或 Separate Mode 时，如图 3.7 左图所示，其下方的

按钮被激活，如图 3.7 中间的图形所示，单击该按钮，在弹出的窗口中即可进行显示模式选择，如图 3.7 右图所示。

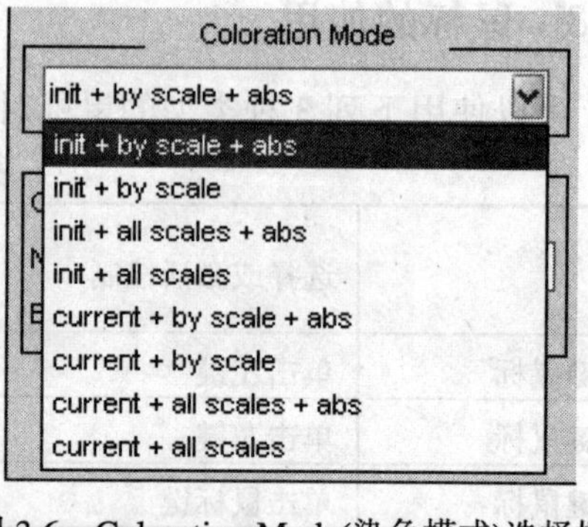

图 3.6　Coloration Mode(染色模式)选择框

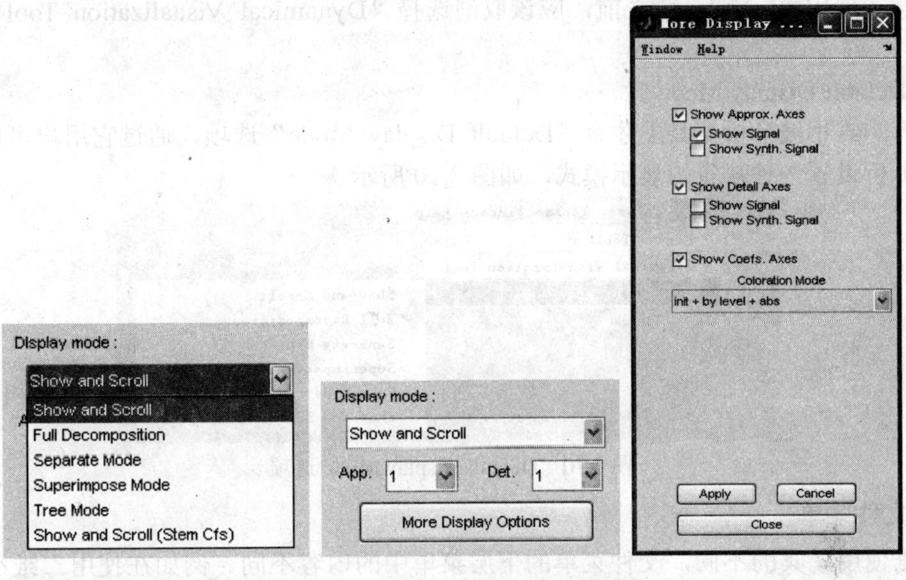

图 3.7　一维小波分析显示模式选择

3.2.7　使用菜单

GUI 中各工具的主菜单都相同，如图 3.8 所示。根据使用工具的不同，下层菜单略有不同。

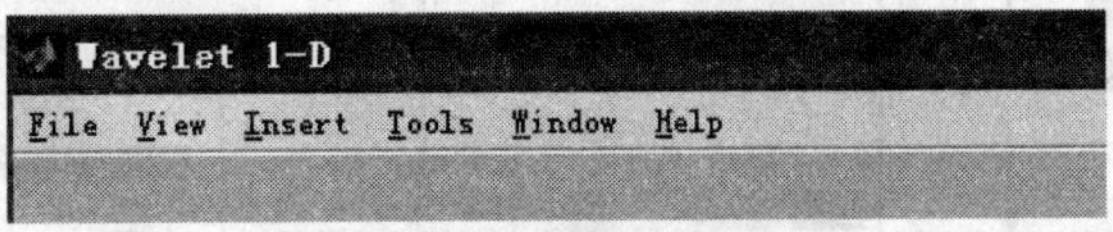

图 3.8　GUI 主菜单

下面介绍部分菜单的使用方法：

1. 视图菜单

根据工具的不同，视图菜单的内容略有不同。这里只简单介绍 Dynamical Visualization Tool 和 Default Display Mode 的使用。

1) Dynamical Visualization Tool

用户可以通过选择“View”→“Dynamical Visualization Tool”设置是否选择位于窗口底部的“Dynamical Visualization Tool”工具，如图 3.9 所示。

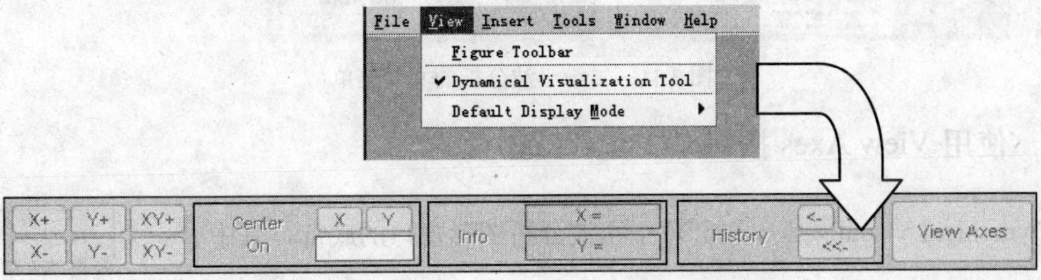

图 3.9　Dynamical Visualization Tool 选项

注意在使用、、之前，应该取消选择“Dynamical Visualization Tool”以避免冲突。

2) Default Display Mode

只有一维小波分析工具中才有“Default Display Mode”选项，通过它用户可以对所有的小波分析设置一种缺省的显示模式，如图 3.10 所示。

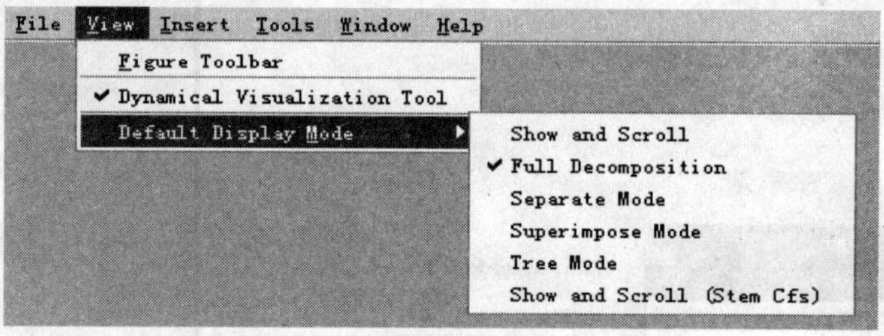

图 3.10　Default Display Mode 选项

2. 文件菜单

根据使用工具的不同，文件菜单的下层菜单中的内容不同。例如在使用二维小波分析工具时，文件菜单中的菜单项如图 3.11 所示。

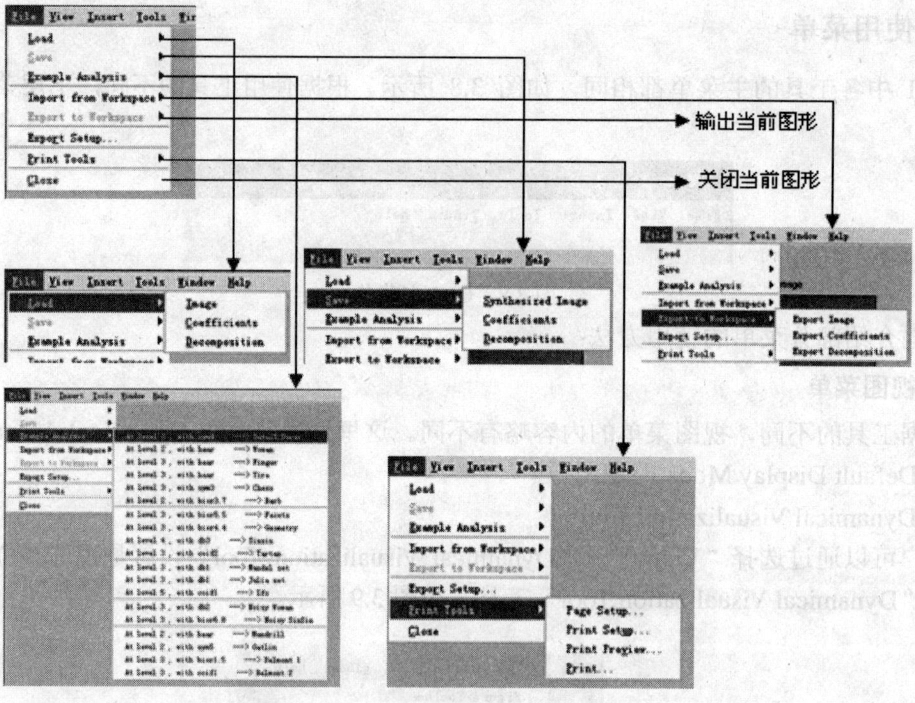

图 3.11　二维小波分析的文件菜单

3.2.8　使用 View Axes 按钮

Dynamical Visualization Tool 位于小波分析图形窗口的底部，其中有一个按钮(红色矩形框标示)，利用它用户可以最大化所选择的轴，如图 3.12 所示。

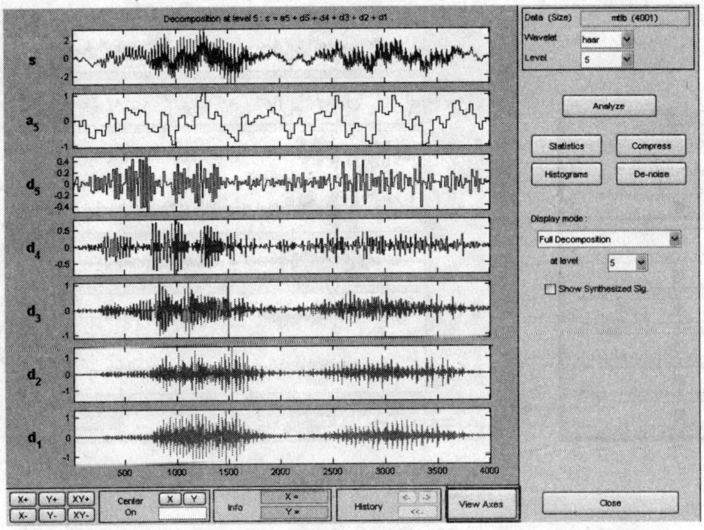

图 3.12　Dynamical Visualization Tool 中 View Axes 按钮

单击 View Axes 按钮后，打开 View Axes 窗口，如图 3.13 所示。

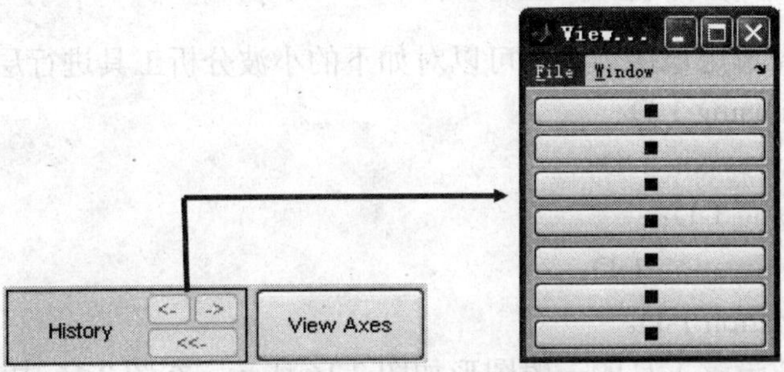

图 3.13　View Axes 窗口

在打开 View Axes 窗口后，通过单击不同的按钮即放大信号分解的不同部分，其中按钮的排列方式和信号分解的排列方式相同。单击第一个按钮，可放大原始的信号，如图 3.14 所示。如果再次单击同一个按钮，则还原为原图形，如图 3.15 所示。

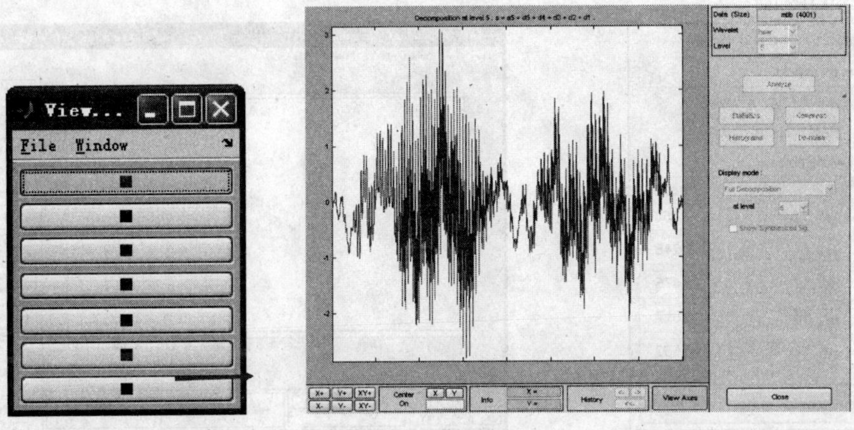

图 3.14　放大原始信号

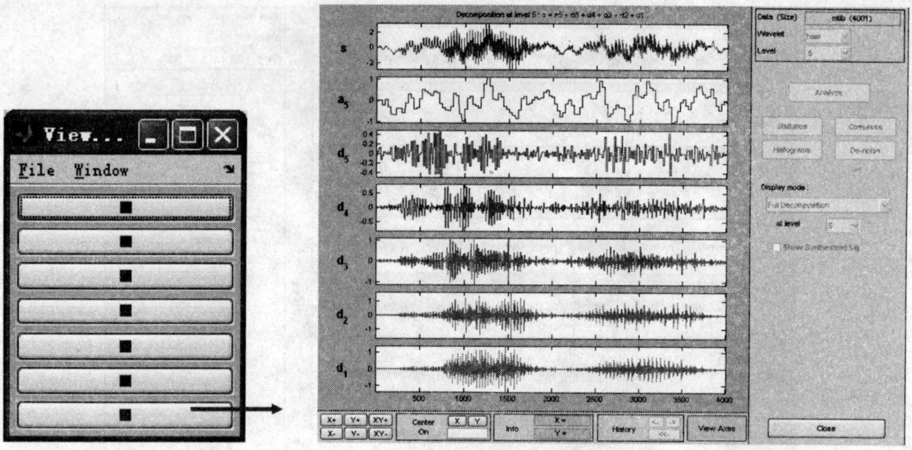

图 3.15　恢复到放大前

打开 View Axes 窗口后，再次单击 View Axes 按钮后，将关闭 View Axes 窗口。

3.2.9　使用层次独立的阈值设置工具

在小波工具箱图形用户接口中，可以对如下的小波分析工具进行层次独立的阈值设置。

- Wavelet De-noising 1-D；
- Wavelet Compression 1-D；
- SWT De-noising 1-D；
- Regression Estimation 1-D；
- Density Estimation 1-D。

层次独立的阈值设置工具的一般图形如图 3.16 所示，在图 3.16 中，将小波分解的层次设为 5，因此可以看到 5 层独立的小波阈值设置。

在图 3.16 中，单击 Int. dependent threshold settings 按钮，将打开如图 3.17 所示的区间阈值设置窗口，单击 Generate 按钮，可以在生成的下拉框中针对每层设置区间数，然后针对每个区间设置相应的阈值。

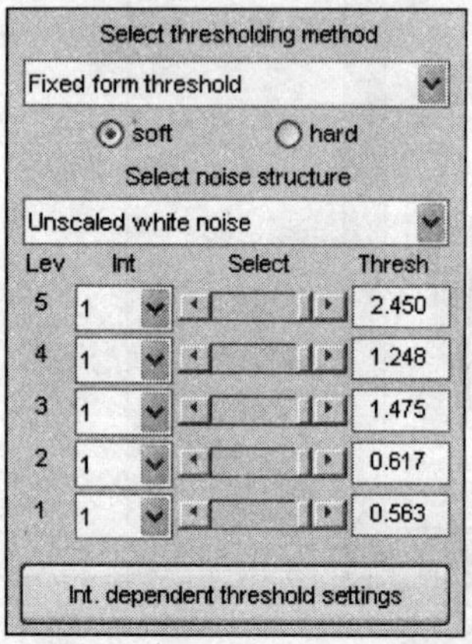

图 3.16　层次独立阈值设置工具

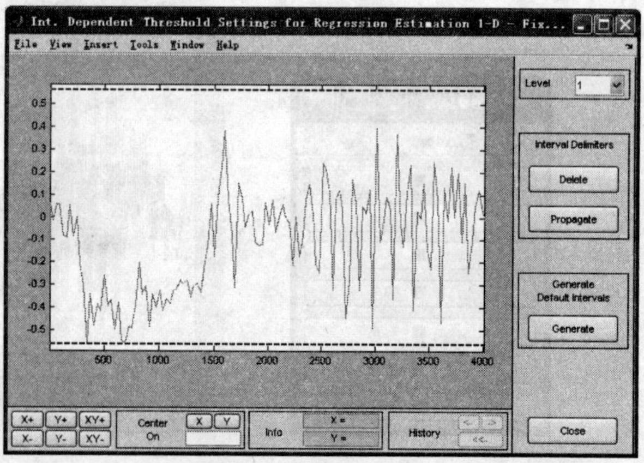

图 3.17　区间阈值设置

3.3　一维小波分析

3.3.1　一维连续小波变换

下面简单介绍 GUI 一维连续小波变换工具的使用方法。

(1) 加载信号。在图 3.1 中单击 Continuous Wavelet 1-D 按钮，即打开一维连续小波分析窗口。选择菜单“File”→“Load Signal”，在弹出的对话框中选择待分析的信号，单击 打开(O) 按钮后，即可打开待分析图形，如图 3.18 所示。

(2) 设置参数，进行信号一维连续小波变换。在图 3.18 右侧，可以进行信号分析的各种参数设置。最上方为选择信号分析的小波参数，接下来为采样周期的设置，在文本框中输入需要的采样周期即可。在采样周期设置的下面为尺度设置选项，通过它用户可以进行不同的尺度模式设置，如图 3.19 所示。

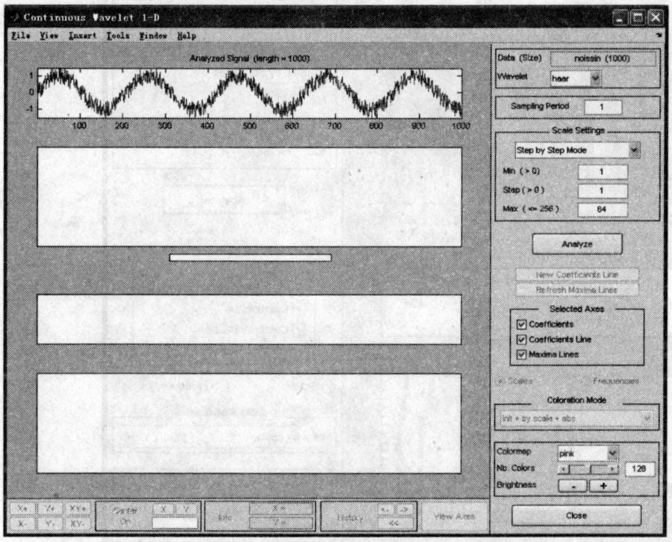

图 3.18　一维连续小波变换窗口

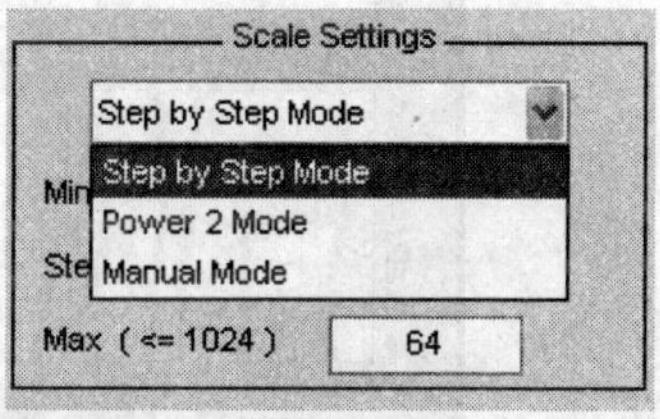

图 3.19　尺度模式设置

在图 3.19 的下拉框中，可以选择 3 种尺度模式，分别为单步模式(Step by Step Mode)、2 的指数模式(Power 2 Mode)和手动模式(Manual Mode)。在单尺度模式下，用户可以在文本框中输入最小的尺度值(min＞0)、最大的尺度(max≤512)以及步长(step＞0)；在 2 的指数尺度模式下，小波分解的尺度是 2^k，k 的大小在 Power 选择框中进行选择；在手动模式下，用户可以在文本框中按照 MATLAB 的语法根据需要输入尺度向量。

在尺度设置之后，用户还可以进行轴的选择、染色模式的选择以及绘图颜色的设置等。

现在选择 db4 小波；在 Scale Settings 中选择单尺度，在最小文本框中输入 1，最大文本框中输入 48，步长文本框中输入 1；选择所有的轴；Colormap 设为 pink；Nb.Colors 设为 128(如图 3.20 所示)。在设置好参数后，单击 Analyze 按钮，即得到信号分解后的图形，如图 3.21 所示。

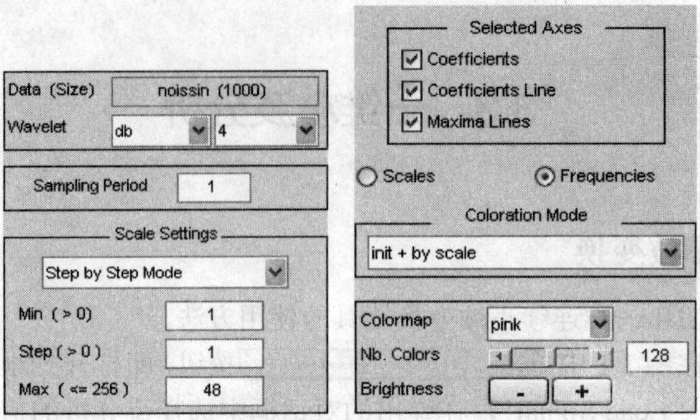

图 3.20　参数设置

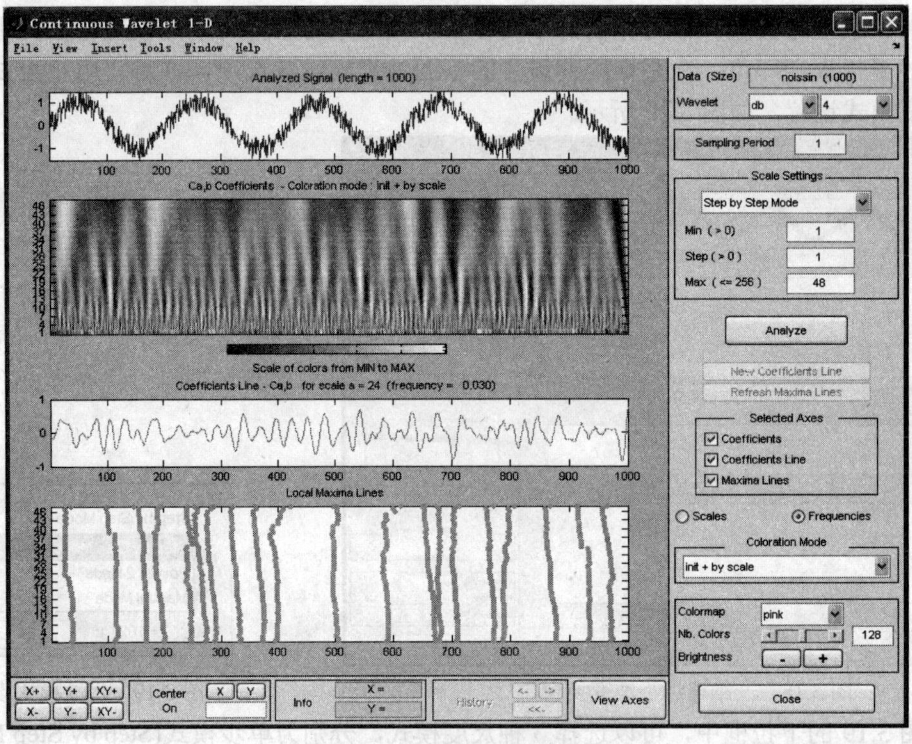

图 3.21　一维连续小波分析结果

(3) 在获得信号的小波分解图形后，可以利用提供的其他工具根据需要进行进一步分析，例如将信号的局部放大等。

3.3.2　一维连续复小波变换

下面介绍一维连续复小波变换工具的用法。

(1) 加载信号。在图 3.1 中单击 Complex Continuous Wavelet 1-D 按钮，即可打开一维连续复小波变换窗口。选择菜单“File”→“Load Signal”，在弹出的对话框中选择待分析的信号，单击 打开(O) 按钮后，即可打开待分析图形，如图 3.22 所示。

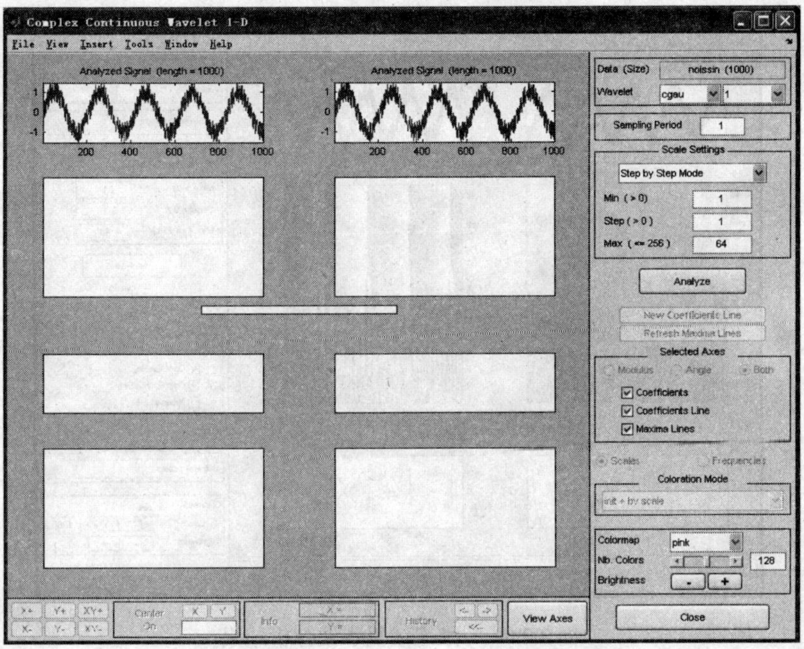

图 3.22　一维连续复小波变换窗口

(2) 设置参数，进行信号一维连续复小波变换。在图 3.22 右侧，可以进行信号分析的各种参数设置。最上方为选择信号分析的小波参数，接下来为采样周期的设置，在文本框中输入需要的采样周期即可。在采样周期设置的下面为尺度设置选项，通过它用户可以进行不同的尺度模式设置。在尺度设置之后，用户还可以进行轴的选择、染色模式的选择以及绘图颜色的设置等。

现在选择 cgau2 小波；在 Scale Settings 中选择单尺度，在最小文本框中输入 1，最大文本框中输入 48，步长文本框中输入 1；选择所有的轴；Colormap 设为 pink；Nb.Colors 设为 128(如图 3.23 所示)。在设置好参数后，单击 Analyze 按钮，即得到小波变换后的图形，如图 3.24 所示。

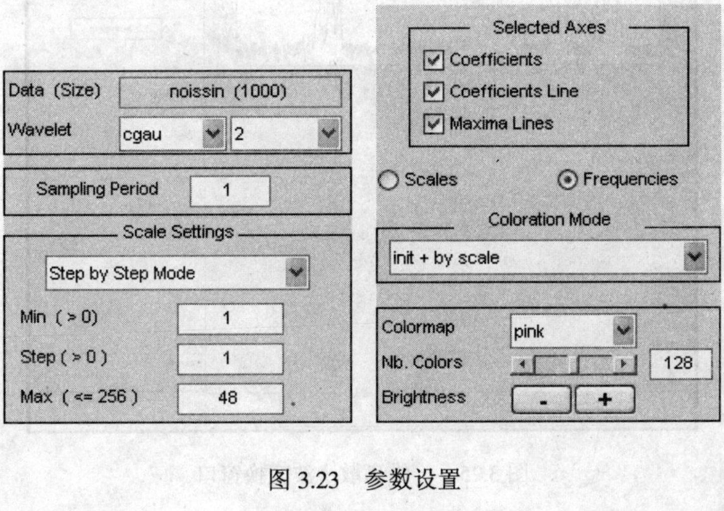

图 3.23　参数设置

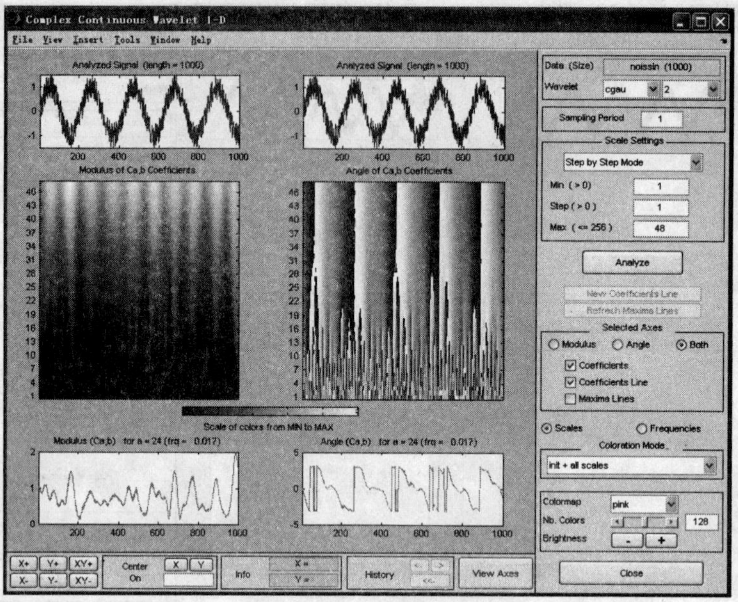

图 3.24　一维连续复小波分析结果

(3) 在获得信号的小波分解图形后，可以利用提供的其他工具根据需要进行进一步分析，例如将信号的局部放大等。

3.3.3　一维离散小波变换

下面介绍一维离散小波变换工具的用法。

(1) 加载信号。在图 3.1 中单击 Wavelet 1-D 按钮，即可打开一维离散小波变换窗口。选择菜单“File”→“Load”→“Signal”，在弹出的对话框中选择待分析的信号，单击 打开(O) 按钮后，即可打开待分析图形，如图 3.25 所示。

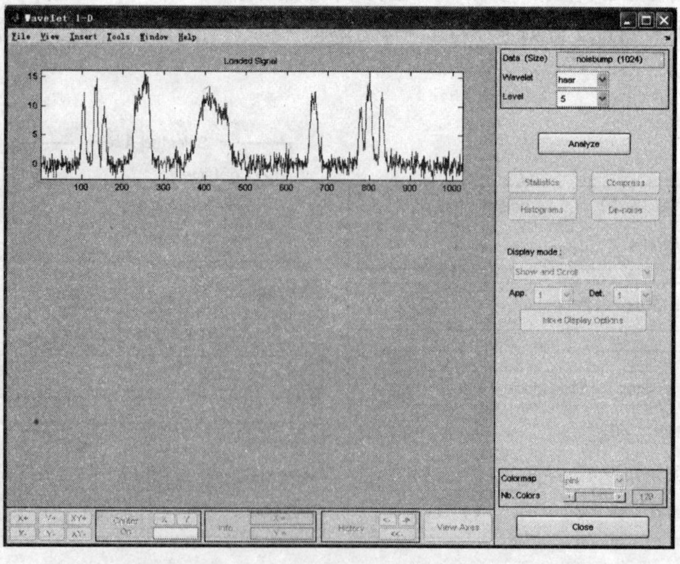

图 3.25　一维离散小波变换窗口

(2) 设置参数，进行信号的单层次分解。在一维离散小波分析工具窗口的右上方选择 sym4 小波和单层次分解，如图 3.26 所示。单击 Analyze 按钮，即得到信号的单层次分解图，如图 3.27 所示。

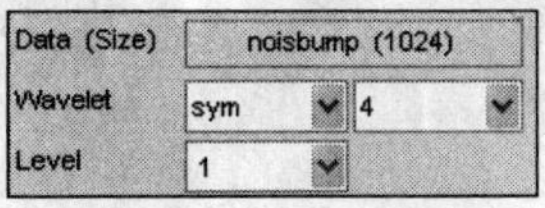

图 3.26　小波参数

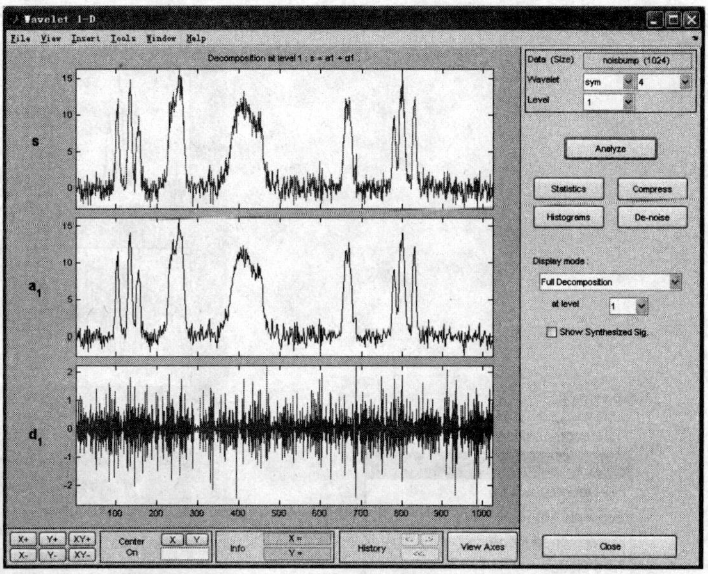

图 3.27　一维离散小波单层分解

(3) 进行信号的多层次分解。在图 3.25 的窗口右上方 level 右边的下拉框中选择 5，如图 3.28 所示。单击 Analyze 按钮，即得到信号的多层次分解图，如图 2.29 所示。

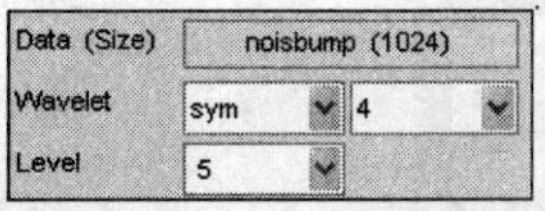

图 3.28　分解层次选择

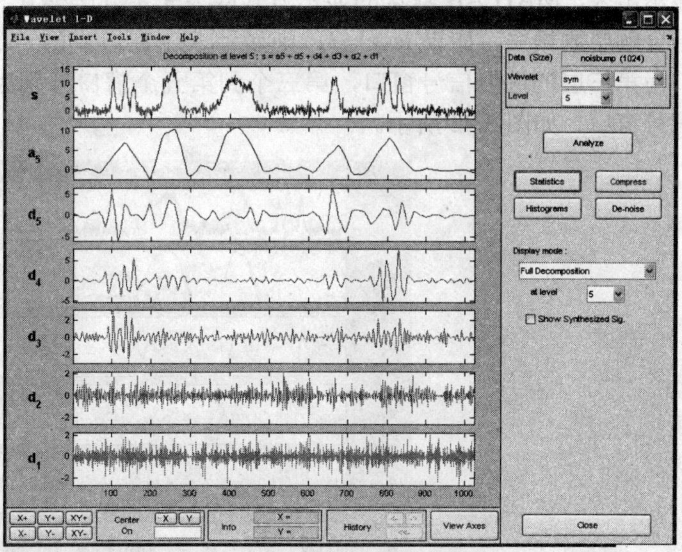

图 3.29　一维离散小波多层分解

(4) 选择不同的信号分解显示模式。在进行了信号的单尺度或多尺度分解后，在一维离散小波分析工具窗口的右中方可以看到 Display Mode 菜单，如图 3.30 所示。通过它用户可以选择不同的信号分解显示模式。主要的显示模式有下面的几种。

① 显示滚动模式(Show and Scroll)：在此模式下显示 3 个窗口：第一个窗口为原始信号和用户选择的近似信号的叠加(通过显示模式选择框下的 App. 参数来选择显示哪一层近似信号)；第二个窗口显示用户选择的细节信号(通过显示模式选择框下的 Det. 参数来选择显示哪一层细节信号)；第三个窗口显示小波系数。如图 3.31 所示。

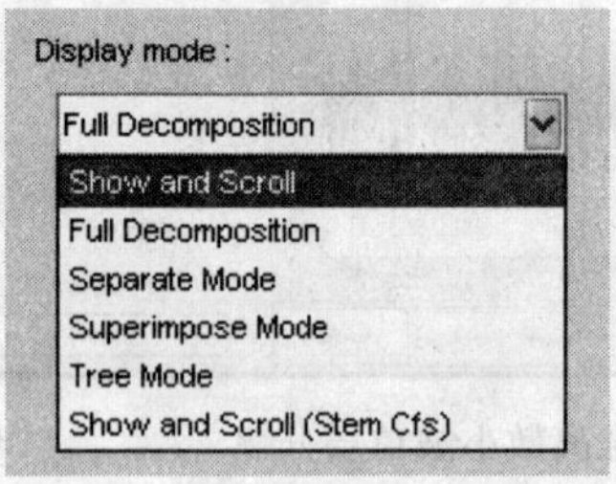

图 3.30　分解模式选择

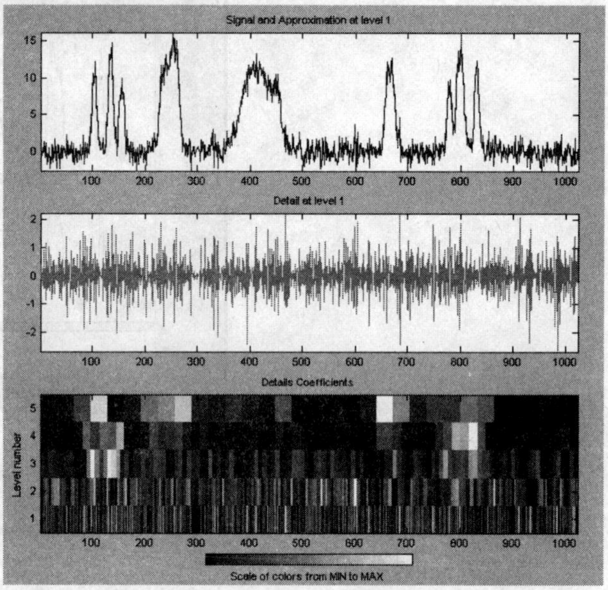

图 3.31 显示滚动模式

② 完全分解模式(Full Decomposition)：在该模式下将信号的低频部分和高频部分全部显示出来，MATLAB 默认的显示方式即为完全分解模式。该模式下的窗口数由所选择的信号分解层数相关，如果 level=3，则显示 5 个窗口。第一个窗口为原始信号窗口，第二个窗口为第三层的近似信号窗口，第三个到第五个窗口分别为第三层、第二层、第一层的细节信号窗口。如图 3.32 所示。

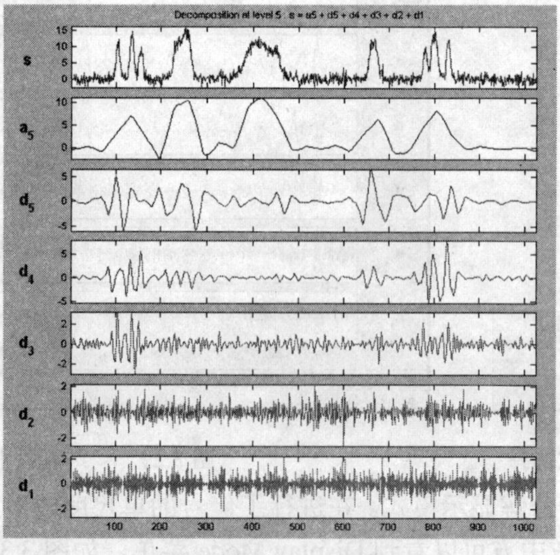

图 3.32 完全分解模式

③ 分离模式(Separate Mode)：将分解后的近似信号和细节信号分成两列来显示。如图

3.33 所示。

④ 叠加模式(Superimpose Mode)：将近似信号的各层系数都叠加在一起，在一个窗口中显示，将细节信号的各层系数也叠加在一起，在另一个窗口中显示，各层系数用不同颜色的曲线表示。如图 3.34 所示。

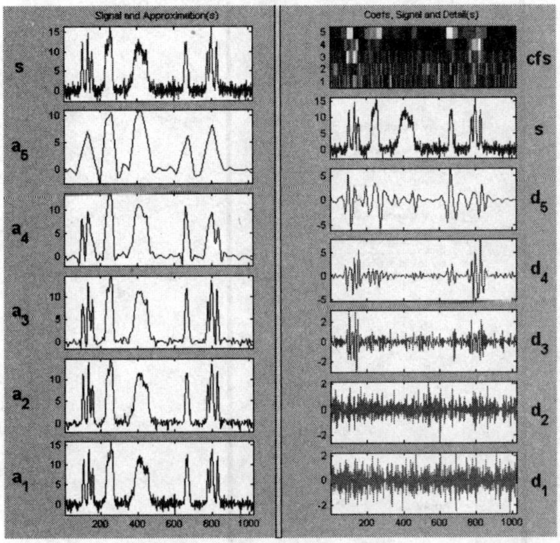

图 3.33 分离模式

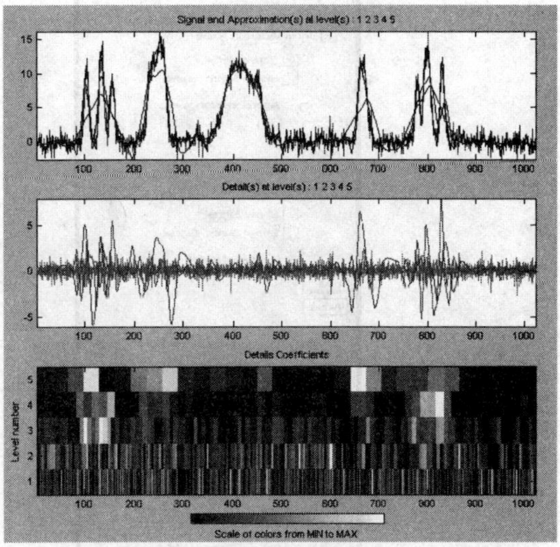

图 3.34 叠加模式

⑤ 树模式(Tree Mode)：在该模式下，显示区域内有 3 个窗口：最左边的窗口用于显示小波分解的树结构；右上角的窗口用于显示原始信号；右下角的窗口显示内容由用户选择，用户可以通过单击右侧小波分解树中任一结点，则在此窗口中即显示该结点系数的重构信号。如图 3.35 所示。

⑥ 显示滚动模式(柱状图)(Show and Scroll(Stem Cfs))：这种模式与显示滚动模式类似，区别在于第三个窗口中的小波系数以柱状图的形式显示。如图 3.36 所示。

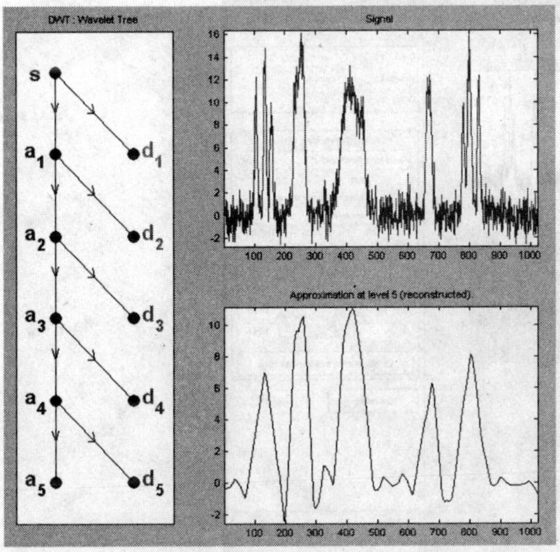

图 3.35 树模式

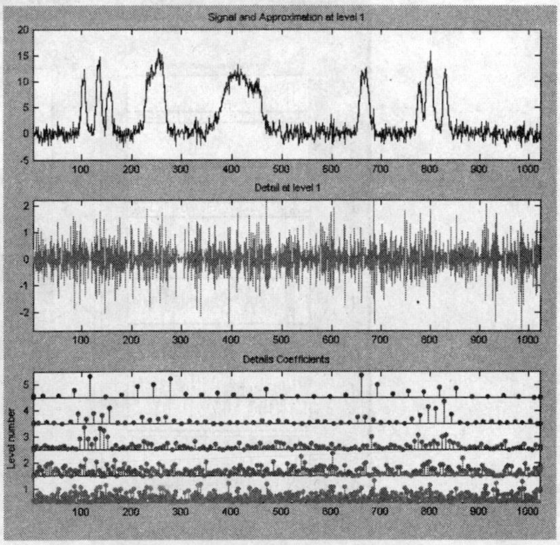

图 3.36 显示滚动模式(柱状图)

除了进行上面的显示模式设置之外，还可以单击 More Display Options 按钮，在打开的窗口中进行进一步的设置。例如如果选择叠加模式，并单击 More Display Options 按钮，将打开如图 3.37 所示的窗口，如果选择滚动模式，并单击 More Display Options 按钮，将打开如图 3.38 所示的窗口。

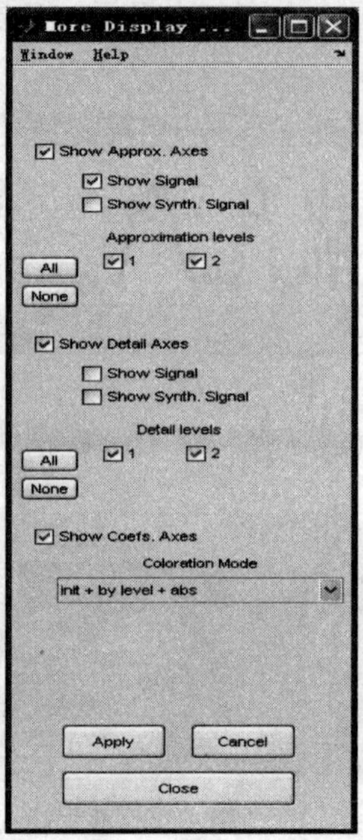

图 3.37　叠加模式设置

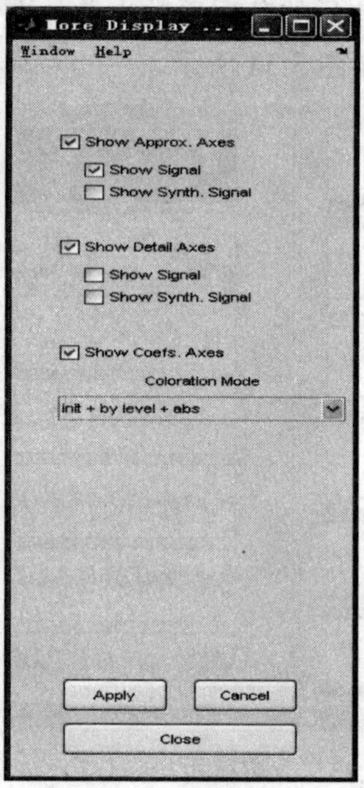

图 3.38　滚动模式设置

叠加模式和分离模式的 More Display Options 窗口的内容一样，显示滚动模式和显示滚动模式(柱状图)的 More Display Options 窗口的内容一样，其他两种显示模式没有 More Display Options 设置。

(5) 对信号进行去噪。单击位于一维离散小波分析工具窗口右中部的 De-noise 按钮，即可打开信号去噪工具窗口，如图 3.39 所示。

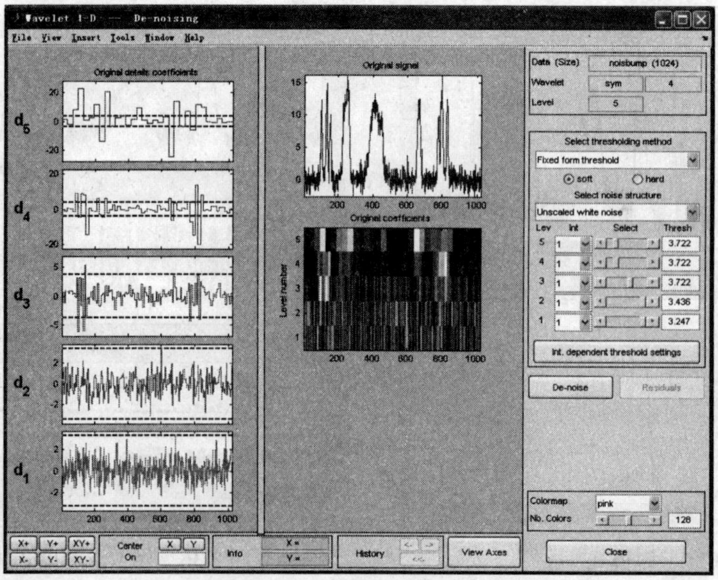

图 3.39　一维离散小波去噪

在图 3.39 所示的窗口的右侧可以进行去噪阈值参数的设置，其中主要的参数包括：Select thresholding method 选项，在其下方的下拉框中可以选择阈值估计方法；阈值函数的选择选项，包括硬阈值和软阈值；Select noise structure 选项，在其下拉框中选择噪声模型；最后是各层阈值的设置，可以通过拖动滚动条或者在右边的文本框中直接输入阈值来设置。

选择软阈值(soft thresholding)和未知尺度的白噪声(unscaled white noise)，单击 De-noise 按钮，即得到去噪后的信号，如图 3.40 所示。原始信号(红色)和去噪信号(蓝色)叠加显示在右侧最上面的图中。

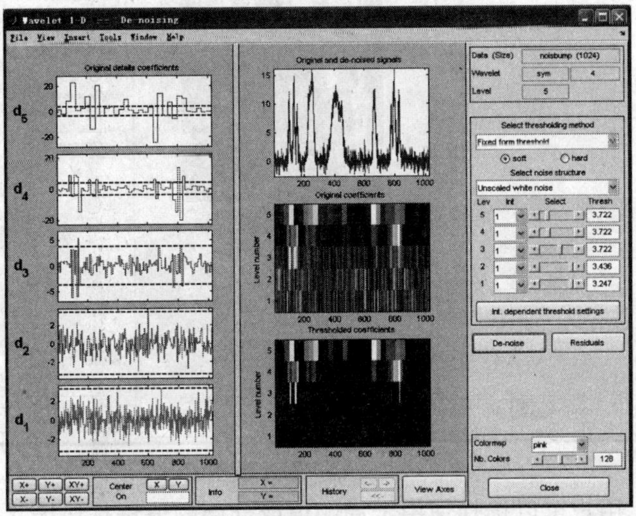

图 3.40　去噪结果

单击图 3.40 右侧的 Residuals 按钮，可以分析消噪后的信号和原信号相比的残差，如图 3.41 所示。图中显示了均值、模式、中指、误差、标准差等统计量和时间序列图和频域分析图。

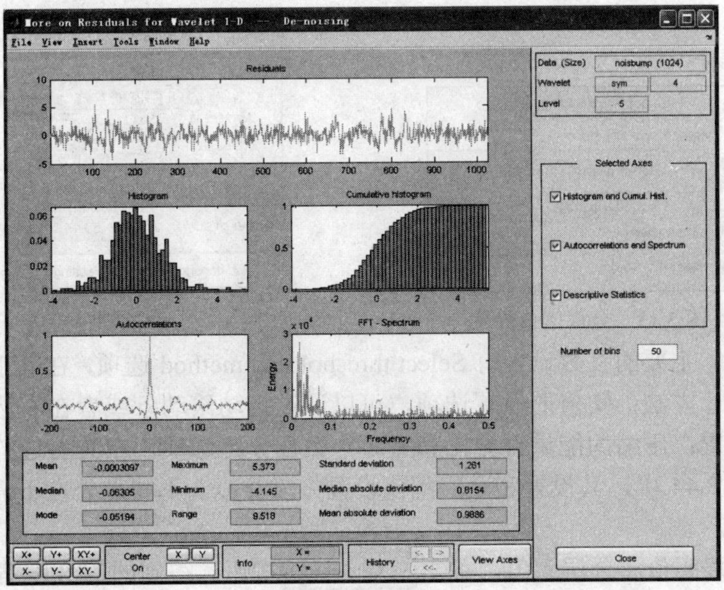

图 3.41　残差分析

(6) 对信号进行压缩。单击位于一维离散小波分析工具窗口右中部的 Compress 按钮，即可打开信号压缩工具窗口，如图 3.42 所示。

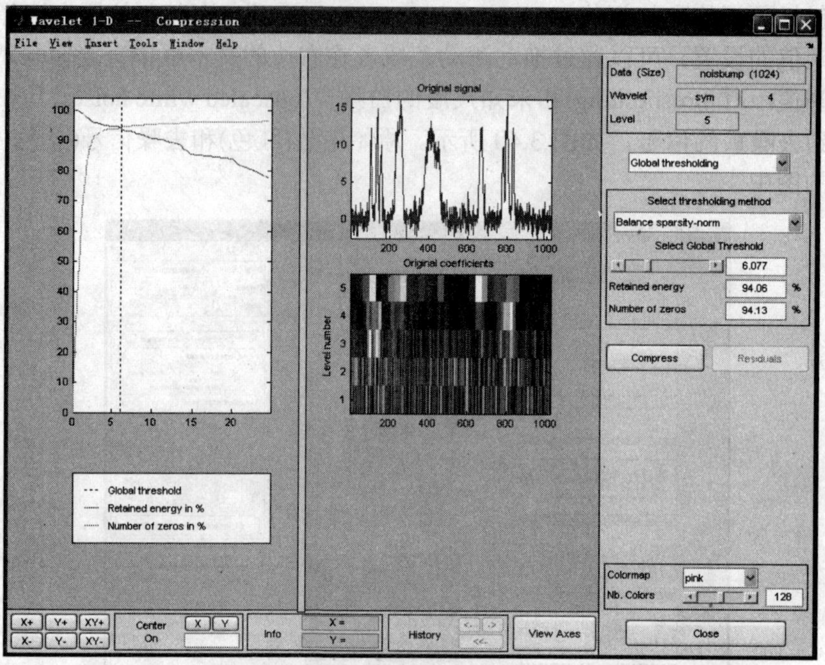

图 3.42　一维离散小波压缩

在窗口的右方，用户可以选择使用全局阈值或分层阈值进行压缩。其中全局阈值的参数设置如图 3.43 所示，分层阈值的参数设置如图 3.44 所示。

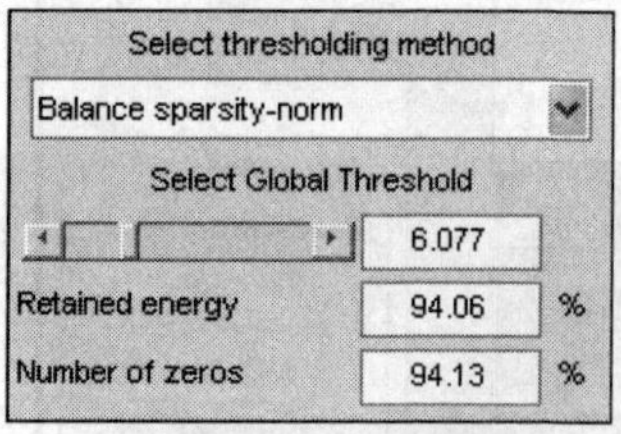

图 3.43　全局阈值设置

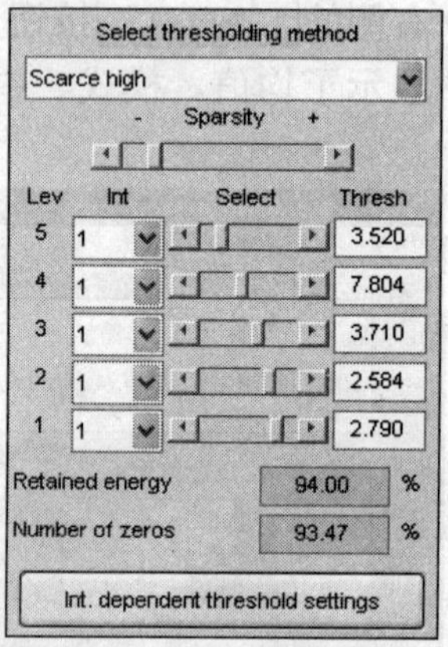

图 3.44　分层阈值设置

在图 3.43 中，主要的参数设置有 Select thresholding method 选项，在其下方的下拉框中可以选择阈值估计方法；阈值的设置选项，可以通过拖动滚动条或者在右边的文本框中直接输入阈值来设置；压缩的能量百分比和置零个数百分比选项，在其右边的文本框中直接输入即可。在图 3.44 中，其设置和全局阈值设置方法类似，不同之处在于需要对各层的阈值分别进行设置。

分别选择全局阈值和分层阈值，单击 Compress 按钮，得到的信号压缩结果如图 3.45 和 3.46 所示。原始信号(红色)和压缩信号(蓝色)叠加显示在右侧最上面的图中。

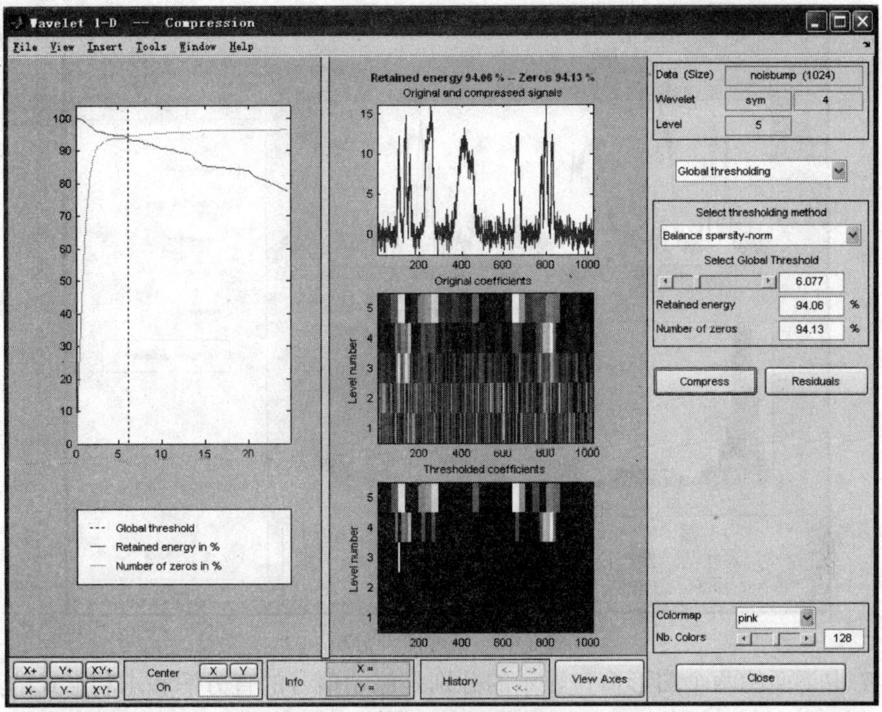

图 3.45　全局阈值压缩结果

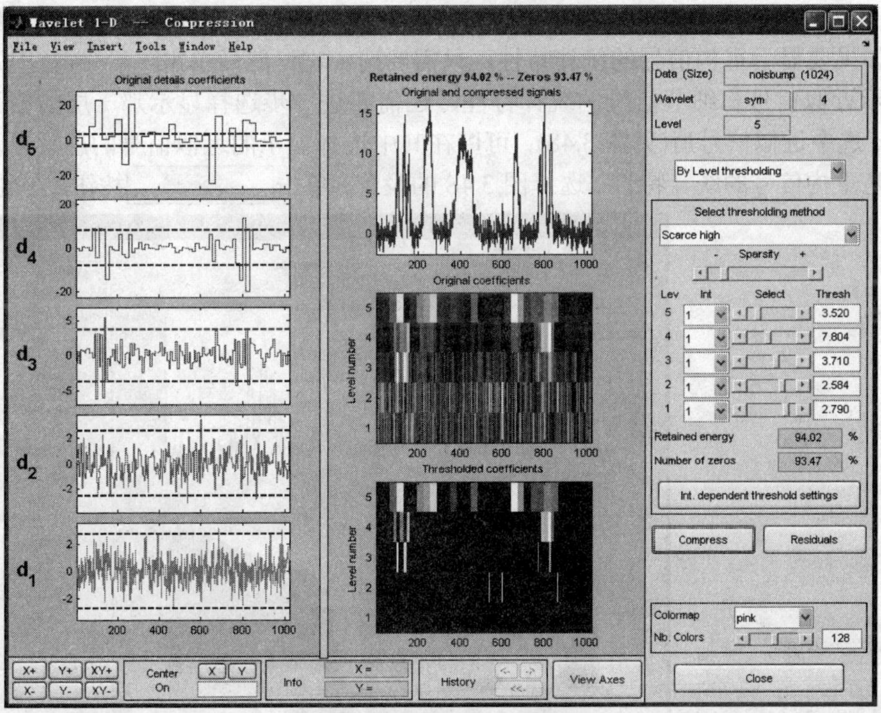

图 3.46　分层阈值压缩结果

单击右侧 Residuals 按钮，可以得到原始信号和压缩信号的残差对比分析结果。

(7) 显示信号统计特性。单击位于一维离散小波分析工具窗口右中部的 Statistics 按钮，即可打开信号统计分析工具窗口，如图 3.47 所示。

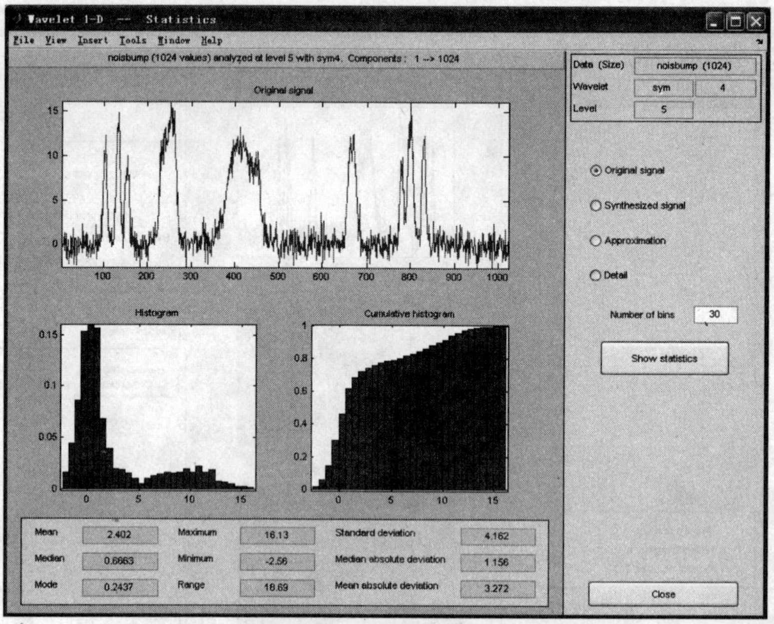

图 3.47　信号统计分析

图 3.47 中下面的两个图形窗口显示的分别是原始信号的直方图和求和形式的直方图。在图形的下方，还以文本的方式显示了信号的平均值、最大值、最小值、标准偏差等统计特性。在窗口的右边，用户可以选择显示原始信号重构信号、近似信号或者细节信号的统计特性。如果要显示重构信号的统计特性，只需要选中它，然后单击 Show statistics 按钮即可。如果要显示近似信号和细节信号的统计特性，还需要进一步选择显示那一层的信号，如图 3.48 所示。选中近似信号后(见图 3.48)，可以在其中选择显示的近似信号的层次以及显示小波系数还是重构信号的统计特性。选择图 3.48 的设置，单击 Show statistics 按钮，得到图 3.49。

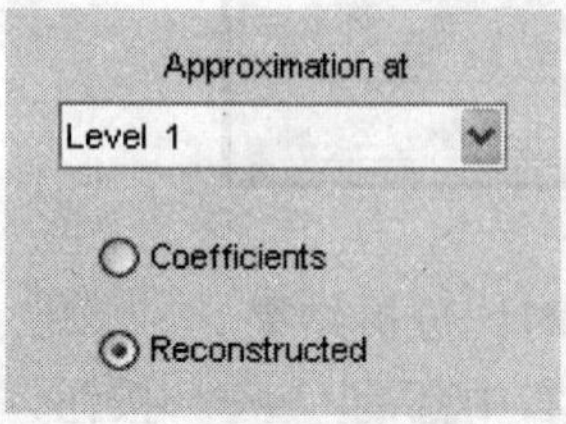

图 3.48　近似信号层数选择

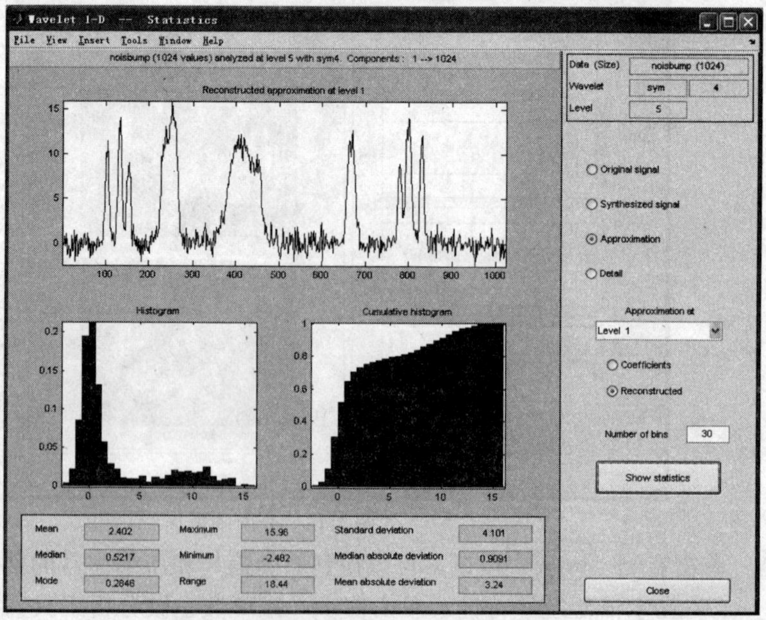

图 3.49　近似信号统计特性

细节信号的统计特性显示方法与近似信号的统计特性显示方法类似，在此不详细介绍。

(8) 显示直方图。单击位于一维离散小波分析工具窗口右中部的 Histograms 按钮，即可打开信号直方图工具窗口，如图 3.50 所示。

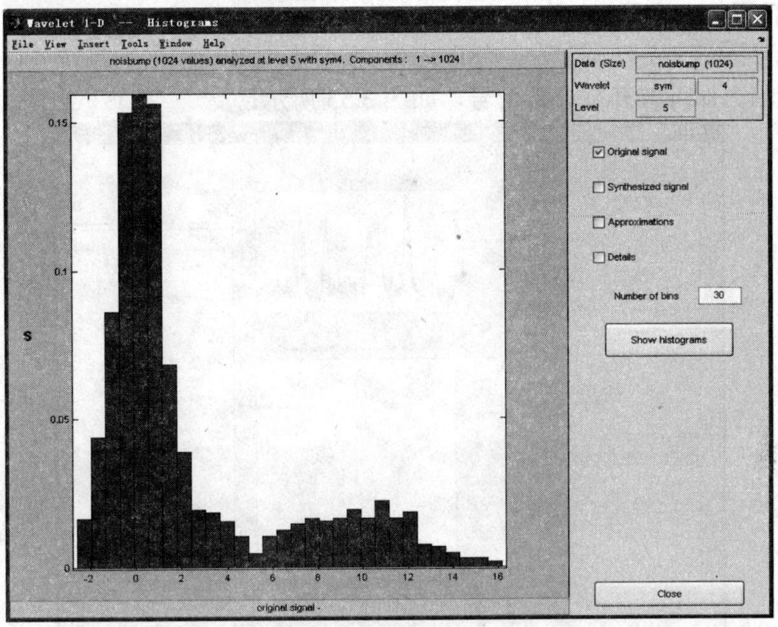

图 3.50　信号直方图

图 3.50 显示的是原始信号的直方图，在窗口的右边用户可以设置显示其他信号的直方图。可以同时选中多个图形，然后单击 Show histograms 按钮显示多个图形的直方图。如果要显示原始信号和重构信号的直方图，只需选中它们，无需再进行其他设置。如果要显示近似信号和细节信号的直方图，需要用户进一步设置想要显示哪一层信号的直方图，如图 3.47 所示。其中用户可以进一步选择显示哪一层或哪几层的近似信号的直方图，显示信号的小波系数还是重构信号直方图等。选择图 3.51 的设置，再次单击 Show histograms 按钮，得到图 3.52。

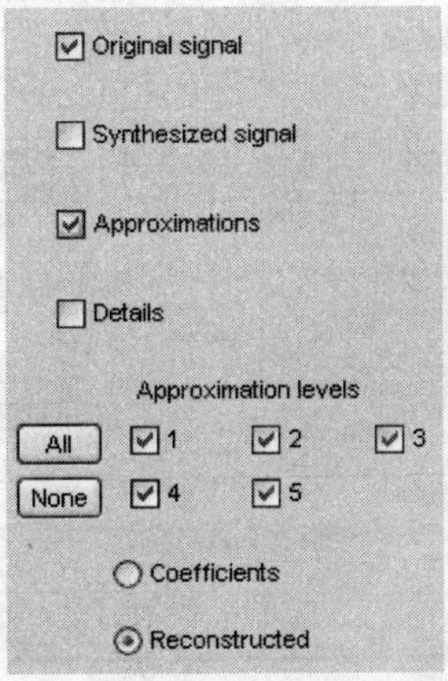

图 3.51　近似信号层数设置

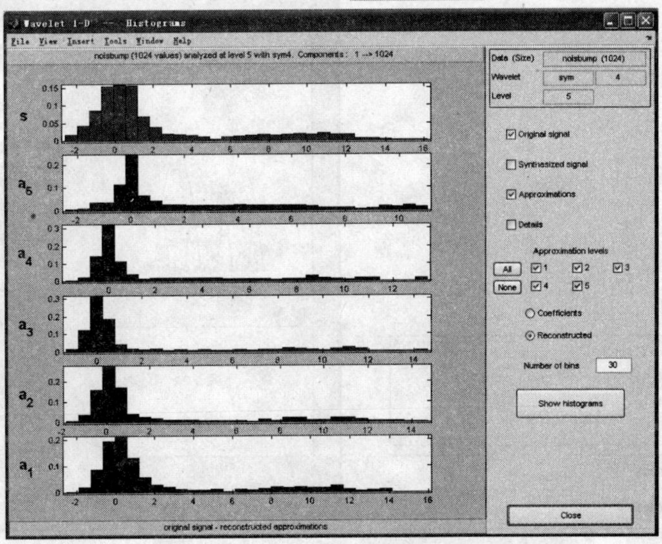

图 3.52　原始和近似信号直方图

3.3.4　一维小波包变换

下面介绍一维小波包变换工具的用法。

(1) 加载信号。在图 3.1 中单击[Wavelet Packet 1-D]按钮，即打开一维小波包分析窗口。选择菜单“File”→“Load”→“Signal”，在弹出的对话框中选择待分析的信号，单击[打开(O)]按钮后，即可打开待分析信号，如图 3.53 所示。

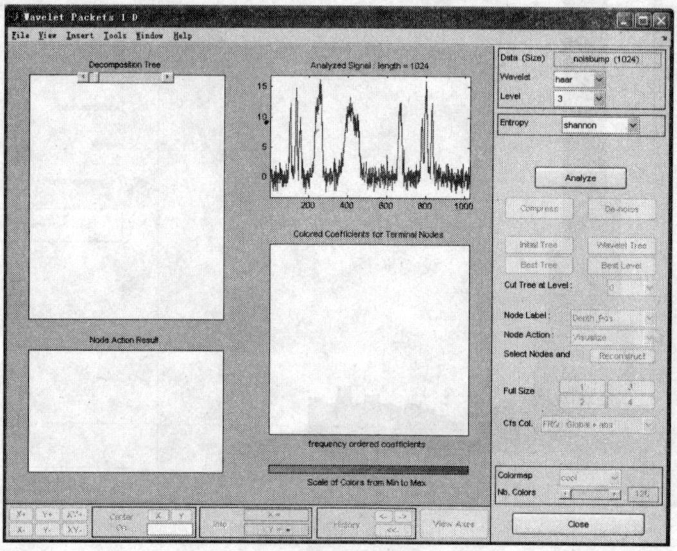

图 3.53　一维小波包分析工具

(2) 设置参数，进行信号一维小波包分解。在图 3.53 右侧可以进行小波包分解的参数设置，从上到下分别为使用的小波、分解层次、使用的熵标准。选择 haar 小波、层次 3 和阈值熵，阈值设置为 0.2，如图 3.54 所示。单击[Analyze]按钮，即得到信号的分解图，如图 3.55 所示。

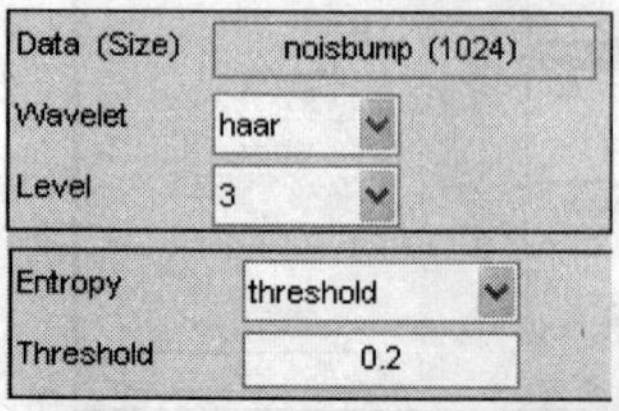

图 3.54　小波包参数设置

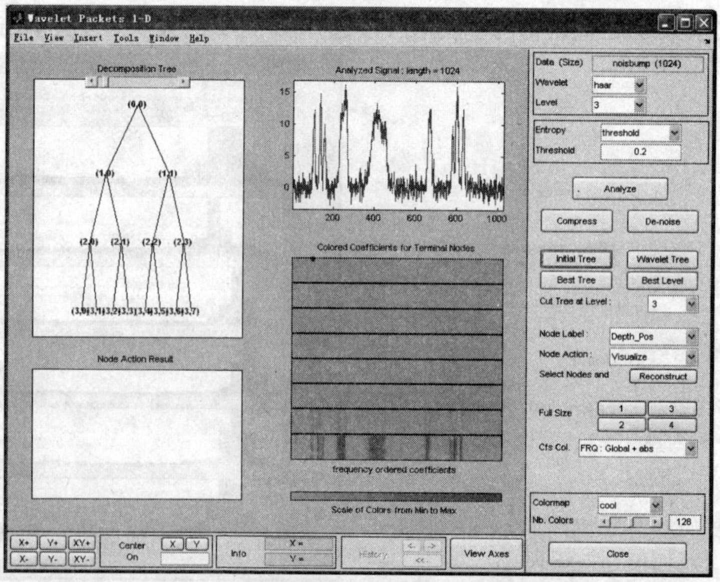

图 3.55　一维小波包分解

(3) 计算最佳树。单击位于一维小波包分析窗口右部的 Best Tree 按钮，即可得到信号得最佳树结构，如图 3.56 所示。

在图 3.56 的最佳树的左边两个显示窗口上方和下方有两个滚动条，向右拉动上方滚动条为对树结构局部进行放大观看，向左拉动滚动条为缩小树结构。向右拉动下方的滚动条可将整个树结构向右移动，向左拉动滚动条为将整个树结构向左移动。

(4) 对信号进行去噪。单击位于一维小波包分析工具窗口右部的 De-noise 按钮，即可打开信号去噪工具窗口，如图 3.57 所示。

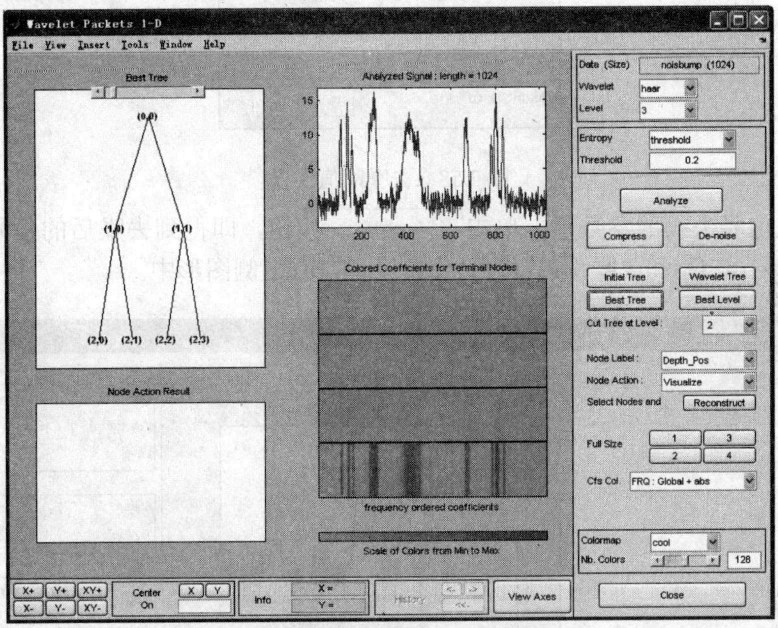

图 3.56　计算最佳树

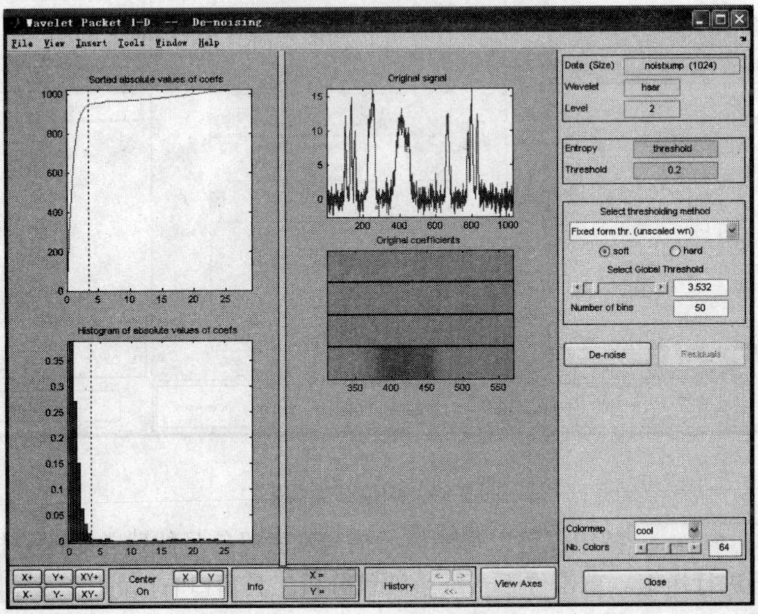

图 3.57　一维小波包去噪

在图 3.57 所示的窗口的右侧可以进行去噪阈值参数的设置，如图 3.58 所示。其中主要的参数包括：Select thresholding method 选项，在其下方的下拉框中可以选择阈值估计方法；阈值函数的选择选项，包括硬阈值和软阈值；阈值的设置选项，用户可以通过拖动滚动条或者在右边的文本框中直接输入阈值来设置；最后是柱条数的设置选项。

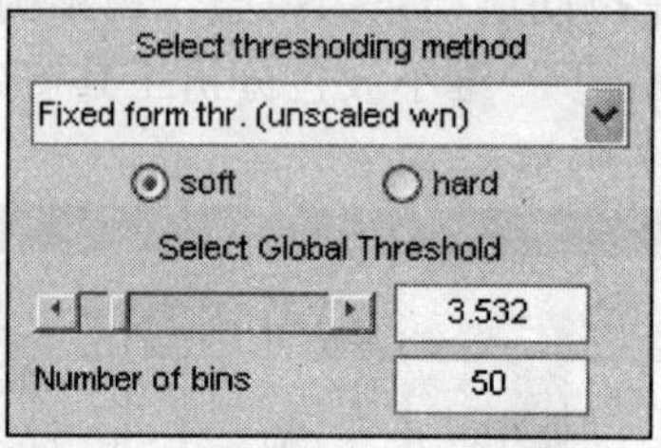

图 3.58　去噪阈值设置

在设置完信号去噪的参数后，单击 De-noise 按钮，即得到去噪后的信号，如图 3.59 所示。原始信号(红色)和去噪信号(蓝色)叠加显示在右上侧图形中。

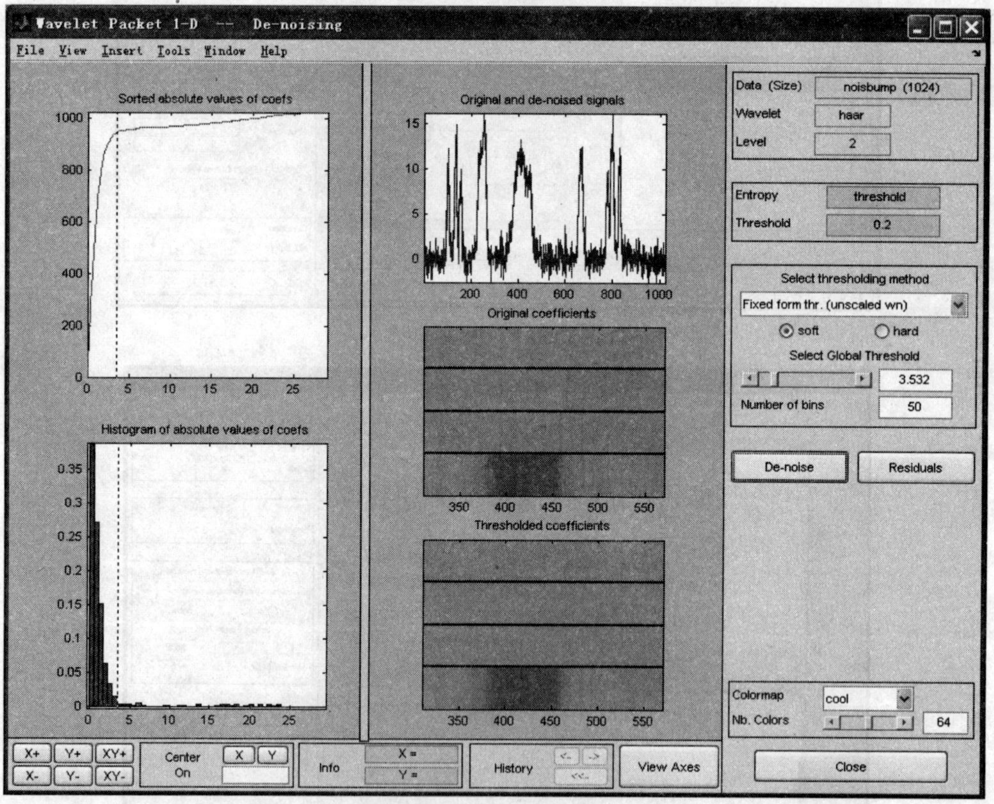

图 3.59　阈值去噪结果

单击右侧 Residuals 按钮，可以得到原始信号和去噪信号的残差对比分析。

(5) 对信号进行压缩。单击位于一维小波包分析工具窗口右部的 Compress 按钮，即可打开信号压缩工具窗口，如图 3.60 所示。

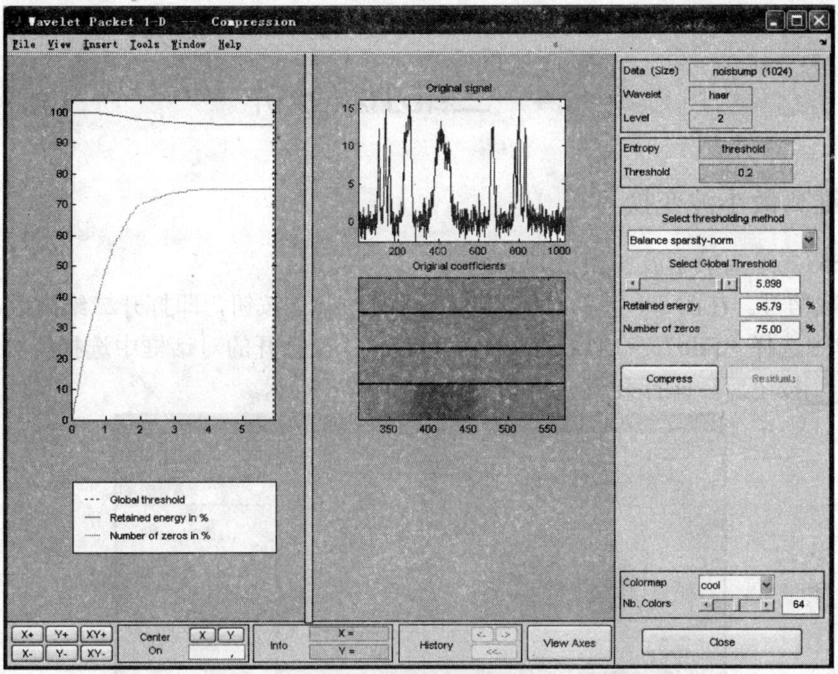

图 3.60　一维小波包压缩

在窗口的右方，用户可以进行阈值参数设置，如图 3.61 所示。

在图 3.61 中，主要的参数设置有 Select thresholding method 选项，在其下方的下拉框中可以选择阈值估计方法；阈值的设置选项，可以通过拖动滚动条或者在右边的文本框中直接输入阈值来设置；压缩的能量百分比和置零个数百分比设置选项，在其右边的文本框中直接输入即可。在设置完各个参数后，单击 Compress 按钮，即可得到压缩后的信号，如图 3.62 所示。原始信号(红色)和压缩信号(蓝色)叠加显示在右侧最上面的窗口中。

单击右侧 Residuals 按钮，可以得到原始信号和压缩信号的残差对比分析。

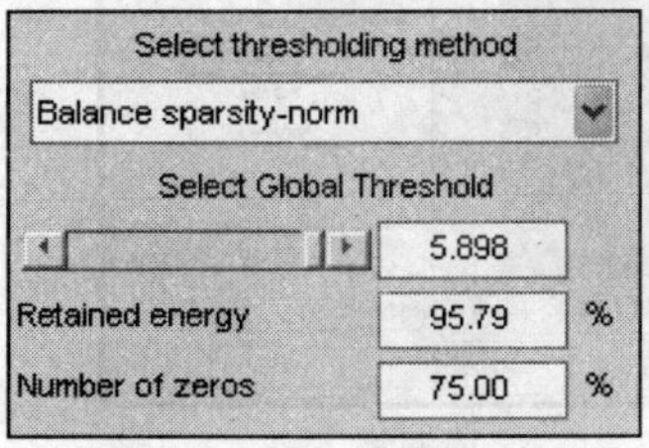

图 3.61　阈值参数设置

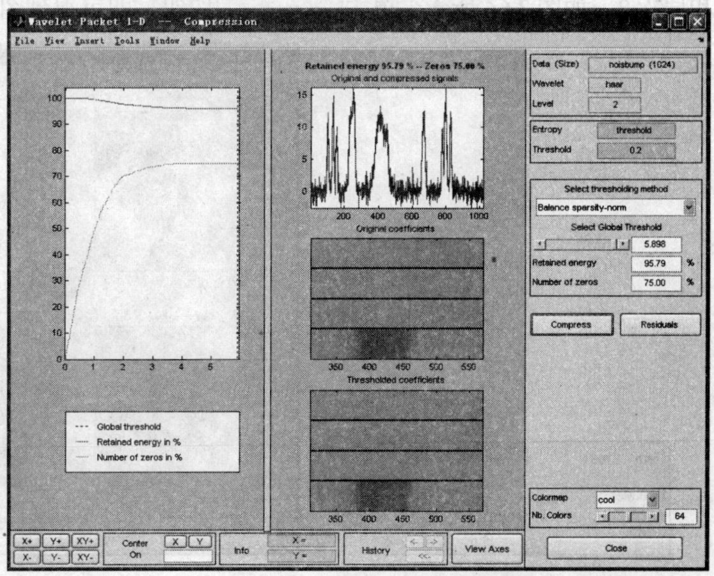

图 3.62　小波包压缩结果

3.4　二维小波分析

3.4.1　二维离散小波变换

下面介绍二维离散小波变换工具的用法。

(1) 加载信号。在图 3.1 中单击 Wavelet 2-D 按钮，即打开二维离散小波分析窗口。在菜单中选择“File”→“Load”→“Image”，在打开的对话框中选择待分析的图像，单击 打开(O) 按钮后，即打开待分析图像，如图 3.63 所示。

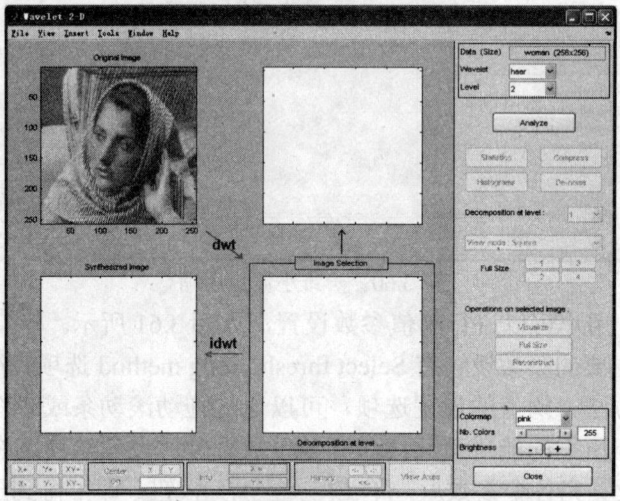

图 3.63　二维离散小波分析工具

(2) 对图像进行二维离散小波变换。在二维离散小波分析工具窗口的右上方选择 haar 小波和层次 2，如图 3.64 所示。单击 Analyze 按钮，即可得到图像的分解图，如图 3.65 所示。

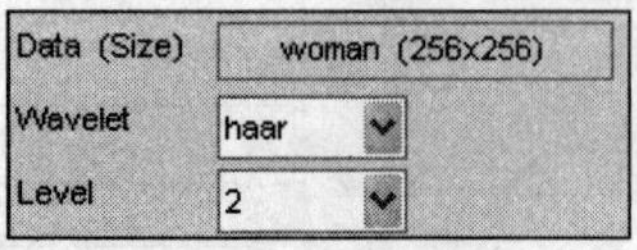

图 3.64　小波参数设置

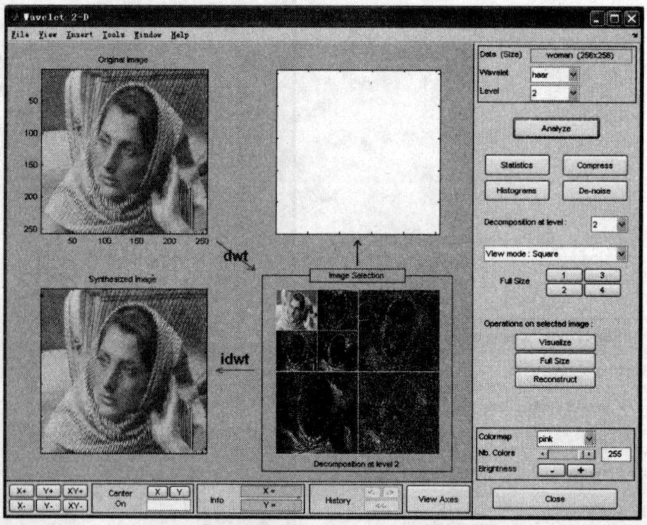

图 3.65　二维离散小波分解

(3) 使用方块图模式显示。在图 3.65 的右侧有一个下拉框，可以进行显示模式的选择，包括方块图显示模式(View mode：Square)和树显示模式(View mode：Tree)。方块图模式包括 4 个显示窗口：左上方的显示窗口是原始图像；左下方的窗口是重构后的图像；右下方的窗口是近似信号和所有的水平方向、垂直方向和斜线方向的细节信号；右上方的窗口是用户想要更加仔细观看的信号，如图 3.65 所示。

用户可以单击右下方窗口中的任何信号，则被单击的信号边缘会出现一个蓝色的边框，表示选中了此信号，如图 3.66 所示。如果再次单击同一个信号，则表示取消刚才的选择。在二维小波分析工具窗口的右下方，有一组标记为“Operations on selected image”的按钮，如图 3.67 所示。

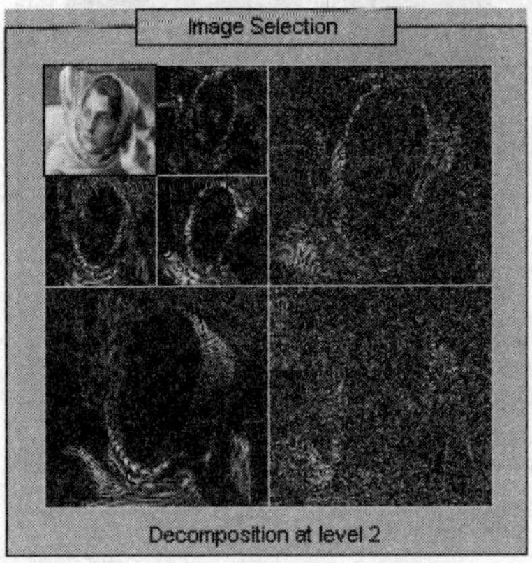

图 3.66 方块图显示模式

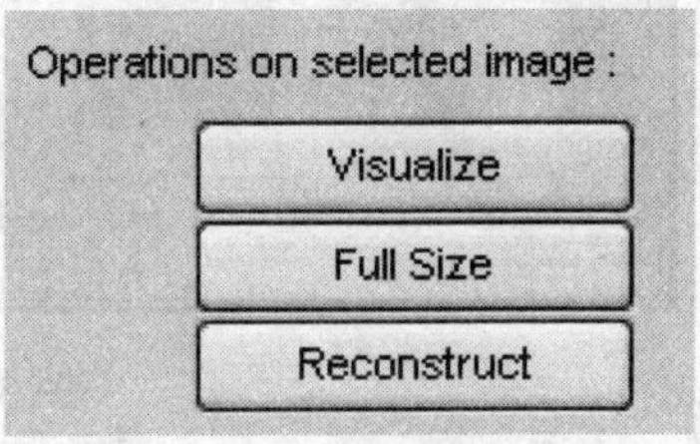

图 3.67　Operations on selected image 选项

在进行了上面的选择后，单击图 3.67 中的

按钮，即可以在右上方的窗口中观看选择的信号，如图 3.68 所示。如果单击

按钮，将以最大化方式显示信号，如图 3.69 所示。如果单击

按钮，则显示重构信号。

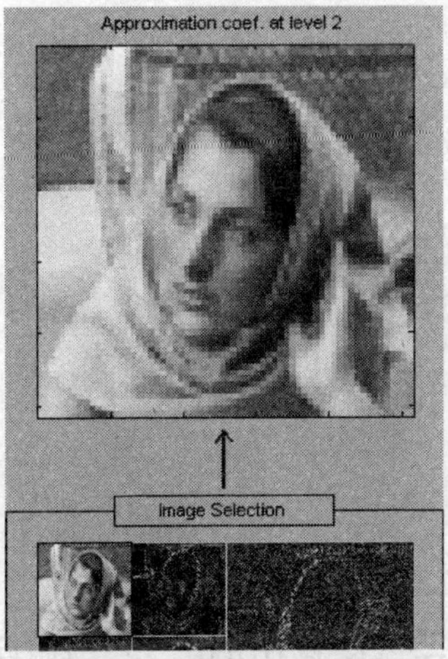

图 3.68　显示选中图像

图 3.69　最大化显示

(4) 使用树模式显示。选择树模式显示后的窗口如图 3.70 所示。

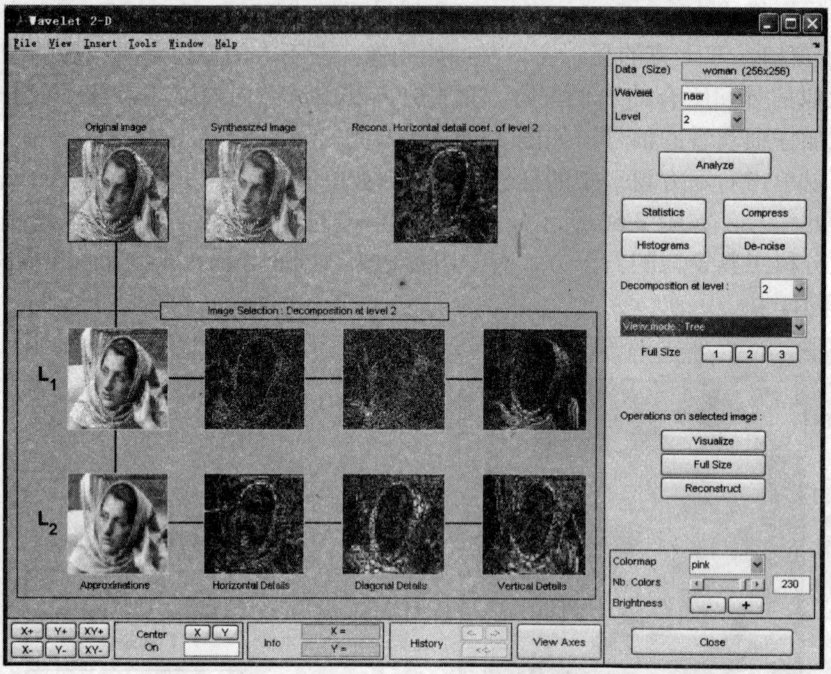

图 3.70　树模式显示

树模式与方块图模式类似，只是它按照层次显示所有分解信号，比方块图模式多了低层的近似信号的显示窗口。其他各种工具的使用与方块图模式类似。

(5) 显示局部。按住鼠标左键，当出现十字叉符号后，拖动鼠标将需要放大或缩小的局部放入绿色的矩形框中，如图 3.71 所示。根据需要单击 X+ Y+ XY+ 三个按钮中的任何一个即可进行放大，根据需要单击 X- Y- XY- 三个按钮中的任何一个即可进行缩小。现在单击 XY+ 按钮，结果如图 3.72 所示。

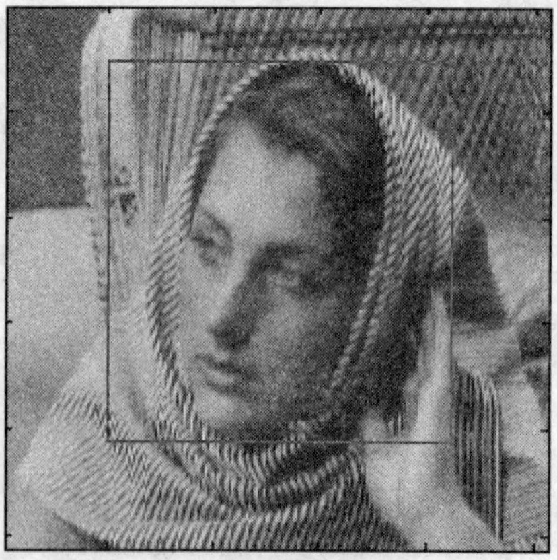

图 3.71　选择放大目标

如果要回到刚才的放大或缩小之前的状态，单击“History”区域中的 <<- 按钮即可。

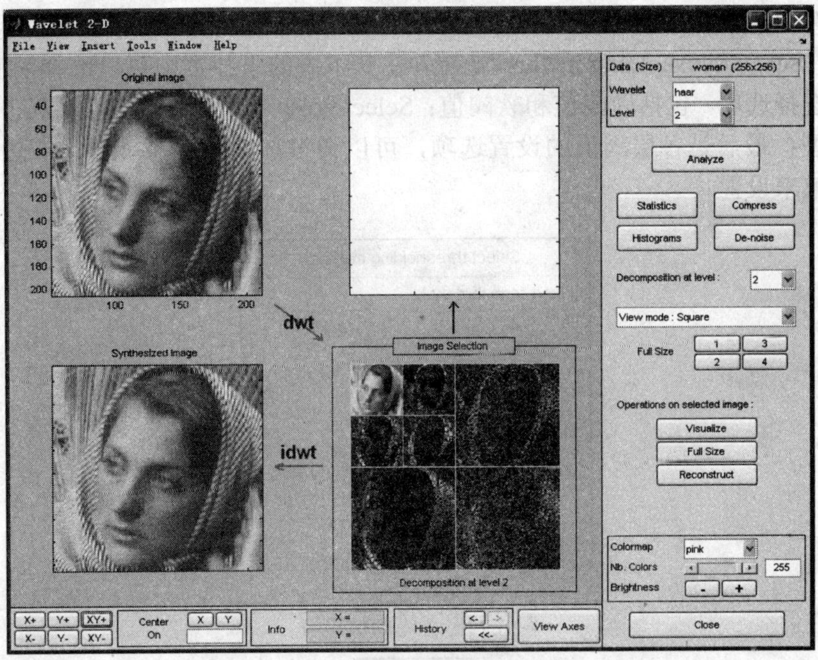

图 3.72　XY 方向放大

(6) 对图像进行去噪。单击位于二维离散小波分析工具窗口右部的 De-noise 按钮，即可打开图像去噪工具窗口，如图 3.73 所示。

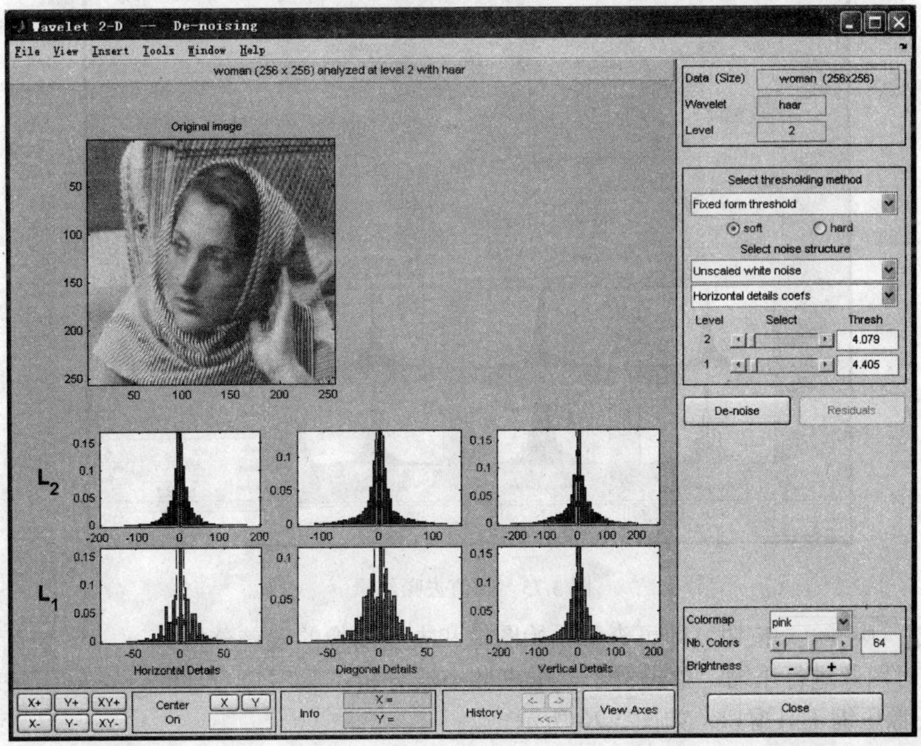

图 3.73　二维离散图像去噪

在图 3.73 所示的窗口的右侧可以进行去噪阈值参数的设置，如图 3.74 所示。其中主要的参数包括：Select thresholding method 选项，在其下方的下拉框中可以选择阈值估计方法；阈值函数的选择选项，包括硬阈值和软阈值；Select noise structure 选项，在其下拉框中可以选择噪声模型；最后是各层阈值的设置选项，可以通过拖动滚动条或者在右边的文本框中直接输入阈值来设置。

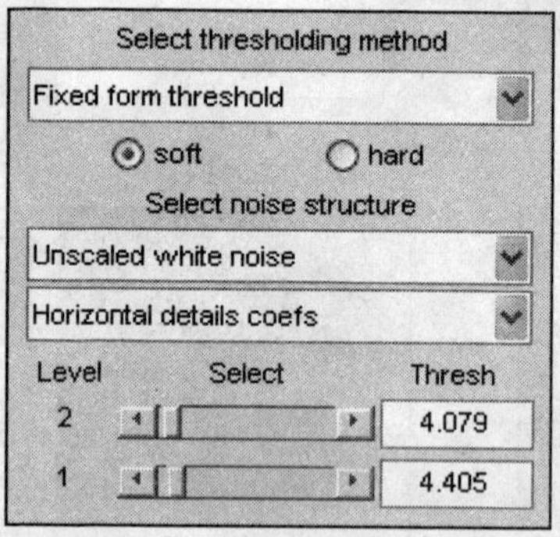

图 3.74　去噪阈值设置

在设置完信号去噪的参数后，单击 De-noise 按钮，即得到去噪后的信号，如图 3.75 所示。左侧显示的是原始图像，右侧为去噪后的图像。

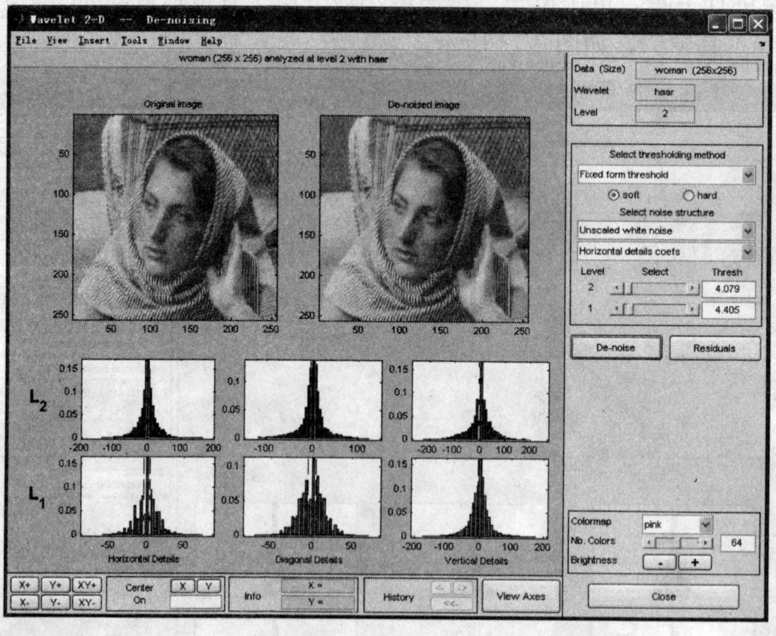

图 3.75　阈值去噪结果

单击 Residuals 按钮，即可查看原始图像和去噪图像的残差分析。

(7) 对图像进行压缩。单击位于二维离散小波分析工具窗口右部的 Compress 按钮，即可打开图像压缩工具窗口，如图 3.76 所示。

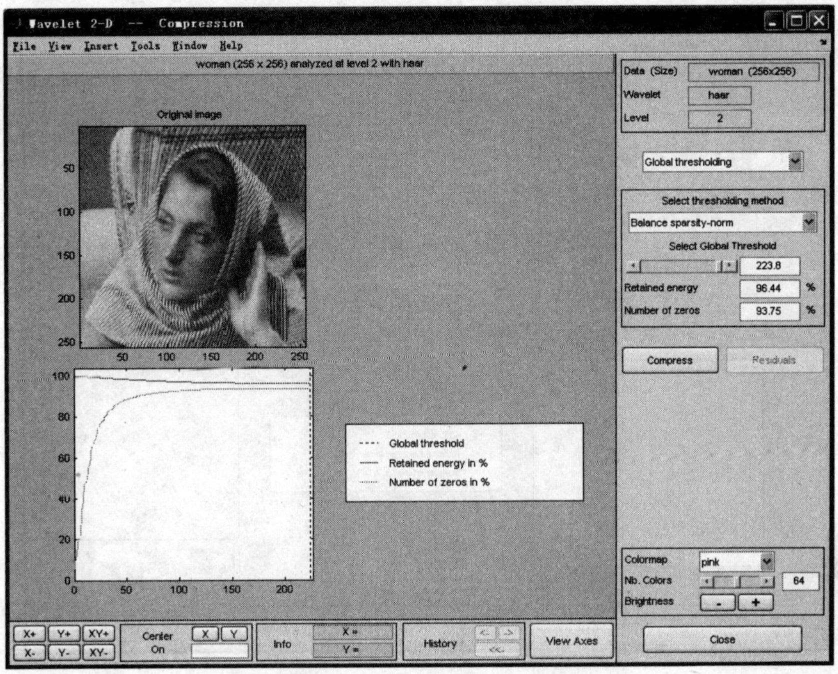

图 3.76　二维离散图像压缩

在窗口的右方，用户可以选择使用全局阈值或分层阈值来进行压缩。其中全局阈值的参数设置如图 3.77 所示，分层阈值的参数设置如图 3.78 所示。

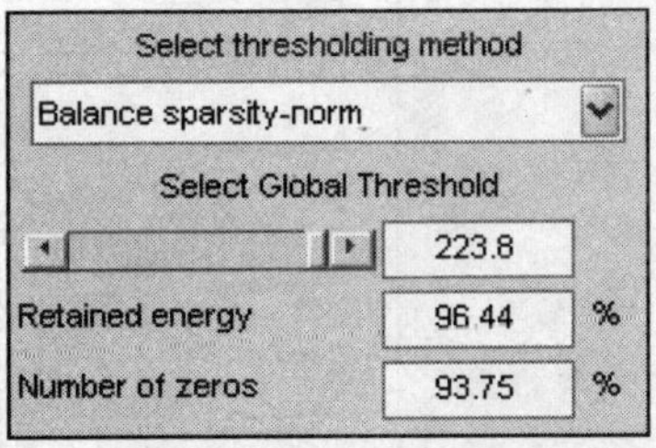

图 3.77　全局阈值设置

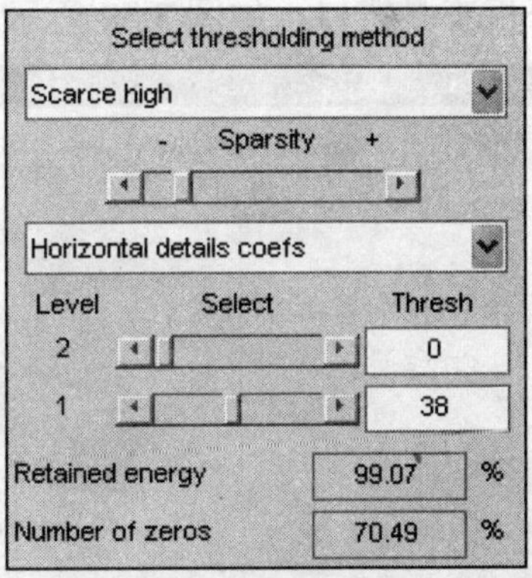

图 3.78　分层阈值设置

在图 3.77 中，主要的参数设置有 Select thresholding method 选项，在其下方的下拉框中可以选择阈值估计方法；阈值的设置选项，可以通过拖动滚动条或者在右边的文本框中直接输入阈值来设置；压缩的能量百分比和置零个数百分比选项，在其右边的文本框中直接输入设置值即可。

在图 3.78 中，其设置和全局阈值设置类似，不同之处在于需要对各层的阈值参数分别进行设置。

选择全局阈值，设置完参数后，单击 Compress 按钮，即可得到信号压缩后的图像，如图 3.79 所示。原始图像显示在左侧，右侧为压缩后的图像。

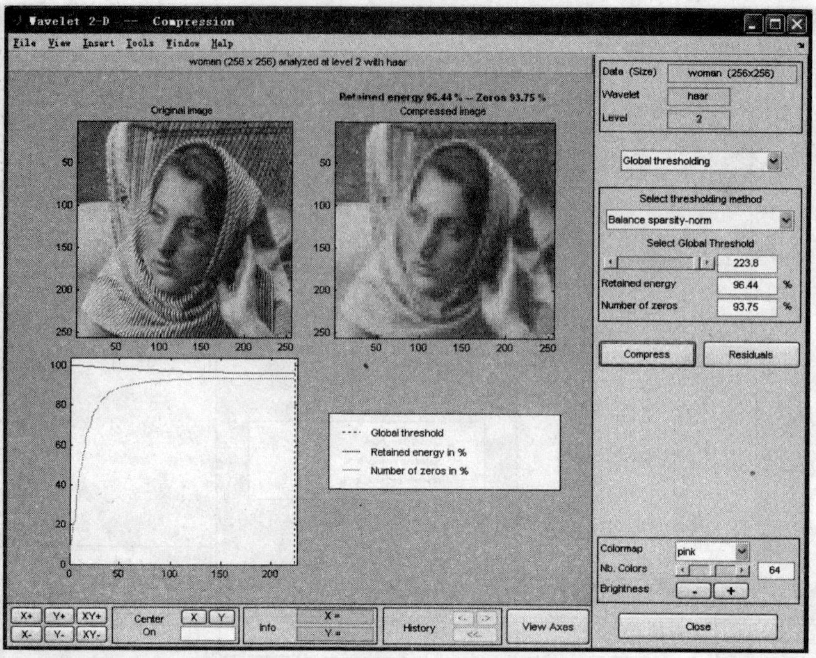

图 3.79　全局阈值图像压缩结果

单击 Residuals 按钮，即可查看原始图像和压缩图像的残差分析。

(8) 显示统计特性。单击位于二维离散小波分析工具窗口右部的 Statistics 按钮，即可打开图像统计分析工具窗口，如图 3.80 所示。

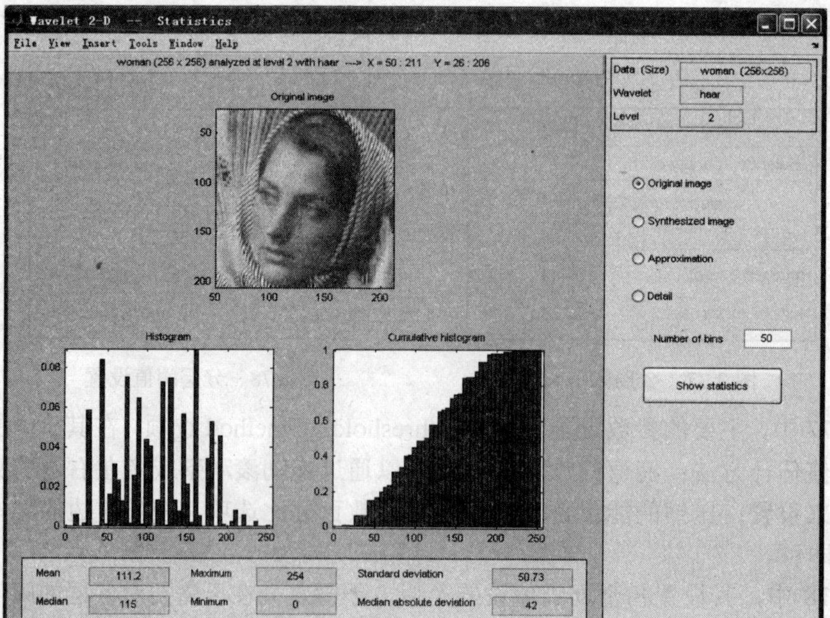

图 3.80　图像统计特性

图 3.80 中下面的两个图形窗口显示的分别是原始信号的直方图和求和形式的直方图。在图形的下方，还以文本的方式显示了信号的平均值、最大值、最小值、标准偏差等统计特性。在窗口的右边，用户可以选择显示重构信号、近似信号或者细节信号的统计特性。如果要显示重构信号的统计特性，只需要选中它，然后单击 Show statistics 按钮即可。如果要显示近似信号和细节信号的统计特性，还需要进一步进行选择显示哪一层的信号，如图 3.81 所示。

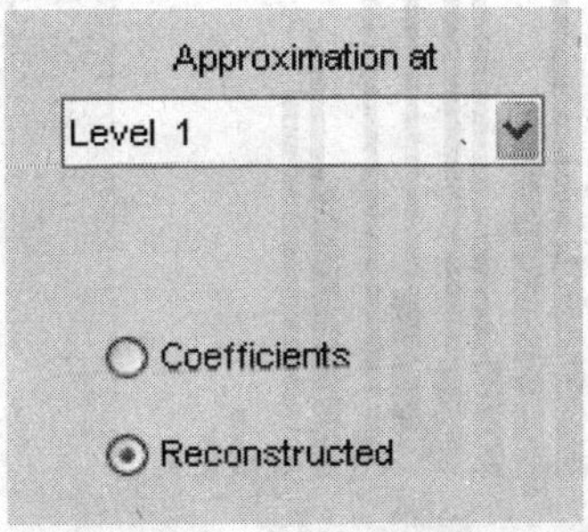

图 3.81　近似信号显示设置

如果选择显示近似信号的统计特性，在选中它后，用户可以在其中选择显示哪一层近似信号的统计特性，选择显示小波系数还是重构信号的统计特性。按照图 3.67 的设置，单击 Show statistics 按钮，得到图 3.82。

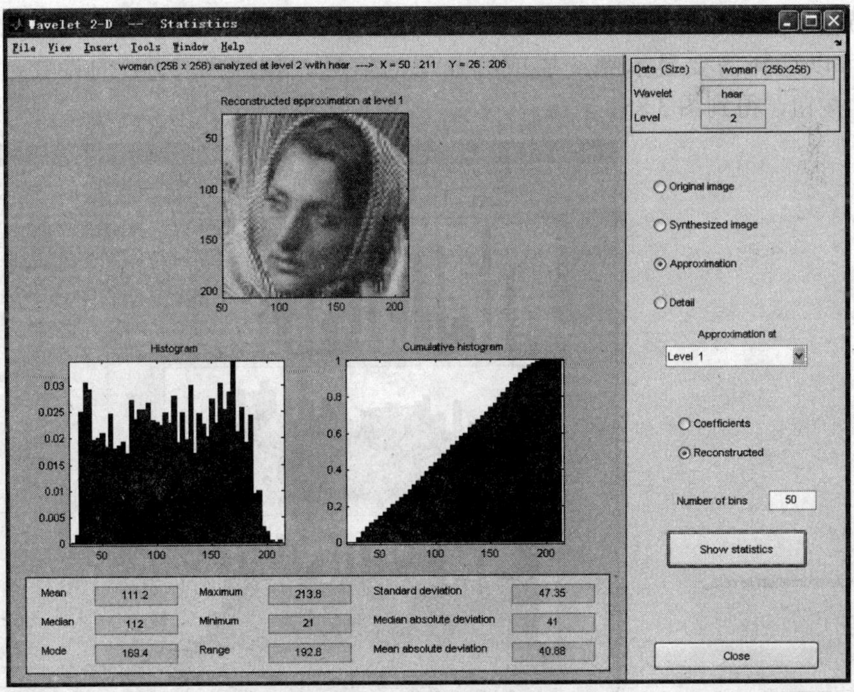

图 3.82　近似信号统计特性

细节信号统计特性的显示方法与近似信号类似。

(9) 显示直方图。单击位于二维离散小波分析工具窗口右部的 Histograms 按钮，即可打开图像直方图工具窗口，如图 3.83 所示。

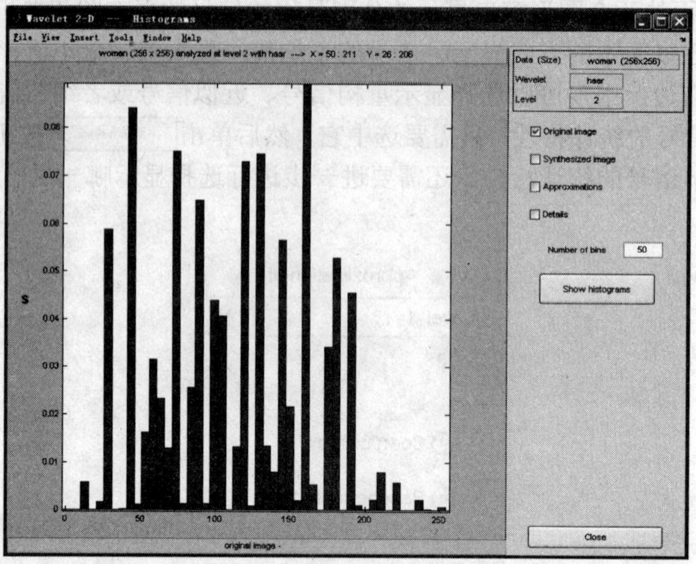

图 3.83　信号直方图

图 3.83 显示的是原始信号的直方图，用户可以在窗口的右边设置显示其他信号的直方图。可以同时选中多个图形，然后单击 Show histograms 按钮显示多个图形的直方图。如果要显示原始信号或重构信号的直方图，只需选中它们，无需再进行其他设置。如果要显示近似信号或细节信号的直方图，需要用户进一步设置想要显示直方图的信号，如图 3.70 所示。其中用户可以选择需要显示哪一层或哪几层的信号。按照图 3.84 的设置，再次单击 Show histograms 按钮，得到图 3.85。

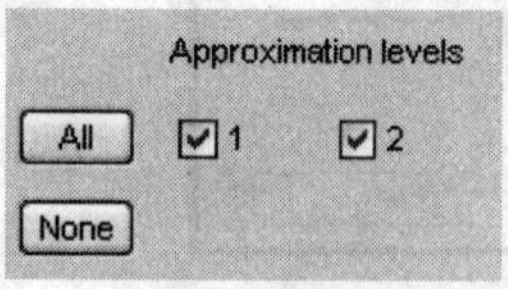

图 3.84　近似信号层数设置

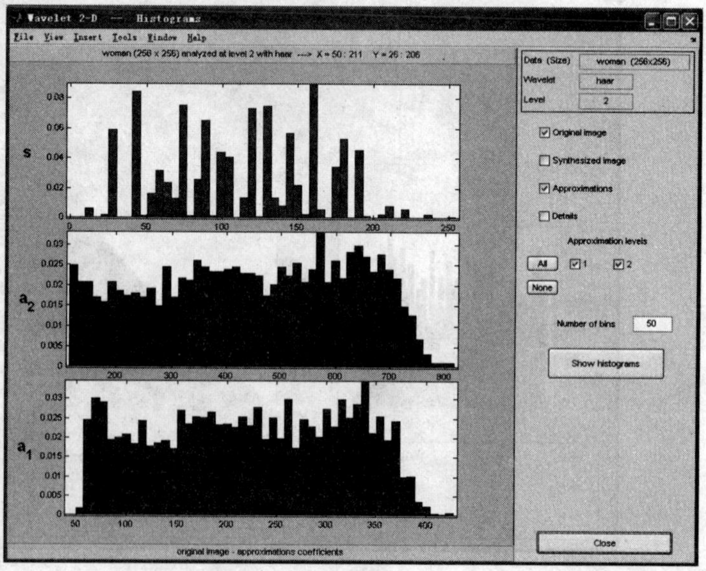

图 3.85　原始和近似信号直方图

3.4.2　二维小波包变换

下面介绍二维小波包变换工具的用法。

(1) 加载信号。在图 3.1 中单击 Wavelet Packet 2-D 按钮，即打开二维小波包分析窗口。选择菜单“File”→“Load”→“Image”，在弹出的对话框中选择待分析的图像，单击 打开(O) 按钮后，即打开待分析图像，如图 3.86 所示。

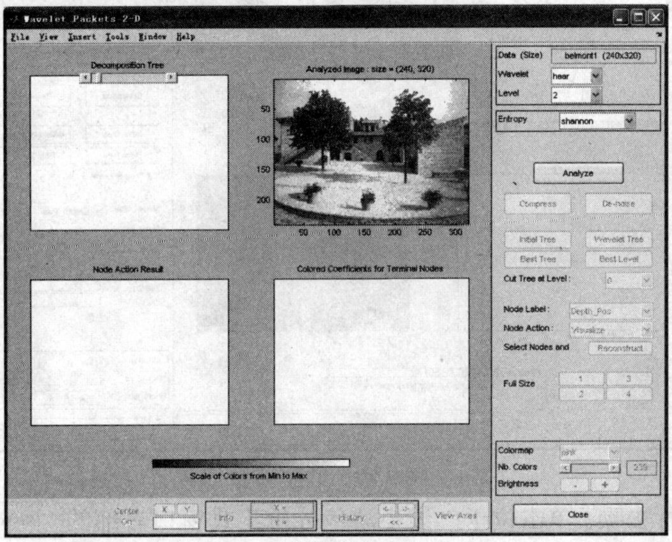

图 3.86　二维小波包分析

(2) 对图像进行二维小波包分解。在二维小波包分析工具窗口的右上方选择 sym2 小波、层次 2 和 shannon 熵，如图 3.87 所示。单击 Analyze 按钮，即可得到图像的分解图，如图 3.88 所示。

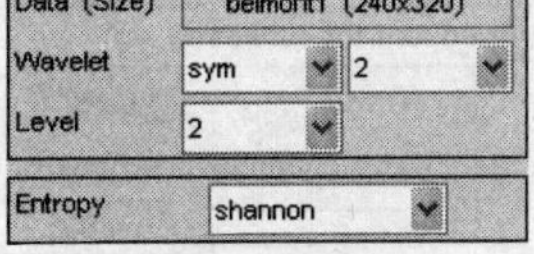

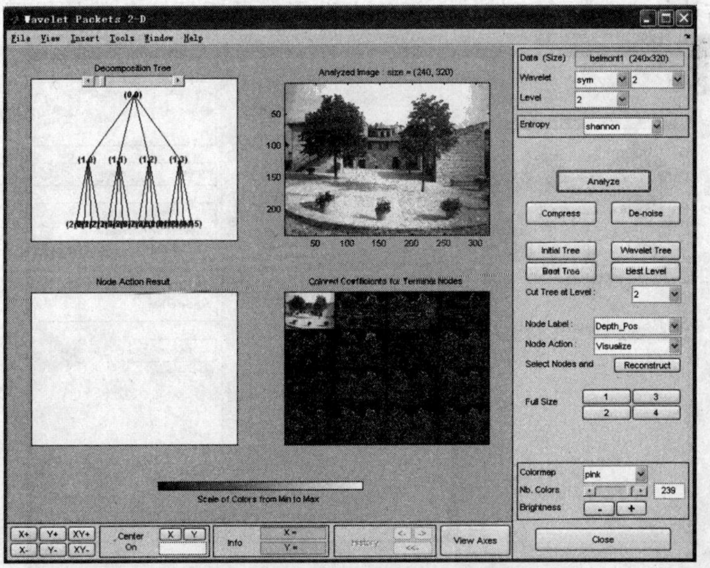

图 3.87　小波包设置　　图 3.88　二维小波包分解

在小波包工具箱中，可供选择的熵类型有 shannon、threshold、norm、log energy、sure 和 user。

(3) 计算最佳树。单击位于二维小波包分析窗口右部的 Best Tree 按钮，即可得到图像的最佳树结构，如图 3.89 所示。

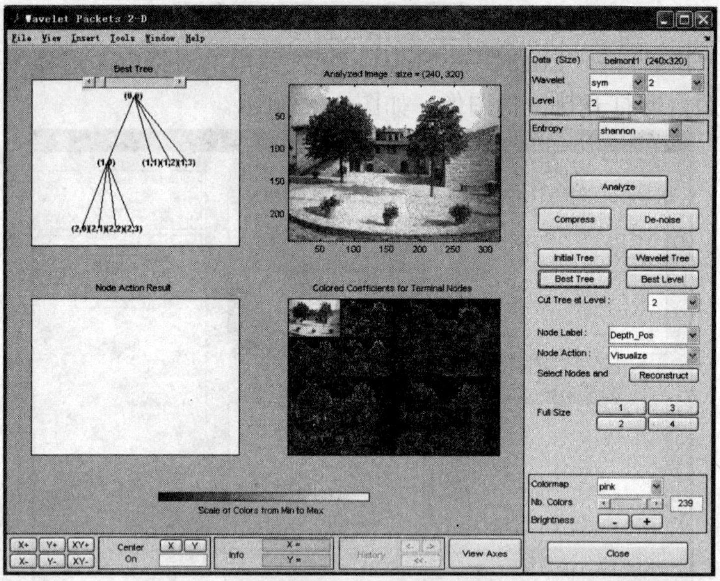

图 3.89　最佳树

(4) 对图像进行去噪。单击位于二维小波包分析工具窗口右部的 De-noise 按钮，即可打开图像去噪工具窗口，如图 3.90 所示。

在图 3.89 所示的窗口的右侧可以进行去噪阈值参数的设置，如图 3.91 所示。其中主要的参数包括：Select thresholding method 选项，在其下方的下拉框中可以选择阈值估计方法；阈值函数的选择选项，包括硬阈值和软阈值；阈值的设置选项，可以通过拖动滚动条或者在右边的文本框中直接输入阈值来设置；最后是柱条数的设置选项。

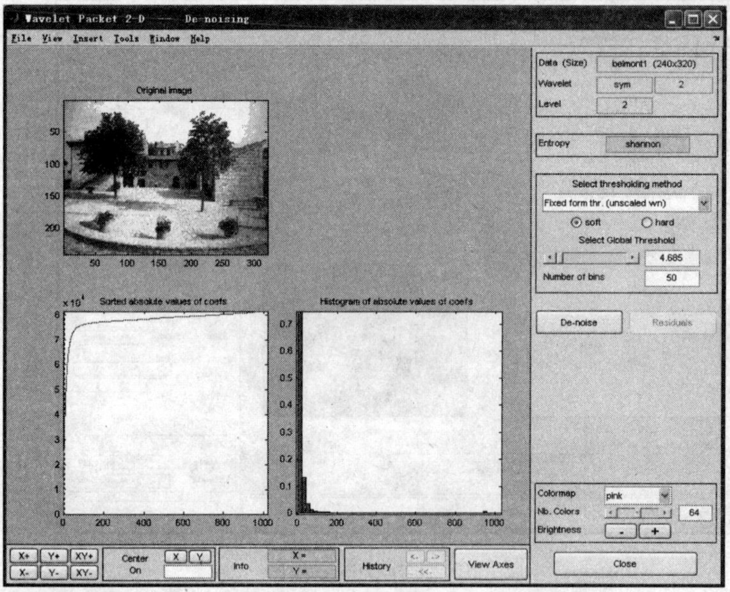

图 3.90　二维小波包去噪

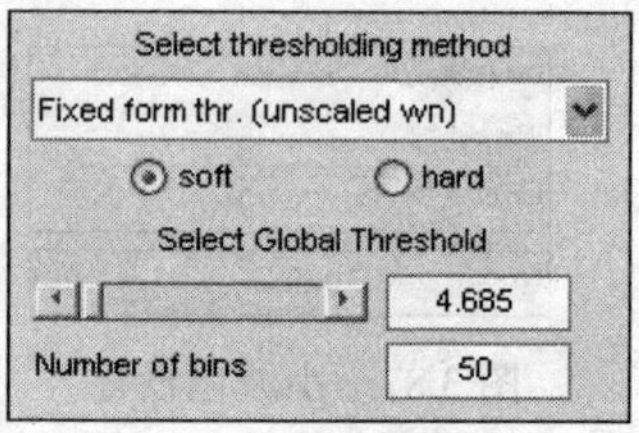

图 3.91　去噪阈值设置

在设置完图像去噪的参数后，单击 De-noise 按钮，即可得到去噪后的图像，如图 3.92 所示。左侧显示的为原始图像，右侧显示的是去噪图像。

单击 Residuals 按钮，即可查看原始图像和去噪图像的残差分析。

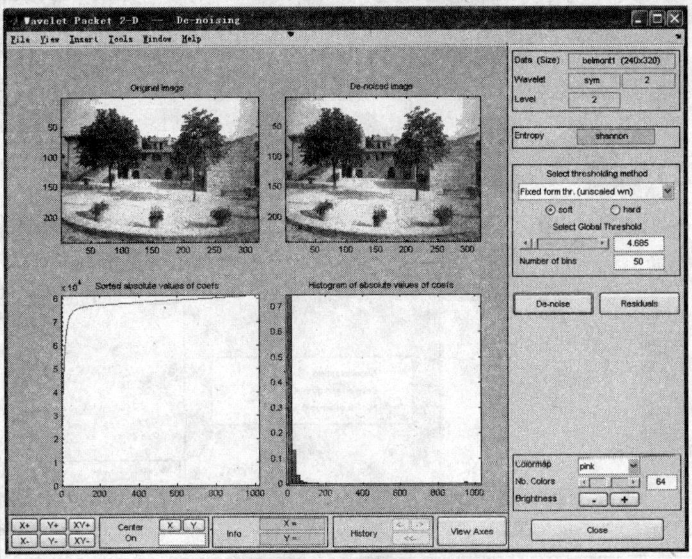

图 3.92　图像阈值去噪

(5) 对图像进行压缩。单击位于二维小波包分析工具窗口右部的 Compress 按钮，即可打开图像压缩工具窗口，如图 3.93 所示。在窗口的右方，用户可以进行阈值参数设置，如图 3.94 所示。

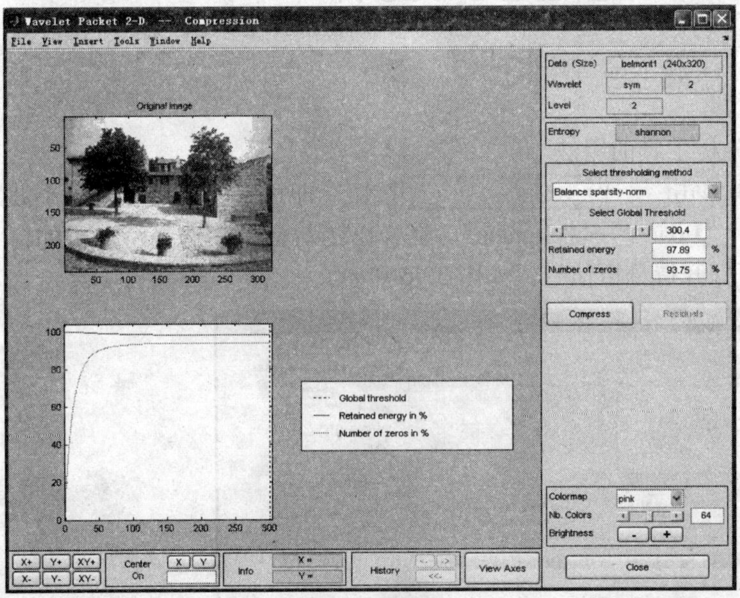

图 3.93　二维小波包压缩

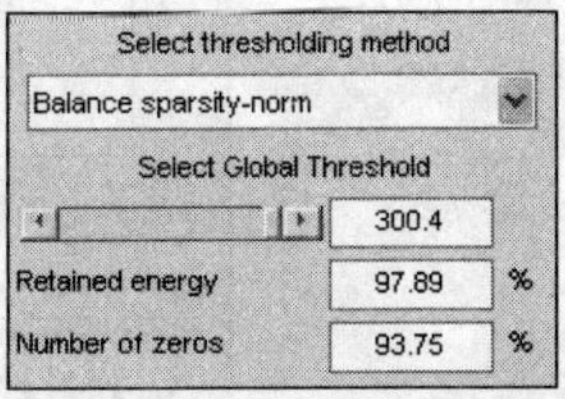

图 3.94　压缩阈值设置

在图 3.94 中，主要的参数设置有 Select thresholding method 选项，在其下方的下拉框中可以选择阈值估计方法；阈值的设置选项，可以通过拖动滚动条或者在右边的文本框中直接输入阈值来设置；压缩的能量百分比和置零个数百分比设置选项，在其右边的文本框中直接输入即可。在设置完各个参数后，单击 Compress 按钮，即可得到压缩后的图像，如图 3.95 所示，左侧显示的是原始图像，右侧显示的是压缩图像。

单击 Residuals 按钮，即可查看原始图像和压缩图像的残差分析。

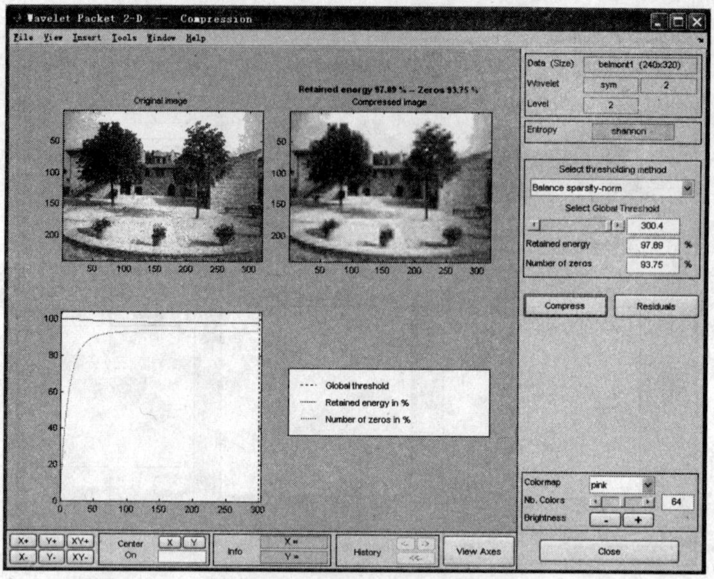

图 3.95　图像小波包压缩

3.5　一维多信号小波分析

3.5.1　一维多信号分析

下面介绍一维多信号小波分析工具的用法。

(1) 加载信号。在图 3.1 中单击 Multisignal Analysis 1-D 按钮，即可打开多信号一维小波分析窗口。选择菜单“File” → “Load” → “Signals”，在弹出的对话框中选择待分析的信号，单击 打开(O) 按钮后，即可打开待分析信号，如图 3.96 所示。

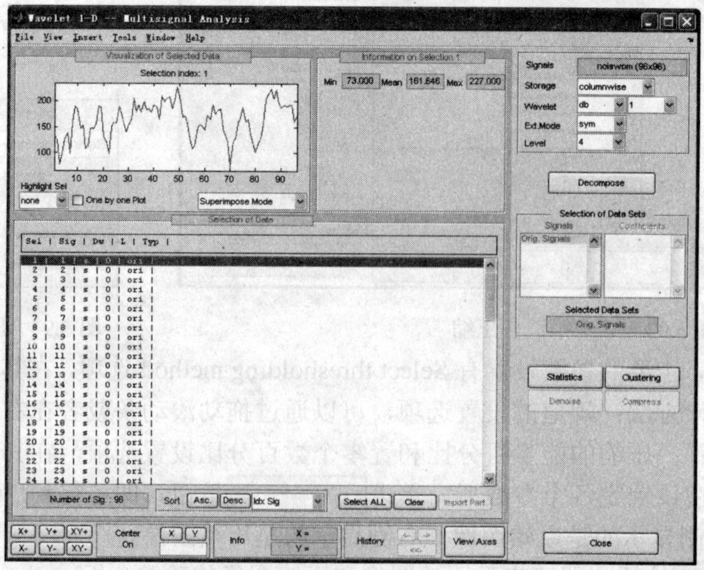

图 3.96　多信号小波分析窗口

(2) 显示信号。可以使用 Ctrl 键在下面的 Selection of Data 面板中选择需要显示的多个信号，使用 Shift 键可以选择连续的多个信号进行显示，单击 Select ALL 按钮可以选择所有的信号进行显示，单击 Clear 按钮取消选择。选择前 10 个信号，如图 3.97 所示。

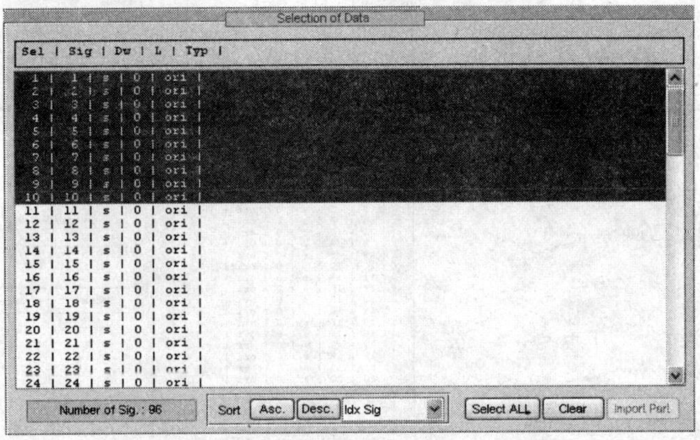

图 3.97　选择前 10 个信号

被选择的信号在左上角的 Visualization of Selection Data 面版中显示出来，所有被选择信号的最大值、最小值和均值在右上角的 Information on Selection Data 中显示。可以使用 Visualization of Selection Data 面版中的 Highlight Sel 下拉框，选择需要凸显的信号，被选择信号变成黑色，在其右侧的下拉框中选择显示模式，包括叠加或分开。假设选择凸显信号 1，分别选择叠加模式和分开模式，则结果分别如图 3.98 和图 3.99 所示。

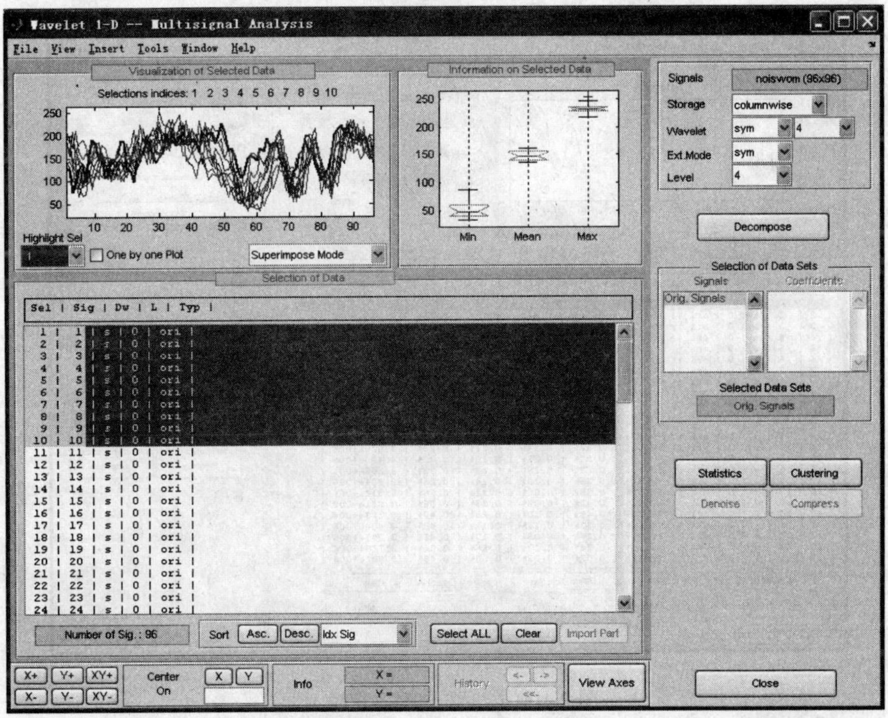

图 3.98　叠加模式显示

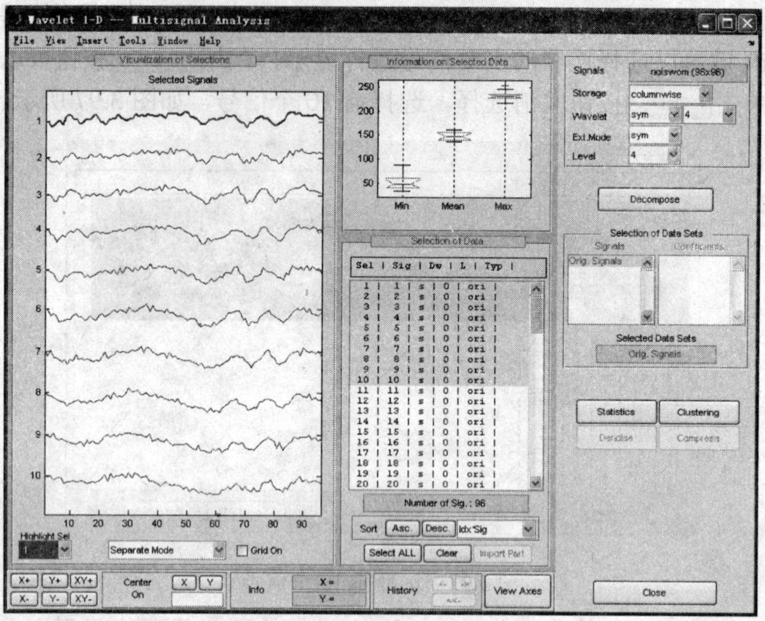

图 3.99　分开模式显示

(3) 对多个信号进行小波分解。选择存储方式为 columnwise，sym4 小波，延拓方式为 sym，分解层数为 4。单击 Decompose 按钮，则所有原始信号被分解，执行完毕后，默认显示信号 1 的信息，如图 3.100 所示。如果需要查看其他信号的信息，操作方式与上面相同。

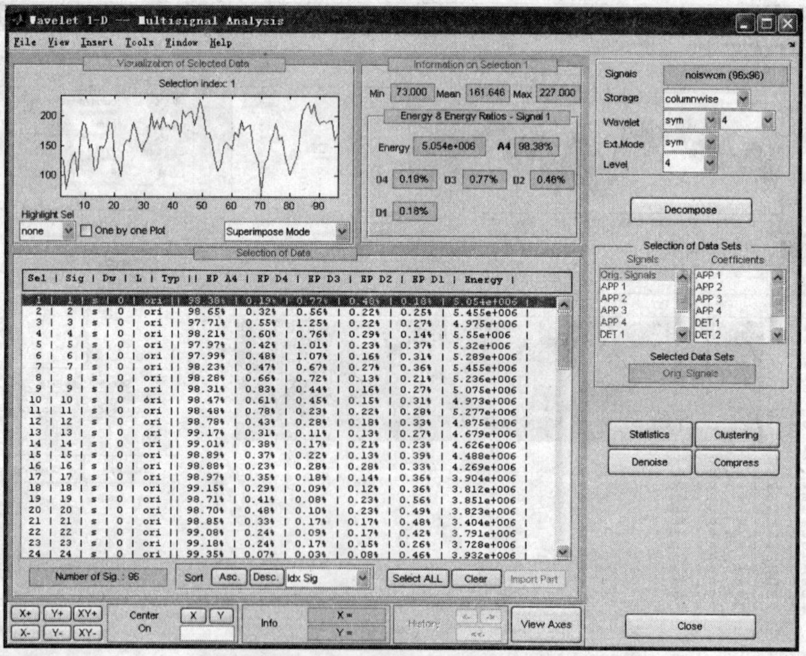

图 3.100　小波分解多个信号

在 Selection of Data Sets 面版左侧列表中可以选择原始信号或各层小波系数重构信号，

右侧列表中选择各层小波分解系数，如图 3.101 所示选择小波重构信号 APP4，选中信号 1-5，得到结果如图 3.102 所示。

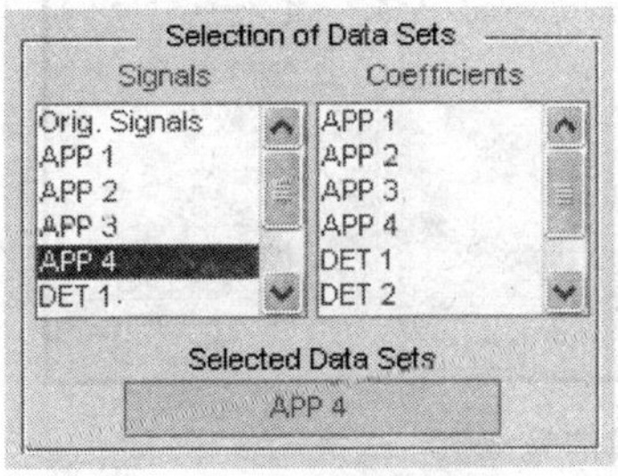

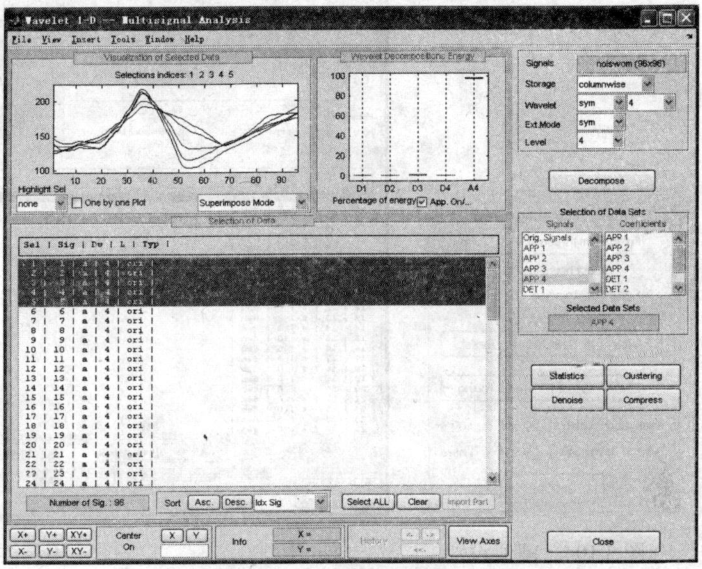

图 3.101　选择数据集　　　　图 3.102　显示多个 APP4 重构信号

(4) 多信号去噪。单击位于一维多信号分析工具窗口右部的 Denoise 按钮，即可打开信号去噪工具窗口，如图 3.103 所示。

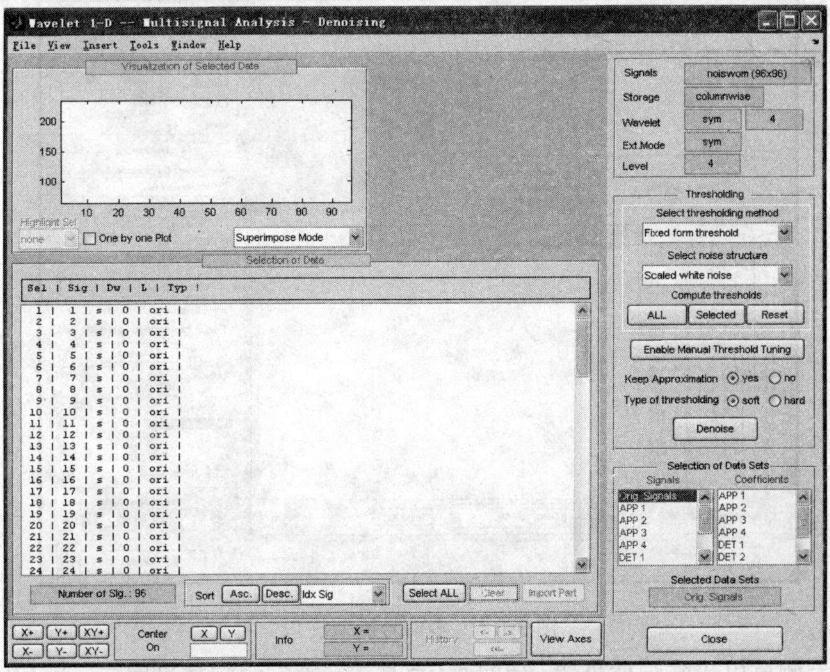

图 3.103　多信号去噪窗口

在窗口右侧可以进行阈值设置，如图 3.104 所示，进行完阈值设置后，单击 Denoise 按钮，即可得到多信号小波去噪结果，同样可以通过在 Selection of Data Sets 面版和 Selection of Data 中选择需要显示的信号集合，假设选择去噪信号和信号 1，结果如图 3.105 所示。

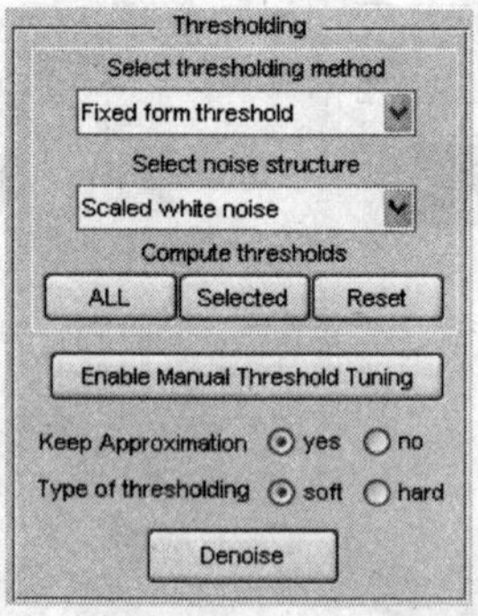

图 3.104　阈值设置

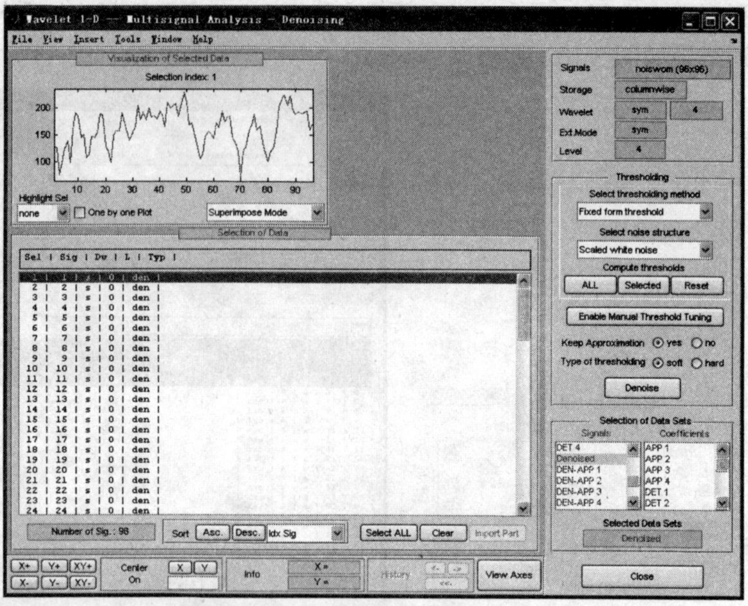

图 3.105　去噪信号

(5) 多信号压缩。单击位于一维多信号分析工具窗口右部的 Compress 按钮，即可打开多信号压缩工具窗口，如图 3.106 所示。

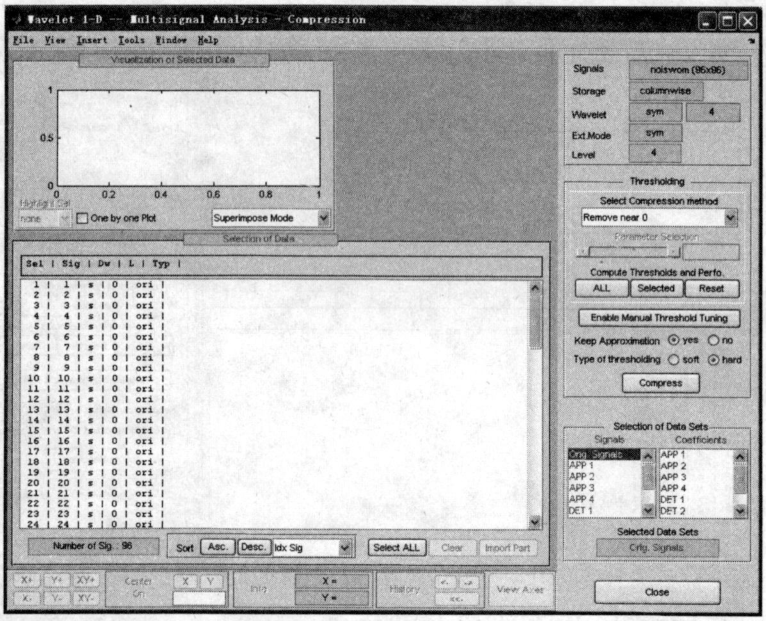

图 3.106　多信号压缩窗口

在窗口右侧可以进行阈值设置，如图 3.107 所示，进行完阈值设置后，单击 Compress 按钮，即可得到多信号小波压缩结果，同样可以通过在 Selection of Data Sets 面版和 Selection of Data 中选择需要显示的信号集合，假设选择压缩信号和信号 1，结果如图 3.108 所示。

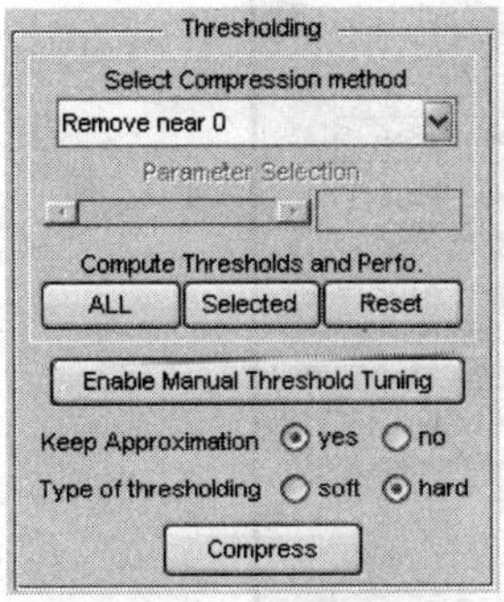

图 3.107　阈值设置

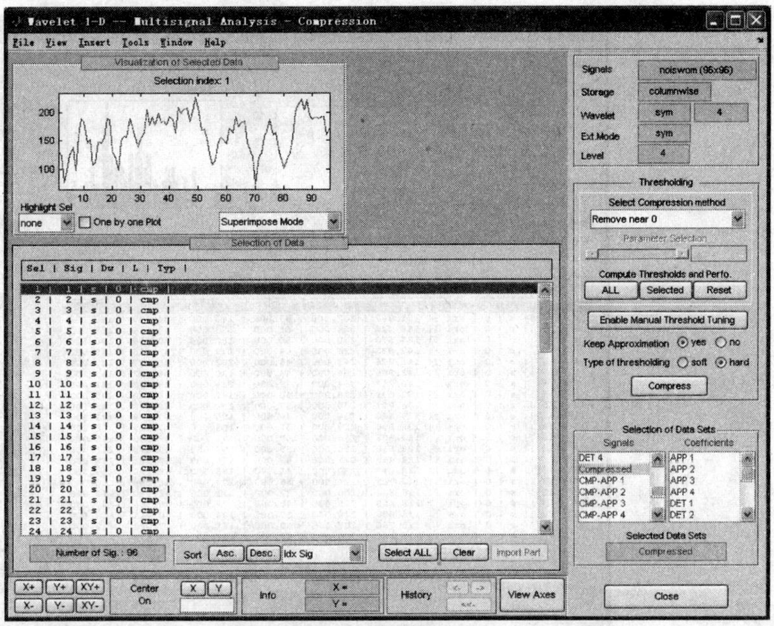

图 3.108　压缩信号

(6) 多信号统计分析。单击位于一维多信号分析工具窗口右部的 Statistics 按钮，即可打开多信号压缩工具窗口，如图 3.109 所示。

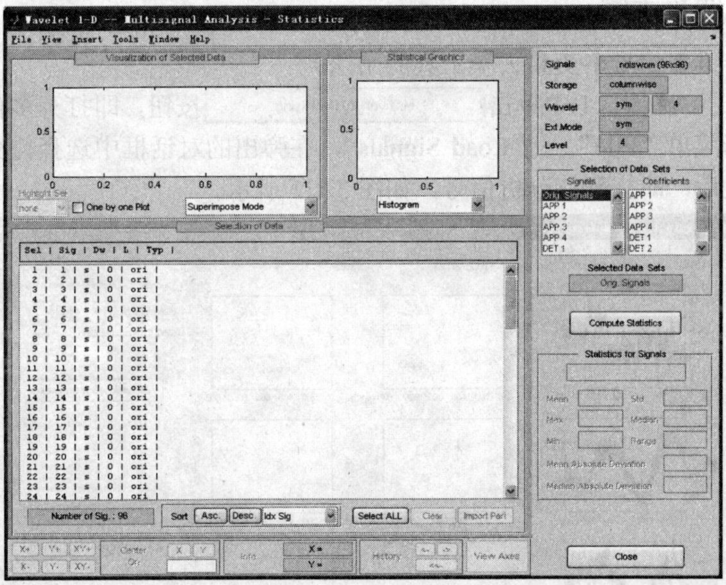

图 3.109　多信号统计窗口

在窗口右侧选择需要进行统计分析的窗口，假设选择原始信号，单击 Compute Statistics 按钮，信号 1 的统计结果如图 3.110 所示，在右侧的 Statistics for Signals 面板中显示了信号的均值、方差及最大最小值等统计信息。

在 Statistical Graphics 面板中的下侧的下拉框中可以选择统计图的显示模式，单个信号包括 Boxplot、Histogram、Cumulated His.、Autocorrelations 和 Spectrum 五种模式。同样可以选择同时显示多个信号的统计信息，在选择多个信号显示时，同时显示模式也发生改变。

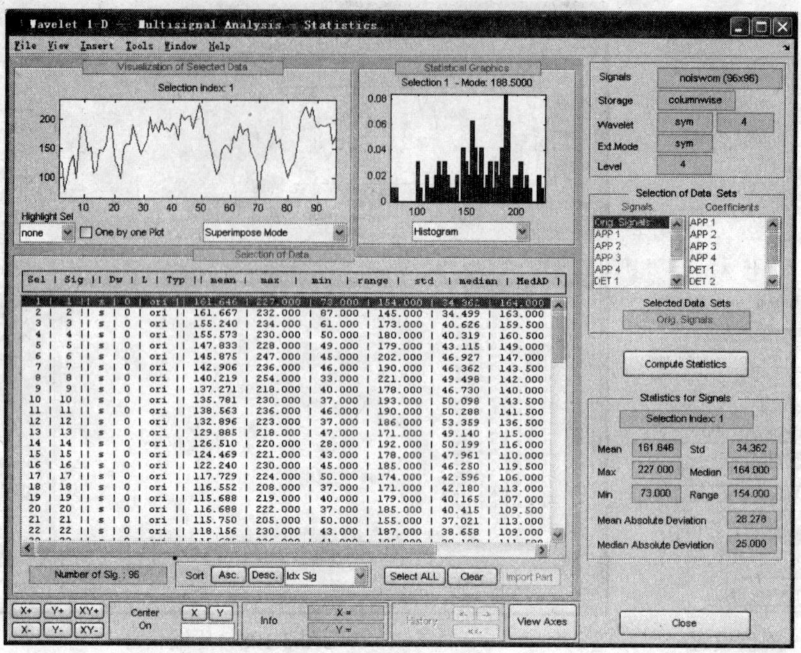

图 3.110　原始信号统计信息

3.5.2　一维多变量去噪

下面介绍一维多信号多变量去噪工具的用法。

(1) 加载信号。在图 3.1 中单击 Multivariate Denoising 按钮，即打开多信号一维多变量去噪窗口。选择菜单“File”→“Load Signals”，在弹出的对话框中选择待分析的信号，单击 打开(O) 按钮后，即打开待分析信号，如图 3.111 所示。

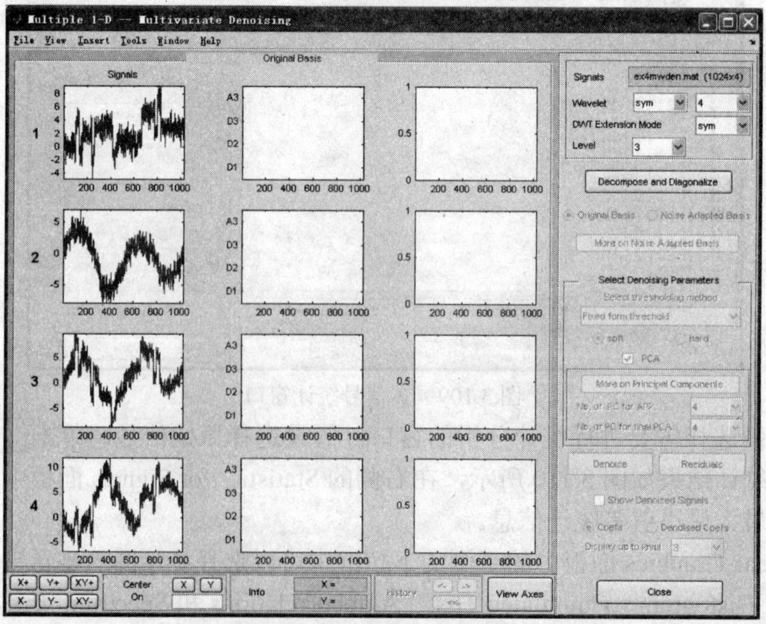

图 3.111　多变量去噪窗口

(2) 小波分解。在窗口右上方可以进行小波参数设置，进行多信号小波分解，选择 sym4 小波，DWT 延拓模式为 sym，分解层数为 3，单击 Decompose and Diagonalize 按钮，所得结果如图 3.112 所示，默认显示为原始基(original basis)。单击选择噪声自适应基(noise adapted basis)，显示根据噪声特点自适应基代表的信号及其分解系数，如图 3.113 所示。单击 More on Noise Adapted Basis 按钮，显示被估计噪声的协方差矩阵和该矩阵的特征值和特征向量。

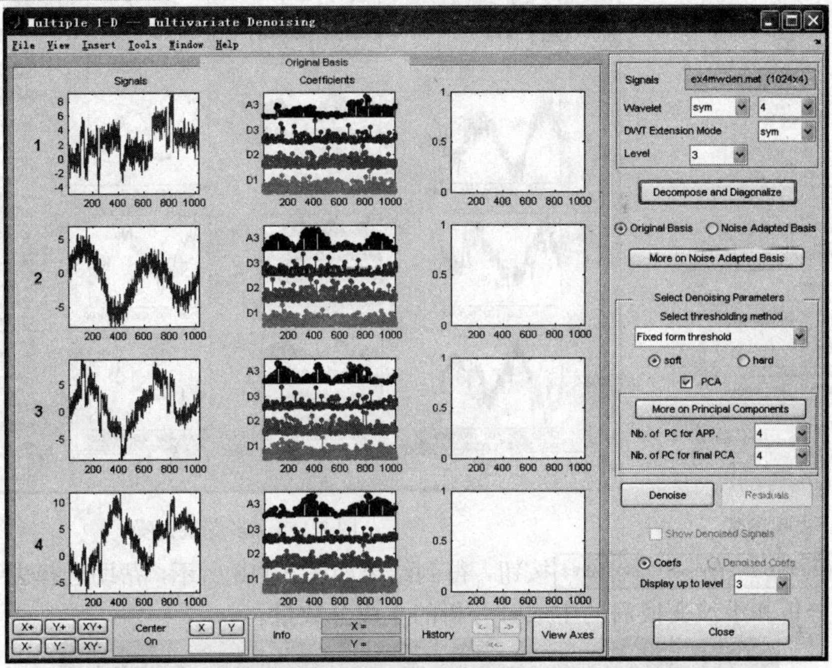

图 3.112　小波分解(原始基)

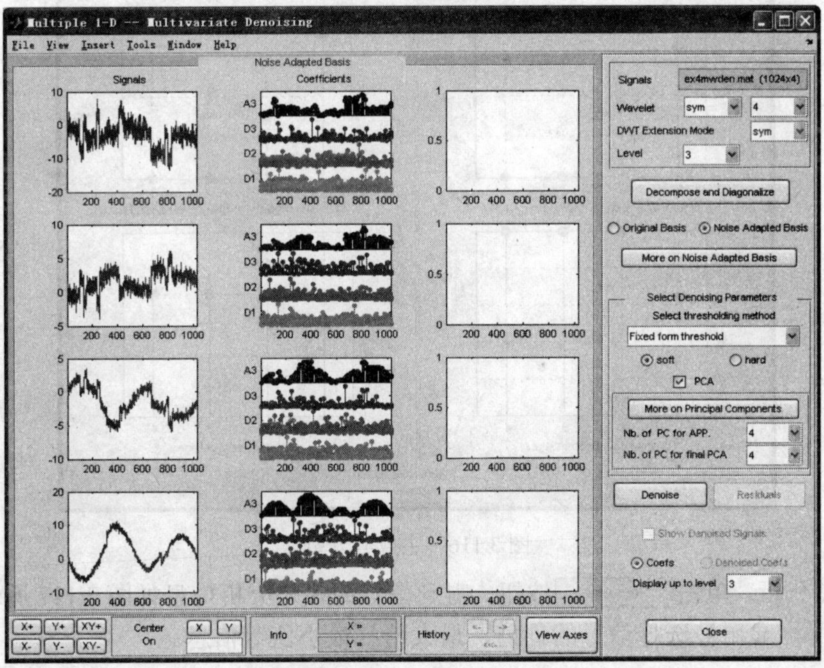

图 3.113　小波分解(噪声自适应基)

(3) 多变量去噪。返回原始基，设置去噪参数，如图 3.114 所示，单击 Denoise 按钮，得到结果如图 3.115 所示。右侧显示的即为去噪后的多个信号，可见去噪效果很好。

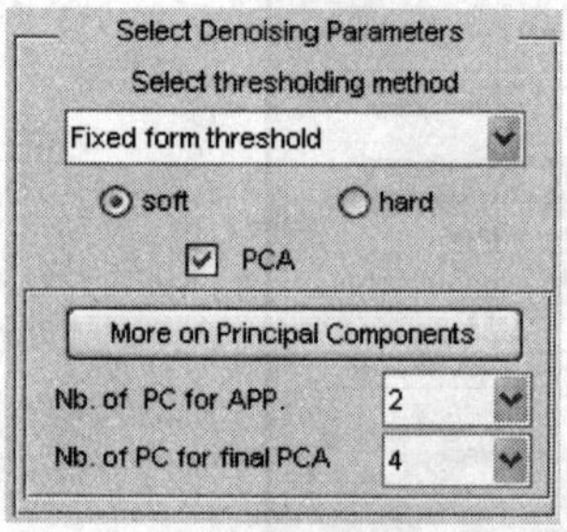

图 3.114　去噪参数

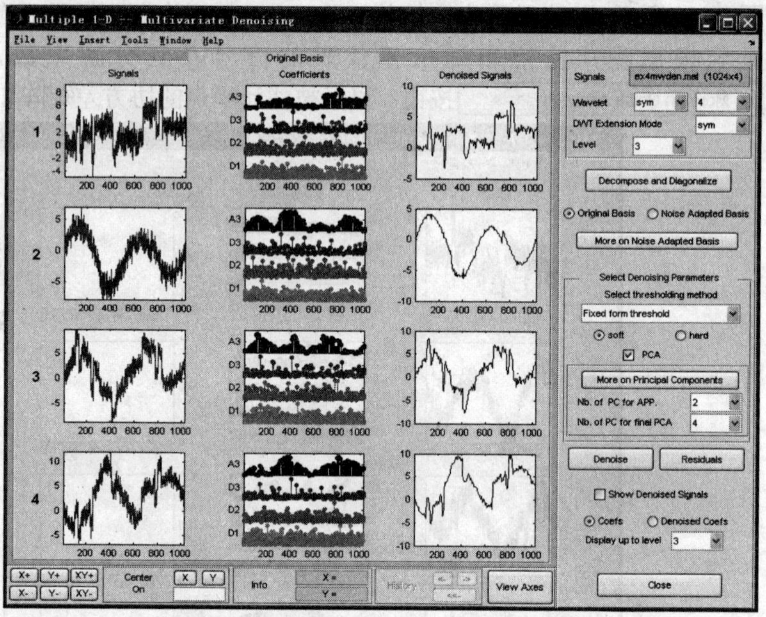

图 3.115　多变量去噪

单击 Close More on Principal Components 按钮，得到结果如图 3.116 所示，帮助选择去噪的低频系数的主成分分析和小波变换后的主成分分析的主成分数量。

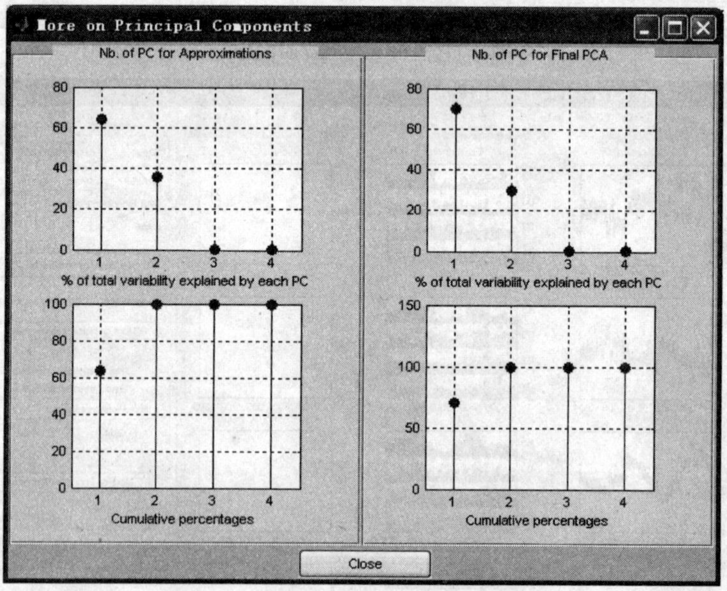

图 3.116　主成分分析

(4) 残差分析。单击 Residuals 按钮，得到信号的残差分析信息如图 3.117 所示，在右侧选择信号编号，显示被选择信号的均值、最大值、最小值等信息。

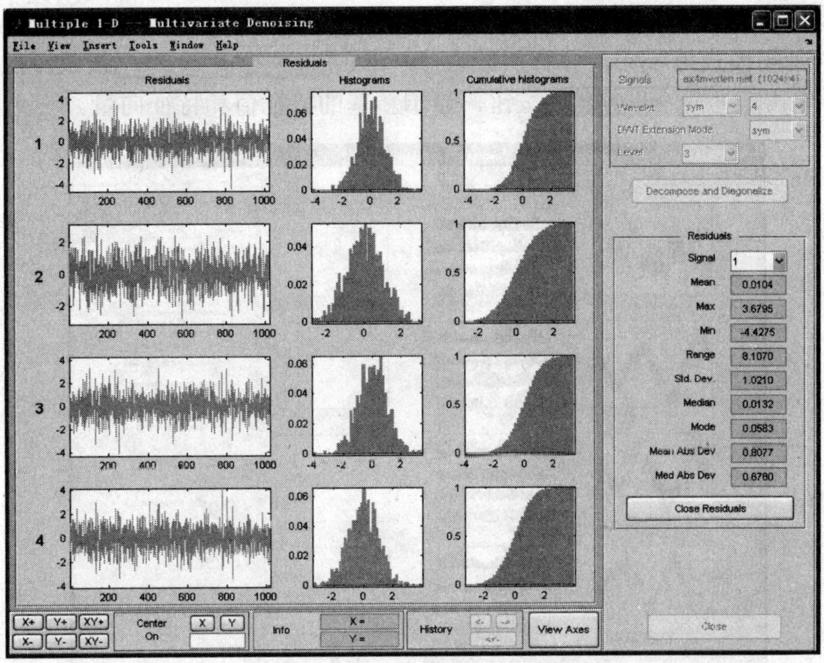

图 3.117　残差分析

3.5.3　多尺度主成分分析

下面介绍一维多尺度主成分分析工具的用法。

(1) 加载信号。在图 3.1 中单击 Multiscale Princ. Comp. Analysis 按钮，即可打开一维多尺度主成分分析窗口。选择菜单"File"→"Load"→"Signals"，在弹出的对话框中选择待分析的信号，单击 打开(O) 按钮后，即可打开待分析信号，如图 3.118 所示。

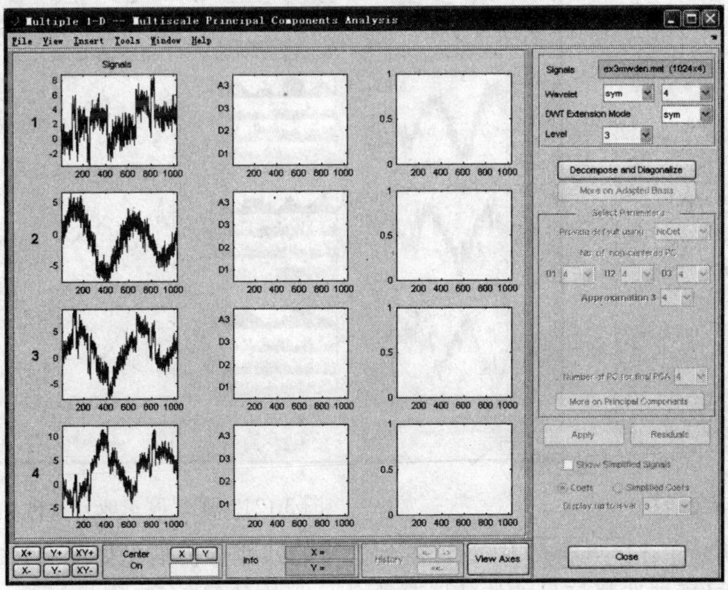

图 3.118　多尺度主成分分析

(2) 小波分解。在窗口右上侧可以进行小波参数设置，进行多信号小波分解，选择 sym4 小波，DWT 延拓模式为 sym，分解层数为 3，单击 Decompose and Diagonalize 按钮，得到结果如图 3.119 所示。单击 More on Adapted Basis 按钮，显示新基的特征值和特征向量。

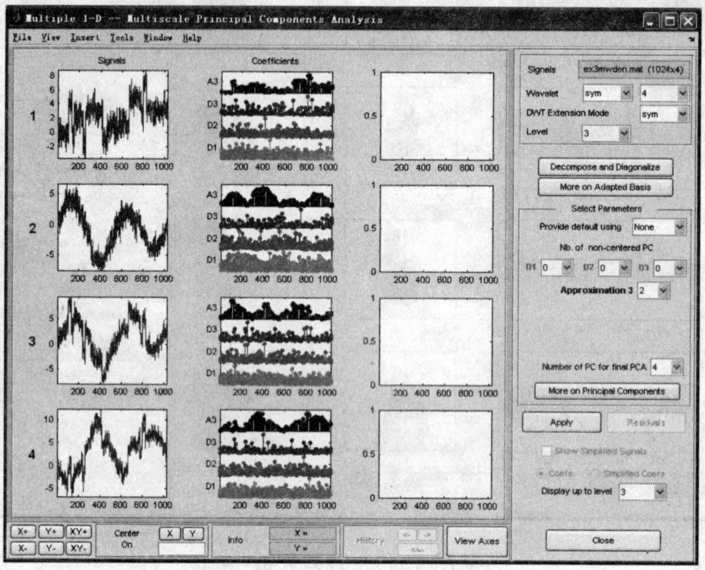

图 3.119　小波分解

(3) 多尺度主成分分析。分别设置小波分解各层细节信号、近似信号以及重构信号的主成分数量，如图 3.120 所示，单击 Apply 按钮，得到结果如图 3.121 所示。

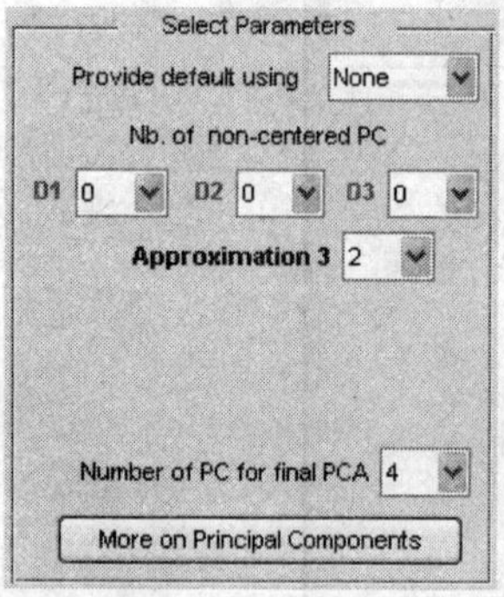

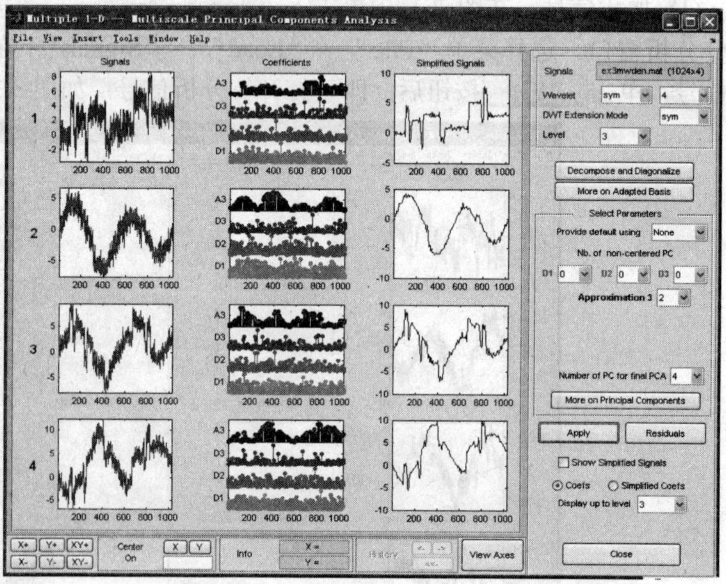

图 3.120　主成分参数　　　　图 3.121　多尺度主成分分析

(4) 残差分析。单击 Residuals 按钮，得到信号的残差分析信息如图 3.122 所示，在右侧选择信号编号，显示被选择信号的均值、最大值、最小值等信息。

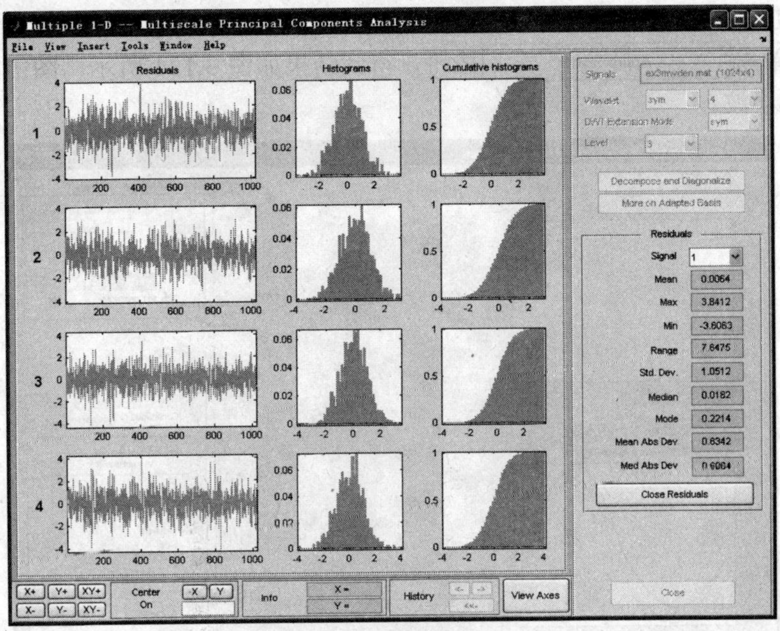

图 3.122　残差分析

3.6　小 波 构 造

下面介绍小波构造工具的用法。

(1) 加载模式。在图 3.1 中单击 New Wavelet for CWT 按钮，即打开小波构造分析窗口。选择菜单“File”→“Load Pattern”，在弹出的对话框中选择待分析的模式，单击 打开(O) 按钮后，即可打开待分析模式，如图 3.123 所示。

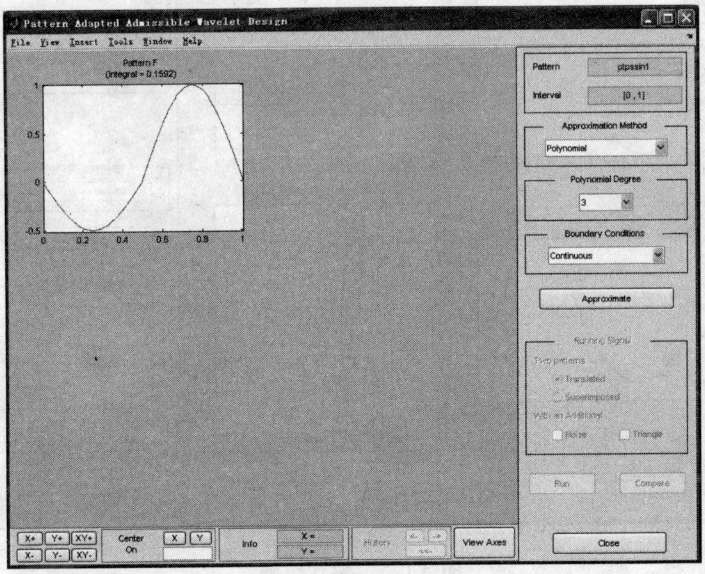

图 3.123　小波构造窗口

(2) 自适应小波。在右侧选择近似方法和边界条件，分别选择 Orth. to Constants 和 Continuous，单击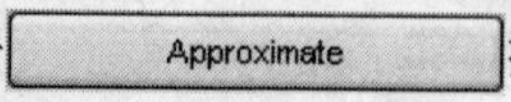

按钮，得到结果如图 3.124 所示，图中的绿色图形显示的是自适应小波。

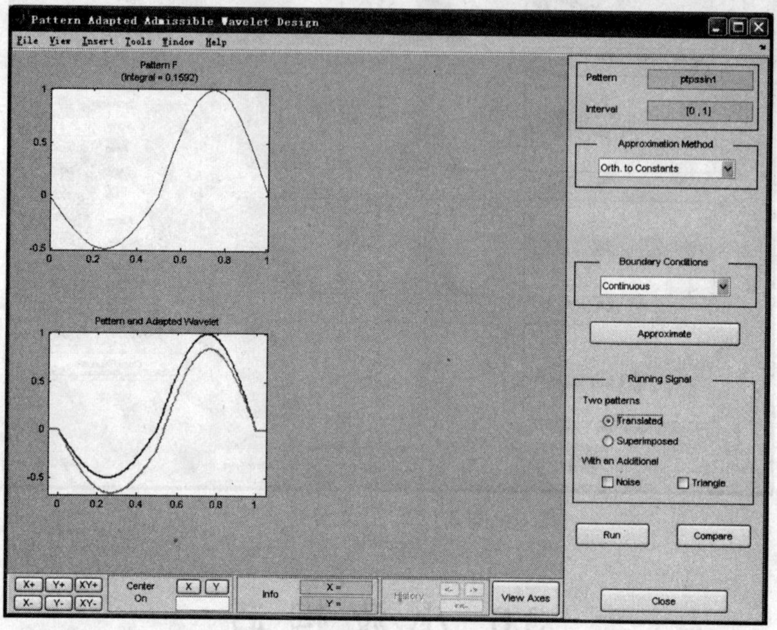

图 3.124　自适应小波

(3) 使用自适应小波检测模式。在 Running Signal 中选择 Superimposed，单击

按钮，得到结果如图 3.125 所示。

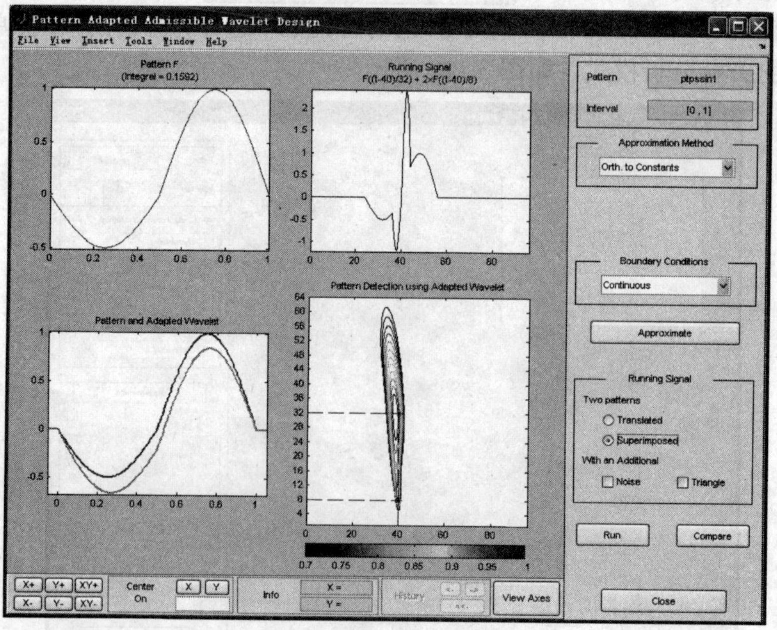

图 3.125　模式检测

单击 Compare 按钮，得到结果如图 2.126 所示。在右侧可以进行信号、常用小波和系数选择等参数设置，设置参数后，单击 Run 按钮，即可察看结果。

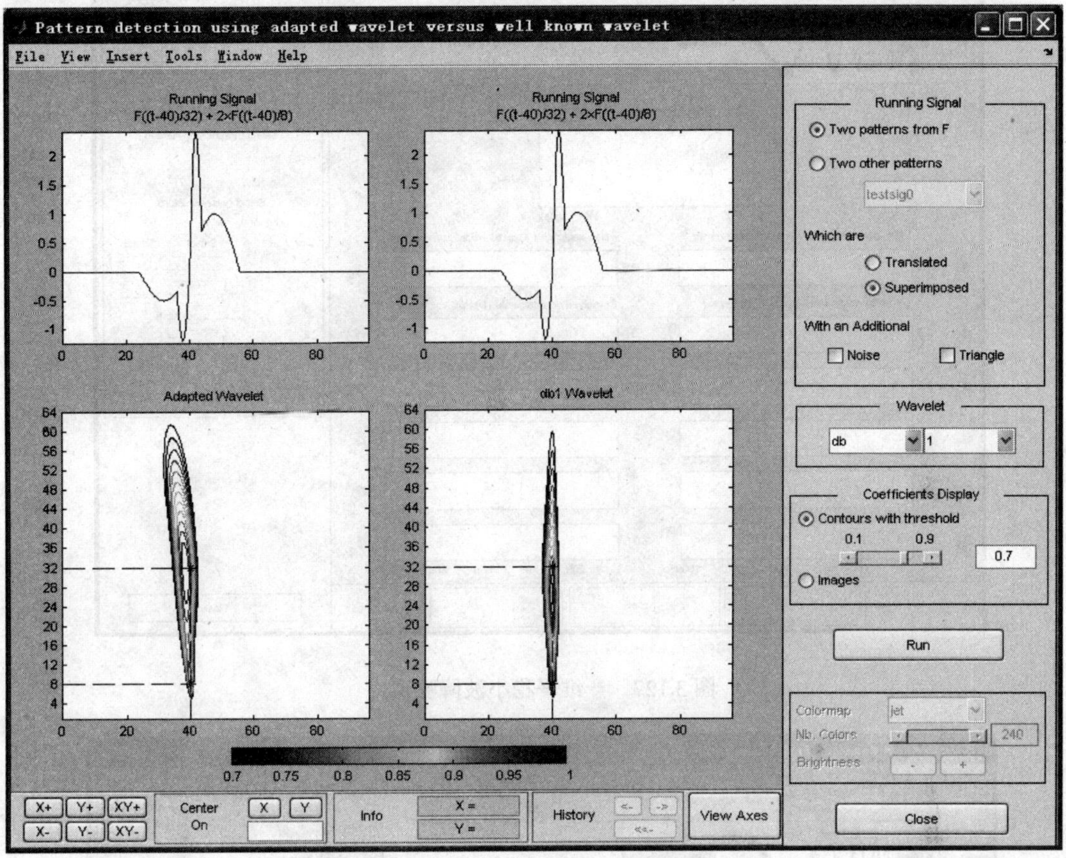

图 3.126　自适应小波和常用小波模式检测比较

3.7　一维小波分析专用工具

3.7.1　一维平稳小波降噪

下面介绍一维平稳小波降噪工具的用法。

(1) 加载信号。在图 3.1 中单击 SWT Denoising 1-D 按钮，即可打开一维平稳小波降噪窗口。选择菜单“File”→“Load Signal”，在弹出的对话框中选择待分析的信号，单击 打开(O) 按钮后，即可打开待分析信号，如图 3.127 所示。

(2) 小波分解。在右上侧选择小波和分解层数，假设选择 sym4 小波、层数 5，单击 Decompose Signal 按钮，得到结果如图 3.128 所示。在左下侧从上到下分别显示了分解低频分量信号和第 5 层到第 1 层的高频信号。

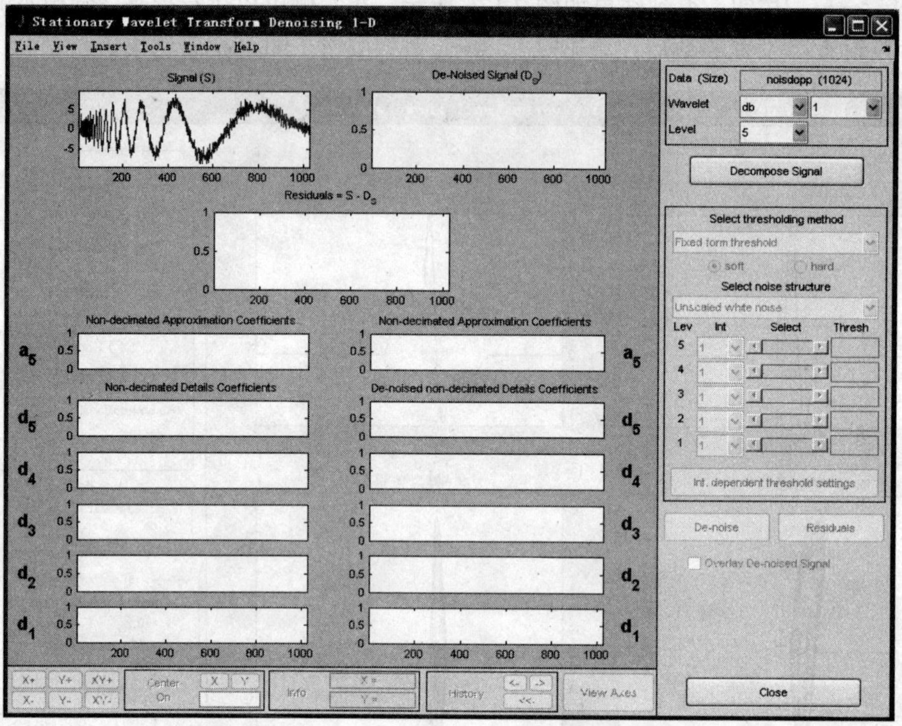

图 3.127　一维平稳小波降噪窗口

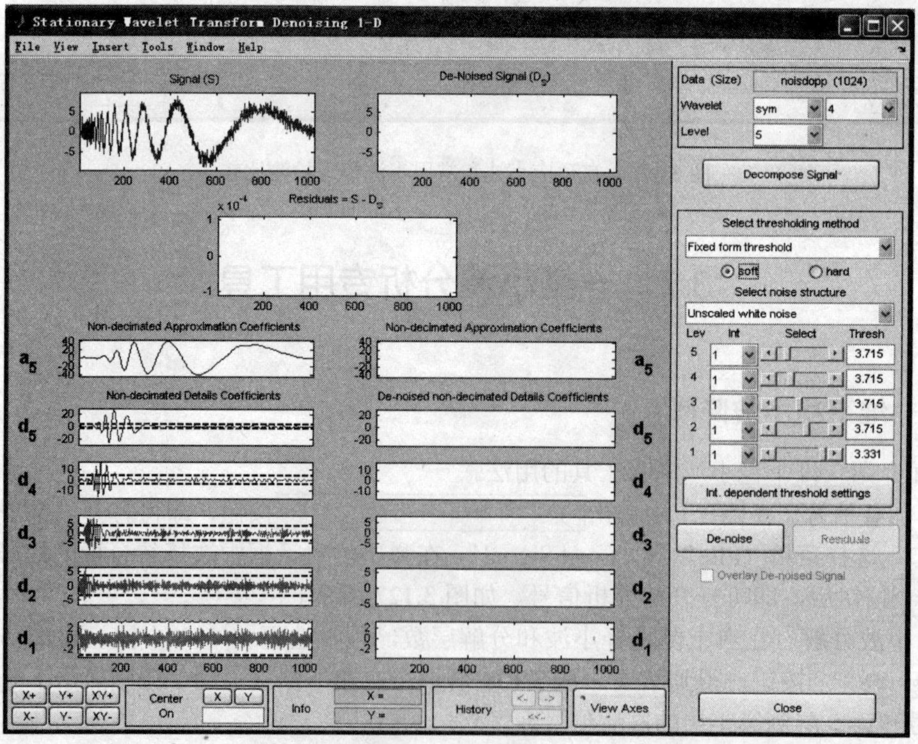

图 3.128　小波分解

(3) 一维平稳小波去噪。在右侧可以进行小波去噪阈值设置，如图 3.129 所示，进行阈值方法、噪声结构和各层阈值大小设置。单击 Int. dependent threshold settings 按钮，进入区间阈值设置，如图 3.130 所示。单击 Generate 按钮，得到结果如图 3.131 所示。在生成的下拉框中针对每层设置区间数，然后针对每个区间设置相应的阈值。

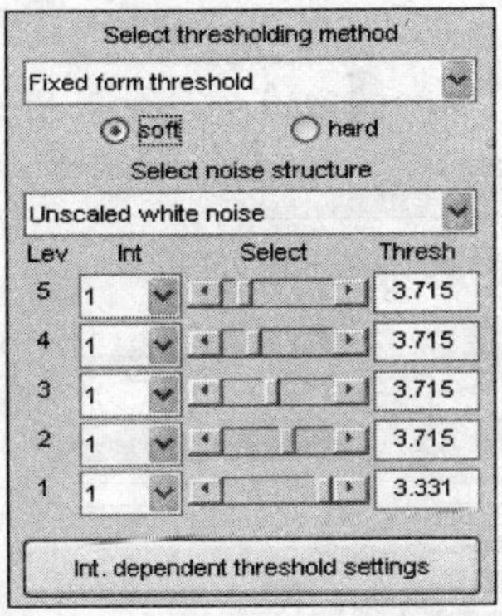

图 3.129　阈值设置

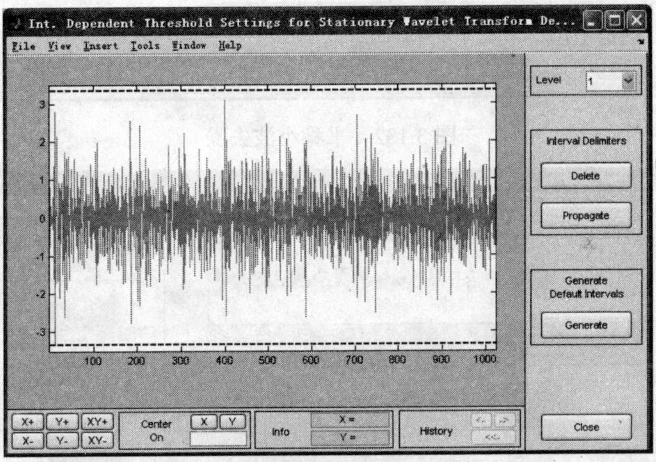

图 3.130　区间阈值设置

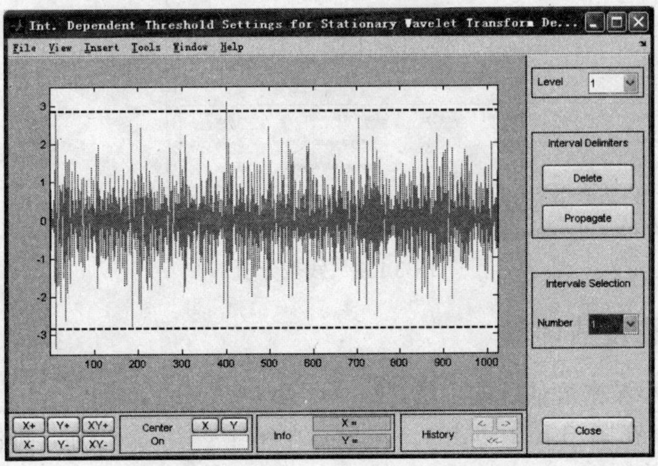

图 3.131　区间数设置

设置阈值后，单击 De-noise 按钮，即可得到平稳小波去噪结果，如图 3.132 所示。右上侧显示的即是去噪后的信号，由下侧从上到下显示的是去噪后的低频和高频信号。单击 Residuals 按钮，可以查看原始信号和去噪信号的残差分析结果，如图 3.133 所示。

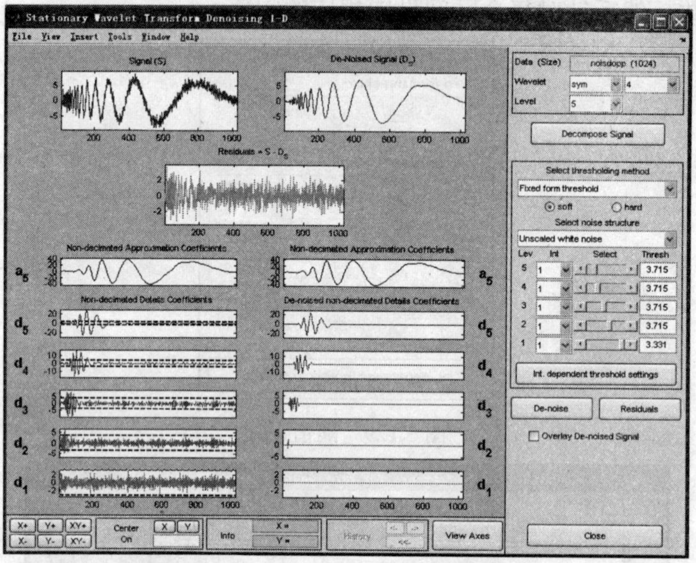

图 3.132 平稳小波去噪

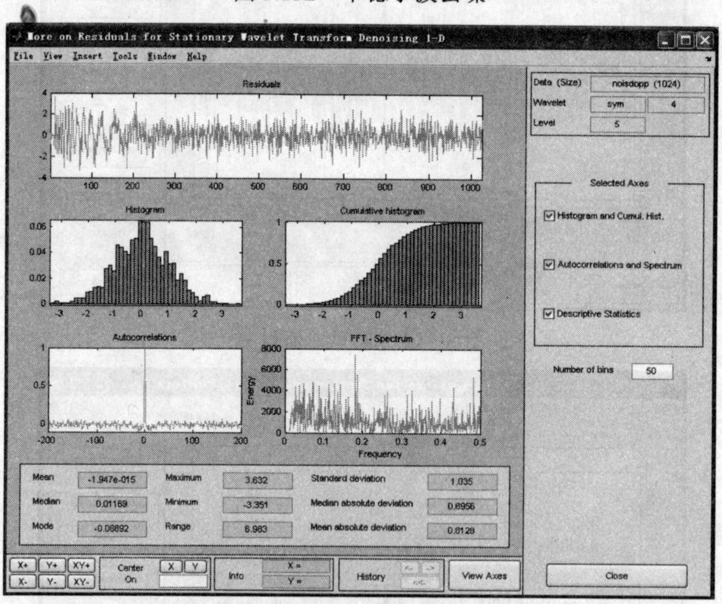

图 3.133 残差分析

3.7.2 一维小波密度估计

下面介绍一维小波密度估计的用法。

(1) 加载信号。在图 3.1 中单击 Density Estimation 1-D 按钮，即打开一维小波密度估计窗口。选择菜单“File”→“Load Data for Density Estimate”，在弹出的对话框中选择待分析的数据，单击 打开(O) 按钮后，即可打开待分析数据，如图 3.134 所示。左上侧显示的是原始信号，右侧显示的是取默认柱状数为 250 经直方图划分处理后的数据，下面显示的是柱状数为 64 的数据。

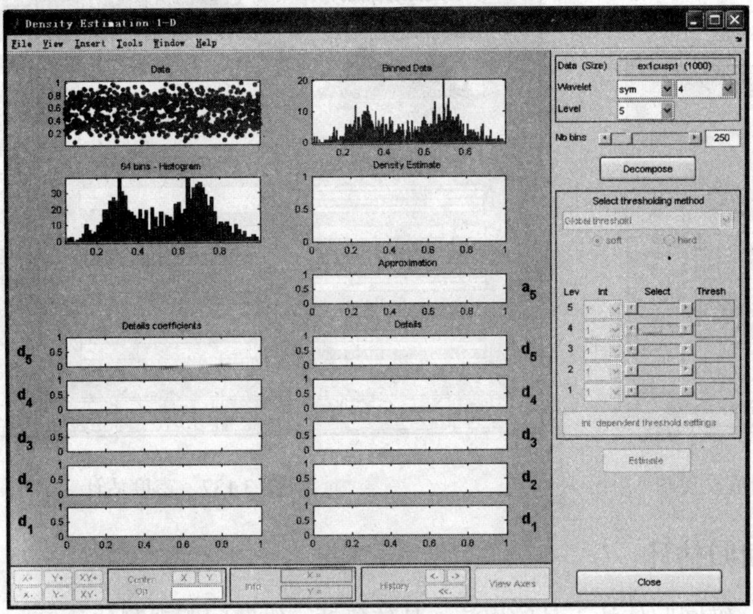

图 3.134　一维小波密度估计窗口

(2) 小波分解。在右上侧选择小波和分解层数，假设选择 sym4 小波、层数 5，单击 Decompose 按钮，得到经直方图处理后的数据的小波分解结果，如图 3.135 所示。在左下侧从上到下显示了分解第 5 层到第 1 层的高频信号。

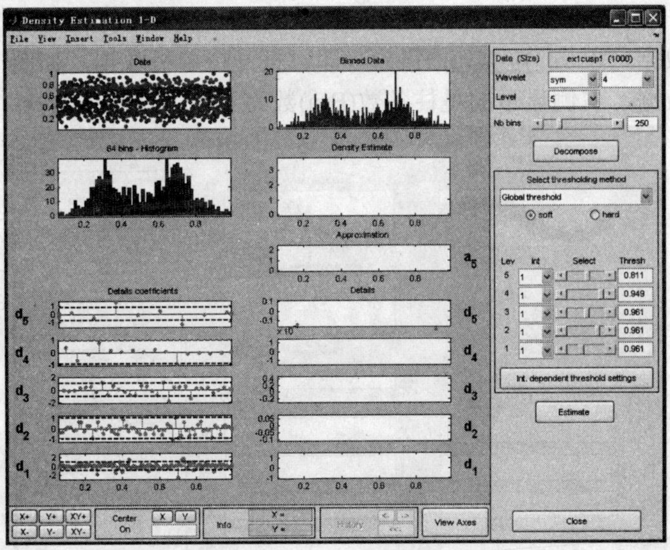

图 3.135　小波分解

(3) 小波密度估计。在右侧可以进行小波去噪阈值设置，如图 3.136 所示，进行阈值方法和各层阈值大小设置。单击 Int. dependent threshold settings 按钮，进入区间阈值设置，关于区间阈值设置参看 3.7.1 节介绍。单击 Estimate 按钮，得到密度估计如图 3.137 所示。

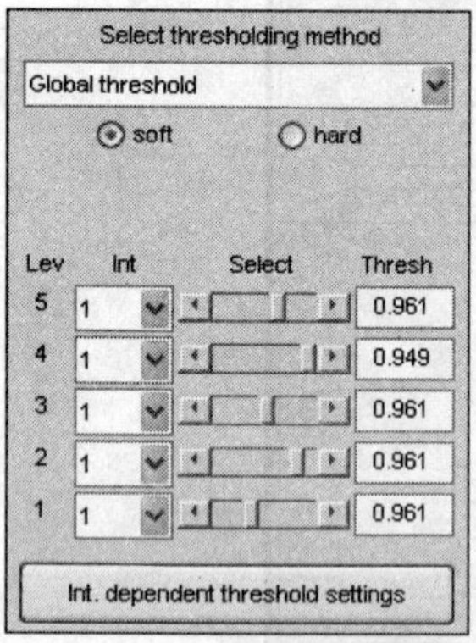

图 3.136　阈值设置图

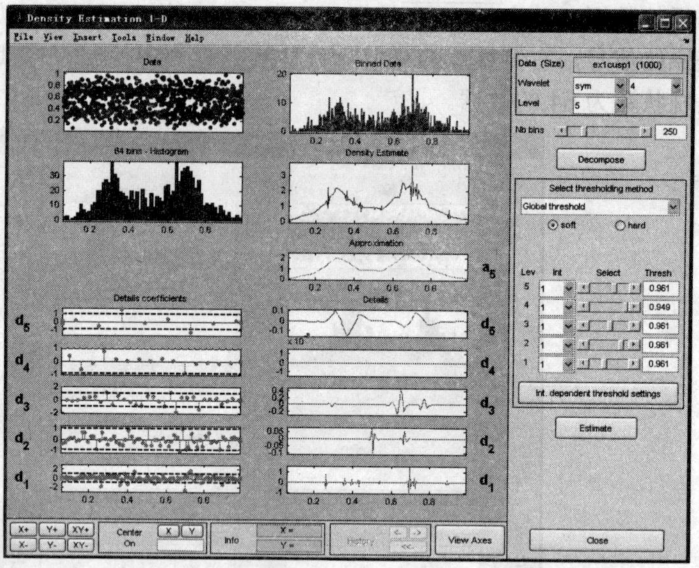

图 3.137　密度估计

3.7.3　一维回归估计

下面介绍一维回归估计工具的用法，具体包括一维等间距观测估计(Fixed Design)和一维随机间距观测估计(Stochastic Design)两种估计方式。

1．一维等间距观测估计(Fixed Design)

(1) 加载信号。在图 3.1 中单击 Regression Estimation 1-D 按钮，即可打开一维回归估计窗口。选择菜单“File”→“Load”→“Data for Fixed Design Regression”，在弹出的对话框中选择待分析的数据，单击 打开(O) 按钮后，即可打开待分析数据，如图 3.138 所示。左上侧显示的是原始数据，右侧显示的是柱条数(Bin)数为 125 处理后的数据。

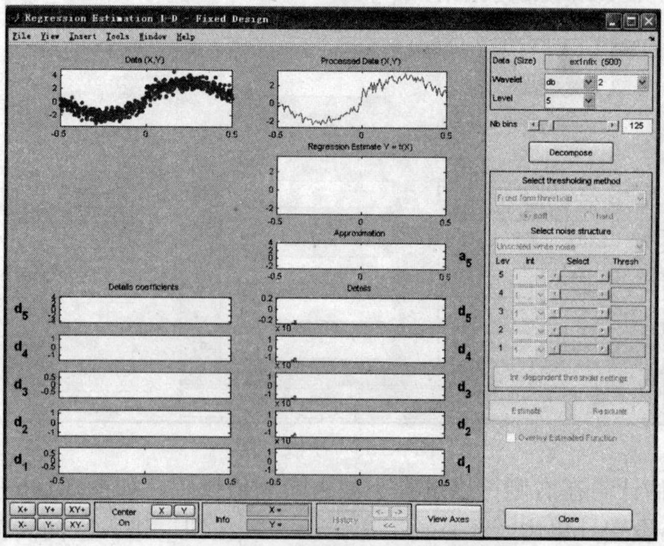

图 3.138　一维回归估计窗口

(2) 小波分解。在右上侧选择小波和分解层数，假设选择 db2 小波、层数 5，单击 Decompose 按钮，得到经处理后的数据的小波分解结果，如图 3.139 所示。在左下侧从上到下显示了分解第 5 层到第 1 层的高频信号。

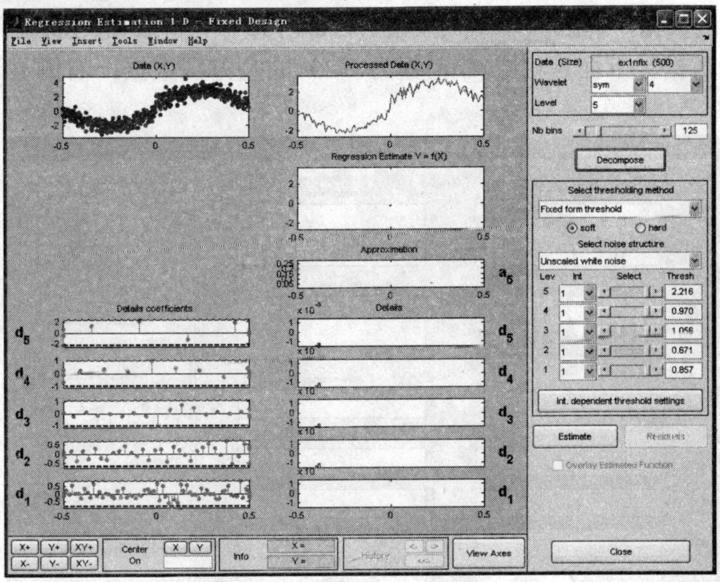

图 3.139　小波分解

(3) 回归估计。在右侧可以进行小波去噪阈值设置，如图 3.140 所示，进行阈值方法、噪声结构和各层阈值大小设置。单击 Int. dependent threshold settings 按钮，进入区间阈值设置，关于区间阈值设置参看 3.7.1 节介绍。单击 Estimate 按钮，得到回归估计如图 3.141 所示。

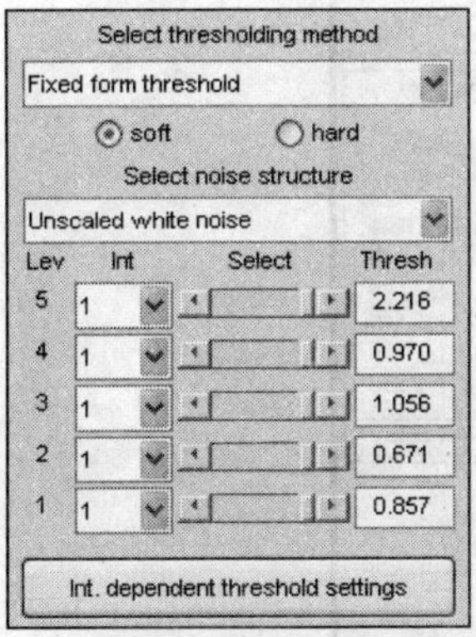

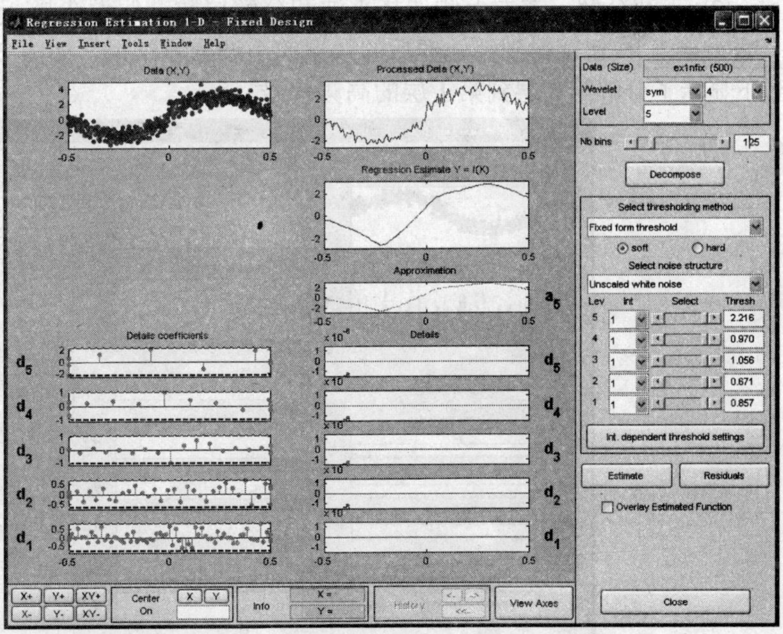

图 3.140　阈值设置图　　　　图 3.141　回归估计

2. 一维随机间距观测估计(Stochastic Design)

(1) 加载信号。在图 3.1 中单击[Regression Estimation 1-D]按钮，即打开一维回归估计窗口。选择菜单“File”→“Load”→“Data for Stochastic Design Regression”，在弹出的对话框中选择待分析的数据，单击[打开(O)]按钮后，即打开待分析数据，如图 3.142 所示。左上侧显示的是原始数据，下面是柱条(Bin)数为 125 的直方图数据，右侧显示的是处理后的数据。

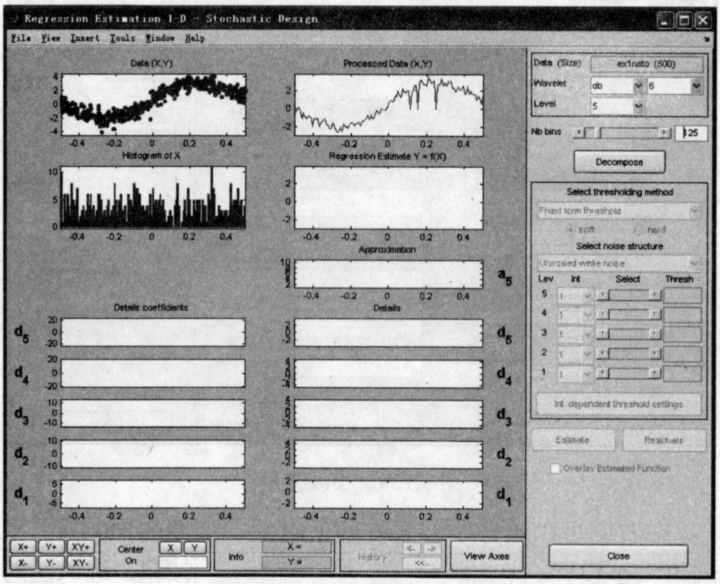

图 3.142　一维回归估计窗口

(2) 小波分解。在右上侧选择小波和分解层数，假设选择 sym4 小波、层数 5，单击[Decompose]按钮，得到经处理后的数据的小波分解结果，如图 3.143 所示。在左下侧从上到下显示了分解第 5 层到第 1 层的高频信号。

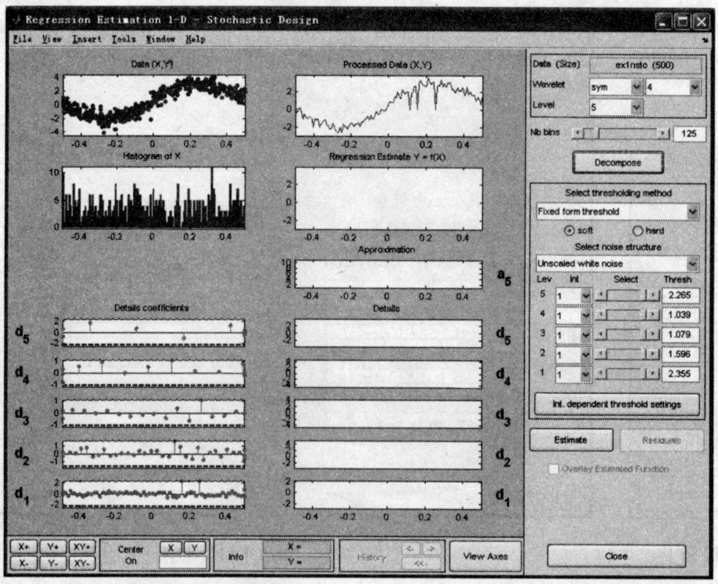

图 3.143　小波分解

(3) 回归估计。在右侧可以进行小波去噪阈值设置，如图 3.144 所示，进行阈值方法、噪声结构和各层阈值大小设置。单击 Int. dependent threshold settings 按钮，进入区间阈值设置，关于区间阈值设置参看 3.7.1 节介绍。单击 Estimate 按钮，得到回归估计如图 3.145 所示。

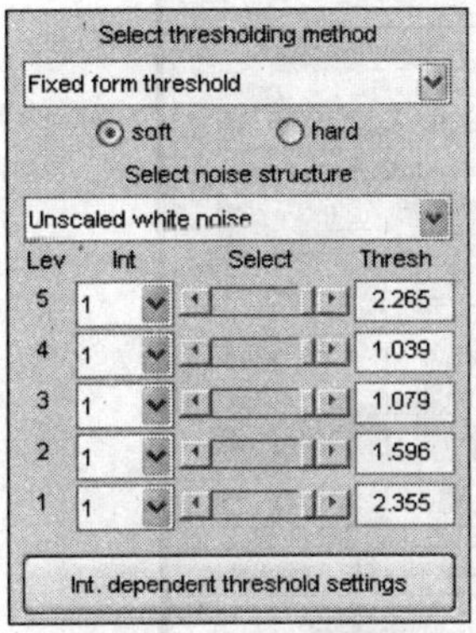

图 3.144　阈值设置图

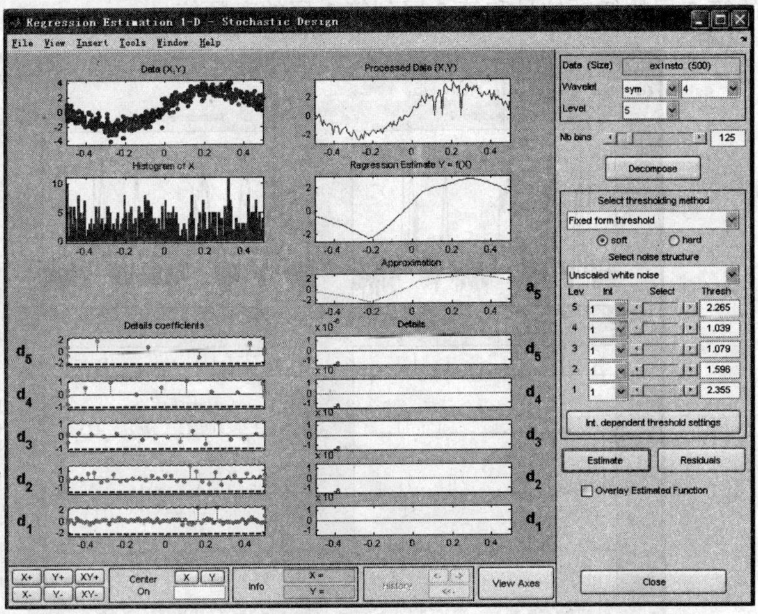

图 3.145　回归估计

3.7.4　一维小波系数选择

下面介绍一维小波系数选择的用法。

(1) 加载信号。在图 3.1 中单击 Density Estimation 1-D 按钮，即可打开一维小波系数选择窗口。选择菜单“File”→“Load Signal”，在弹出的对话框中选择待分析的信号，单击 打开(O) 按钮后，即可打开待分析信号，如图 3.146 所示。

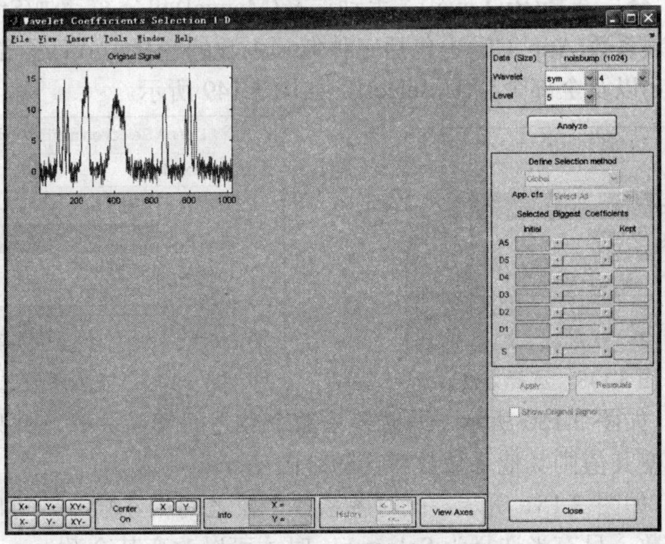

图 3.146　一维小波系数选择窗口

(2) 小波分解。在右上侧选择小波和分解层数，假设选择 sym4 小波、层数 5，单击

按钮，得到信号的小波分解结果，如图 3.147 所示。在左下侧从上到下显示了分解的第 5 层的低频信号和第 5 层到第 1 层的高频信号，右侧显示了合成信号及其小波分解的第 5 层的低频信号和第 5 层到第 1 层的高频信号。

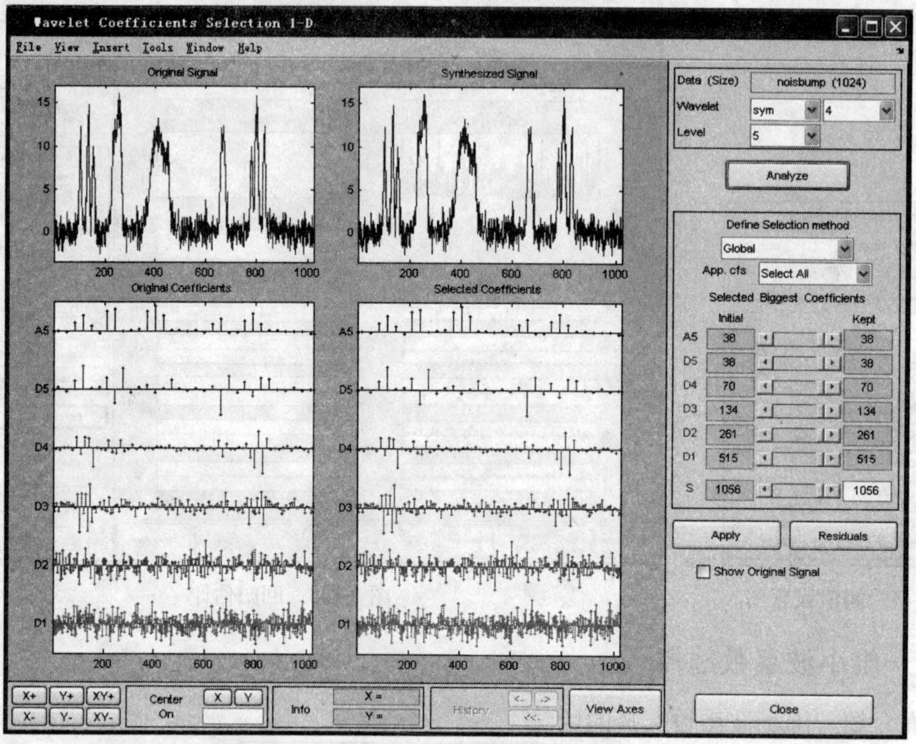

图 3.147 小波分解

(3) 小波系数选择。在右侧的定义选择方法(Define Selection Method)，共包含四种方式：全局选择(Global)、分层选择(By Level)、手动选择(Manual)和分布动画(Stepwise Movie)，如图 3.148 所示。低频系数(App. Cfs)中包括三种低频系数的选择方式：全部选择(Select All)、部分选择(Selectable)以及全部舍弃(Unselect)，如图 3.149 所示。

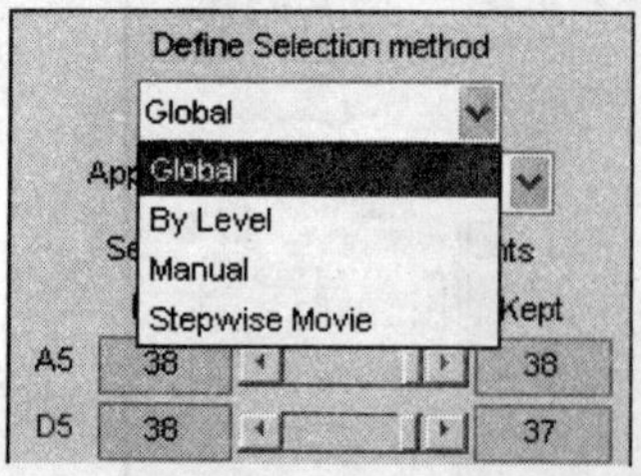

图 3.148 选择方法

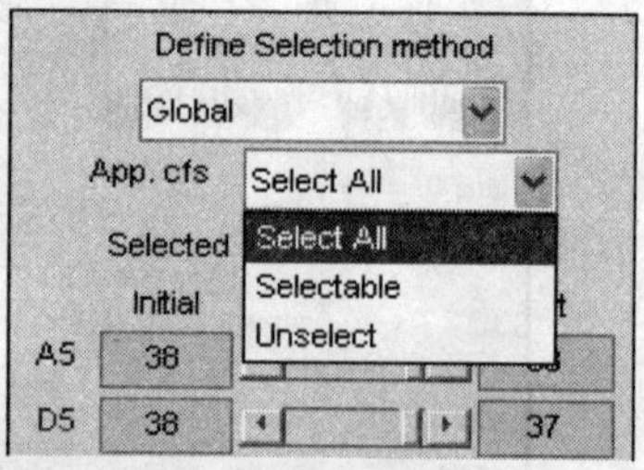

图 3.149 低频系数选择

① 全局选择：如图 3.150 所示，此时各系数个数之间相互关联，并只有 S 对应的系数总数可以编辑，改变其值则其他系数数目会随之改变。

② 分层选择：如图 3.151 所示，此时各系数个数之间相互独立，可以改变各层的系数个数，对于低频系数，只有当选择为 Selectable 时才可以改变其个数。

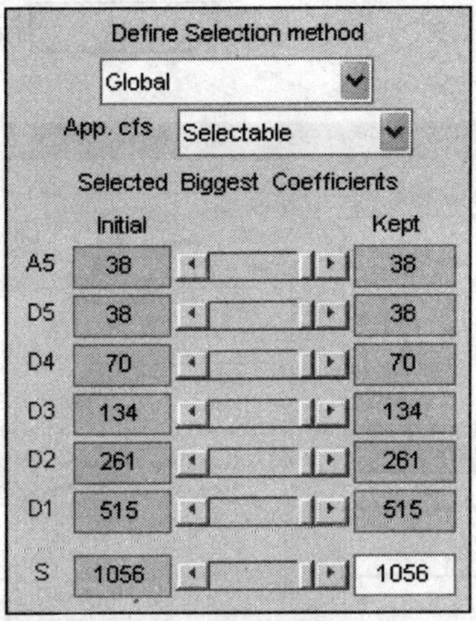

图 3.150　全局选择

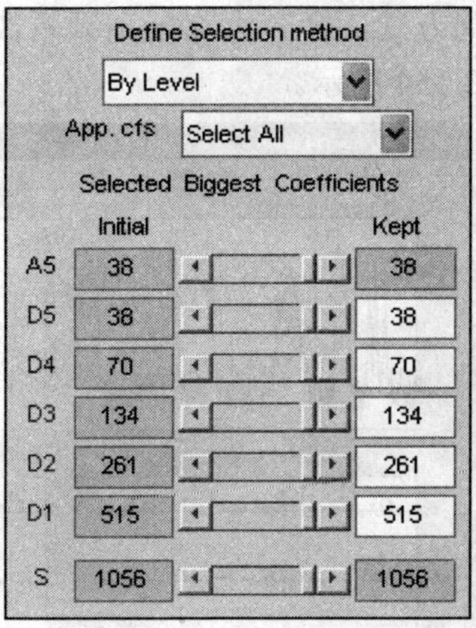

图 3.151　分层选择

③ 手动选择：如图 3.152 所示，此时各系数都没有被选择，因此合成信号为空。使用鼠标左键双击代表系数的线条，则被双击的线条被选择，如果需要取消选择，则再次双击即可；另外可以通过在左侧系数中拖动一个矩形框，然后单击 Select 按钮，选择矩形框中的所有系数，在左侧系数或右侧被选择系数中拖动一个矩形框，单击 Unselect 按钮，则取消矩形框中所有被选择的系数；被选择的系数出现在右侧的被选择系数中，对于低频系数，被选择后颜色由蓝变黄，对于高频系数，被选择后颜色由绿变黄。

④ 分布动画：如图 3.153 所示，Min 选项代表小波系数选择的最小个数；Step 代表每次被选择小波系数增加的步长；Max 代表小波系数选择的最大个数。Autoplay 选择被选中时系统会自动演示小波系数被选择的整个动态过程，选中 Autoplay，并单击 Start 按钮，则系统会从 Min 系数开始按 Step 直到 Max 个系数为止，演示系数被选择的过程，整个过程中合成信号也随着小波系数选择的个数的增加而动态变化。

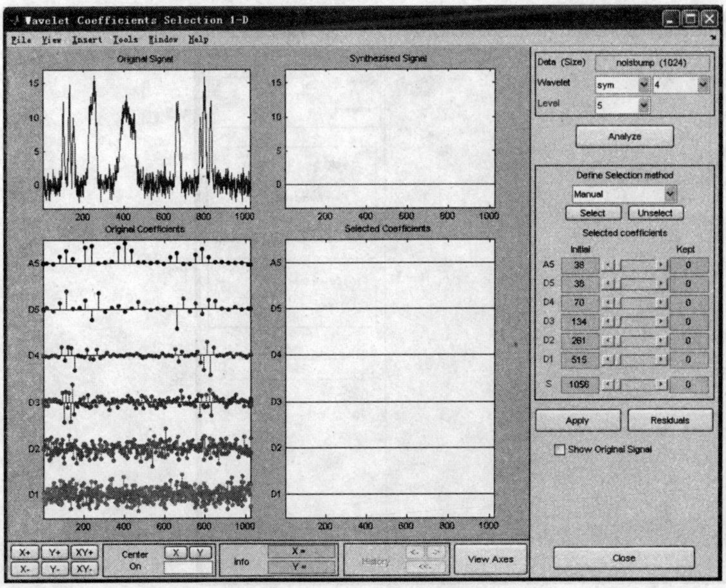

图 3.152　手动选择

图 3.153　分布动画

选择全局方式，舍弃大部分高频系数，保留低频系数，单击 Apply 按钮得到的合成信号如图 3.154 所示。

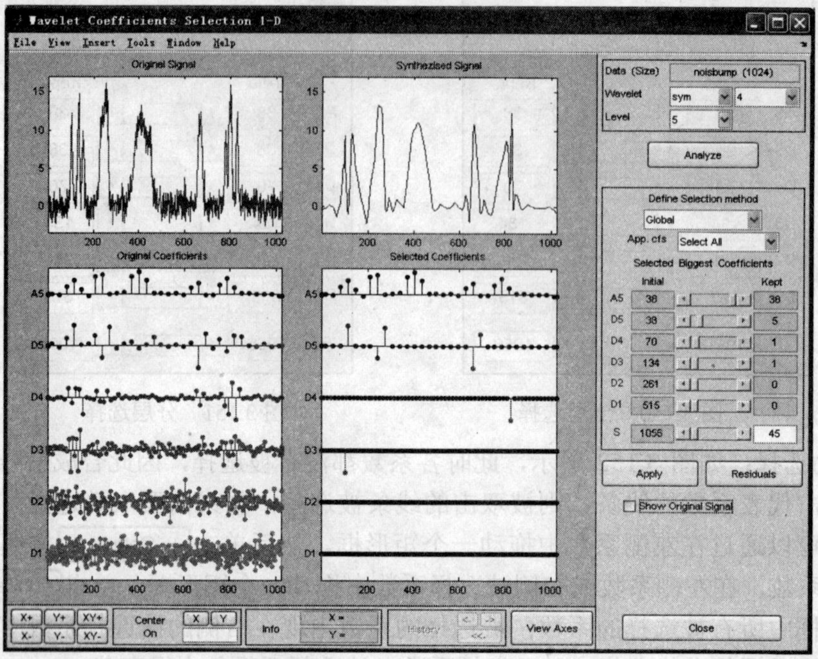

图 3.154　小波系数选择结果

3.7.5　一维 FBM 信号产生

下面介绍一维 FBM 信号产生工具的用法。

(1) 打开窗口。在图 3.1 中单击 Fractional Brownian Generation 1-D 按钮，即可打开一维 FBM 信号产生窗口，如图 3.155 所示。

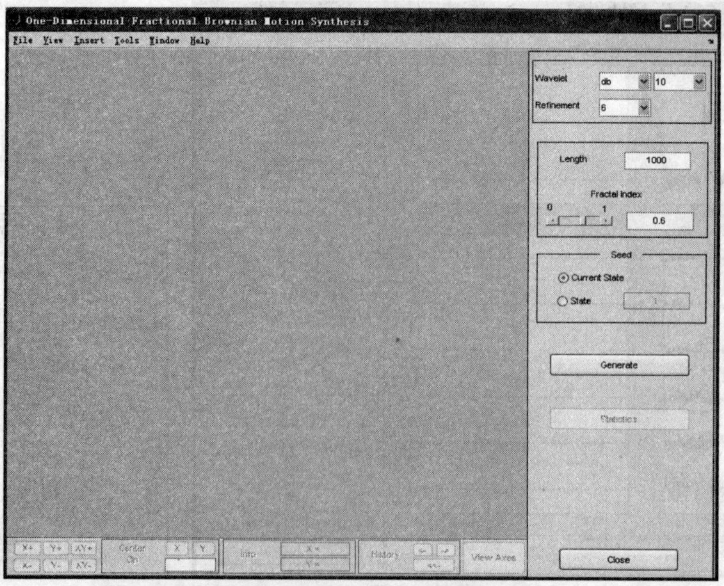

图 3.155　一维 FBM 信号产生窗口

(2) 产生 FBM 信号。在右侧选择使用 db10 小波，精度 6，长度 1000，Hurst 参数 0.6，单击 Generate 按钮，产生 FBM 信号如图 3.156 所示。

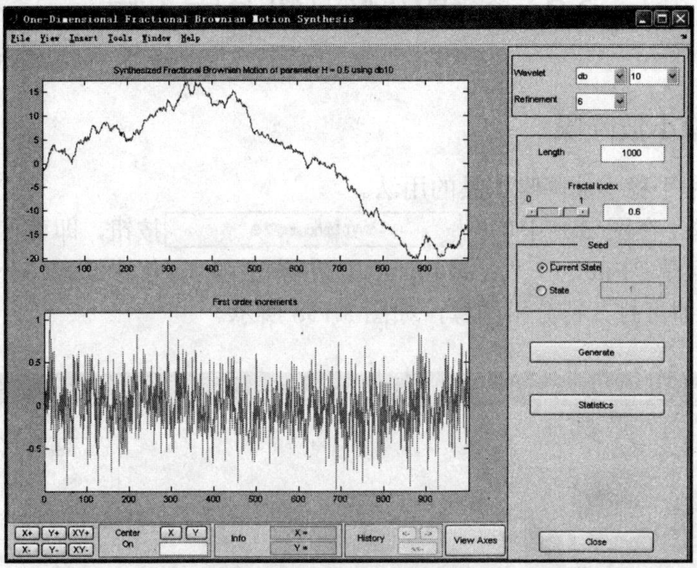

图 3.156　产生 FBM 信号

(3) 统计分析。单击 Statistics 按钮，得到统计分析如图 3.157 所示。右侧给出了显示信息参数的设置，包括微分阶数、柱条数和显示图形选择。设置好参数后，单击 Show Statistics 按钮，显示设置的统计信息。如图 3.157 所示，阶数为 1，柱条数为 50，选择显示直方图、自相关和统计描述，左侧自上往下、自左向右分别显示的信息为 1 阶 FBM 增量、柱条数为 50 的直方图及其累积量直方图、自相关和 FFT 能量谱以及均值、最大值等统计描述信息。

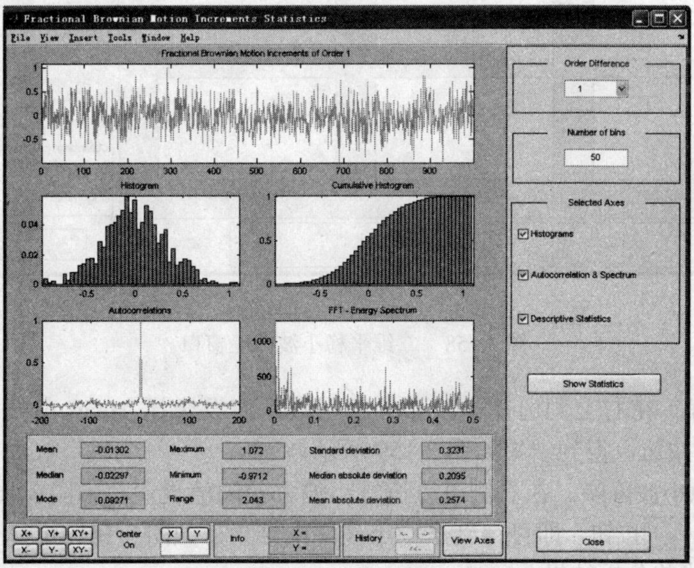

图 3.157　统计分析

3.8　二维小波分析专用工具

3.8.1　二维平稳小波降噪

下面介绍二维平稳小波降噪工具的用法。

(1) 加载图像。在图 3.1 中单击 [SWT Denoising 2-D] 按钮，即可打开二维平稳小波降噪窗口。选择菜单“File”→“Load Image”，在弹出的对话框中选择待分析的图像，单击 [打开(O)] 按钮后，即可打开待分析图像，如图 3.158 所示。

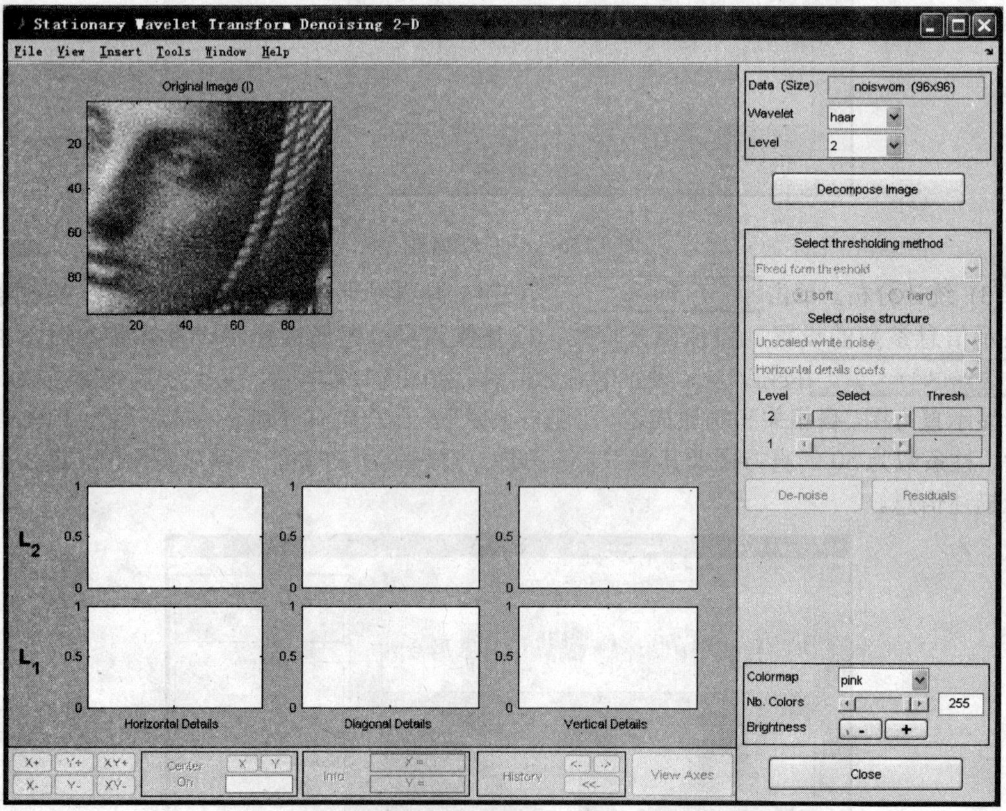

图 3.158　二维平稳小波降噪窗口

(2) 小波分解。在右上侧选择小波和分解层数，假设选择 Haar 小波、层数 3，单击 [Decompose Image] 按钮，得到结果如图 3.159 所示。

(3) 二维平稳小波降噪。在右侧可以进行小波去噪阈值设置，如图 3.160 所示。设置阈值后，单击 [De-noise] 按钮，即可得到平稳小波降噪结果，如图 3.161 所示。单击 [Residuals] 按钮，可以查看残差分析结果。

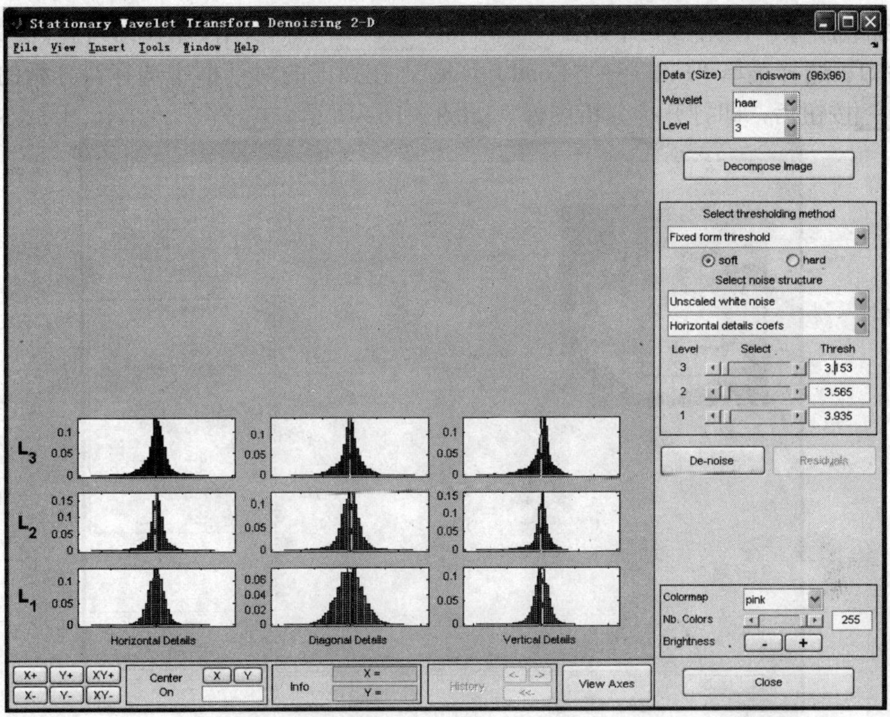

图 3.159　小波分解

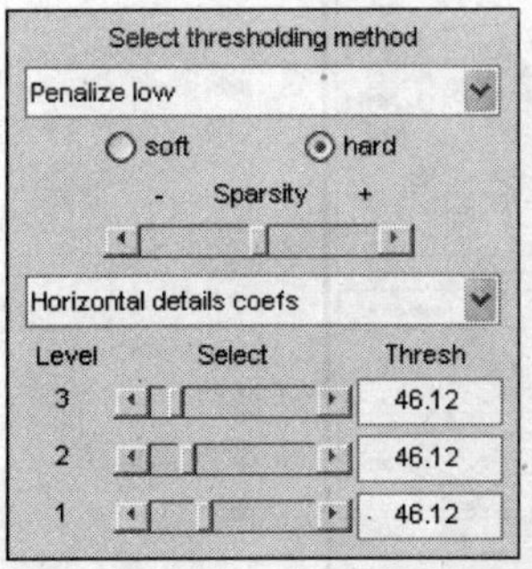

图 3.160　阈值设置

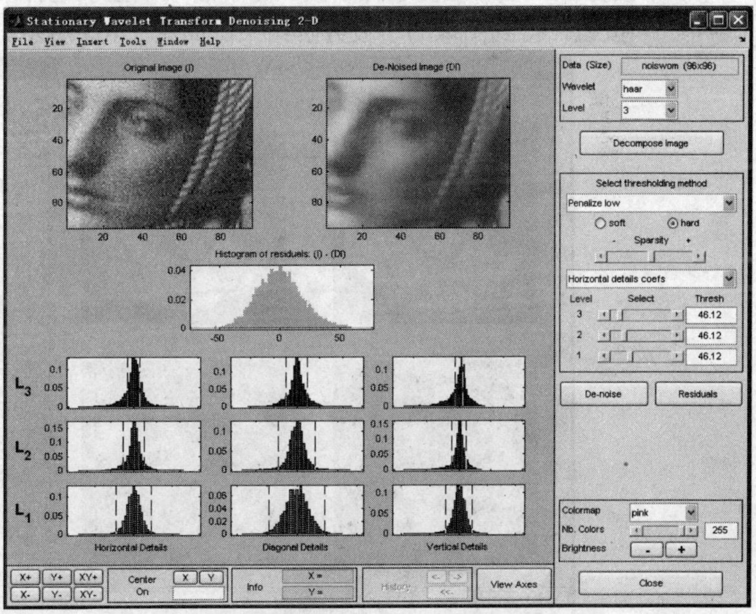

图 3.161　二维平稳小波降噪

3.8.2　二维小波系数选择

下面介绍二维小波系数选择的用法。

(1) 加载图像。在图 3.1 中单击 Wavelet Coefficients Selection 2-D 按钮，即可打开二维小波系数选择窗口。选择菜单“File”→“Load Image”，在弹出的对话框中选择待分析的图像，单击 打开(O) 按钮后，即打开待分析图像，如图 3.162 所示。

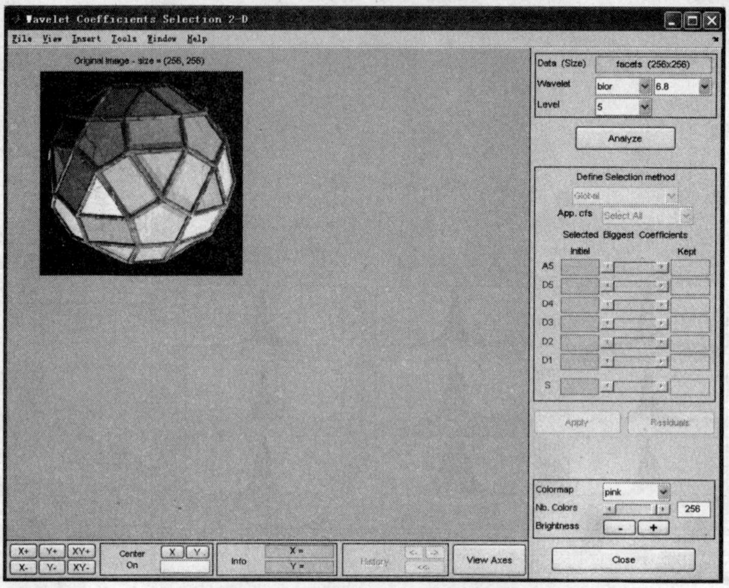

图 3.162　二维小波系数选择窗口

(2) 小波分解。在右上侧选择小波和分解层数，假设选择 bior6.8 小波、层数 5，单击 Analyze 按钮，得到图像的小波分解结果，如图 3.163 所示。

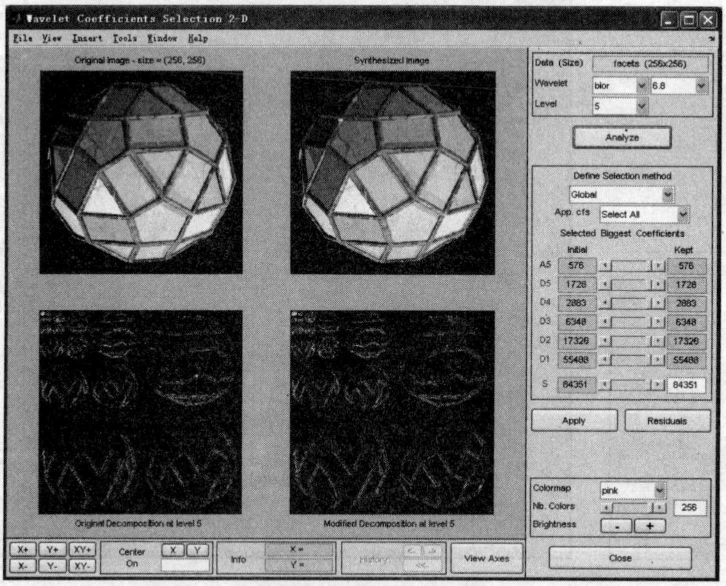

图 3.163　小波分解

(3) 小波系数选择。在图 3.163 右侧的定义选择方法(Define Selection Method)共包含三种方式：全局选择(Global)、分层选择(By Level)和分布动画(Stepwise Movie)。低频系数(App. Cfs)中包括三种低频系数的选择方式：全部选择(Select All)、全部舍弃(Unselect)以及部分选择(Selectable)。其含义和一维小波系数选择类似，具体介绍见 3.7.4 小节。

选择全局方式，舍弃大部分高频系数，保留低频系数，单击 Apply 按钮得到的合成信号如图 3.164 所示。

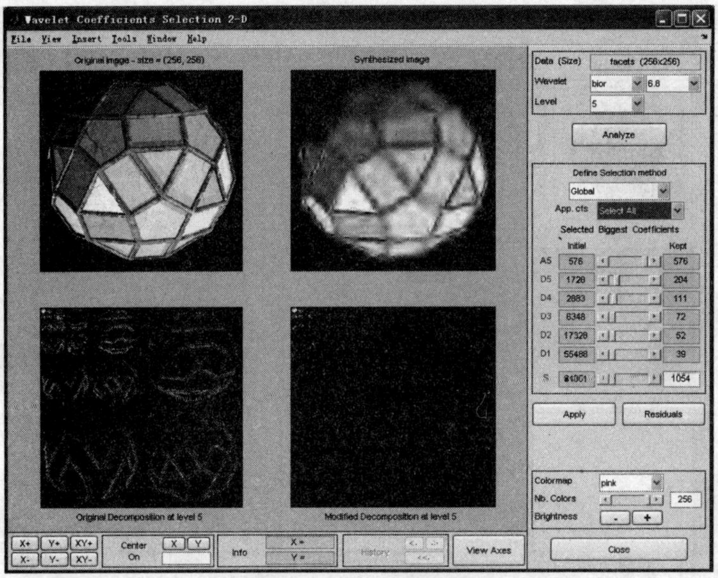

图 3.164　小波系数选择结果

3.8.3　图像融合

下面介绍图像融合工具的用法。

(1) 加载图像。在图 3.1 中单击 Image Fusion 按钮，即可打开图像融合窗口。选择菜单“File”→“Load or Import Image 1”→“Load Image”，在弹出的对话框中选择待分析的图像，单击 打开(O) 按钮后，即可打开待融合图像 1；类似选择菜单“File”→“Load or Import Image 2”→“Load Image”，在弹出的对话框中选择待分析的图像打开待融合图像 2，如图 3.165 所示。

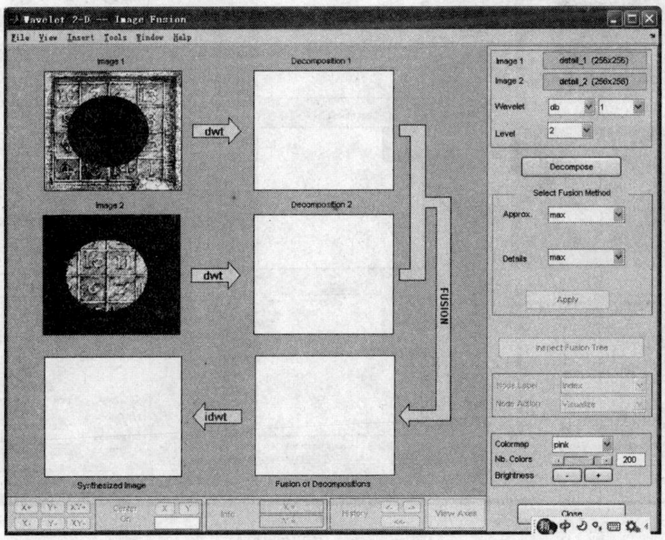

图 3.165　图像融合窗口

(2) 小波分解。在右上侧选择小波和分解层数，假设选择 db1 小波、层数 2，单击 Decompose 按钮，得到图像的小波分解结果，如图 3.166 所示。

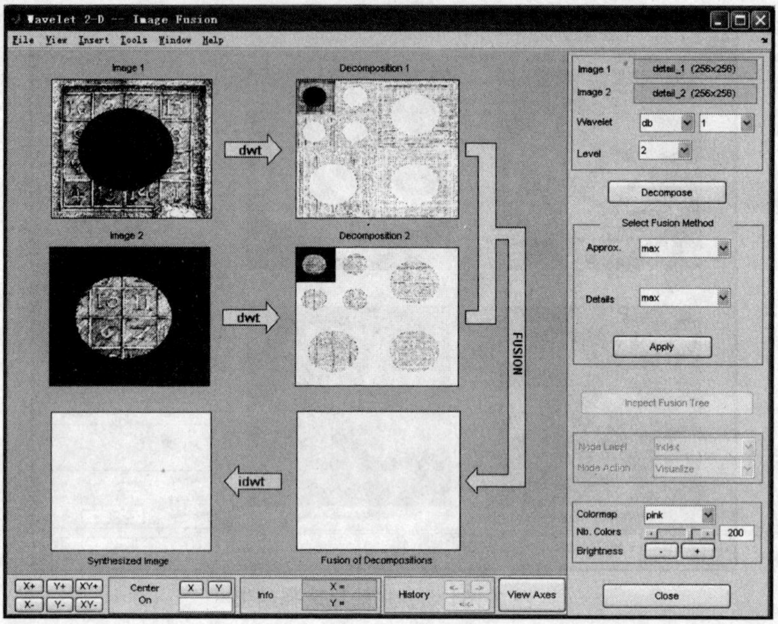

图 3.166　小波分解

(3) 图像融合。图像融合共有 max、min、mean、rand、linear、UD_fusion、DU_fusion、LR_fusion、RL_ fusion、img1、img2 和 userDEF 等 12 种方式。高频和低频均选择 max 方式，单击 Apply 按钮，得到的融合图像如图 3.167 所示。

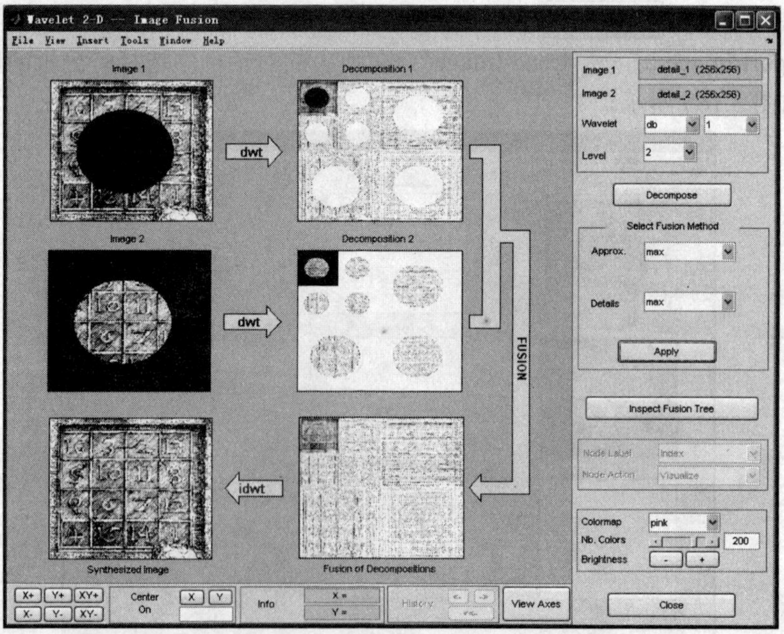

图 3.167　图像融合

3.9 小 波 显 示

3.9.1 小波信息显示

下面介绍小波信息显示工具的用法。

(1) 打开窗口。在图 3.1 中单击 Wavelet Display 按钮，即可打开小波信息显示窗口，如图 3.168 所示。

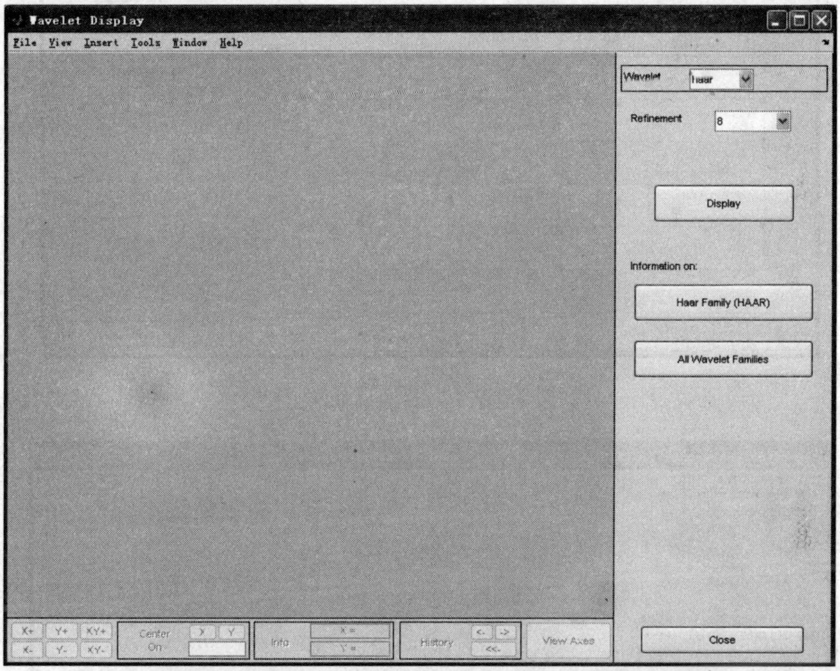

图 3.168　小波信息显示窗口

(2) 小波信息显示。在右上侧选择需要显示小波和精度，单击 Display 按钮，得到小波信息显示结果，如图 3.169 所示。从上到下、从左到右显示了尺度函数、小波函数、分解低通滤波器、分解高通滤波器、重构低通滤波器和重构高通滤波器。

(3) 小波簇信息显示。单击 Symlets Family (SYM) 按钮得到选择小波簇的信息，如图 3.170 所示。

(4) 所有小波信息显示。单击 All Wavelet Families 按钮得到所有小波信息，如图 3.171 所示。小波信息一共分五类、三页进行介绍，具体如下。

① Crude wavelets：包括 gaussian wavelets(gaus)、morlet 和 mexican hat(mexihat)。

② Infinitely regular wavelets：包括 meyer(meyr)和 discrete meyer wavelets(dmey)。

③ Orthogonal and Compactly supported wavelets：包括 Daubechies(dbN)、symlets(symN)和 coiflets(coifN)。

④ Biorthogonal and Compactly supported wavelets pairs：包括 B-splines biorthogonal wavelets(biorNr.Nd 和 rbioNr.Nd)。

⑤ Complex wavelets：包括 complex Gaussian wavelets(cgauN)、complex Morlet wavelets(cmorFb-Fc)、complex Shannon wavelelts(shanFb-Fc)和 complex frequency B-spline wavelets(fbspM-Fb-Fc)。

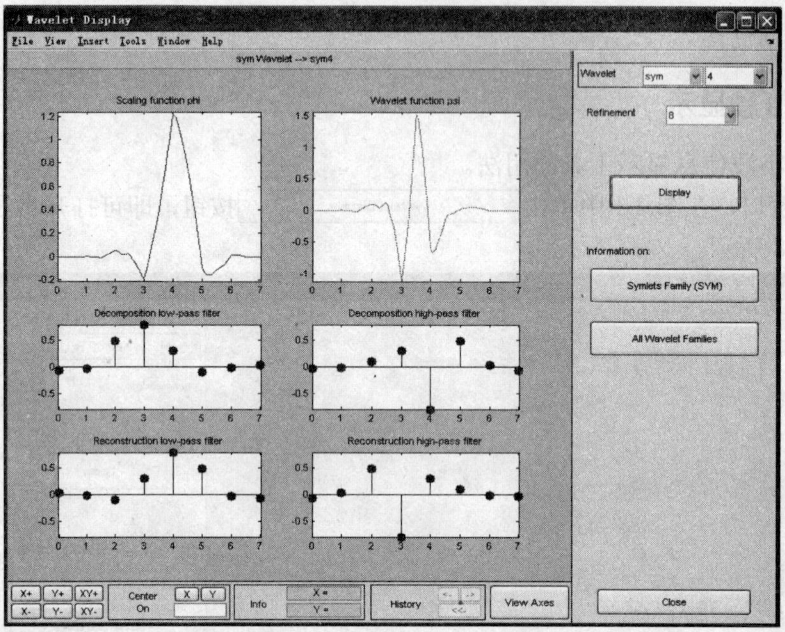

图 3.169　小波信息显示

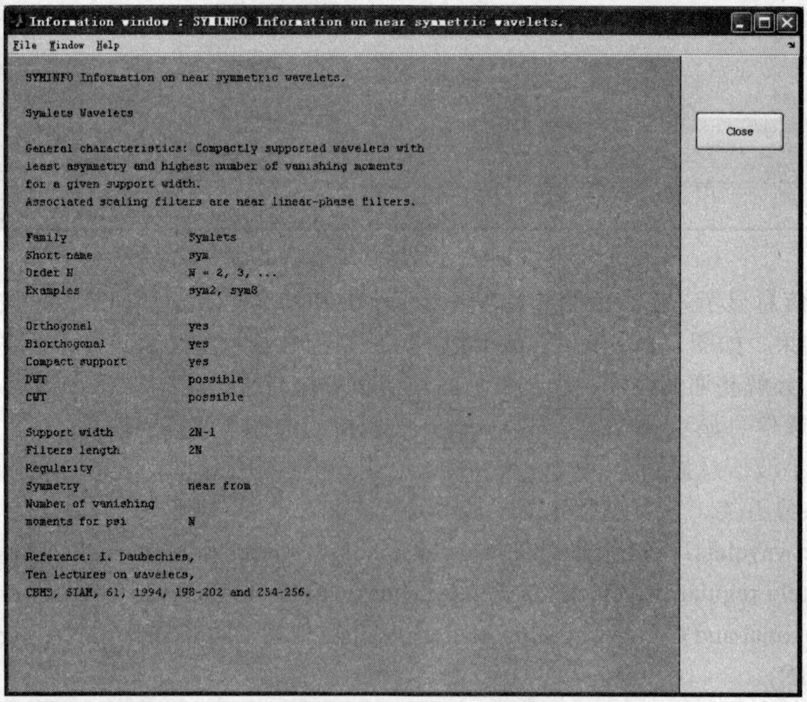

图 3.170　小波簇信息显示

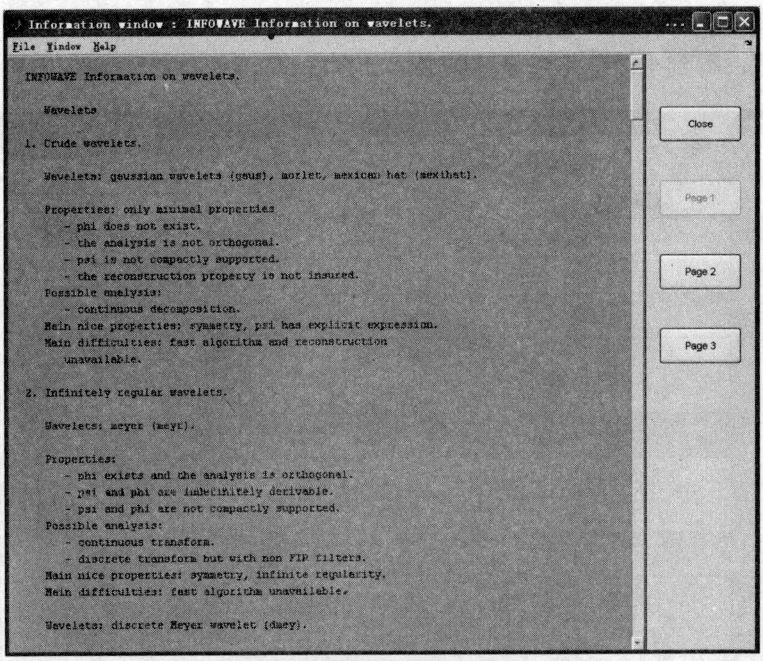

图 3.171　所有小波信息显示

3.9.2　小波包信息显示

下面介绍小波包信息显示工具的用法。

(1) 打开窗口。在图 3.1 中单击 Wavelet Packet Display 按钮，即可打开小波包信息显示窗口，如图 3.172 所示。

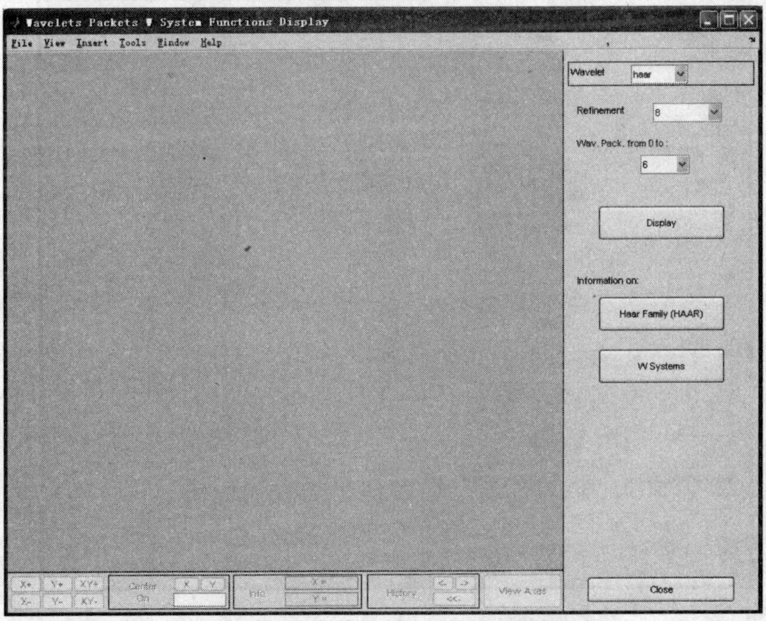

图 3.172　小波包信息显示窗口

(2) 小波包信息显示。在右上侧选择需要显示的小波包、精度和小波包函数个数，单击

按钮，得到小波包信息显示结果，如图 3.173 所示。

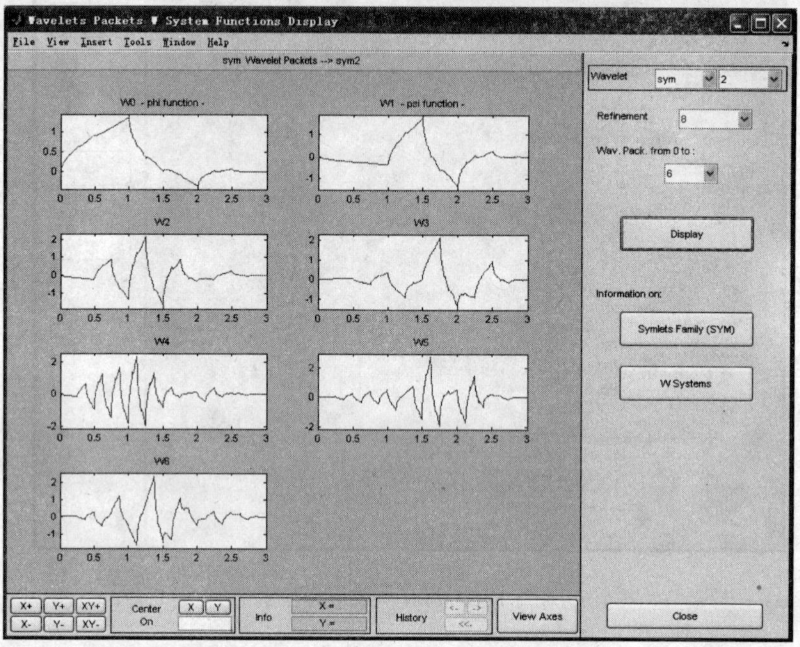

图 3.173　小波包信息显示

(3) 函数簇信息显示。单击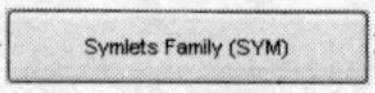

按钮得到选择的函数簇信息，如图 3.174 所示。

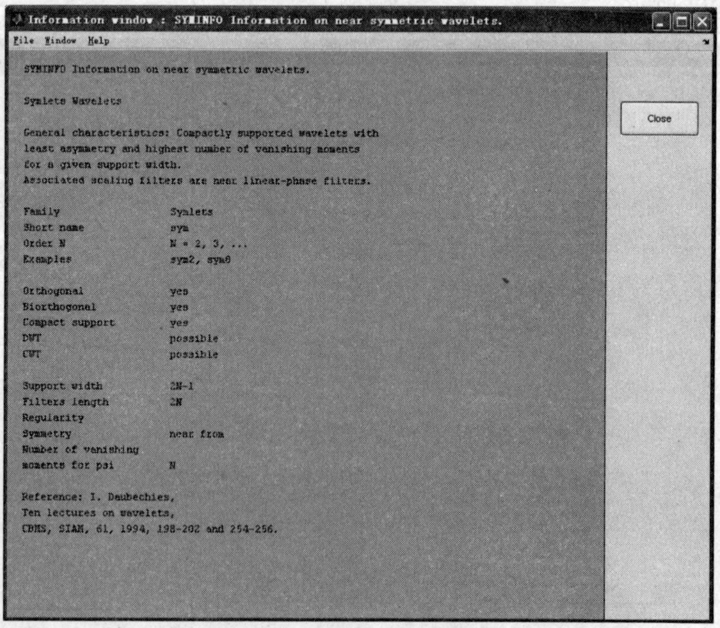

图 3.174　小波簇信息显示

(4) 所有小波函数簇信息显示。单击 W Systems 按钮，得到所有小波函数簇信息，如图 3.175 所示。

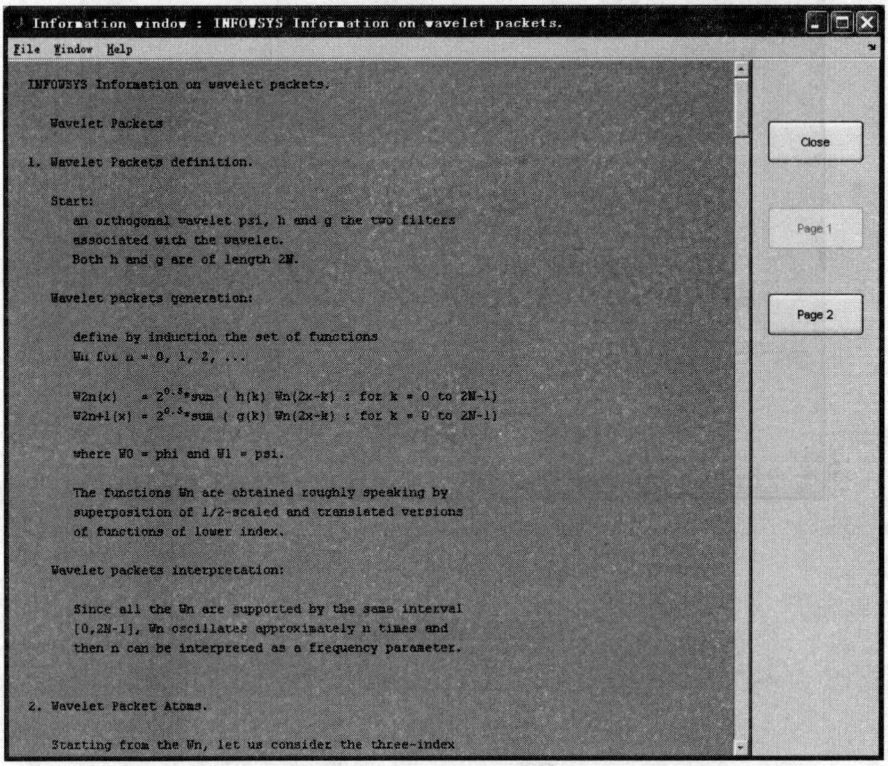

图 3.175　所有小波函数簇信息显示

3.10　延　　拓

3.10.1　信号延拓

下面介绍信号延拓工具的用法。

(1) 加载信号。在图 3.1 中单击 Signal Extension 按钮，即可打开信号延拓窗口。选择菜单“File”→“Load Signal”，在弹出的对话框中选择待分析的信号，单击 打开(O) 按钮后，即可打开待分析信号，如图 3.176 所示。

(2) 信号延拓。在右侧可以选择信号延拓方式，共有 9 种，如图 3.177 所示。延拓方向包括 3 种：双向(both)、向左(left)和向右(right)。选择双向、Symmetric(Half-Point)方式、长度 1600，单击 Extend 按钮，得到信号延拓结果如图 3.178 所示。红框中的信号为原始信号，黄框中的信号为延拓后的信号。

(3) 信号裁剪。当延拓信号长度小于原信号时，即可以进行信号裁剪。选择双向、长度 800，单击 Extend 按钮，得到信号裁剪结果如图 3.179 所示。

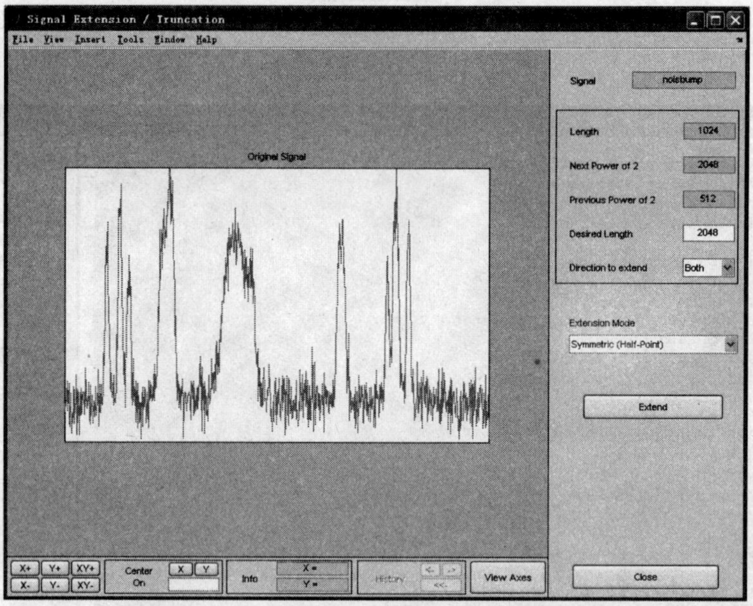

图 3.176　信号延拓窗口

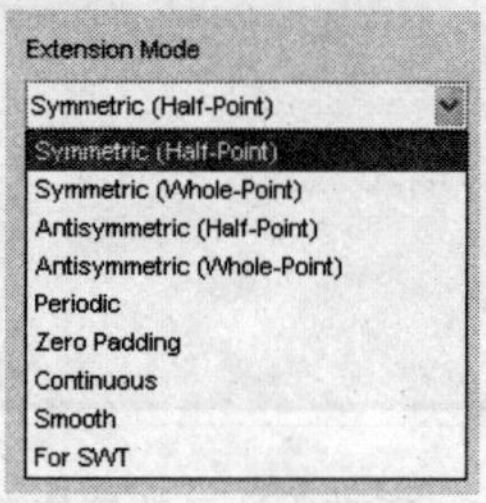

图 3.177　延拓方式

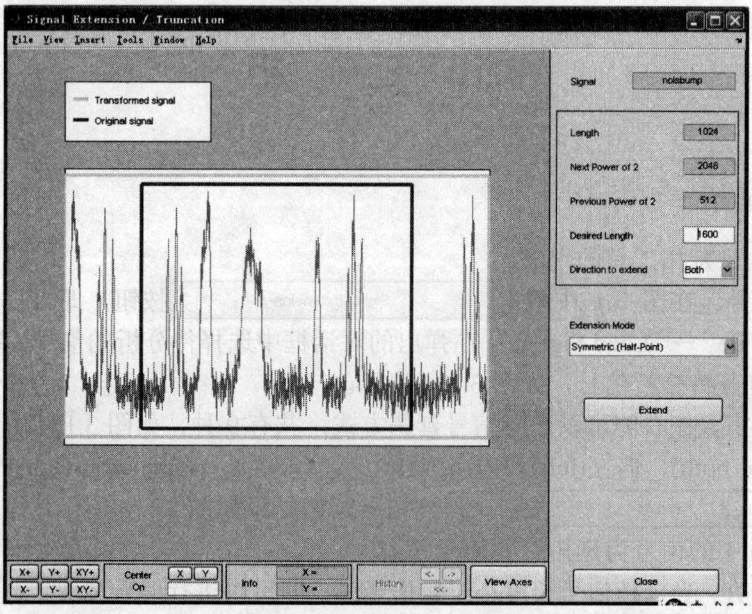

图 3.178　信号延拓结果

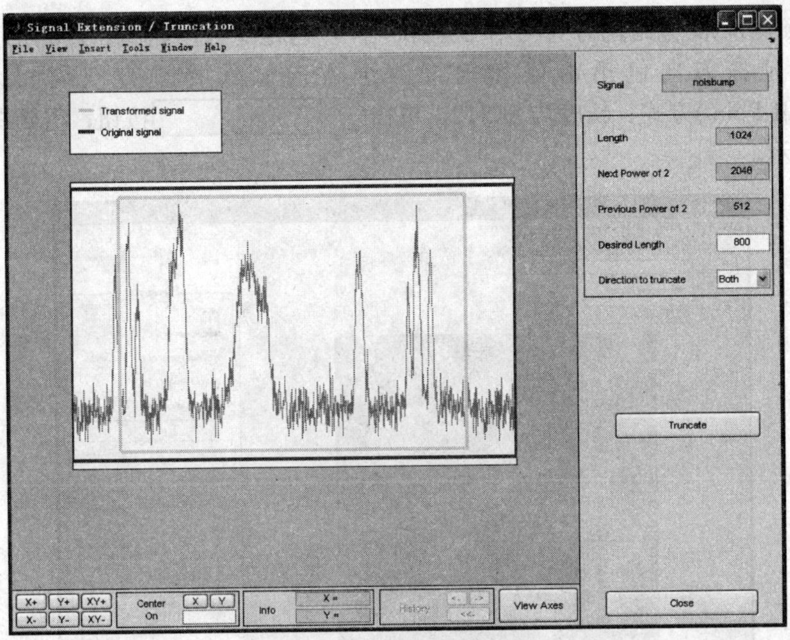

图 3.179　信号裁剪结果

3.10.2　图像延拓

下面介绍图像延拓工具的用法。

(1) 加载图像。在图 3.1 中单击 Image Extension 按钮，即可打开图像延拓窗口。选择菜单“File”→“Load Image”，在弹出的对话框中选择待分析的图像，单击 打开(O) 按钮后，即可打开待分析图像，如图 3.180 所示。

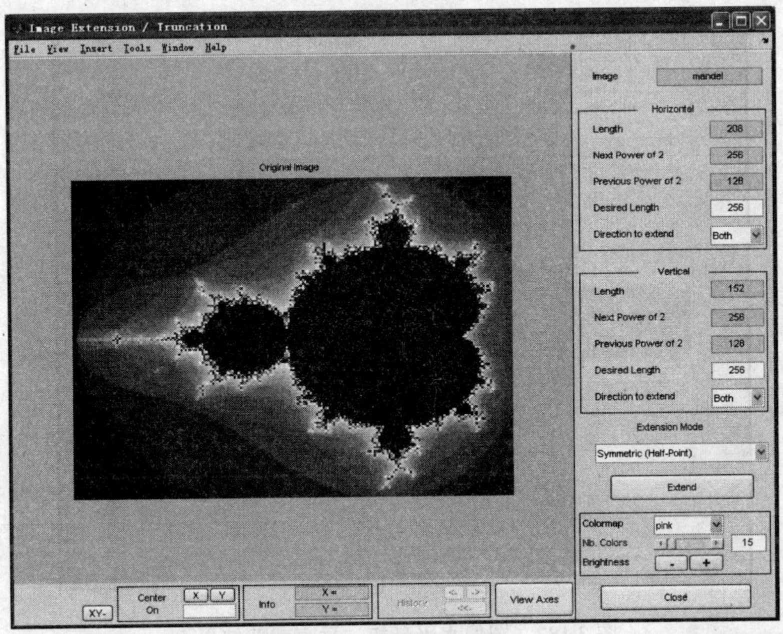

图 3.180　图像延拓窗口

(2) 图像延拓。图像延拓方式与信号延拓一样，也是 9 种，如图 3.178 所示。与信号不一样，图像延拓方向包括水平和垂直两个方向。选择垂直双向、水平向左、Symmetric(Half-Point)方式、长度均为 512，单击 Extend 按钮，得到图像延拓结果如图 3.181 所示。

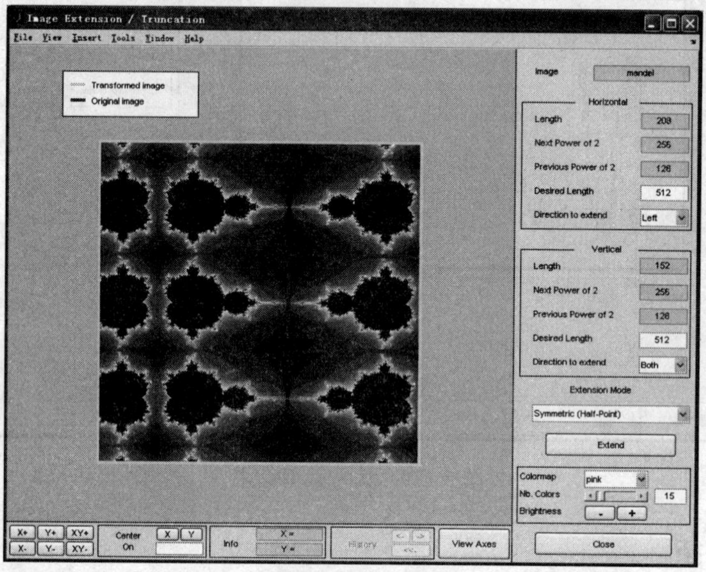

图 3.181　图像延拓

(3) 图像裁剪。当定义的延拓长度小于原长度时，即为对图像进行裁剪。选择垂直和水平均双向、Symmetric(Half-Point)方式、水平长度 512，垂直长度 100，单击 Extend 按钮，得到图像水平延拓、垂直裁剪结果如图 3.182 所示。

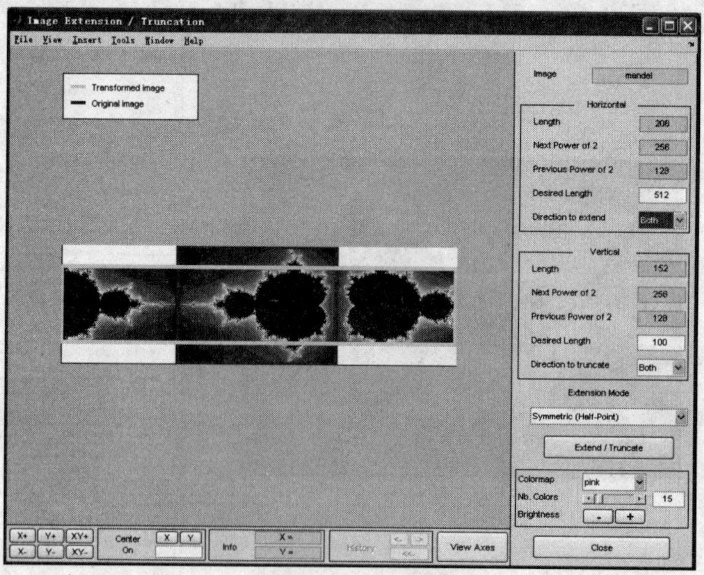

图 3.182　图像水平延拓、垂直裁剪结果

第 4 章　小波变换函数和小波函数

4.1　小波变换函数

4.1.1　函数 biorfilt

函数 biorfilt 的调用格式主要有以下两种：

(1) [Lo_D, Hi_D ,Lo_R, Hi_R] = biorfilt(DF, RF)

(2) [Lo_D1, Hi_D1, Lo_R1, Hi_R1, Lo_D2, Hi_D2, Lo_R2,Hi_R2] = biorfilt(DF, RF, '8')

该函数返回和双正交小波相关的 4 个或 8 个滤波器。参数 DF 和 RF 分别为分解和重构滤波器。

格式(1)返回的 4 个参数为：

- Lo_D：分解低通滤波器；
- Hi_D：分解高通滤波器；
- Lo_R：重构低通滤波器；
- Hi_R：重构高通滤波器。

格式(2)返回的前 4 个滤波器与分解小波有关，后 4 个与重构小波有关。

一般说来，对于子带滤波器，如果采用相同的 FIR 滤波器进行分解和重构，那么就不能满足对称性，也得不到精确的重构(Haar 小波除外)。因此对于双正交小波，通常采用两个小波而不是一个。

用$\tilde{\psi}$小波进行分解，信号 s 的分解系数为

$$\tilde{c}_{j,k} = \int s(x)\tilde{\psi}_{j,k}(x)\mathrm{d}x$$

采用ψ小波进行重构，重构的信号为

$$s = \sum_{j,k} \tilde{c}_{j,k}\psi_{j,k}$$

两个小波之间的关系如下：

$$\int \tilde{\psi}_{j,k}(x)\psi_{j',k'}(x)\,\mathrm{d}x = 0 \qquad j \neq j', k \neq k'$$

$$\int \tilde{\varphi}_{0,k}(x)\phi_{0,k'}(x)\mathrm{d}x = 0 \quad k \neq k'$$

下面举例介绍函数 biorfilt 的用法，程序代码如下：

```
%计算与 bior6.8 相关联的分解和重构滤波器
[Rf,Df] = biorwavf('bior6.8');
%计算与 bior6.8 相关联的 4 个滤波器
[Lo_D,Hi_D,Lo_R,Hi_R] = biorfilt(Df,Rf);
subplot(221); stem(Lo_D);
title('bior6.8 分解低通滤波器');
subplot(222); stem(Hi_D);
title('bior6.8 分解高通滤波器');
subplot(223); stem(Lo_R);
title('bior6.8 重构低通滤波器');
subplot(224); stem(Hi_R);
title('bior6.8 重构高通滤波器');
```

程序运行结果如图 4.1 所示。

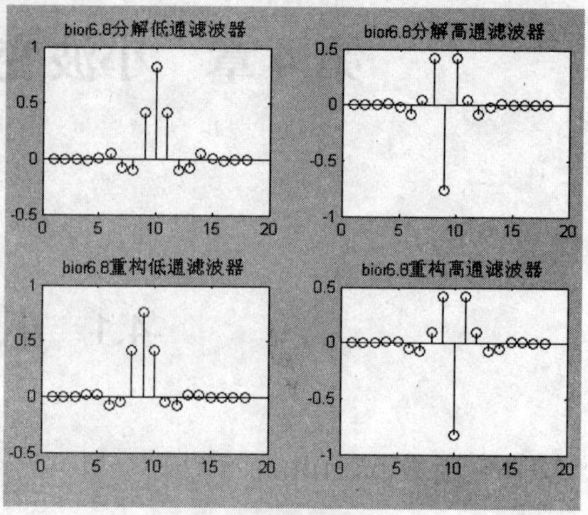

图 4.1　bior6.8 小波滤波器组

4.1.2　函数 centfrq

函数 centfrq 的调用格式有以下 3 种：

(1) FREQ = centfrq('wname')

(2) FREQ = centfrq('wname', ITER)

(3) [FREQ, XVAL, RECFREQ] = centfrq('wname', ITER, 'plot')

函数 centfrq 用于获得小波中心频率。输入参数 wanme 为小波函数，ITER 是小波函数的迭代次数，格式(3)除了计算小波中心频率外还画出小波函数图形以及 RECFREQ，RECFREQ 是在包含 2^{ITER} 个点的网格 XVAL 上的近似频率。

下面举例说明函数 centfrq 的用法，程序代码如下：

```
wname = 'db4';
%计算中心频率并画出实小波 db4 图形以及中心频率
iter = 8;
figure(1);
cfreq = centfrq(wname,8,'plot')
wname = 'cgau6';
%计算中心频率并画出复小波 cgau6 图形以及中心频率
figure(2);
cfreq = centfrq(wname,8,'plot')
```

程序运行结果如图 4.2 和图 4.3 所示。

```
cfreq =
    0.7143
cfreq =
    0.6000
```

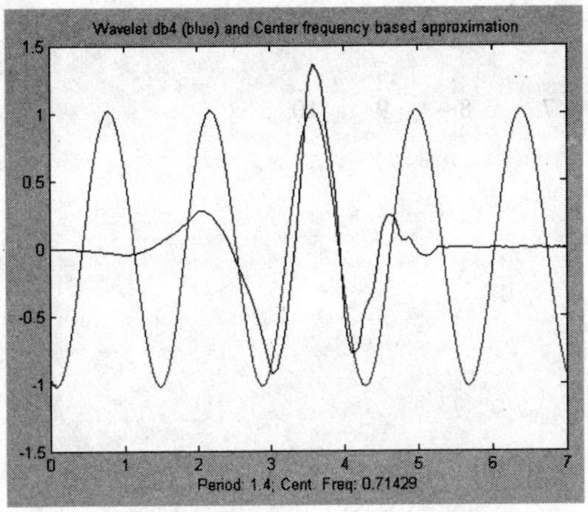

图 4.2　实小波 db4 的中心频率

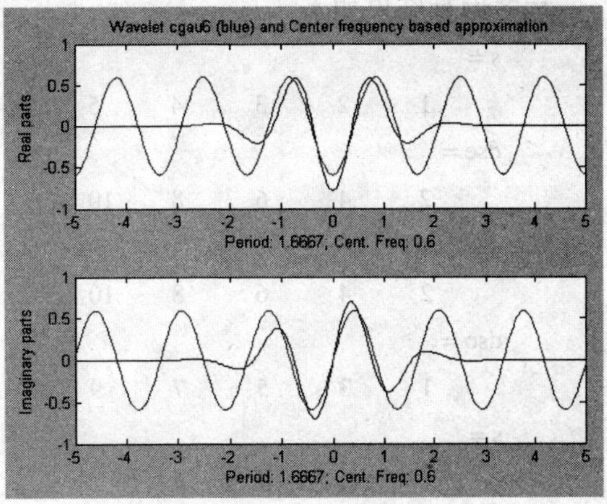

图 4.3　复小波 cgau6 的中心频率

4.1.3　函数 dyaddown

函数 dyaddown 的调用格式有下面 4 种：

(1) Y = dyaddown(X, EVENODD)

(2) Y = dyaddown(X)

(3) Y = dyaddown(X, EVENODD, 'type')

(4) Y = dyaddown(X, 'type', EVENODD)

函数dyaddown用于对X进行二元抽样，即每隔一个元素抽取一个元素。参数EVENODD如果为奇数，则进行奇抽样，即 Y(K) = X(2K+1)；如果为偶数，则进行偶抽样，即 Y(K) = X(2K)。默认为 EVENODD = 0，进行偶抽样。对于格式(3)和(4)，X 是矩阵，参数 type 取值为 c 时，抽取矩阵 X 的列；参数 type 为 r 时，抽取矩阵 X 的行；参数 type 为 m 时，抽取矩阵 X 的行和列。

下面举例说明函数 dyaddown 的用法，程序如下。

```
s = 1:10
%对 s 进行二元偶抽样
dse = dyaddown(s)
%进行偶抽样
dse = dyaddown(s,0)
%进行奇抽样
dso = dyaddown(s,1)
s = (1:3)'*(1:4)
%抽取矩阵的偶数列
dec = dyaddown(s,0,'c')
%抽取矩阵的奇数行
der = dyaddown(s,1,'r')
%抽取矩阵的奇数行和列
dem = dyaddown(s,1,'m')
```

程序运行结果如下。

```
s =
    1    2    3    4    5    6    7    8    9    10
dse =
    2    4    6    8    10
dse =
    2    4    6    8    10
dso =
    1    3    5    7    9
s =
    1    2    3    4
    2    4    6    8
    3    6    9    12
dec =
    2    4
    4    8
    6    12
der =
    1    2    3    4
    3    6    9    12
dem =
    1    3
    3    9
```

4.1.4　函数 dyadup

函数 dyadup 的调用格式有如下 4 种：

(1) Y = dyadup(X, EVENODD)

(2) Y = dyadup(X)

(3) Y = dyadup(X, EVENODD, 'type')

(4) Y = dyadup(X,' type', EVENODD)

dyadupn 函数用于对 X 进行二元插值，即每隔一个元素填充一个 0 元素。参数 EVENODD 如果为奇数，则进行奇插值，即 Y(2K−1) = 0，Y(2K) = X(K)；如果为偶数，则进行偶插值，即 Y(2K) = 0，Y(2K−1) = X(K)。默认为 EVENODD = 1，进行奇插值。对于格式(3)和(4)，X 是矩阵，参数 type 取值为 c 时，插值矩阵 X 的列；参数 type 为 r 时，插值矩阵 X 的行；参数 type 为 m 时，插值矩阵 X 的行和列。

下面举例说明函数的用法，程序代码如下。

```
s = 1:5
%进行奇插值
dse = dyadup(s)
```

```
%进行奇插值
dse = dyadup(s,1)
%进行偶插值
dso = dyadup(s,0)
s = (1:2)'*(1:3)
%插值矩阵的奇数行
der = dyadup(s,1,'r')
%插值矩阵的偶数列
doc = dyadup(s,0,'c')
%插值矩阵的奇数行和列
dem = dyadup(s,1,'m')
```

程序运行结果如下。

```
s =
     1     2     3     4     5
dse =
  Columns 1 through 10
     0     1     0     2     0     3     0     4     0     5
  Column 11
     0
dse =
  Columns 1 through 10
     0     1     0     2     0     3     0     4     0     5
  Column 11
     0
dso =
     1     0     2     0     3     0     4     0     5
s =
     1     2     3
     2     4     6
der =
     0     0     0
     1     2     3
     0     0     0
     2     4     6
     0     0     0
doc =
     1     0     2     0     3
     2     0     4     0     6
dem =
```

0	0	0	0	0	0	0
0	1	0	2	0	3	0
0	0	0	0	0	0	0
0	2	0	4	0	6	0
0	0	0	0	0	0	0

4.1.5 函数 intwave

函数 intwave 的调用格式有如下 3 种：

(1) [INTEG, XVAL] = intwave('wname', PREC)

(2) [INTEG, XVAL] = intwave('wname', PREC, PFLAG)

(3) [INTEG, XVAL] = intwave('wname')

函数 intwave 用于计算小波函数的积分值，积分区间为[−∞，XVAL]。

对于双正交小波，[INTDEC, XVAL, INTREC] = intwave ('wname', PREC)，返回值 INTDEC 为分解小波的积分值，INTREC 为重构小波的积分值。

格式[INTEG，XVAL] = intwave('wname', PREC)等价于[INTEG，XVAL] = intwave ('wname', PREC, 0)。

格式[INTEG，XVAL] = intwave('wname')等价于[INTEG，XVAL] = intwave('wname', 8)。

当使用 3 个参数 intwave ('wname', IN2, IN3)时，PREC = max(IN2, IN3)，同时还将画出积分值。特别当 IN2 等于 0 时，intwave('wname', 0)等价于 intwave('wname', 8, IN3)。

intwave 仅用于连续小波函数积分值的计算。

下面举例说明函数 intwave 的用法，程序代码如下。

```
wname = 'coif3';
%画出小波函数
[phi,psi,xval] = wavefun(wname,7);
subplot(211);
plot(xval,psi); title('Wavelet');
%计算并画出小波积分值
[integ,xval] = intwave(wname,7);
subplot(212); plot(xval,integ);
title(['Wavelet integrals over [-Inf x] ' ...
       'for each value of xval']);
```

程序运行结果如图 4.4 所示。

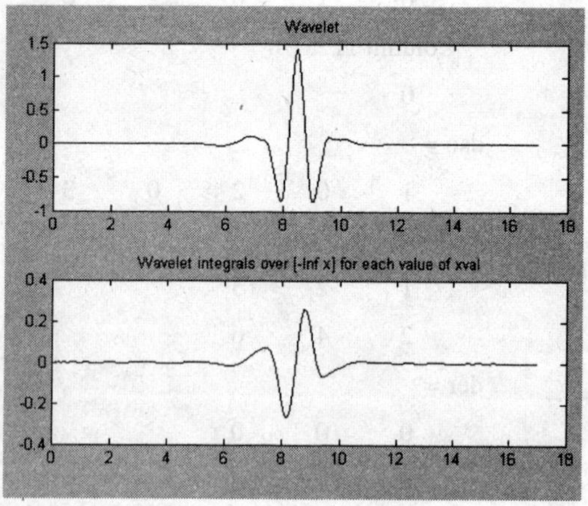

图 4.4 小波函数积分值

4.1.6 函数 orthfilt

函数 orthfilt 的调用格式如下：

[Lo_D, Hi_D, Lo_R, Hi_R] = orthfilt(W)

函数 orthfilt 用于返回与某一小波对应的 4 个滤波器。Lo_D 为分解的低通滤波器，Hi_D 为分解的高通滤波器，Lo_R 为重构的低通滤波器，Hi_R 为重构的高通滤波器。

对于正交小波，在多分辨分析的框架下使用尺度函数 ϕ 和小波函数 ψ 进行分析，尺度函数存在着一个基本的双尺度方程：

$$\frac{1}{2}\phi\left(\frac{x}{2}\right)=\sum_{n\in\mathbf{Z}}\omega_n\phi(x-n)$$

在 dwt 和 idwt 中，所有的滤波器都与序列 $(\omega_n)_{n\in\mathbf{Z}}$ 密切相关，如果 ϕ 具有紧支撑，那么序列 (ω_n) 就是有限的，可以看做是一个 FIR 滤波器。且尺度滤波器 W 为：

- 低通 FIR 滤波器；
- 长度为 $2n$；
- 总合为 1；
- 方差为 $1/\sqrt{2}$ 。

对于滤波器 W，可以定义 4 个长度为 $2n$，方差为 1 的 FIR 滤波器，具体如表 4-1 所示。

表　4-1

滤 波 器	低　通	高　通
分解滤波器	Lo_D	Hi_D
重构滤波器	Lo_R	Hi_R

4 个滤波器的计算关系如图 4.5 所示。

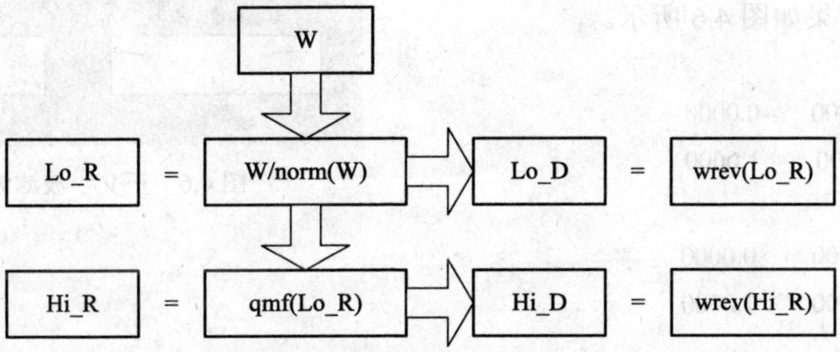

图 4.5　滤波器转换关系

其中，qmf 运算使 Hi_R 和 Lo_R 成为镜像二次滤波器，wrev 运算为回转滤波器系数，使得 Hi_D 和 Lo_D 也成为镜像二次滤波器。

下面举例说明函数 orthfilt 的用法，程序代码如下：

```
%装载尺度滤波器
load db8;
w = db8;
subplot(421); stem(w);
title('原始尺度滤波器');
%计算 4 个滤波器
[Lo_D,Hi_D,Lo_R,Hi_R] = orthfilt(w);
subplot(423); stem(Lo_D);
title('分解低通滤波器');
```

```
subplot(424); stem(Hi_D);
title('分解高通滤波器');
subplot(425); stem(Lo_R);
title('重构低通滤波器');
subplot(426); stem(Hi_R);
title('重构高通滤波器');
%检验正交性
df = [Lo_D;Hi_D];
rf = [Lo_R;Hi_R];
id = df*df'
id = rf*rf'
%高频和低频说明
fftld = fft(Lo_D); ffthd = fft(Hi_D);
freq = [1:length(Lo_D)]/length(Lo_D);
subplot(427); plot(freq,abs(fftld));
title('转换模数：低通');
subplot(428); plot(freq,abs(ffthd));
title('转换模数：高通')
```

程序运行结果如图 4.6 所示。

```
id =
      1.0000    -0.0000
     -0.0000     1.0000
id =
      1.0000     0.0000
      0.0000     1.0000
```

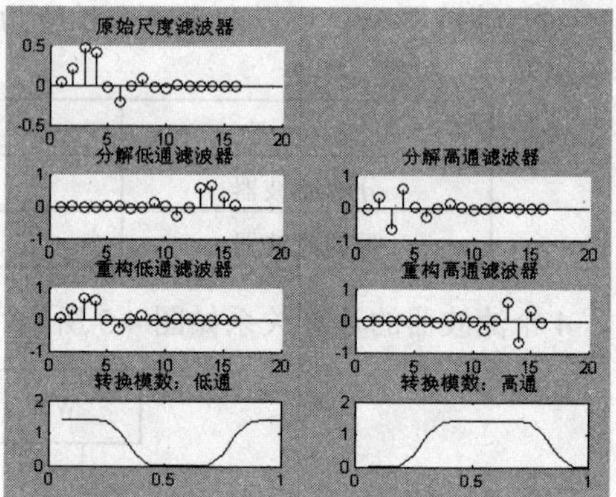

图 4.6　正交小波滤波器组

4.1.7　函数 qmf

函数 qmf 的调用格式有如下两种：

(1) Y = qmf(X, P)

(2) Y = qmf(X)

qmf 用于返回镜像二次滤波器。对于格式(1)，当 P 为偶数时，函数改变向量 X 中偶数位置的元素的符号；当 P 为奇数时，函数改变向量 X 中奇数位置的元素的符号。Y = qmf(X)等价于 Y = qmf(X, 0)。

若 X 是能量有限信号，如果对任意 X 满足：

$$\|y_0\|^2 + \|y_1\|^2 = \|x\|^2$$

则对应的滤波器 F_0 和 F_1 为镜像二次滤波器。其中，y_0 是信号 x 通过滤波器 F_0 并经过下采样后得到的信号，设 $x_0 = F_0(x)$，则 $y_0(n) = X_0(2n)$；y_1 是信号 x 经过滤波器 F_1 并经过下采样后得到的信号，设 $x_1 = F_1(x)$，则 $y_I(n) = X_1(2n)$。

下面举例说明函数 qmf 的用法，程序代码如下。

```
load db10;
subplot(321); stem(db10);
title('db10 低通滤波器');
%计算镜像滤波器
qmfdb10 = qmf(db10);
subplot(322); stem(qmfdb10);
title('QMF db10 滤波器');
%检查频率条件
%abs(fft(filter))^2 + abs(fft(qmf(filter))^2 = 1
m = fft(db10);
mt = fft(qmfdb10);
freq = [1:length(db10)]/length(db10);
subplot(323); plot(freq,abs(m));
title('db10 的转换模数')
subplot(324); plot(freq,abs(mt));
title('QMF db10 的转换模数')
subplot(325); plot(freq,abs(m).^2 + abs(mt).^2);
title('检查 db10 和 QMF db10 的 QMF 条件')
xlabel(' abs(fft(db10))^2 + abs(fft(qmf(db10))^2 = 1')
```

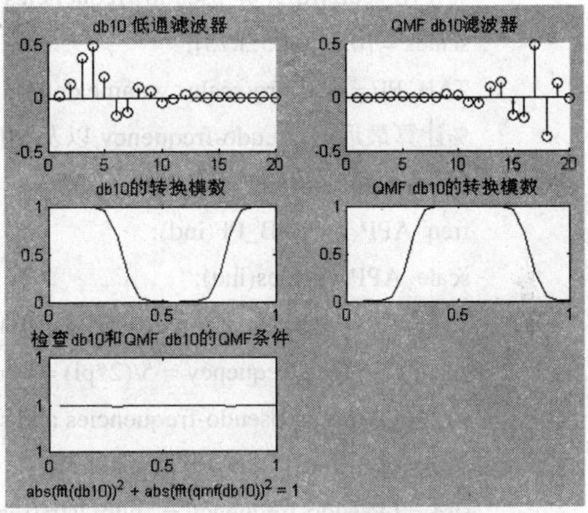

图 4.7　镜像二次滤波器

程序运行结果如图 4.7 所示。

4.1.8　函数 scal2frq

函数 scal2frq 的调用格式如下：

F = scal2frq(A, 'wname', DELTA)

函数 scal2frq 返回与某一尺度对应的频率。输入参数 A 是尺度值，wname 是小波函数，DELTA 为采样周期。scal2frq (A,'wname')等价于 scal2frq(A,'wname',1)。

经常会遇到的一个问题：对于给定的小波函数和采样周期，如何将尺度与频率对应起来？广义地说，应该说与某一尺度对应的是假拟频率(pseudo-frequency)。一种做法是将频率与中心频率 F_c 比较，计算公式为 $F_a = \dfrac{F_c}{a \times \Delta}$，其中 Δ 为采样周期，a 是尺度，F_c 是小波的中心频率，F_a 是与尺度 a 对应的假拟频率。

下面举例说明函数 scal2frq 的用法，程序代码如下：

```
%设置小波名称
wname = 'db10';
A = -64; B = 64;
P = 224;
```

```
%计算采样周期和采样方程
%计算实际的频率
delta = (B-A)/(P-1);
t = linspace(A,B,P);
omega = 5; x = cos(omega*t);
freq    = omega/(2*pi);
%设置尺度
%使用 scal2frq 计算 pseudo-frequencies 数组
scales = [0.25:0.25:3.75];
TAB_PF = scal2frq(scales,wname,delta);
%计算最近的 pseudo-frequency 以及相应的尺度
[dummy,ind] = min(abs(TAB_PF-freq));
freq_APP    = TAB_PF(ind);
scale_APP = scales(ind);
str1 = ['224 samples of x = cos(5t) on [-64,64] - ' ...
        'True frequency = 5/(2*pi) =~ ' num2str(freq,3)];
str2 = ['Array of pseudo-frequencies and scales: '];
str3 = [num2str([TAB_PF',scales'],3)];
str4 = ['Pseudo-frequency = ' num2str(freq_APP,3)];
str5 = ['Corresponding scale = ' num2str(scale_APP,3)];
figure; cwt(x,scales,wname,'plot'); ax = gca; colorbar
axTITL = get(ax,'title');
axXLAB = get(ax,'xlabel');
set(axTITL,'String',str1)
set(axXLAB,'String',[str4,'    -    ' str5])
clc ; disp(strvcat(' ',str1,' ',str2,str3,' ',str4,str5))
```

程序运行结果如图 4.8 所示。

```
224 samples of x = cos(5t) on [-64,64] - True frequency = 5/(2*pi) =~ 0.796
Array of pseudo-frequencies and scales:
  4.77        0.25
  2.38         0.5
  1.59        0.75
  1.19           1
 0.954        1.25
 0.795         1.5
 0.681        1.75
 0.596           2
  0.53        2.25
 0.477         2.5
 0.433        2.75
```

0.397　　3

0.367　　3.25

0.341　　3.5

0.318　　3.75

Pseudo-frequency = 0.795

Corresponding scale = 1.5

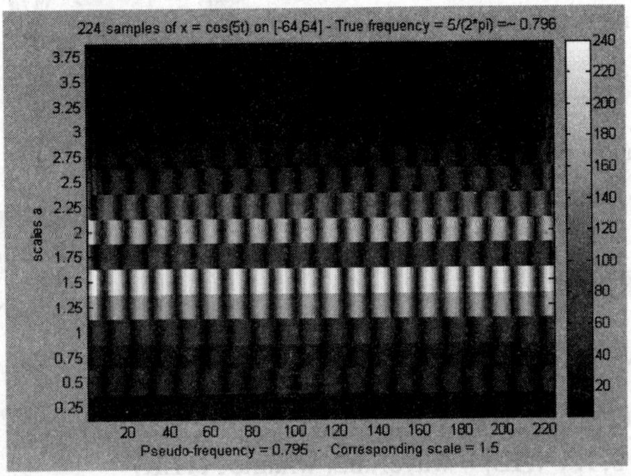

图 4.8　尺度与频率

4.1.9　函数 wavefun

函数 wavefun 的调用格式有以下 4 种：

(1) [PHI, PSI, XVAL] = wavefun('wname', ITER)

(2) [PHI1, PSI1, PHI2, PSI2, XVAL] = wavefun('wname', ITER)

(3) [PSI, XVAL] = wavefun('wname', ITER)

(4) [...] = wavefun('wname', A, B)

函数 wavefun 返回小波函数和尺度函数(如果存在)的近似值。正整数 ITER 决定了重复计算的次数，从而决定了小波函数和尺度函数近似值的精确程度。

● 对于正交小波，[PHI, PSI, XVAL] = wavefun('wname', ITER)返回尺度函数和小波函数。

● 对于双正交小波，[PHI1, PSI1, PHI2, PSI2, XVAL] = wavefun('wname', ITER)返回用于分解的(PHI1, PSI1)和用于重构的(PHI2, PSI2)的小波函数和尺度函数。

● 对于 Meyer 小波，有[PHI, PSI, XVAL] = wavefun('wname', ITER)。

● 对于没有尺度函数的小波(例如 Morlet、Mexican Hat、Gaussian derivatives wavelet 以及 complex wavelets)，有[PSI, XVAL] = wavefun('wname', ITER)。

[...] = wavefun('wname', A, B)中 A 和 B 都是正整数，[...] = wavefun('wname', A, B)等价于[...] = wavefun('wname',max(A,B))，同时还会画出图形。

当 A 等于 0 时，[...] = wavefun('wname', 0)等价于 [...] = wavefun('wname', 8, 0)，[...] = wavefun('wname')等价于[...] = wavefun('wname', 8)。

输出的参数是可选的。

下面举例说明函数 wavefun 的用法，程序代码如下：

```
iter = 8;
wav = 'db8';
%计算小波函数的近似值
for i = 1:iter
    [phi,psi,xval] = wavefun(wav,i);
    plot(xval,psi);
    hold on
end
title(['Approximations of the wavelet ',wav, ...
        ' for 1 to ',num2str(iter),' iterations']);
hold off
```

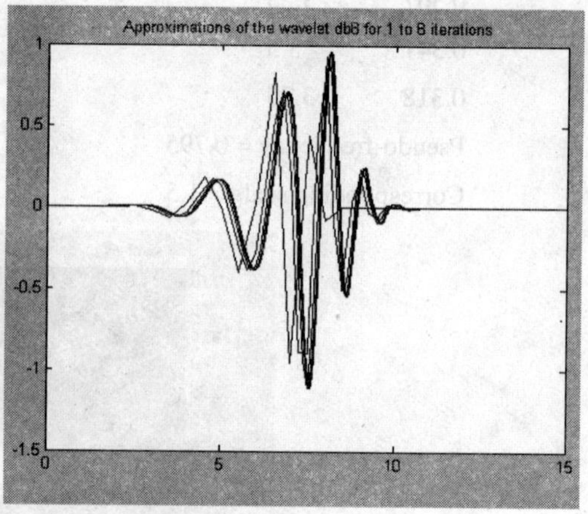

图 4.9　小波函数近似

程序运行结果如图 4.9 所示。

4.1.10　函数 wavefun2

函数 wavefun2 的调用格式有如下 3 种：

(1) [S, W1, W2, W3, XYVAL] = wavefun2('wname', ITER)

(2) [S, W1, W2, W3, XYVAL] = wavefun2('wname', ITER, 'plot')

(3) [S, W1, W2, W3, XYVAL] = wavefun2('wname', A, B)

函数 wavefun2 返回二维尺度函数和小波函数。

对于一个正交小波，wavefun2 函数返回由一维小波函数和尺度函数的张量积生成的尺度函数和三个小波函数。

如果[PHI, PSI, XVAL] = wavefun('wname', ITER)，尺度函数 S 是 PHI 和 PSI 的张量积，小波函数 W1、W2 和 W3 分别是(PHI, PSI)、(PSI, PHI)和(PSI, PSI)的张量积。二维变量 XYVAL 由(XVAL, XVAL)的张量积生成，包含 $2^{ITER} \times 2^{ITER}$ 个点。正整数 ITER 决定了反复计算的次数，从而决定了近似值的精度。

[S, W1, W2, W3, XYVAL] = wavefun2('wname', ITER, 'plot')除返回小波函数和尺度函数外还画出图形。

[S, W1, W2, W3, XYVAL] = wavefun2('wname', A, B)中 A 和 B 都是正整数，它等价于 [S, W1, W2, W3, XYVAL] = wavefun2('wname', max(A,B))。

当 A 等于 0 时，[S, W1, W2, W3, XYVAL] = wavefun2('wname', 0)等价于[S, W1, W2, W3, XYVAL] = wavefun2('wname', 4, 0)，[S, W1, W2, W3, XYVAL] = wavefun2('wname') 等价于[S, W1, W2, W3, XYVAL] = wavefun2('wname', 4)。

输出参数是可选的。

下面举例说明函数 wavefun2 的用法，程序代码如下：

```
iter = 5;
wav = 'db5';
%计算小波函数和尺度函数的近似值
[s,w1,w2,w3,xyval] = wavefun2(wav,iter,0);
```

程序运行结果如图 4.10 所示。

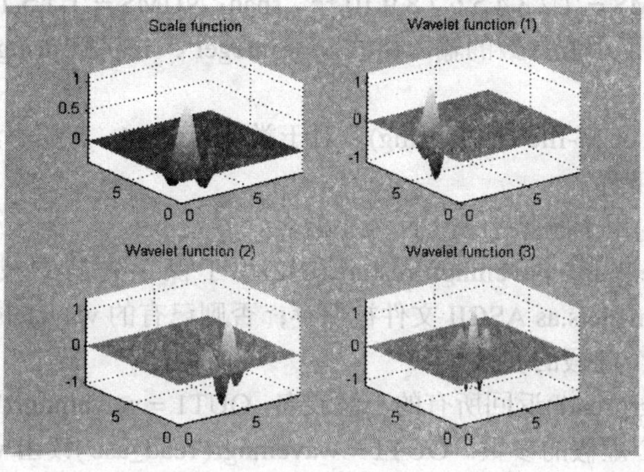

图 4.10　二维小波函数和尺度函数近似

4.1.11　函数 wavemngr

函数 wavemngr 的调用格式有下面 8 种：

(1) wavemngr('add', FN, FSN, WT, NUMS, FILE)

(2) wavemngr('add', FN, FSN, WT, NUMS, FILE, B)

(3) wavemngr('del', N)

(4) wavemngr('restore')

(5) wavemngr('restore', IN2)

(6) OUT1 = wavemngr('read')

(7) OUT1 = wavemngr('read', IN2)

(8) OUT1 = wavemngr('read_asc')

wavemngr 用于小波管理，利用它可以进行小波的添加、删除、存储和读取操作。

利用 wavemngr('add', FN, FSN, WT, NUMS, FILE)、wavemngr('add', FN, FSN, WT, NUMS, FILE, B)、wavemngr('add', FN, FSN, WT, {NUMS, TYPNUMS}, FILE)、wavemngr('add', FN, FSN, WT, {NUMS, TYPNUMS}, FILE, B)可以添加一个新的小波函数。

输入参数 FN = Family Name(string)，FSN = Family Short Name (长度小于或等于 4 个字母的字符串)。

WT 定义小波的类型，主要输入值如下所示。

- WT = 1，正交小波；
- WT = 2，双正交小波；
- WT = 3，带尺度函数的小波；
- WT = 4，没有尺度函数的小波；
- WT = 5，没有尺度函数的复小波。

如果 family 只包含一个小波，NUMS = ' '，例如 mexh、morl。

如果 family 包含有限小波，NUMS 是一个包含小波参数的字符串，中间用空格隔开。例如 bior：NUMS = '1.1 1.3 ... 4.4 5.5 6.8'。

如果 family 包含无限小波，NUMS 是一个包含小波参数的字符串，中间用空格隔开，以**结束。例如 db：NUMS = '1 2 3 4 5 6 7 8 9 10 **'，shan：NUMS = '1-1.5 1-1 1-0.5 1-0.1 2-3 **'。

TYPNUMS 指定了小波参数的输入格式，有'integer'、'real'和'string' 3 种，默认格式是'integer'。

FILE 为 MAT-file or M-file 名称(string)。对于类型为 3、4、5 的小波，B = [lb ub] 定义了小波有效支撑的上下界。

wavemngr('del', N)用于删除小波，N 为小波名。

wavemngr('restore') 和 wavemngr('restore',IN2)用于保存先前的或已有的小波。如果 nargin = 1，先前的 wavelets.as ASCII 文件被保存；否则已有的 wavelets.asc ASCII 文件被保存。此处的 IN2 是一个虚假的参数。

OUT1 = wavemngr('read')返回所有的小波族名，OUT1 = wavemngr('read', IN2) 返回所有的小波名，IN2 是一个虚假的参数。OUT1 = wavemngr('read_asc')读出 wavelets.asc ASCII 文件并返回所有的小波信息。

下面举例说明函数 wavemngr 的用法。

【例 4-1】　程序代码如下：

```
%列出 MATLAB 中已有的小波函数
wavemngr('read')
```

程序运行结果如下所示。

```
ans =
==================================
Haar                    haar
Daubechies              db
Symlets                 sym
Coiflets                coif
BiorSplines             bior
ReverseBior             rbio
Meyer                   meyr
DMeyer                  dmey
Gaussian                gaus
Mexican_hat             mexh
Morlet                  morl
Complex Gaussian        cgau
Shannon                 shan
Frequency B-Spline           fbsp
Complex Morlet          cmor
==================================
```

【例 4-2】　程序代码如下：

```
%列出 MATLAB 中所有的小波函数
wavemngr('read', 1)
```

程序运行结果如下所示。

```
ans =
==========================================
Haar                            haar
==========================================
Daubechies                      db
------------------------------
db1   db2   db3   db4
db5   db6   db7   db8
db9   db10  db**
==========================================
Symlets                         sym
------------------------------
sym2  sym3 sym4 sym5
sym6  sym7 sym8 sym**
==========================================
Coiflets                        coif
------------------------------
coif1  coif2 coif3 coif4
coif5
==========================================
BiorSplines                     bior
------------------------------
bior1.1     bior1.3     bior1.5     bior2.2
bior2.4     bior2.6     bior2.8     bior3.1
bior3.3     bior3.5     bior3.7     bior3.9
bior4.4     bior5.5     bior6.8
==========================================
ReverseBior                     rbio
------------------------------
rbio1.1     rbio1.3     rbio1.5     rbio2.2
rbio2.4     rbio2.6     rbio2.8     rbio3.1
rbio3.3     rbio3.5     rbio3.7     rbio3.9
rbio4.4     rbio5.5     rbio6.8
==========================================
Meyer                           meyr
==========================================
DMeyer                          dmey
==========================================
Gaussian                        gaus
```

```
-----------------------------
gaus1  gaus2    gaus3     gaus4
gaus5  gaus6    gaus7     gaus8
gaus**
=======================================
Mexican_hat                  mexh
=======================================
Morlet                       morl
=======================================
Complex Gaussian             cgau
-----------------------------
cgau1    cgau2     cgau3      cgau4
cgau5    cgau**
=======================================
Shannon                      shan
-----------------------------
shan1-1.5    shan1-1     shan1-0.5  shan1-0.1
shan2-3      shan**
=======================================
Frequency B-Spline           fbsp
-----------------------------
fbsp1-1-1.5 fbsp1-1-1   fbsp1-1-0.5    fbsp2-1-1
fbsp2-1-0.5  fbsp2-1-0.1fbsp**
=======================================
Complex Morlet               cmor
-----------------------------
cmor1-1.5    cmor1-1     cmor1-0.5  cmor1-1
cmor1-0.5    cmor1-0.1   cmor**
=======================================
```

【例 4-3】　添加一个正交小波，首先进行下面的定义：

```
%      Family Name:              Lemarie
%      Family Short Name:        lem
%      Type of wavelet:          1 (orth)
%      Wavelets numbers:         1 2 3 4 5
%      File driver:              lemwavf
```

程序代码如下：

```
wavemngr('add','Lemarie','lem',1,'1 2 3 4 5','lemwavf');
wavemngr('read')
```

程序运行结果如下所示。

```
ans =
====================================
Haar                 haar
Daubechies           db
Symlets              sym
Coiflets             coif
BiorSplines          bior
ReverseBior          rbio
Meyer                meyr
DMeyer               dmey
Gaussian             gaus
Mexican_hat          mexh
Morlet               morl
Complex Gaussian     cgau
Shannon              shan
Frequency B-Spline   fbsp
Complex Morlet       cmor
Lemarie              lem
====================================
```

【例 4-4】　程序代码如下：

```
%删除添加的小波
wavemngr('del','Lemarie');
wavemngr('read')
```

程序运行结果如下所示。

```
ans =
====================================
Haar                 haar
Daubechies           db
Symlets              sym
Coiflets             coif
BiorSplines          bior
ReverseBior          rbio
Meyer                meyr
DMeyer               dmey
Gaussian             gaus
Mexican_hat          mexh
Morlet               morl
Complex Gaussian     cgau
```

```
Shannon                          shan
Frequency B-Spline               fbsp
Complex Morlet                   cmor
=====================================
```

【例 4-5】 程序代码如下：

```
%保存先前的 ascii file 'wavelets.prv'，建立 MAT-file 'wavelets.inf'
wavemngr('restore');
wavemngr('read',1)
```

程序运行结果如下所示。

```
ans =
=====================================
Haar                             haar
=====================================
Daubechies                       db
-----------------------------
db1   db2  db3  db4
db5   db6  db7  db8
db9   db10 db**
=====================================
Symlets                          sym
-----------------------------
sym2   sym3   sym4               sym5
sym6   sym7   sym8               sym**
=====================================
Coiflets                         coif
-----------------------------
coif1  coif2 coif3 coif4
coif5
=====================================
BiorSplines                      bior
-----------------------------
bior1.1     bior1.3     bior1.5     bior2.2
bior2.4     bior2.6     bior2.8     bior3.1
bior3.3     bior3.5     bior3.7     bior3.9
bior4.4     bior5.5     bior6.8
=====================================
ReverseBior                      rbio
-----------------------------
rbio1.1     rbio1.3     rbio1.5     rbio2.2
rbio2.4     rbio2.6     rbio2.8     rbio3.1
```

```
rbio3.3     rbio3.5     rbio3.7     rbio3.9
rbio4.4     rbio5.5     rbio6.8
===================================
Meyer                           meyr
===================================
DMeyer                          dmey
===================================
Gaussian                        gaus
------------------------------
gaus1   gaus2    gaus3          gaus4
gaus5   gaus6    gaus7          gaus8
gaus**
===================================
Mexican_hat                     mexh
===================================
Morlet                          morl
===================================
Complex Gaussian                cgau
------------------------------
cgau1 cgau2     cgau3           cgau4
cgau5 cgau**
===================================
Shannon                         shan
------------------------------
shan1-1.5    shan1-1    shan1-0.5  shan1-0.1
shan2-3      shan**
===================================
Frequency B-Spline              fbsp
------------------------------
fbsp1-1-1.5 fbsp1-1-1   fbsp1-1-0.5fbsp2-1-1
fbsp2-1-0.5 fbsp2-1-0.1fbsp**
===================================
Complex Morlet                  cmor
------------------------------
cmor1-1.5    cmor1-1    cmor1-0.5  cmor1-1
cmor1-0.5    cmor1-0.1  cmor**
===================================
Lemarie                         lem
------------------------------
lem1   lem2 lem3 lem4
lem5
===================================
```

4.1.12　函数 wfilters

函数 wfilters 的调用格式有以下两种：

(1) [Lo_D, Hi_D, Lo_R, Hi_R] = wfilters('wname')

(2) [F1, F2] = wfilters('wname', 'type')

[Lo_D, Hi_D, Lo_R, Hi_R] = wfilters('wname')计算和正交或双正交小波'wname'相关联的 4 个滤波器。

返回的 4 个滤波器分别为：

- Lo_D，分解低通滤波器；
- Hi_D，分解高通滤波器；
- Lo_R，重构低通滤波器；
- Hi_R，重构高通滤波器。

可以使用的正交或双正交小波如表 4-2 所示。

表　4-2

小 波 族	小　波
Daubechies	'db1' 或 'haar', 'db2', ... ,'db10', ... , 'db45'
Coiflets	'coif1', ... , 'coif5'
Symlets	'sym2', ... , 'sym8', ... ,'sym45'
Discrete Meyer	'dmey'
Biorthogonal	'bior1.1', 'bior1.3', 'bior1.5', 'bior2.2', 'bior2.4', 'bior2.6', 'bior2.8', 'bior3.1', 'bior3.3', 'bior3.5', 'bior3.7', 'bior3.9', 'bior4.4', 'bior5.5', 'bior6.8'
Reverse Biorthogonal	'rbio1.1', 'rbio1.3', 'rbio1.5''rbio2.2', 'rbio2.4', 'rbio2.6', 'rbio2.8', 'rbio3.1', 'rbio3.3', 'rbio3.5', 'rbio3.7', 'rbio3.9', 'rbio4.4', 'rbio5.5', 'rbio6.8'

[F1, F2] = wfilters('wname', 'type')返回如下的滤波器：

- 如果'type' = 'd'，则返回 Lo_D 和 Hi_D(分解滤波器)；
- 如果'type' = 'r'，则返回 Lo_R and Hi_R(重构滤波器)；
- 如果'type' = 'l'，则返回 Lo_D and Lo_R(低通滤波器)；
- 如果'type' = 'h'，则返回 Hi_D and Hi_R(高通滤波器)。

下面举例说明 wfilters 的用法，程序代码如下。

```
wname = 'sym5';
%计算 4 个滤波器
[Lo_D,Hi_D,Lo_R,Hi_R] = wfilters(wname);
subplot(221); stem(Lo_D);
title('分解低通滤波器');
subplot(222); stem(Hi_D);
title('分解高通滤波器');
subplot(223); stem(Lo_R);
title('重构低通滤波器');
```

```
subplot(224); stem(Hi_R);
title('重构高通滤波器');
xlabel('sym5 的 4 个滤波器')
```

程序运行结果如图 4.11 所示。

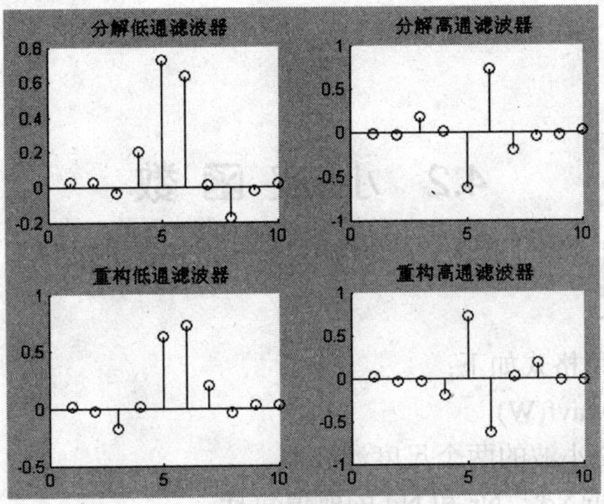

图 4.11　滤波器组

4.1.13　函数 wmaxlev

函数 wmaxlev 的调用格式如下：

```
L = wmaxlev(S, 'wname')
```

wmaxlev 用于获得信号小波分解的最大尺度。S 是矩阵的大小，wname 是小波函数，返回值 L 是允许的最大分解尺度，一般取值小于此值。通常对于一维信号，尺度取值为 5，二维信号尺度取值为 3。

下面举例介绍函数 wmaxlev 的用法，程序代码如下：

```
%一维信号
s = 2^10;
w = 'db2';
l1 = wmaxlev(s,w)   %小波函数为 db2 计算分解最大尺度
w = 'db6';
l2 = wmaxlev(s,w)   %小波函数为 db6 计算分解最大尺度
%二维信号
s = [2^9 2^7];
w = 'db2';
l3 = wmaxlev(s,w)   %小波函数为 db2 计算二维信号最大尺度
w = 'db6';
l4 = wmaxlev(s,w)   %小波函数为 db6 计算二维信号最大尺度
```

程序运行结果如下。

```
l1 =
     8
```

```
l2 =
     6
l3 =
     5
l4 =
     3
```

4.2 小波函数

4.2.1 函数 biorwavf

函数 biorwavf 的调用格式如下：

[RF, DF] = biorwavf(W)

biorwavf 返回双正交小波的两个尺度滤波器。

输入参数 W = 'biorNr.Nd'，Nr 和 Nd 的取值包括：

- Nr = 1；Nd = 1，3 或 5。
- Nr = 2；Nd = 2，4，6 或 8。
- Nr = 3；Nd = 1，3，5，7 或 9。
- Nr = 4；Nd = 4。
- Nr = 5；Nd = 5。
- Nr = 6；Nd = 8。

输出参数为滤波器，RF 是重构滤波器，DF 是分解滤波器。

下面举例说明函数 biorwavf 的用法，程序代码如下：

```
%设置双正交样条小波的名称
wname = 'bior6.8';
%计算两个尺度滤波器
[rf, rd] = biorwavf(wname);
subplot(211)
stem(rf);
title('双正交小波尺度滤波器')
xlabel('重构尺度滤波器系数')
subplot(212)
stem(rd);
xlabel('分解尺度滤波器系数')
```

程序运行结果如图 4.12 所示。

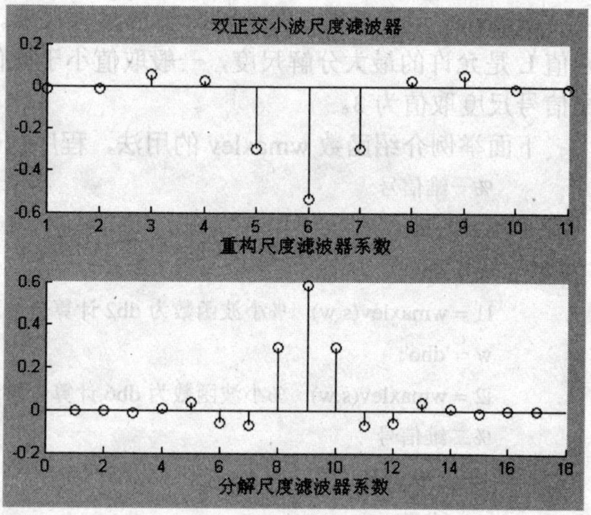

图 4.12　双正交小波尺度滤波器

4.2.2　函数 cgauwavf

cgauwavf 的调用格式如下：

[PSI, X] = cgauwavf(LB, UB, N, P)

cgauwavf 返回复 Gaussian 方程 $F = C_p e^{-ix} e^{-x^2}$ 在区间[LB, UB]上 N 个均匀间隔点的 P 阶导数，C_p 是 F 的 P 阶导数为 1 的点的 2 阶范数。输出参数为在 X 上计算的小波函数 psi 的值。

[PSI, X] = cgauwavf(LB, UB, N)等价于[PSI, X] = cgauwavf(LB, UB, N, 1)。小波函数具有有效的支撑[−5 5]。

下面举例说明函数 cgauwavf 的用法，程序代码如下：

```
lb = -5; ub = 5;
n = 1500;
%计算 5 阶复 Gaussian 小波
[psi,x] = cgauwavf(lb,ub,n,5);
subplot(211)
plot(x,real(psi)),
title('5 阶复 Gaussian 小波')
xlabel('实部'), grid
subplot(212)
plot(x,imag(psi))
xlabel('虚部'), grid
```

程序运行结果如图 4.13 所示。

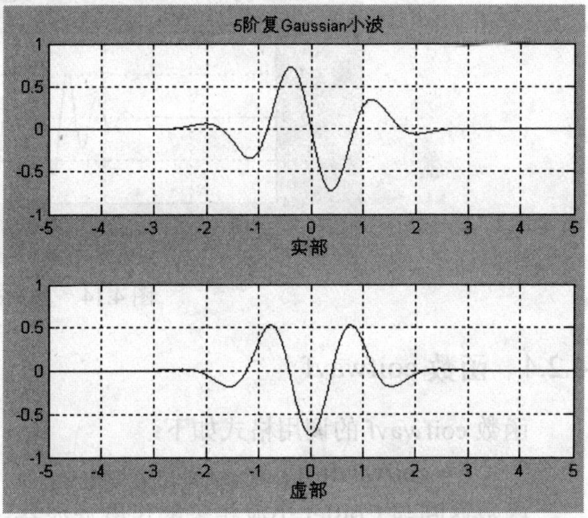

图 4.13　复 Gaussian 小波

4.2.3　函数 cmorwavf

函数 cmorwavf 的调用格式如下：

[PSI, X] = cmorwavf(LB, UB, N, FB, FC)

函数 cmorwavf 返回定义在正带宽 FB 上，小波中心频率为 FC 的表达式 PSI(X) = ((pi*FB)^(−0.5))*exp(2*i*pi*FC*X)*exp(−X^2/FB)在区间[LB, UB]上 N 个均匀间隔点的复 Morlet 小波值。

输出参数为在 X 上计算的小波函数 psi 的值。

下面举例说明函数 cmorwavf 的用法，程序代码如下：

```
fb = 2.5; fc = 1.5;
%设置有效的支撑集
lb = -6; ub = 6; n = 1000;
%计算复 Morlet 小波
[psi,x] = cmorwavf(lb,ub,n,fb,fc);
subplot(211)
plot(x,real(psi)),
title('复 Morlet 小波')
xlabel('实部'), grid
```

```
subplot(212)
plot(x,imag(psi))
xlabel('虚部'), grid
```

程序运行结果如图 4.14 所示。

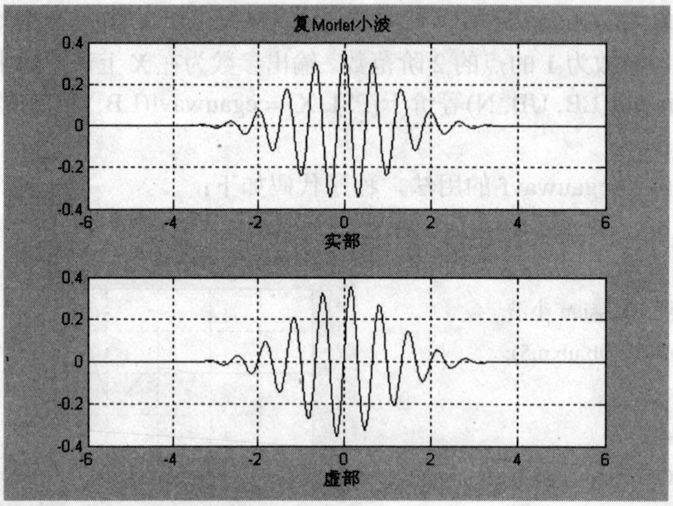

图 4.14　复 Morlet 小波

4.2.4　函数 coifwavf

函数 coifwavf 的调用格式如下：

F = coifwavf(W)

函数返回与 Coiflet 小波相关的尺度滤波器。W = 'coifN'，N 的取值为 1、2、3、4 或 5。

下面举例说明函数 coifwavf 的用法，程序代码如下：

```
wname = 'coif4';
%计算尺度滤波器
f = coifwavf(wname);
stem(f)
```

程序运行结果如图 4.15 所示。

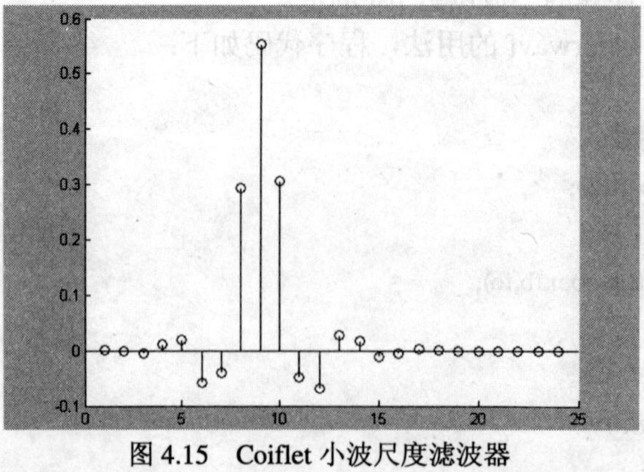

图 4.15　Coiflet 小波尺度滤波器

4.2.5　函数 dbaux

函数 dbaux 的调用格式有以下两种：

(1) W = dbaux(N, SUMW)

(2) W = dbaux(N)

W = dbaux(N, SUMW)返回 N 阶 Daubechies 尺度滤波器，如 sum(W) = SUMW。N 的取值为 1，2，3，…。注意 N 太大时可能不稳定。

W = dbaux(N)等价于 W = dbaux(N, 1)，W = dbaux(N, 0)等价于 W = dbaux(N, 1)。

下面举例说明函数 dbaux 的用法，程序代码如下：

```
%计算尺度滤波器系数
w = dbaux(5);
stem(w);
title('5 阶 Daubechies 尺度滤波器')
```

程序运行结果如图 4.16 所示。

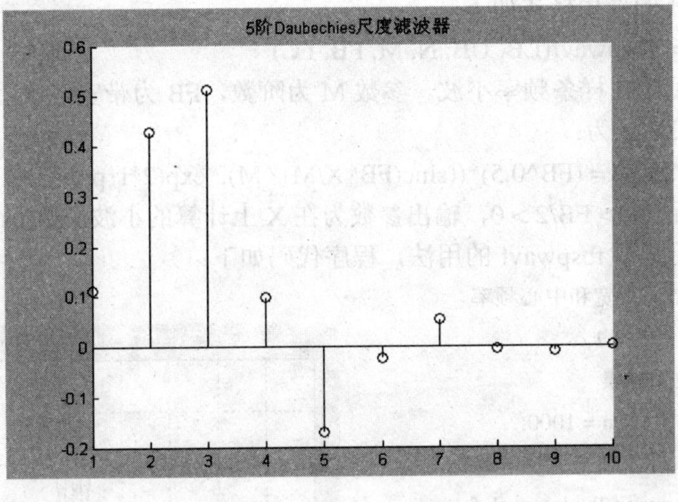

图 4.16　5 阶 Daubechies 尺度滤波器系数

4.2.6　函数 dbwavf

函数 dbwavf 的调用格式如下：

F = dbwavf(W)

F = dbwavf(W)返回由 W 指定的 Daubechies 小波的尺度滤波器。W = 'dbN'，N 的取值为 1，2，3，…，45。

下面举例说明函数 dbwavf 的用法，程序代码如下：

```
wname = 'db8';
f = dbwavf(wname) ;
stem(f)
```

程序运行结果如图 4.17 所示。

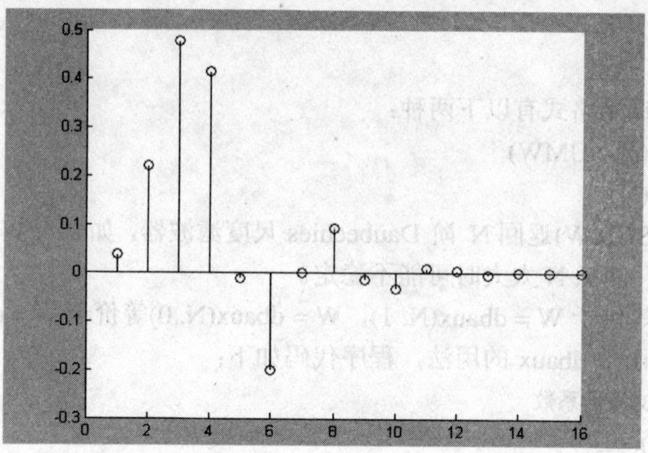

图 4.17 Daubechies 小波尺度滤波器

4.2.7 函数 fbspwavf

函数 fbspwavf 的调用格式如下：

[PSI, X] = fbspwavf(LB, UB, N, M, FB, FC)

fbspwavf 返回复 B 样条频率小波。参数 M 为阶数，FB 为带宽，FC 为小波中心频率。函数 PSI 的计算表达式为：

PSI(X) = (FB^0.5)*((sinc(FB*X/M).^M).*exp(2*i*pi*FC*X))

FB 和 FC 必须满足 FC > FB/2 > 0，输出参数为在 X 上计算的小波函数 psi 的值。

下面举例说明函数 fbspwavf 的用法，程序代码如下：

```
%设置阶数、带宽和中心频率
m = 4; fb = 2; fc = 1;
%设置有效支撑集
lb = -10; ub = 10; n = 1000;
%计算复 B 样条频率小波
[psi,x] = fbspwavf(lb,ub,n,m,fb,fc);
subplot(211)
plot(x,real(psi))
title('复 B 样条频率小波')
xlabel('实部'), grid
subplot(212)
plot(x,imag(psi))
xlabel('虚部'), grid
```

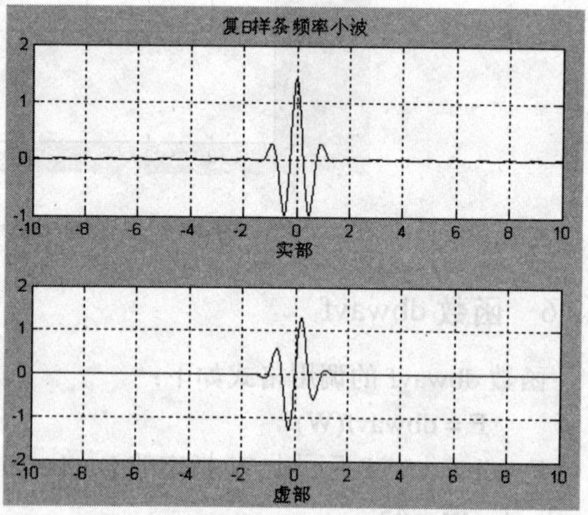

图 4.18 复 B 样条频率小波

程序运行结果如图 4.18 所示。

4.2.8 函数 gauswavf

函数 gauswavf 的调用格式如下：

[PSI, X] = gauswavf(LB, UB, N, P)

gauswavf 返回 Gaussian 方程 $F = C_p e^{-x^2}$ 在区间[LB, UB]上的 N 的均匀分布点的 P 阶导数，C_p 是 F 的 P 阶导数为 1 的点的 2 阶范数。输出参数为在 *X* 上计算的小波函数 psi 的值。

[PSI, X] = gauswavf(LB, UB, N)等价于[PSI, X] = gauswavf(LB, UB, N, 1)。小波的有效支撑为[−5 5]。

下面举例说明函数 gauswavf 的用法，程序代码如下：

```
%设置有效支撑
lb = -5; ub = 5; n = 1000;
%计算阶数为 6 的 Gaussian 小波
[psi,x] = gauswavf(lb,ub,n,6);
plot(x,psi),
title('阶数为 6 的 Gaussian 小波'), grid
```

程序运行结果如图 4.19 所示。

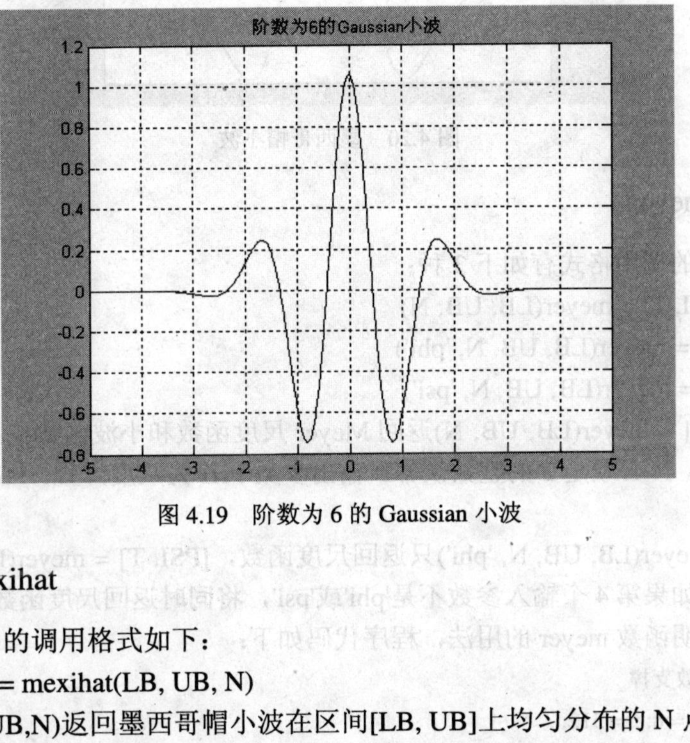

图 4.19　阶数为 6 的 Gaussian 小波

4.2.9　函数 mexihat

函数 mexihat 的调用格式如下：

[PSI, X] = mexihat(LB, UB, N)

mexihat(LB,UB,N)返回墨西哥帽小波在区间[LB, UB]上均匀分布的 N 点值。输出参数为在 X 上计算的小波函数 psi 的值。

小波的有效支撑为[−5 5]。方程 $\psi(x) = \left(\frac{2}{\sqrt{3}}\pi^{-\frac{1}{4}}\right)(1-x^2)e^{\frac{-x^2}{2}}$ 与 Gaussian 概率密度方程的二阶微分方程成比例。

下面举例说明函数 mexihat 的用法，程序代码如下。

```
%设置有效区间
lb = -5; ub = 5; n = 1500;
```

```
%计算墨西哥帽小波
[psi,x] = mexihat(lb,ub,n);
plot(x,psi);
title('墨西哥帽小波')
```

程序运行结果如图 4.20 所示。

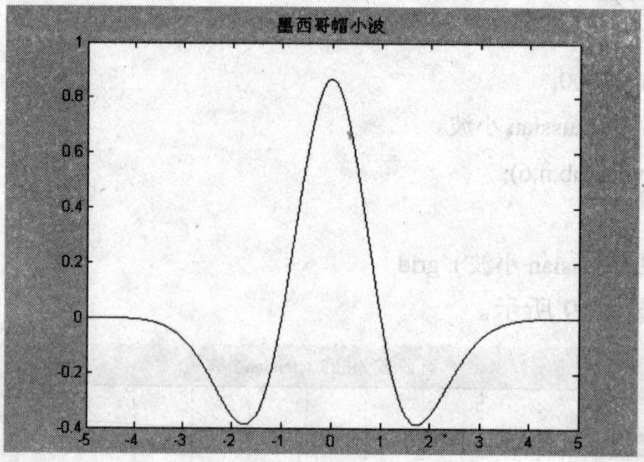

图 4.20　墨西哥帽小波

4.2.10　函数 meyer

函数 meyer 的调用格式有如下 3 种：

(1) [PHI, PSI, T] = meyer(LB, UB, N)

(2) [PHI, T] = meyer(LB, UB, N, 'phi')

(3) [PSI, T] = meyer(LB, UB, N, 'psi')

[PHI, PSI, T] = meyer(LB, UB, N)返回 Meyer 尺度函数和小波函数在区间[LB, UB]上 N 个均匀点的取值。N 必须是 2 的整数次幂。输出参数 PHI 为尺度方程，PSI 为小波方程，有效支撑为[−8, 8]。

[PHI, T] = meyer(LB, UB, N, 'phi')只返回尺度函数，[PSI, T] = meyer(LB, UB, N, 'psi')只返回小波函数，如果第 4 个输入参数不是'phi'或'psi'，将同时返回尺度函数和小波函数。

下面举例说明函数 meyer 的用法，程序代码如下：

```
%设置有效支撑
lb = -8; ub = 8; n = 512;
%计算并画出 Meyer 小波和尺度函数
[phi,psi,x] = meyer(lb,ub,n);
subplot(211);
plot(x,psi);
title('Meyer 小波方程')
subplot(212);
plot(x,phi);
title('Meyer 尺度方程')
```

程序运行结果如图 4.21 所示。

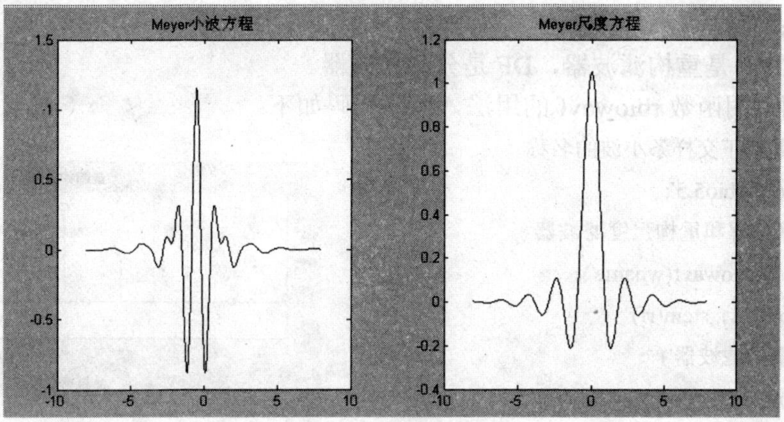

图 4.21　Meycr 小波方程和尺度方程

4.2.11　函数 morlet

函数 morlet 的调用格式如下：

[PSI, X] = morlet(LB, UB, N)

morlet 函数返回 Morlet 小波在区间[LB, UB]上 N 个均匀分布点的值。小波的有效支撑为[−4 4]。

下面举例说明函数 morlet 的用法，程序代码如下：

```
%设置有效支撑
lb = -4; ub = 4; n = 1500;
%计算并画出 Morlet 小波
[psi,x] = morlet(lb,ub,n);
plot(x,psi);
title('Morlet 小波');
```

程序运行结果如图 4.22 所示。

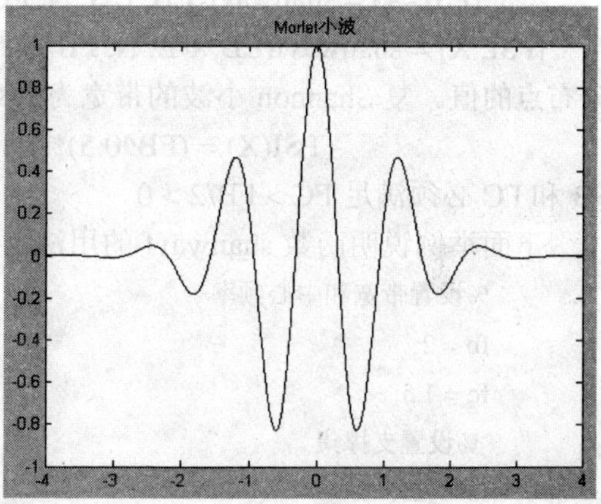

图 4.22　Morlet 小波

4.2.12　函数 rbiowavf

函数 rbiowavf 的调用格式如下：

[RF, DF]= rbiowavf(W)

[RF, DF] = rbiowavf(W)返回双正交样条小波的两个尺度滤波器。

W = 'rbioNr.Nd'，Nr 和 Nd 可能的取值有：

- Nr = 1；Nd = 1，3 或 5。
- Nr = 2；Nd = 2，4，6 或 8。
- Nr = 3；Nd = 1，3，5，7 或 9。
- Nr = 4；Nd = 4。

- Nr = 5；Nd = 5。
- Nr = 6；Nd = 8。

输出参数 RF 是重构滤波器，DF 是分解滤波器。

下面举例说明函数 rbiowavf 的用法，程序代码如下：

```
%设置双正交样条小波的名称
wname = 'rbio5.5';
%计算分解和重构尺度滤波器
[rf,df] = rbiowavf(wname');
subplot(211), stem(rf)
title('重构滤波器')
subplot(212), stem(df)
title('分解滤波器')
```

程序运行结果如图 4.23 所示。

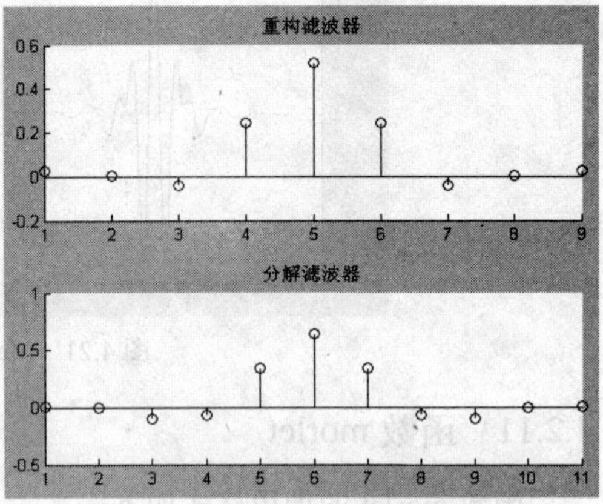

图 4.23　双正交样条小波

4.2.13　函数 shanwavf

函数 shanwavf 的调用格式如下：

[PSI, X] = shanwavf(LB, UB, N, FB, FC)

[PSI, X] = shanwavf(LB, UB, N, FB, FC)返回复 Shannon 小波在区间[LB, UB]上 N 个均匀分布点的值。复 Shannon 小波的带宽为 FB，小波中心频率为 FC，表达式为

PSI(X) = (FB^0.5)*(sinc(FB*X).*exp(2*i*pi*FC*X))

FB 和 FC 必须满足 FC > FB/2 > 0。

下面举例说明函数 shanwavf 的用法，程序代码如下：

```
%设置带宽和中心频率
fb = 2;
fc = 1.5;
%设置支撑集
lb = -25;
ub = 15;
n = 1000;
%计算复 Shannon 小波
[psi,x] = shanwavf(lb,ub,n,fb,fc);
subplot(211)
plot(x,real(psi)),
title('复 Shannon 小波')
xlabel('实部'), grid
subplot(212)
plot(x,imag(psi))
xlabel('虚部'), grid
```

程序运行结果如图 4.24 所示。

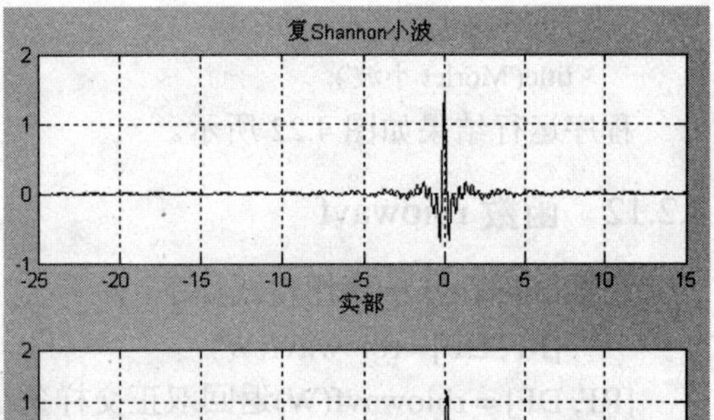

图 4.24　复 Shannon 小波

4.2.14　函数 symaux

函数 symaux 的调用格式有以下两种：

(1) W = symaux(N, SUMW)

(2) W = symaux(N)

symlets 属于最小不对称 Daubechies 小波。

W = symaux(N, SUMW)返回 N 阶 Symlet 尺度滤波器。N 的取值范围为 1，2，3，…。注意 N 太大时可能会不稳定。

W = symaux(N)等价于 W = symaux(N, 1)，W = symaux(N, 0)等价于 W = symaux(N, 1)。

下面举例说明函数 symaux 的用法，程序代码如下：

```
%产生 wdb5，5 阶 Daubechies 尺度滤波器
wdb5 = dbaux(5);
% 产生 wsym5，5 阶 symlet 尺度滤波器：最小的不对称 Daubechies 小波
wsym5 = symaux(5);
subplot(211);
stem(wdb5);
title('wdb5')
subplot(212);
stem(wsym5);
title('wsym5')
```

程序运行结果如图 4.25 所示。

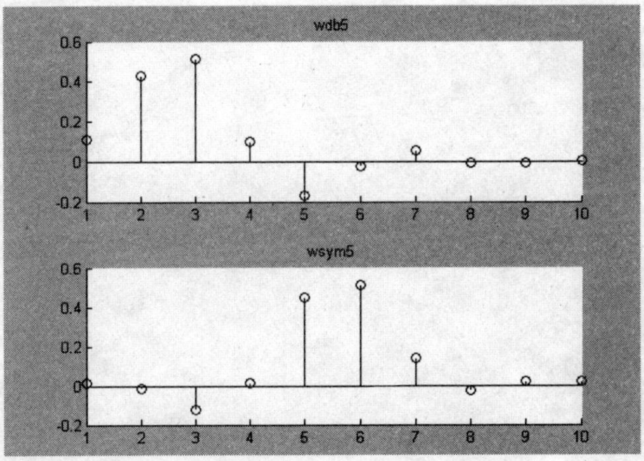

图 4.25　wdb5 和 wsym5 尺度滤波器

4.2.15　函数 symwavf

函数 symwavf 的调用格式如下：

F = symwavf(W)

F = symwavf(W)返回和 symlet 小波 W 相关的尺度滤波器。W = 'symN'，N 的取值为 2，3，…，45。

下面举例说明函数 symwavf 的用法，程序代码如下：

```
%计算 sym6 的尺度滤波器
w = symwavf('sym6');
stem(w);
```

程序运行结果如图 4.26 所示。

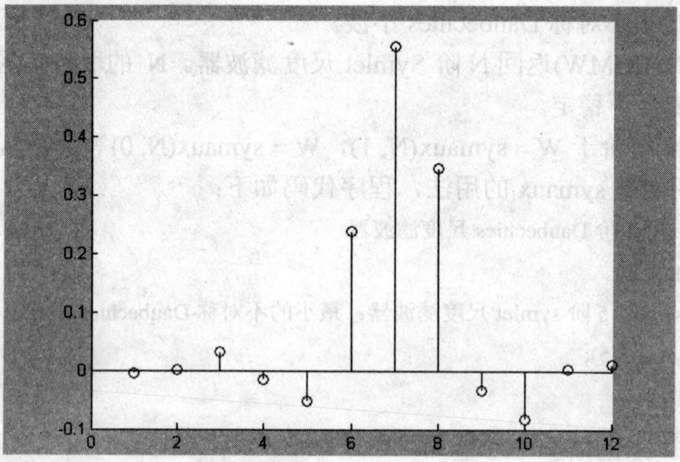

图 4.26　sym6 尺度滤波器

第 5 章　小波变换与信号处理

小波变换作为一种时频局部化方法，其窗口是可变的，即在低频部分具有较低的时间分辨率和较高的频率分辨率，具有对信号的自适应性，因而被广泛应用于信号分析。由于小波分析具有局部分析和细化的功能，所以小波分析能揭示信号的间断点、趋势和自相似性等性质。并且与传统的信号分析技术相比，小波分析还能在没有明显损失的情况下，对信号进行去噪和压缩。

本章将详细介绍 MATLAB 小波在信号处理中的应用。

5.1 信号分解

5.1.1 信号的连续小波分解

对于任意的函数 $f(t)\in L^2(\mathbf{R})$ 的连续小波变换如下：

$$W_f(a,b)=<f,\psi_{a,b}>=|a|^{-\frac{1}{2}}\int_{\mathrm{R}} f(t)\overline{\psi(\frac{t-b}{a})}\,\mathrm{d}t$$

从连续小波变换的定义可以看出，连续小波变换具有尺度 a 和平移 τ 两个参数。其中尺度 $1/a$ 在一定意义上对应于频率 $\overline{\omega}$，即尺度越小，对应频率越高，尺度越大，对应频率越低。通过对信号进行连续小波变换，可以对信号进行时频分析，即观察信号在某一时间 τ 上，对应某一尺度 a 的成分。

1. 一维连续小波变换函数

MATLAB 实现了信号的一维连续小波变换，可以通过函数 cwt 实现相应的功能。

函数 cwt 的调用格式有下面 4 种方式：

(1) COEFS = cwt(S, SCALES,' wname')

(2) COEFS = cwt(S, SCALES, 'wname', 'plot')

(3) COEFS = cwt(S, SCALES, 'wname', PLOTMODE)

(4) COEFS = cwt(S, SCALES, 'wname', PLOTMODE, XLIM)

其中，COEFS 为连续小波变换后的返回系数 $CWT_x(a, b)$矩阵，系数以行方式存储在矩阵中。矩阵的行数为小波变换中尺度的个数，列数为信号采样点的个数，即矩阵的第一行对应第一个尺度变换后的系数，第二行对应第二个尺度变换后的系数，依此类推。

函数中输入参数 S 是要进行连续小波变换的函数，scales 为连续小波变换的尺度向量，wname 为小波函数名，如 haar，db2，coif3，sym2 等。如果尺度为离散值 a1，a2，a3，…，则尺度向量可以表示为 [a1，a2，a3，…]的形式，两个值之间用逗号或空格隔开；如果尺度向量由起始尺度 amin、终止尺度 amax 以及尺度步长 astep 三者组成，则尺度向量可以表示为[amin：astep：amax]的形式；如果尺度向量同时包括离散值和步长两种形式，则可以表示为[a1，a2，a3，…，amin：astep：amax]。

对于格式(2)，'plot' 表示画出连续小波变换后的系数图，在该图中，系数的大小以灰度的深浅来表示，颜色越深，表示变换后的系数 $CWT_x(a, b)$越大。

对于格式(3)，除计算并画出小波变换系数外，并使用 PLOTMODE 对图形着色。表 5-1 给出了 PLOTMODE 的有效值。

表 5-1　PLOTMODE 的有效值

MODE 值	描　述
'lvl'	Scale-by-scale 着色模式
'glb'	考虑所有尺度的着色模式
'abslvl' 或 'lvlabs'	使用系数绝对值的 Scale-by-scale 着色模式
'absglb' 或 'glbabs'	使用系数绝对值时考虑所有尺度的着色模式

对于格式(4)，除计算并画出小波变换系数外，并使用 PLOTMOD 和 XLIME 对图形着色。其中 XLIM = [x1 x2]，1≤x1≤x2≤length(S)。

注意函数中尺度向量要求必须为正实数，逗号可以换成空格的形式，当尺度步长没有给出时，则取默认值 1。

2. 信号的连续小波分解实例

下面以信号 noissin 为例说明如何对一个信号进行连续小波分解，信号 noissin 是一个含噪声的周期性信号。

程序代码如下：

```
%装载 noissin 信号
load noissin;
x = noissin;
figure(1);
plot(x);
figure(2);
subplot(121);
%用 db4 小波函数进行一维连续小波变换
c=cwt(x,1:48,'db4','plot');
subplot(122);
%重新选择尺度后进行一维连续小波变换
c=cwt(x,2:2:128,'db4','plot');
figure(3);
```

```
%使用复小波对其进行连续小波变换
c = cwt(x,2:2:128,'cgau4','plot');
```

程序运行结果如图 5.1、图 5.2 和图 5.3 所示。

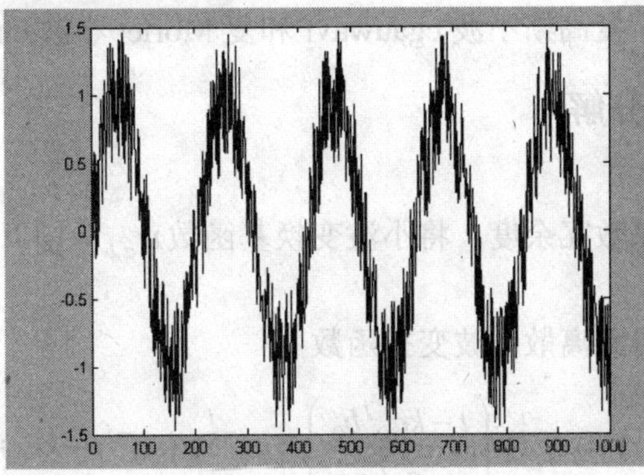

图 5.1　原始信号

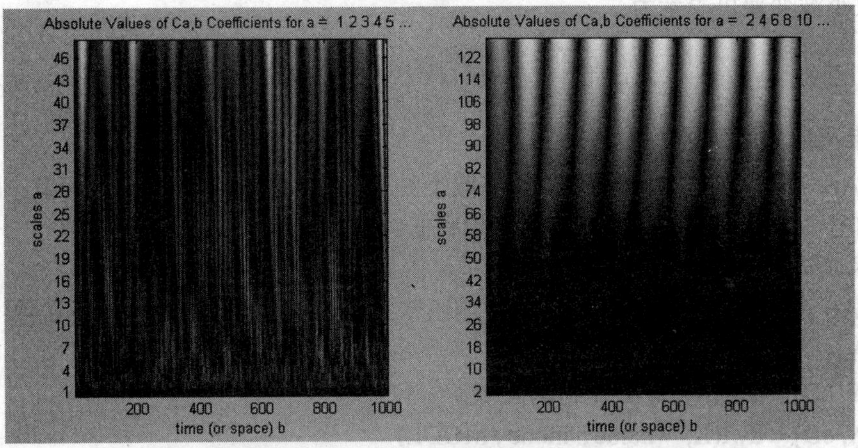

图 5.2　不同尺度下的连续小波分解

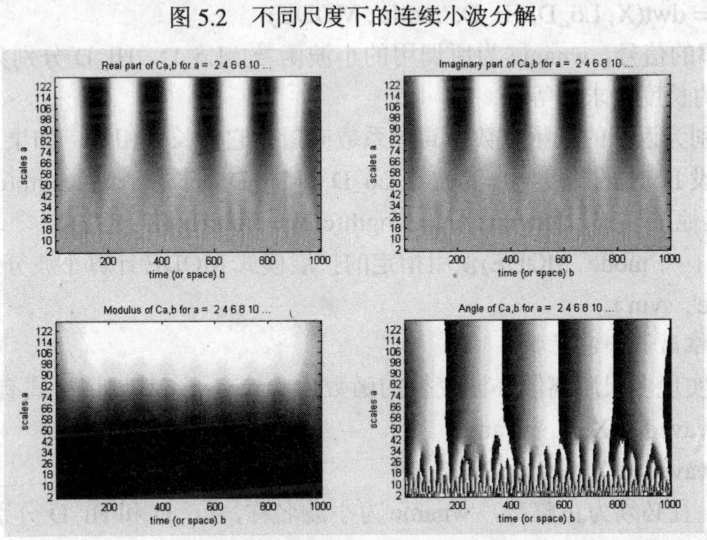

图 5.3　信号的复连续小波分解

在此例中，首先对信号使用 db4 小波在不同尺度下进行分解，结果显示，重新选择分解尺度后较明显地显示出了 noissin 信号的周期性特征，接着对它使用复小波 cgau4 进行分解，分别得到信号分解的实部、虚部、模和相位。注意在 MATLAB 中用来进行复小波分析的基本小波函数只有两个：复高斯小波 cgauwavf 和复 Morlet 小波 cmorwavf。

5.1.2　信号的离散小波分解

为了减小小波变换的系数冗余度，将小波变换基函数 $\psi_{a,b}=|a|^{-\frac{1}{2}}\psi\left(\frac{t-b}{a}\right)$ 的 a、τ 限定在一些离散的点上取值即得到离散小波变换函数

$$\psi_{j,k}(t)=a_0^{-\frac{j}{2}}\psi\left(\frac{t-ka_0^{\ j}b_0}{a_0^{\ j}}\right)=a_0^{-\frac{j}{2}}\psi(a_0^{\ -j}t-kb_0)$$

相应的离散小波变换可表示为

$$C_{j,k}=\int_{-\infty}^{\infty}f(t)\psi_{j,k}^{*}(t)\mathrm{d}t=<f,\psi_{j,k}>$$

1. 一维离散小波变换函数

MATLAB 实现了信号的单尺度一维离散小波变换、信号的多尺度一维离散小波变换，以及提取信号的多尺度离散小波分解的高频和低频系数。

1) *单尺度一维离散小波变换*

MATLAB 中实现单尺度离散小波变换的函数为 dwt，其调用格式有以下 4 种：

(1) [cA, cD] = dwt(X, 'wname')

(2) [cA, cD] = dwt(X, Lo_D, Hi_D)

(3) [cA, cD] = dwt(X, 'wname', 'mode', MODE)

(4) [cA, cD] = dwt(X, Lo_D, Hi_D, 'mode', MODE)

其中，X 是被分解的信号，wname 为所调用的小波函数，Lo_D、Hi_D 分别为分解低通和高通滤波器，它们的长度要求相等。

cA 和 cD 分别为返回的低频系数和高频系数向量，它们长度相等。如果 DWT 的模式设为 periodization，设 lx=X 的长度，lf=滤波器 Lo_D 和 Hi_D 的长度，则 length(cA)=length(cD)= ceil(lx/2)；对于其他的模式，length(cA) = length(cD) = floor(lx+lf−1)/2)。

[cA, cD]=dwt (…, 'mode', MODE)使用指定的扩展模式 MODE 计算小波分解。如[cA, cD] = dwt (x, 'db1', 'mode', 'sym')。

2) *多尺度一维离散小波变换*

MATLAB 中实现多尺度离散小波变换的函数为 wavedec，其调用格式有以下两种：

(1) [C, L] = wavedec(X, N, 'wname')

(2) [C, L] = wavedec(X, N, Lo_D, Hi_D)

其中，N 为尺度，且必须为正整数，'wname'为小波名称，Lo_D 和 Hi_D 分别为分解低通和高通滤波器。输出参数 C 由[cAj, cDj, cDj−1,…, cD1]组成，L 由[cAj 的长度，cDj 的长度，

cDj−1 的长度，…，cD1 的长度，X 的长度]组成。例如，一个三尺度的分解结构的组织形式如图 5.4 所示。

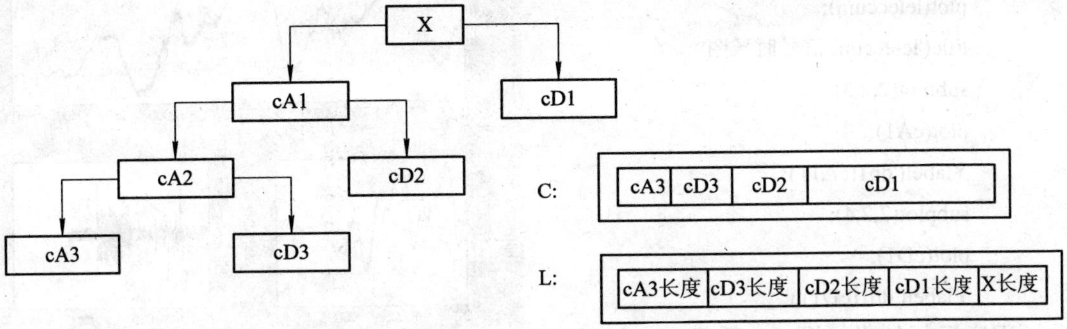

图 5.4　三尺度分解的组织形式

3) 提取多尺度小波变换的低频系数

MATLAB 中实现提取多尺度小波变换的低频系数的函数为 appcoef，其调用格式有以下 4 种：

(1) A = appcoef(C, L, 'wname',)

(2) A = appcoef(C, L, Lo_R, Hi_R)

(3) A = appcoef(C, L, 'wname', N)

(4) A = appcoef(C, L, Lo_R, Hi_R, N)

其中，wname 为所调用的小波函数，Lo_D、Li_D 为滤波器。格式(1)和(2)提取最后一尺度(尺度 N=length(L)−2)的一维低频系数，格式(3)和(4)提取尺度为 N(N 必须为正整数且 0≤N≤length(L)−2)、分解结构为[C，L]的一维分解低频系数。

4) 提取多尺度小波变换的高频系数

MATLAB 中实现提取多尺度小波变换的高频系数的函数为 detcoef，其调用格式有以下两种：

(1) D = detcoef(C, L)

(2) D = detcoef(C, L, N)

格式(1)提取最后一尺度(尺度 N=length(L)−2)的一维高频系数，格式(2)提取尺度为 N(N 必须为正整数且 0≤N≤length(L)−2)、分解结构为[C，L]的一维分解高频系数。

2. 信号的离散小波分解实例

下面通过两个例子说明在 MATLAB 中如何进行信号 leleccum 的离散小波分解。例 1 使用函数 dwt 对信号进行单尺度分解，例 2 中首先调用函数 wavedec 对信号进行多尺度分解，然后分别调用函数 appcoef 和 detcoef 提取小波分解的低频系数和高频系数。

【例 5-1】　信号的单尺度分解。

程序代码如下：

```
%装载 leleccum 信号
load leleccum;
s = leleccum(1:3920);
%用小波函数 db1 对信号进行单尺度一维小波分解
```

```
[cA1,cD1]=dwt(leleccum,'db1');
subplot(2,1,1);
plot(leleccum);
title('leleccum 信号时域图');
subplot(2,2,3);
plot(cA1);
Ylabel('db1(cA1)');
subplot(2,2,4);
plot(cD1);
Ylabel('db1(cD1)');
```

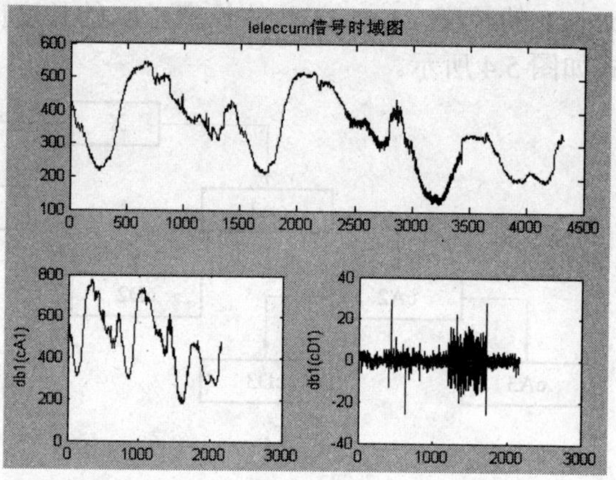

图 5.5　信号 leleccum 的单尺度分解

程序运行结果如图 5.5 所示。

【例 5-2】　多尺度分解并提取小波分解的低频系数和高频系数。

程序代码如下：

```
%装载 leleccum 信号
load leleccum;
s = leleccum(1:3920);
%用 db1 小波函数对信号进行三尺度小波分解
[C,L]=wavedec(s,2,'db1');
figure(1);
plot(s);
title('leleccum 原始信号');
%提取尺度 1 的低频系数
cA1 = appcoef(C,L,'db1',1);
%提取尺度 2 的低频系数
cA2 = appcoef(C,L,'db1',2);
figure(2);
subplot(2,1,1);
plot(cA1);
title('尺度 1 的低频系数');
subplot(2,1,2);
plot(cA2);
title('尺度 2 的低频系数');
%提取尺度 1 的高频系数
cD1 = detcoef(C,L,1);
%提取尺度 2 的高频系数
cD2 = detcoef(C,L,2);
figure(3);
subplot(2,1,1);
plot(cD1);
```

```
title('尺度 1 的高频系数');
subplot(2,1,2);
plot(cD2);
title('尺度 2 的高频系数');
```

程序运行结果如图 5.6、图 5.7 和图 5.8 所示。

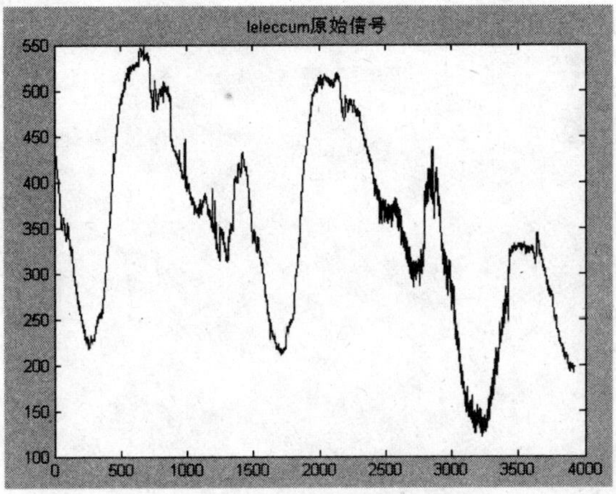

图 5.6　信号 leleccum

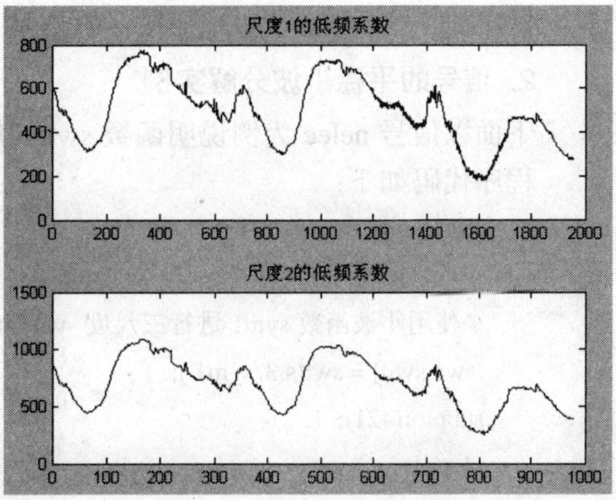

图 5.7　尺度 1 和 2 的低频系数

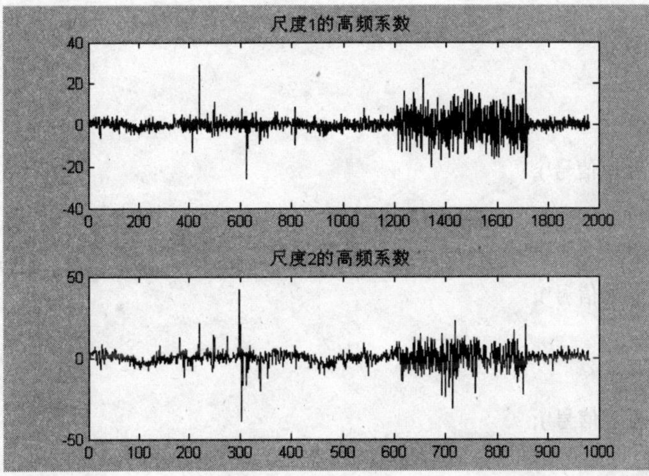

图 5.8　尺度 1 和 2 的高频系数

5.1.3　信号的平稳小波分解

1. 一维平稳小波变换函数

MATLAB 中信号的一维平稳小波变换函数为 swt，其调用格式有以下 4 种：

(1) SWC = swt(X, N, 'wname')

(2) SWC = swt(X, N, Lo_D, Hi_D)

(3) [SWA, SWD] = swt(X, N, 'wname')

(4) [SWA, SWD] = swt(X, N, Lo_D, Hi_D)

函数 swt 用于一维离散平稳小波变换，即对信号 X 进行 N 尺度小波分解。wname 是正交小波函数，Lo_D 和 Hi_D 分别为低通和高通正交小波分解滤波器，它们的长度必须相等。N 必须是严格的正整数，length(X)必须是 2^N 的倍数。对于格式(1)和(2)，输出矩阵 SWC 以行向量的方式保存系数，当 1≤i≤N 时，SWC(i,:)保存的是第 i 层的细节信号系数，SWC(N+1,:)保存的是第 N 层的近似信号的系数。对于格式(3)和(4)，当 1≤i≤N 时，SWA(i,:) 保存的是第 i 层近似信号系数，SWD(i,:)保存的是第 i 层细节信号系数。

2. 信号的平稳小波分解实例

下面以信号 nelec 为例说明函数 swt 的用法。

程序代码如下：

```
load nelec;
s = nelec;
%使用小波函数 sym1 进行三尺度 swt 分解
[swa,swd] = swt(s,3,'sym1');
subplot(421);
plot(s);
title('原始信号');
subplot(422);
plot(s);
title('原始信号');
subplot(423);
plot(swa(1,:));
title('第一层近似信号');
subplot(424);
plot(swd(1,:));
title('第一层原始信号');
subplot(425);
plot(swa(2,:));
title('第二层近似信号');
subplot(426);
plot(swd(2,:));
title('第二层细节信号');
subplot(427);
plot(swa(3,:));
title('第三层近似信号');
subplot(428);
plot(swd(2,:));
title('第三层细节信号');
```

程序运行结果如图 5.9 所示。

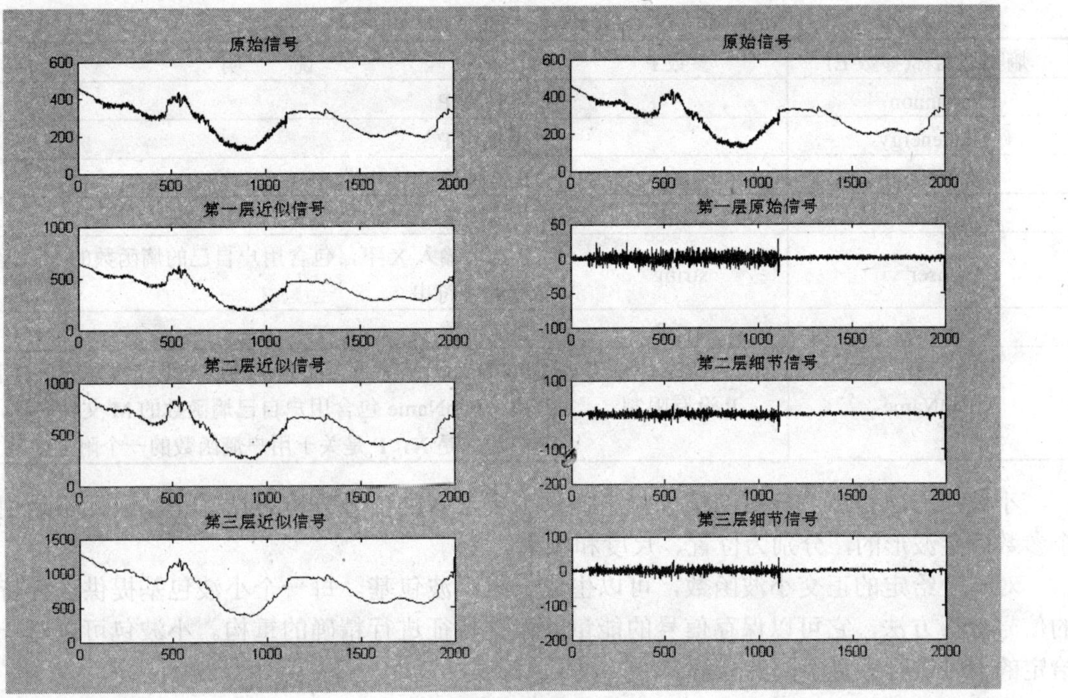

图 5.9　一维离散平稳小波分解

5.1.4　信号的小波包分解

小波包是为了克服小波分解在高频段的频率分辨率较差，而在低频段的时间分辨率较差的问题的基础上而提出的。它是一种更精细的信号分析方法，提高了信号的时频分辨率。

信号的小波包分解算法为：由$\left\{d_l^{j+1,n}\right\}$求$\left\{d_l^{j,2n}\right\}$与$\left\{d_l^{j,2n+1}\right\}$。

$$\begin{cases} d_l^{j,2n} = \sum_k h_{k-2l} d_k^{j+1,n} \\ d_l^{j,2n+1} = \sum_k g_{k-2l} d_k^{j+1,n} \end{cases}$$

1．一维小波包分解函数

MATLAB 实现了信号的一维小波包分解和提取一维小波包分解的系数。

1) 一维小波包分解

MATLAB 中实现一维小波包分解的函数是 wpdec，其调用格式有以下两种：

(1) T = wpdec(X, N, 'wname', E, P)

(2) T = wpdec(X, N, 'wname')

T = wpdec(X, N,' wname', E, P)返回向量 X 使用小波包 'wname' 在第 N 层分解的小波包树。T = wpdec(X, N, 'wname')等价于 T = wpdec(X, N,' wname', 'shannon')。

参数 E 是熵的类型，P 是一个可选参数。其关系如表 5-2 所示。

表 5-2　参数 E 与参数 P 的关系

熵类型名称(参数 E)	参数 P	说　明
'shannon'		不使用 P
'log energy'		不使用 P
'threshold'	0≤P	P 是阈值
'sure'	0≤P	P 是阈值
'user'	string	P 是单输入 X 下，包含用户自己的熵函数的 M 文件名称的字符串
'norm'	1≤P	P 是指数
FunName	P 没有限制	FunName 是除了上面列举的熵类型名称外的任意字符串。FunName 包含用户自己熵函数的 M 文件名称，其中输入是 X，P 是关于用户熵函数的一个附加参数

小波包方法是小波分解的推广，它提供了更丰富的信号分析方法。小波包元素是由三个参数确定波形的，分别为位置、尺度和频率。

对一个给定的正交小波函数，可以生成一组小波包基。每一个小波包基提供一种特定的信号分析方法，它可以保存信号的能量并根据特征进行精确的重构。小波包可以对一个给定的信号进行大量不同的分解。

有许多简单而有效的方式进行小波包的分解和分解方式的选择。其中自适应滤波算法可以直接应用于信号的编码和数据压缩。

在正交小波分解过程中，一般是将低频系数分解为两部分。分解后得到一个近似系数向量和一个细节系数向量。在两个连续的近似系数中丢失的信息可以在细节系数中得到。下一步是将近似系数向量进一步分解为两部分，而细节系数向量不再分解。

在小波包分解中，每一个细节系数向量也使用近似系数向量分解的方法分为两部分。因此它提供了更丰富的分析方法：在一维情况下，它产生一个完整的二叉树；在二维情况下，它产生一个完整的四叉树。

2) 提取小波包分解系数

MATLAB 中实现提取小波包分解的函数是 wpcoef，其调用格式有以下两种：

(1) X = wpcoef(T, N)

(2) X = wpcoef(T)

X = wpcoef(T, N)返回和小波包树 T 结点 N 相关的系数。如果 N 不存在，则 X = [ ]。X = wpcoef(T)等价于 X = wpcoef(T, 0)。

2. 信号的小波包分解实例

下面以信号 leleccum 为例说明如何进行信号的小波包分解。在本例中，首先使用函数 wpdec 对信号进行小波包分解，然后使用函数 wpcoef 提取信号的小波包分解低频系数，低频系数显示了信号的形状，而去除了信号的细节。

程序代码如下：

```
%当前的扩展模式是 zero-padding
%装载信号
load leleccum;
```

```
x = leleccum;
figure(1);
subplot(211);
plot(x);
title('原始信号');
%使用 db2 小波包对信号 x 进行 3 层分解
%使用 Shannon 熵
wpt = wpdec(x,3,'db2');
plot(wpt)
%计算结点(2,0)的系数
cfs = wpcoef(wpt,[2 0]);
figure(1);
subplot(212);
plot(cfs);
title('结点(2,0)系数');
```

程序的运行结果如图 5.10 和图 5.11 所示。

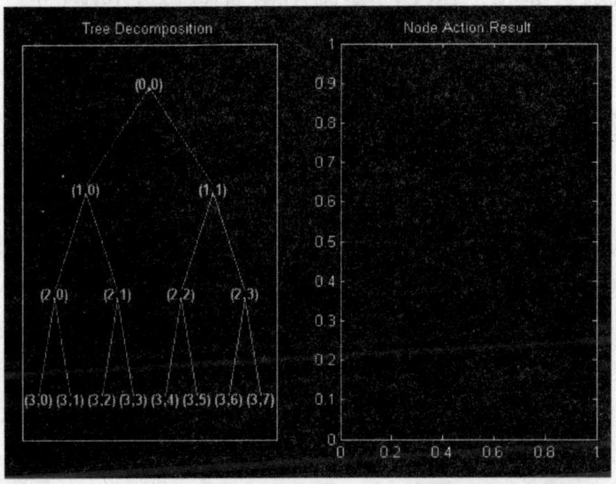

图 5.10　小波包分解树结构

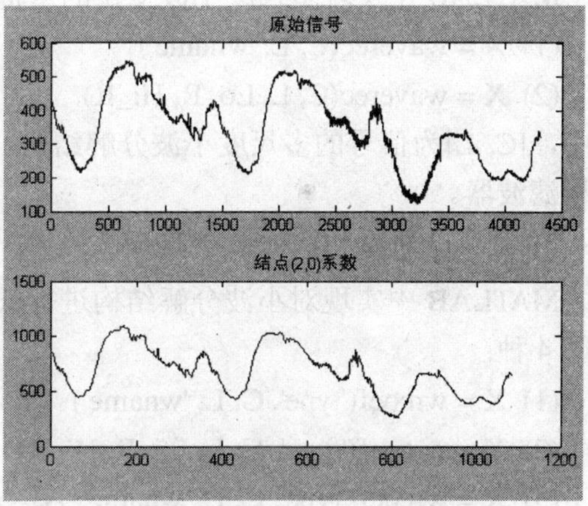

图 5.11　结点(2，0)的系数

5.2 信 号 重 构

5.2.1 信号的离散小波重构

1. 一维离散小波分解重构函数

MATLAB 实现了一维离散小波分解重构，主要包括单尺度一维离散小波变换的逆变换、多尺度小波变换的重构、对一维小波分解结构进行低频或高频重构、一维小波系数的直接重构以及一维小波分解的单尺度重构。

1) 单尺度一维离散小波变换的逆变换

MATLAB 中实现单尺度一维离散小波变换的逆变换的函数是 idwt，其调用格式有以下 5 种：

(1) X = idwt(cA, cD, 'wname')

(2) X = idwt(cA, cD, Lo_R, Hi_R)

(3) X = idwt(cA, cD, 'wname', L)

(4) X = idwt(cA, cD, Lo_R, Hi_R, L)

(5) X = idwt(..., 'mode', MODE)

其中，wname 为所调用的小波函数，Lo_R、Hi_R 分别为重构低通和高通滤波器。

cA 和 cD 分别为低频系数和高频系数向量，它们长度相等，设其长度为 la，如果 DWT 的模式设为 periodization，设 LX = X 的长度，lf = 滤波器 Lo_D 和 Hi_D 的长度，则 LX = 2*la；对于其他的模式，LX = 2*la−lf+2。

在格式(3)和(4)中，L 表示对信号中间长度为 L 的部分进行重构，L< LX。

X = idwt (..., 'mode', MODE)使用指定的扩展模式 MODE 计算小波重构。

2) 多尺度小波变换的重构

MATLAB 中实现多尺度小波变换的重构的函数是 waverec，其调用格式有以下的两种：

(1) X = waverec(C, L, 'wname')

(2) X = waverec(C, L, Lo_R, Hi_R)

其中，[C, L]为信号的多尺度小波分解结构，wname 为所调用的小波函数，Lo_D、Li_D 为重构滤波器。

3) 小波分解结构的低频或高频重构

MATLAB 中实现对小波分解结构进行低频或高频重构的函数是 wrcoef，其调用格式有以下 4 种：

(1) X = wrcoef('type', C, L, 'wname')

(2) X = wrcoef('type', C, L, Lo_R, Hi_R)

(3) X = wrcoef('type', C, L, 'wname', N)

(4) X = wrcoef('type', C, L, Lo_R, Hi_R, N)

其中，[c, l]为信号的多尺度小波分解结构，wname 为所调用的小波函数，Lo_R、Hi_R 分别为重构低通和高通滤波器，type 是指进行重构信号的低频或高频部分，取值为 'a' 或 'd'。当 type 取值为 'a' 时，表示对信号的低频部分进行重构，此时 N 可以为 0; 当 type 取值为 'd' 时，表示对信号的高频部分进行重构，此时 N 取值为正整数。

4) 小波系数的直接重构

MATLAB 中实现小波系数的直接重构的函数是 upcoef，其调用格式有以下 6 种：

(1) Y = upcoef(O, X, 'wname')

(2) Y = upcoef(O, X, Lo_R, Hi_R)

(3) Y = upcoef(O, X, 'wname', N)

(4) Y = upcoef(O, X, Lo_R, Hi_R, N)

(5) Y = upcoef(O, X, 'wname', N, L)

(6) Y = upcoef(O, X, Lo_R, Hi_R, N, L)

函数 upcoef 计算 X 向上 N 步的重构小波系数，N 取值为正整数。其中 wname 为所调用的小波函数，Lo_R、Hi_R 分别为重构低通和高通滤波器，O 是指进行重构信号的低频或高频部分，取值为'a'或'd'。当 O 取值为'a'时，表示对信号的低频部分进行重构；当 O 取值为'd'时，表示对信号的高频部分进行重构。格式(5)和(6)中的 L 表示取结果的中间的 L 长的部分。格式(1)和(2)中 N 取值为 1。

5) 一维小波分解的单尺度重构

MATLAB 中实现一维小波分解的单尺度重构的函数是 upwlev，其调用格式有以下两种方式：

(1) [NC, NL, cA] = upwlev(C, L, 'wname')

(2) [NC, NL, cA] = upwlev(C, L, Lo_R, Hi_R)

upwlev 返回上一尺度的分解结构[NC，NL]并提取最后一尺度的低频系数向量 cA。

2. 一维离散小波分解重构实例

下面通过几个例子说明如何在 MATLAB 中使用不同的方法实现信号的一维离散小波分解重构。

【例 5-3】 单尺度一维小波分解的重构。

在本例中说明如何进行单尺度一维小波分解的重构，首先使用函数 dwt 对信号进行单尺度分解，然后使用函数 idwt 进行信号重构。

程序代码如下：

```
%装载 leleccum 信号
load leleccum;
s = leleccum(1:3920);
%用小波函数 db1 对信号进行单尺度一维小波分解
 [cA1,cD1]=dwt(s,'db1');
subplot(3,1,1);
plot(s);
title('leleccum 原始信号');
%用小波函数 db1 进行信号的重构
X = idwt(cA1,cD1,'db1');
subplot(3,1,2);
plot(X);
title('小波重构');
diffence = s-X;
subplot(3,1,3);
plot(diffence);
title('小波重构误差') ;
```

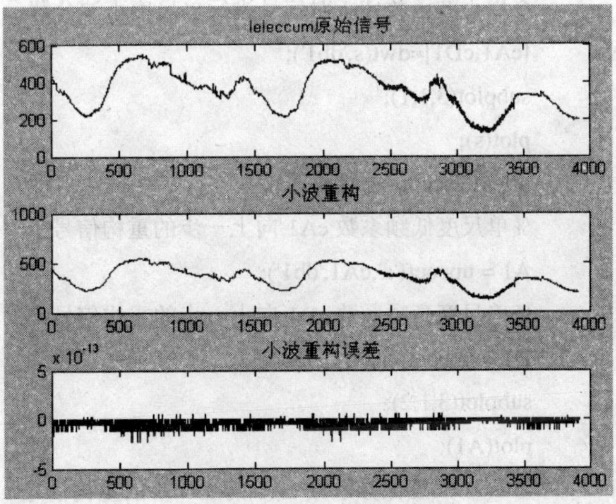

图 5.12 单尺度一维分解重构

程序运行结果如图 5.12 所示。

【例 5-4】　信号的多尺度小波分解重构。

在本例中说明如何对信号的多尺度小波分解重构低频或高频信号。首先使用函数 wavedec 对信号进行多尺度分解，然后使用函数 wrcoef 重构低频信号。

程序代码如下：

```
%装载 leleccum 信号
load leleccum;
s = leleccum(1:3920);
%用小波函数db1对信号进行三尺度小波分解
[C,L]=wavedec(s,3,'db1');
subplot(2,1,1);
plot(s);
title('leleccum 原始信号');
%用小波函数 db1 进行信号的低频重构
a3 = wrcoef('a',C,L,'db1');
subplot(2,1,2);
plot(a3);
title('小波重构信号');
```

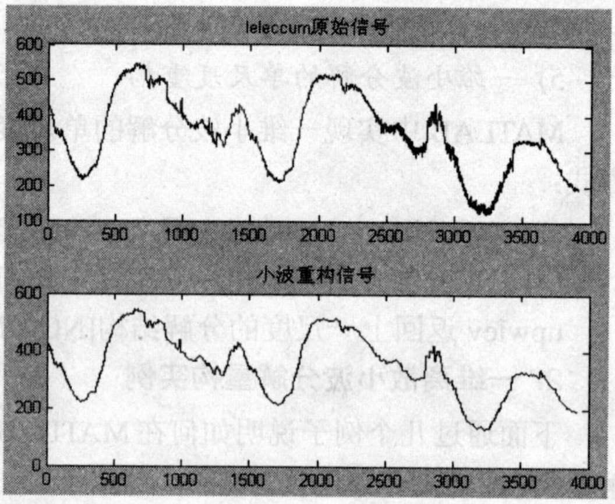

图 5.13　信号的小波分解低频重构

程序运行结果如图 5.13 所示。

【例 5-5】　通过小波分解系数进行小波重构。

在本例中说明如何通过小波分解系数进行小波重构。首先使用函数 dwt 对信号进行小波分解，然后利用函数 upcoef 对低频系数进行小波重构。

程序代码如下。

```
%装载 leleccum 信号
load leleccum;
s = leleccum(1:3920);
%用小波函数 db1 对信号进行单尺度小波分解
[cA1,cD1]=dwt(s,'db1');
subplot(3,1,1);
plot(s);
title('leleccum 原始信号');
%单尺度低频系数 cA1 向上一步的重构信号
A1 = upcoef('a',cA1,'db1');
%单尺度高频系数 cD1 向上一步的重构信号
D1 = upcoef('a',cD1,'db1');
subplot(3,1,2);
plot(A1);
title('单尺度低频系数 cA1 向上一步的重构信号');
subplot(3,1,3);
```

```
plot(D1);
title('单尺度高频系数 cD1 向上一步的重构信号');
```

程序运行结果如图 5.14 所示。

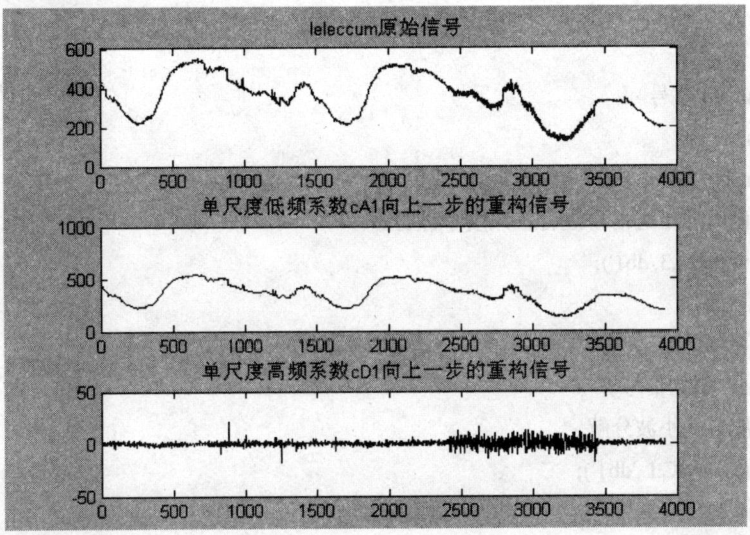

图 5.14　小波系数的重构

【例 5-6】　对小波多尺度分解进行重构。

在本例中说明如何对小波多尺度分解进行重构，即重构原信号(包括低频和高频)。首先使用函数 wavedec 对信号进行多尺度分解，然后调用函数 waverec 进行信号的重构。

程序代码如下：

```
%装载 leleccum 信号
load leleccum;
s = leleccum(1:3920);
%用小波函数 db1 对信号进行三尺度小波分解
 [C,L]=wavedec(s,3,'db1');
subplot(3,1,1);
plot(s);
title('leleccum 原始信号');
%用小波函数 db1 进行信号的重构
X = waverec(C,L,'db1');
subplot(3,1,2);
plot(X);
title('小波重构');
diffence = s-X;
subplot(3,1,3);
plot(diffence);
title('小波重构误差');
```

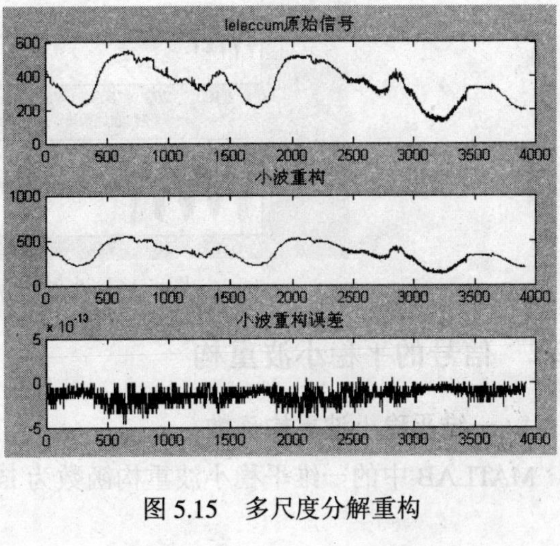

图 5.15　多尺度分解重构

程序运行结果如图 5.15 所示。

【例 5-7】　对小波分解进行单尺度重构。

在本例中说明如何对小波分解进行单尺度重构，即获得小波分解向上一个尺度的重构。首先使用函数 wavedec 对信号进行多尺度分解，然后调用函数 upwlev 进行分解结构向上一尺度的重构。

程序代码如下：

```
%装载 sumsin 信号
load sumsin;
s = sumsin;
%用小波函数 db1 对信号进行三尺度小波分解
[C,L]=wavedec(s,3,'db1');
subplot(3,1,1);
plot(s);
title(' sumsin 原始信号');
%获得尺度 2 的小波分解
[nc,nl] = upwlev(C,L,'db1');
subplot(3,1,2);
plot(C);
title('尺度 3 的低频系数和尺度 3、2、1 的高频系数');
subplot(3,1,3);
plot(nc);
title('尺度 2 的低频系数和尺度 2、1 的高频系数');
```

程序运行结果如图 5.16 所示。

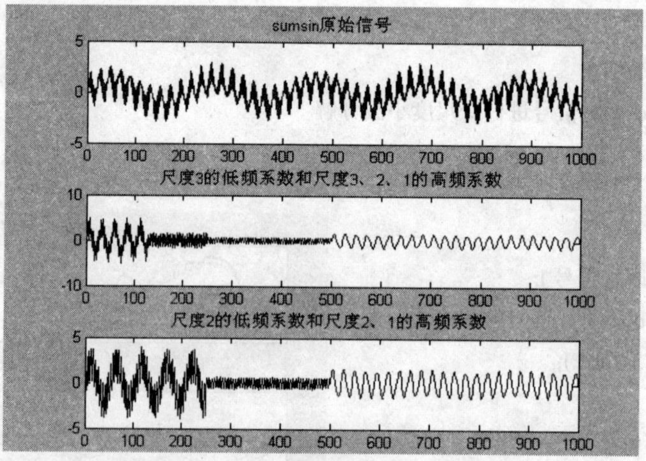

图 5.16　小波分解的单尺度重构

5.2.2　信号的平稳小波重构

1. 一维平稳小波重构函数

MATLAB 中的一维平稳小波重构函数为 iswt，其调用格式为：

(1) X = iswt(SWC, 'wname')

(2) X = iswt(SWA, SWD, 'wname')

(3) X = iswt(SWC, Lo_R, Hi_R)

(4) X = iswt(SWA, SWD, Lo_R, Hi_R)

iswt 用于一维离散平稳小波重构。wname 是正交小波函数，Lo_D 和 Hi_D 分别为低通和高通正交小波重构滤波器，它们的长度必须相等，SWC 或[SWA,SWD]是信号的多尺度小波分解结构。

2. 一维平稳小波重构实例

下面以信号 nelec 为例说明函数 iswt 的用法。

程序代码如下：

```
load nelec;
s = nelec(1:1000);
%使用小波函数 db2 进行三尺度 SWT 分解
swc = swt(s,3,'db2');
%使用小波函数 db2 进行三尺度 SWT 分解
[swa,swd] = swt(s,3,'db2');
%使用 swc 进行重构
a0 = iswt(swc,'db2');
%使用 swa 和 swd 进行小波重构
 a0bis = iswt(swa,swd,'db2');
%检查重构误差
err = norm(s-a0)
errbis = norm(s-a0bis)
subplot(221);
plot(s);
title('原始信号');
subplot(223);
plot(a0);
title('用 swc 重构后的信号');
subplot(224);
plot(a0bis);
title('用 swa 和 swd 重构后的信号');
```

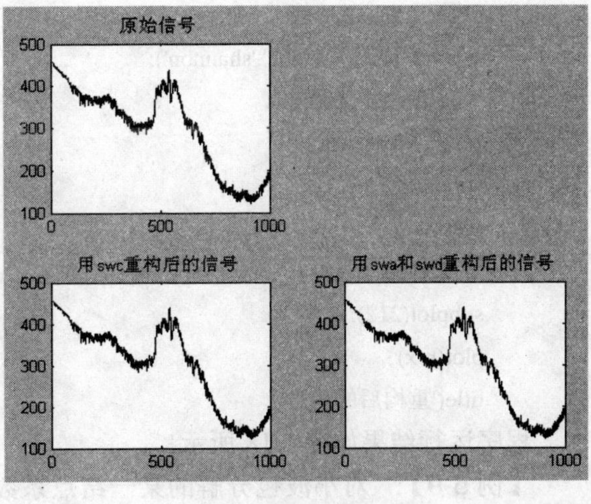

图 5.17　一维平稳小波重构

程序运行结果如图 5.17 所示。

5.2.3　信号的小波包重构

1. 一维小波包分解重构函数

MATLAB 实现了一维小波包分解的重构以及对小波包某一结点系数进行重构。

1) 一维小波包分解的重构

MATLAB 实现一维小波包分解的重构的函数是 wprec，其调用格式如下：

X = wprec(T)

其中，参数 T 是小波包分解的树结构。

2) 小波包某一结点系数的重构

MATLAB 中实现小波包某一结点系数的重构的函数是 wprcoef，其调用格式如下：

X = wprcoef(T, N)

X = wprcoef(T, N)计算小波包树 T 的结点 N 的重构系数。X=wprcoef(T)等价于 X=wprcoef(T, 0)。

2. 一维小波包分解重构实例

下面通过两个例子说明如何使用 MATLAB 进行小波包分解树结构重构和小波包分解的单结点重构。

【例 5-8】 对小波包分解的树结构进行重构。

在本例中说明如何对小波包分解的树结构进行重构。程序中首先调用函数 wpdec 对信号进行小波包分解，然后使用函数 wprec 进行重构。

程序代码如下：

```
%加载信号
load leleccum;
x = leleccum;
%用 db2 小波包分解信号到第三层
%使用 Shannon 熵
wpt = wpdec(x,3,'db2','shannon');
%对信号进行重构
rex = wprec(wpt)
subplot(211);
plot(x)
title('原始信号');
subplot(212);
plot(rex)
title('重构后的信号');
```

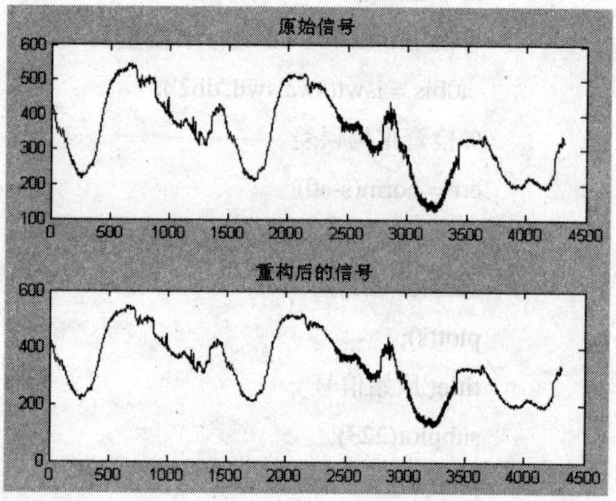

图 5.18　小波包分解重构

程序运行结果如图 5.18 所示。

【例 5-9】 对小波包分解的某一结点系数进行重构。

在本例中说明如何对小波包分解的某一结点系数进行重构。程序中首先调用函数 wpdec 对信号进行小波包分解，然后使用函数 wprcoef 对小波包分解结点系数进行重构。

程序代码如下：

```
%当前的扩展模式是 zero-padding
%装载信号
load leleccum; x = leleccum;
```

```
%使用 db2 小波包对信号 x 进行 3 层分解
wpt = wpdec(x,3,'db2');
subplot(211);
plot(x);
title('原始信号');
%重构小波包结点(2,1)
rcfs = wprcoef(wpt,[2 1]);
subplot(212);
plot(rcfs);
title('重构小波包结点(2,1)');
```

程序运行结果如图 5.19 所示。

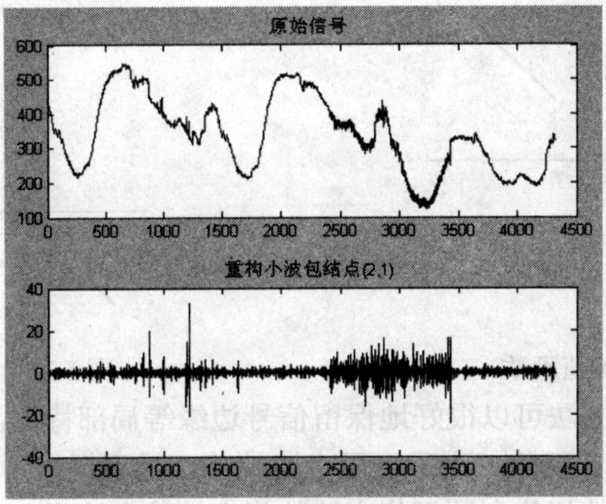

图 5.19　小波包结点重构

5.3　信号去噪

5.3.1　信号的阈值去噪

信号去噪是信号处理领域的一个经典问题。传统的去噪方法主要是线性滤波和非线性滤波，例如中值滤波和 Wiener 滤波等。

小波变换具有下列良好特性：

(1) 低熵性：小波系数的稀疏分布，使信号变换后的熵降低；

(2) 多分辨率特性：可以非常好地刻画信号的非平稳特性，如边缘、尖峰、断点等；

(3) 去相关性：可取出信号的相关性，且噪声在小波变换后有白化趋势，所以比时域更利于去噪；

(4) 选基灵活性：由于小波变换可以灵活选择基函数，因此可根据信号特点和去噪要求选择适合小波。

小波在信号去噪领域已得到越来越广泛的应用。阈值去噪方法是一种实现简单、效果较好的小波去噪方法。阈值去噪方法的思想就是对小波分解后的各层系数中模大于和小于某阈值的系数分别处理，然后对处理完的小波系数再进行反变换，重构出经过去噪后的信号。下面从阈值函数和阈值估计两方面对阈值去噪方法进行介绍。

1. 阈值函数

常用的阈值函数主要是硬阈值函数和软阈值函数。

(1) 硬阈值函数。表达式为$\eta(\omega)=\omega I(|\omega|>T)$，如图 5.20 所示，其中横坐标表示信号的原始小波系数，纵坐标表示阈值化后的小波系数。

(2) 软阈值函数。表达式为$\eta(\omega)=(\omega-\mathrm{sgn}(\omega)T)I(|\omega|>T)$，如图 5.21 所示，其中横坐标表示信号的原始小波系数，纵坐标表示阈值化后的小波系数。

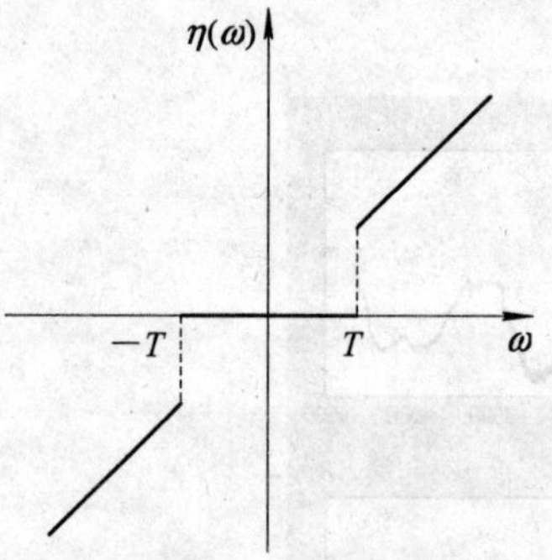

图 5.20　硬阈值函数

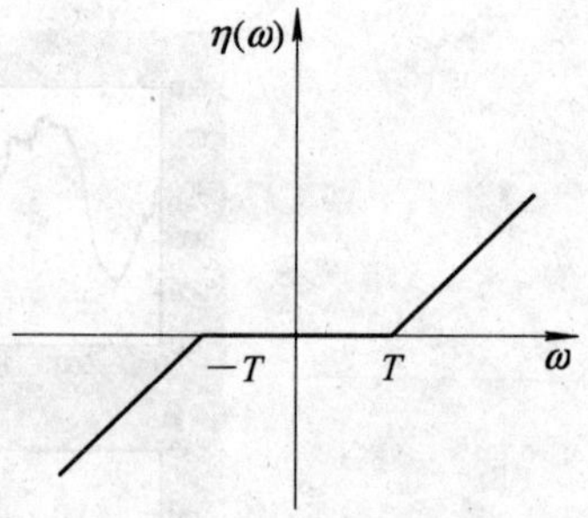

图 5.21　软阈值函数

一般说来，硬阈值方法可以很好地保留信号边缘等局部特征，软阈值处理相对要平滑，但会造成边缘模糊等失真现象。为了克服上述缺陷，最近提出了一种半软阈值函数，如图 5.22 所示。它可以兼顾软阈值和硬阈值方法的优点，其表达为

$$\eta(\omega)=\mathrm{sgn}(\omega)\frac{T_2(|\omega|-T_1)}{T_2-T_1}I(T_1<|\omega|<T_2)+\omega I(|\omega|>T_2)$$

其中，$0<T_1<T_2$。

在软阈值的基础上，可以对其改进使其具有更高阶，如图 5.23 所示。

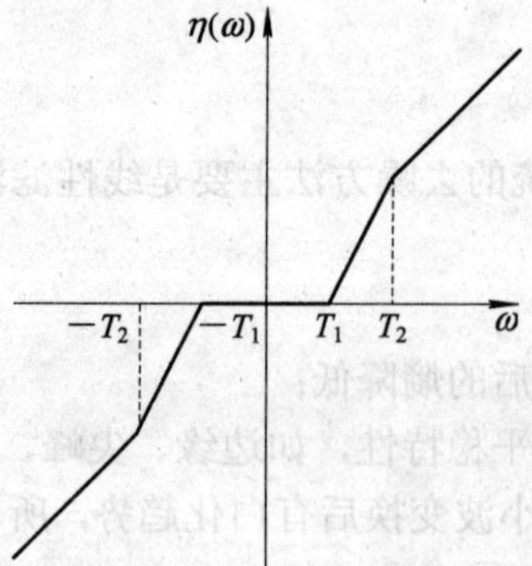

图 5.22　半软阈值函数

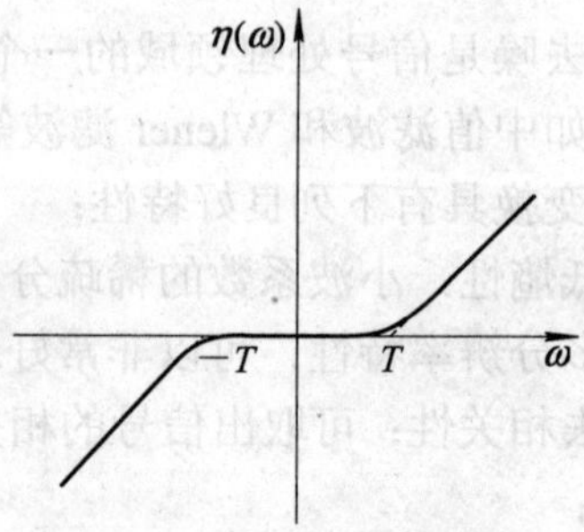

图 5.23　改进后的软阈值函数

可以看出它在噪声(小波系数)与有用信号(小波系数)之间存在一个平滑过渡区，更符合

自然信号/图像的连续特性。其表达式为

$$\eta(\omega)=\begin{cases}\omega+T-\dfrac{T}{2k+1}, & \omega<-T\\[2ex] \dfrac{1}{(2k+1)T^{2k}}\omega^{2k+1}, & |\omega|\le T\\[2ex] \omega-T+\dfrac{T}{2k+1}, & \omega>T\end{cases}$$

2. 阈值估计

Donoho 在 1994 年提出了 VisuShrink 方法(或称统一阈值去噪方法)。它是针对多维独立正态变量联合分布，在维数趋向无穷时得出的结论，在最小最大估计的限制下得出的最优阈值。阈值的选择满足：

$$T=\sigma_n\sqrt{2\ln N}$$

其中，σ_n 是噪声标准方差，N 是信号的长度。Donoho 给出了证明这种估计在信号属于 Besov 集时，在大量风险函数下获得近似理想的去噪风险。Donoho 的统一阈值方法在实际应用中效果欠理想，产生过扼杀现象，1997 年 Janse 提出了基于无偏估计的阈值计算法。

风险函数定义为 $R(t)=\dfrac{1}{N}\left\|\hat{f}-f\right\|^2$。由于小波变换的正交性，风险函数可以同样在小波域中写成形式 $R(t)=\dfrac{1}{N}\left\|\eta_t(Y)-X\right\|^2$。

设 $T(t)=\dfrac{1}{N}\left\|\eta_t(Y)-Y\right\|^2$，则

$$\begin{aligned}ET(t)&=\frac{1}{N}E\left\|\eta_t(Y)-Y\right\|^2=ER(t)+\sigma_n^2-\frac{2}{N}E<V,\eta_t(Y)>\\&=\frac{1}{N}E[\left\|\eta_t(Y)-X\right\|^2+\left\|X-Y\right\|^2+2<\eta_t(Y)-X,X-Y>]\end{aligned}$$

最后可得到风险函数的表达式：

$$\begin{aligned}ER(t)&=ET(t)-\sigma_n^2+\frac{2\sigma_n^2}{N}\sum_{i=1}^{N}I(|Y_i|>t)\\&=\frac{1}{N}\sum_{i=1}^{N}(|Y_i|\wedge t)^2+\sigma_n^2-\frac{2\sigma_n^2}{N}\sum_{i=1}^{N}I(|Y_i|<t)\end{aligned}$$

其中，$\wedge$ 是示性函数，I 为两数取小。于是，最佳的阈值选择可通过最小化风险函数得到，即

$$t^*=\arg\min_{t>0}ER(t)$$

5.3.2 小波去噪函数

MATLAB 中实现了信号的阈值去噪，主要包括阈值获取和阈值去噪两方面，如表 5-3 所示。

表 5-3 小波去噪函数

功 能	函数名称	说 明
阈值获取	ddencmp	获取在去噪或压缩的默认阈值
	thselect	根据定义的阈值选择规则来选择信号的自适应阈值
	wbmpen	返回去噪的全局阈值 THR
	wdcbm	使用 Birgé-Massart 算法获取一维小波变换的阈值
阈值去噪	wden	一维信号的自动去噪
	wdencmp	一维或二维信号的消噪或压缩
	wthresh	返回信号经软阈值或硬阈值处理后的信号
	wthcoef	信号小波系数阈值处理
	wpthcoef	信号小波包系数阈值处理
	wpdencmp	对信号(一维和二维)进行去噪或压缩

1. 阈值获取函数

MATLAB 中实现信号阈值获取的函数有 ddencmp、thselect、wbmpen 和 wdcbm，下面对它们的用法进行简单说明。

1) 函数 ddencmp

函数 ddencmp 的调用格式有以下 3 种：

(1) [THR, SORH, KEEPAPP, CRIT] = ddencmp(IN1, IN2, X)

(2) [THR, SORH, KEEPAPP, CRIT] = ddencmp(IN1, 'wp', X)

(3) [THR, SORH, KEEPAPP] = ddencmp(IN1, 'wv', X)

函数 ddencmp 用于获取在消噪或压缩过程中的默认阈值。输入参数 X 为一维或二维信号；IN1 取值为 'den' 或 'cmp'，'den' 表示进行去噪，'cmp' 表示进行压缩；IN2 取值为 'wv' 或 'wp'，'wv' 表示选择小波，'wp' 表示选择小波包。返回值 THR 是返回的阈值；SORH 是软阈值或硬阈值选择参数；KEEPAPP 表示保存低频信号；CRIT 是熵名(只在选择小波包时用)。

2) 函数 thselect

函数 thselect 的调用格式如下：

THR = thselect(X, TPTR)

THR = thselect(X, TPTR)根据字符串 TPTR 定义的阈值选择规则来选择信号 x 的自适应阈值。

自适应阈值选择规则包括下面 4 种：

- TPTR = 'rigrsure'，自适应阈值选择使用 Stein 的无偏风险估计原理；

- TPTR = 'heursure'，使用启发式阈值选择；
- TPTR = 'sqtwolog'，阈值等于 sqrt(2*log(length(X)))；
- TPTR = 'minimaxi'，用极大极小原理选择阈值。

阈值选择规则基于模型 $y = f(t) + e$，e 是高斯白噪声 $N(0, 1)$。

3) 函数 wbmpen

函数 wbmpen 的调用格式如下：

THR = wbmpen(C, L, SIGMA, ALPHA)

THR = wbmpen(C, L, SIGMA, ALPHA)返回去噪的全局阈值 THR。THR 通过给定的一种小波系数选择规则计算得到，小波系数选择规则使用 Birge-Massart 的处罚算法。[C, L]是进行去噪的信号或图像的小波分解结构；SIGMA 是零均值的高斯白噪声的标准偏差；ALPHA 用于处罚的调整参数，它必须是一个大于 1 的实数，一般取 ALPHA = 2。

设 t*是 crit(t) = −sum(c(k)^2,k<=t) + 2*SIGMA^2*t*(ALPHA + log(n/t))的最小值，其中 c(k)是按绝对值从大到小排列的小波包系数，n 是系数的个数，则 THR=|c(t*)|。

wbmpen(C, L, SIGMA, ALPHA, ARG)计算阈值并画出以下 3 条曲线：

- 2*SIGMA^2*t*(ALPHA + log(n/t))
- sum(c(k)^2,k<=t)
- crit(t)

4) 函数 wdcbm

函数 wdcbm 的调用格式有以下两种：

(1) [THR, NKEEP] = wdcbm(C, L, ALPHA)

(2) [THR, NKEEP] = wdcbm(C, L, ALPHA, M)

函数 wdcbm 用于使用 Birgé-Massart 算法获取一维小波变换的阈值。返回值 THR 是与尺度无关的阈值，NKEEP 是系数的个数。[C, L]是要进行去噪或压缩的信号的在 j=length(L)−2 层的分解结构；ALPHA 和 M 必须是大于 1 的实数；THR 是关于 j 的向量，THR(i)是第 i 层的阈值；NKEEP 也是关于 j 的向量，NKEEP(i)是 i 层的系数个数。一般压缩时 ALPHA 取 1.5，去噪时 ALPHA 取 3。

2. 阈值去噪函数

MATLAB 中实现信号的阈值去噪的函数有 wden、wdencmp、wthresh、wthcoef、wpthcoef 以及 wpdencmp。下面对它们的用法进行简单介绍。

1) 函数 wden

函数 wden 的调用格式有以下两种：

(1) [XD, CXD, LXD] = wden(X, TPTR, SORH, SCAL, N, 'wname')

(2) [XD, CXD, LXD] = wden(C, L, TPTR, SORH, SCAL, N, 'wname')

函数 wden 用于一维信号的自动去噪。X 为原始信号，[C, L]为信号的小波分解，N 为小波分解的层数。

TPTR 为阈值选择规则，TPTR 的取值有以下 4 种：

- TPTR = 'rigrsure'，采用 Stein 无偏似然估计；
- TPTR = 'heursure'，采用启发式阈值选择；

- TPTR = 'sqtwolog'，取通用阈值 $\sqrt{2\log(\cdot)}$；
- TPTR = 'minimaxi'，采用极大极小值进行阈值选择。

SORH 是软阈值或硬阈值的选择(分别对应 's' 和 'h')。

SCAL 指所使用的阈值是否需要重新调整，包含下面三种：

- SCAL = 'one'，不调整；
- SCAL = 'sln'，根据第一层的系数进行噪声层的估计来调整阈值；
- SCAL = 'mln'，根据不同层的噪声估计来调整阈值。

XD 为去噪后的信号，[CXD, LXD]为消噪后信号的小波分解结构。格式(1)返回对信号 X 经过 N 层分解后的小波系数进行阈值处理后的去噪信号 XD 和信号 XD 的小波分解结构[CXD, LXD]。格式(2)返回参数与格式(1)相同，但其结构是由直接对信号的小波分解结构[C, L]进行阈值处理得到的。

2) 函数 wdencmp

函数 wdencmp 的调用格式有下面 3 种：

(1) [XC, CXC, LXC, PERF0, PERFL2] = wdencmp('gbl', X ,'wname', N, THR, SORH, KEEPAPP)

(2) [XC, CXC, LXC, PERF0, PERFL2] = wdencmp('lvd', X, wname', N, THR, SORH)

(3) [XC, CXC, LXC, PERF0, PERFL2] = wdencmp('lvd', C, L,' wname', N, THR, SORH)

函数 wdencmp 用于一维或二维信号的去噪或压缩。'wname' 是所用的小波函数；'gbl'(global 的缩写)表示每层都采用同一个阈值进行处理；'lvd'表示每层用不同的阈值进行处理；N 表示小波分解的层数；THR 为阈值向量。对于格式(2)和(3)每层都要求有一个阈值，因此阈值向量 THR 的长度为 N，SORH 表示选择软阈值或硬阈值(分别取值为's'和'h')，参数 KEEPAPP 取值为 1 时，则低频系数不进行阈值量化，反之，则低频系数要进行阈值量化。XC 是去噪或压缩后的信号；[CXC, LXC]是 XC 的小波分解结构；PERF0 和 PERFL2 是恢复和压缩 L^2 范数百分比。如果[C,L]是 X 的小波分解结构，则 PERFL2=100*(CXC 向量的范数/C 向量的范数)^2；如果 X 是一维信号，小波'wname'是一个正交小波，则：

$$\text{PERFL2} = \frac{100\|XC\|^2}{\|X\|^2}$$

3) 函数 wthresh

函数 wthresh 的调用格式如下：

Y = wthresh(X, SORH, T)

Y = wthresh(X, SORH, T)返回输入向量或矩阵 X 经软阈值(如果 SORH = 's')或硬阈值(如果 SORH = 'h')处理后的信号。T 是阈值。

Y = wthresh(X, 's', T)返回的是 $Y = \text{SIGN}(X)\cdot(|X|-T)_+$，即把信号的绝对值与阈值进行比较，小于或等于阈值的点变为 0，大于阈值的点变为该点值与阈值的差值。

Y = wthresh(X, 'h', T)返回的是 $Y = X\cdot 1_{(|X|>T)}$，即把信号的绝对值与阈值比较，小于或等于阈值的点变为 0，大于阈值的点保持不变。一般来说，用硬阈值处理后的信号比用软阈值处理后的信号更粗糙。

4) 函数 wthcoef

函数 wthcoef 的调用格式有下面 4 种：

(1) NC = wthcoef('d', C, L, N, P)

(2) NC = wthcoef('d', C, L, N)

(3) NC = wthcoef('a', C, L)

(4) NC = wthcoef('t', C, L, N, T, SORH)

函数 wthcoef 用于一维信号小波系数的阈值处理。

NC = wthcoef ('d', C, L, N, P)返回小波分解结构[C, L]经向量 N 和 P 定义的压缩率处理后的新的小波分解向量 NC，[NC, L]即构成一个新的小波分解结构。N 包含要被压缩的细节向量，P 是把较小系数置 0 的百分比信息的向量。N 和 P 的长度必须相同，向量 N 必须满足 $1 \leq N(i) \leq \text{length}(L)-2$。

NC = wthcoef('d', C, L, N)返回小波分解结构[C, L]经过将向量 N 中指定的细节系数置 0 后的小波分解向量 NC。

NC = wthcoef('a', C, L)返回小波分解结构[C, L]经过近似系数置 0 后的小波分解向量 NC。

NC = wthcoef('t', C, L, N, T, SORH)返回小波分解结构[C, L]经过将向量 N 作阈值处理后的小波向量 NC。如果 SORH='s'，则为软阈值；如果 SORH='h'，则为硬阈值。N 包含细节的尺度向量，T 是 N 相对应的阈值向量。N 和 T 的长度必须相等。

5) 函数 wpthcoef

函数 wpthcoef 的调用格式为：

NT = wpthcoef(T, KEEPAPP, SORH, THR)

NT = wpthcoef(T, KEEPAPP, SORH, THR)通过对小波包树 T 的系数进行阈值处理后返回一个新的小波包树 NT。如果 KEEPAPP = 1，则细节信号的系数不进行阈值处理；否则，就要进行阈值处理。如果 SORH = 's'，则使用软阈值；如果 SORH = 'h'，则使用硬阈值。THR 是阈值。

6) 函数 wpdencmp

函数 wpdencmp 的调用格式有下面两种：

(1) [XD, TREED, PERF0, PERFL2] = wpdencmp(X, SORH, N, 'wname', CRIT, PAR, KEEPAPP)

(2) [XD, TREED, PERF0, PERFL2] = wpdencmp(TREE, SORH, CRIT, PAR, KEEPAPP)

函数 wpdencmp 用于使用小波包变换进行信号的压缩或去噪。

[XD, TREED, PERF0, PERFL2] = wpdencmp(X, SORH, N, 'wname', CRIT, PAR, KEEPAPP)返回输入信号 X(一维和二维)的去噪或压缩后的信号 XD。输出参数 TREED 是 XD 的最佳小波包分解树；PERFL2 和 PERF0 是恢复和压缩 L^2 能量百分比。PERFL2 = 100 * (XD 的小波包系数范数/X 的小波包系数)^2。如果 X 是一维信号，'wname'是正交小波，则：

$$\text{PERFL2}=\frac{100\|XD\|^2}{\|X\|^2}$$

SORH 的取值为 's' 或 'h'，分别表示为软阈值或硬阈值。

输入参数 N 是小波包分解的层数，'wname' 是包含小波名的字符串。函数使用由字符串 CRIT 定义的熵标准和阈值参数 PAR 实现最佳分解。如果 KEEPAPP = 1，则近似信号的小波系数不进行阈值量化；否则，则进行量化。

[XD, TREED, PERF0, PERFL2] = wpdencmp(TREE, SORH, CRIT, PAR, KEEPAPP)与格式(1)的输出参数相同，输入选项也相同，只是它从信号的小波包分解树 TREE 直接进行去噪或压缩。

5.3.3　信号去噪实例

一般来说，信号去噪的基本步骤主要包括如下 3 步：

(1) 信号的小波分解；

(2) 小波分解高频系数的阈值量化；

(3) 信号的小波重构。使用小波分解的低频系数以及阈值量化处理后的高频系数进行小波重构。

在本节中将通过几个例子说明如何在 MATLAB 中进行信号的去噪。

【例 5-10】　信号阈值去噪实例 1。

在本例中使用函数 ddencmp 获取信号去噪阈值，然后采用函数 wdencmp 实现信号去噪。

程序代码如下：

```
load leleccum;
indx = 1:1024;
x = leleccum(indx);
%产生含噪信号
init=2055615866;
randn('seed',init);
nx = x + 18*randn(size(x));
%获取去噪的阈值
[thr,sorh,keepapp] = ddencmp('den','wv',nx);
%对信号进行去噪
xd = wdencmp('gbl',nx,'db4',2,thr,sorh,keepapp);
subplot(2,2,1);
plot(x);
title('原始信号');
subplot(2,2,2);
plot(nx);
title('含噪信号');
subplot(2,2,3)
plot(xd);
title('去噪后的信号');
```

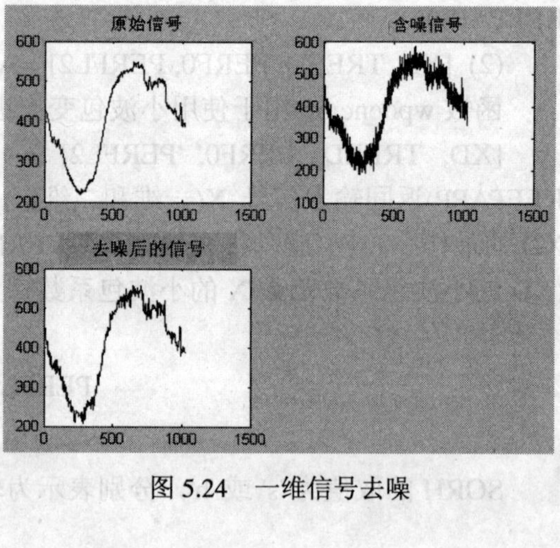

图 5.24　一维信号去噪

程序运行结果如图 5.24 所示。

【例 5-11】 信号阈值去噪实例 2。

在本例中首先使用函数 wnoiset 获取噪声方差，然后使用函数 wbmpen 获取小波去噪阈值，最后使用函数 wdencmp 实现信号去噪。

程序代码如下：

```
load leleccum;
indx = 1:1024;
x = leleccum(indx);
%产生含噪信号
init=2055615866;
randn('seed',init);
nx = x + 18*randn(size(x));
%用小波函数 'db6' 对信号进行 3 层分解
[c,l] = wavedec(nx,3, 'db6');
%估计尺度 1 的噪声标准偏差
sigma = wnoisest(c,l,1);
alpha = 2;
%获取去噪过程中的阈值
thr = wbmpen(c,l,sigma,alpha) ;
 keepapp = 1;
%对信号进行去噪
xd = wdencmp('gbl',c,l,'db6',3,thr,'s',keepapp);
subplot(2,2,1);
plot(x);
title('原始信号');
subplot(2,2,2);
plot(nx);
title('含噪信号');
subplot(2,2,3)
plot(xd);
title('去噪后的信号');
```

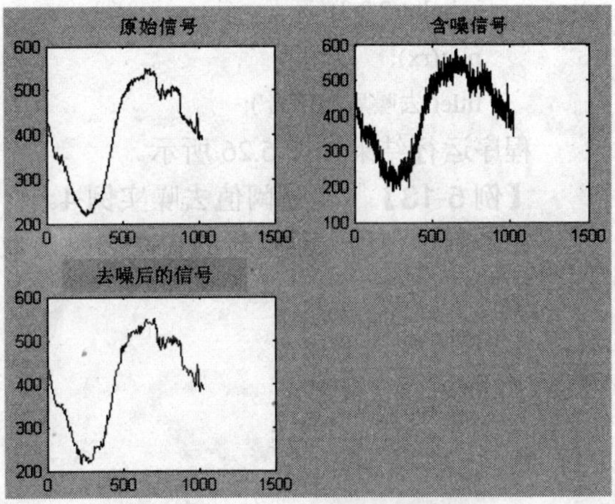

图 5.25 一维信号阈值去噪

程序运行结果如图 5.25 所示。

【例 5-12】 信号阈值去噪实例 3。

在本例中对小波分解系数使用函数 wthcoef 进行阈值处理，然后利用阈值处理后的小波系数进行小波重构达到去噪的目的。

程序代码如下：

```
load leleccum;
indx = 1:1024;
x = leleccum(indx);
%产生含噪信号
```

```
init=2055615866;
randn('seed',init);
nx = x + 18*randn(size(x));
[c,l]=wavedec(nx,3,'db5');
%设置尺度向量
n=[1,2,3];
%设置阈值向量
p=[120,110,100];
%对高频系数进行阈值处理
nc = wthcoef('d',c,l,n,p);
%对修正后的小波分解结构进行重构
rx = waverec(nc,l,'db5');
subplot(2,2,1);
plot(x);
title('原始信号');
subplot(2,2,2);
plot(nx);
title('含噪信号');
subplot(2,2,3)
plot(rx);
title('去噪后的信号');
```

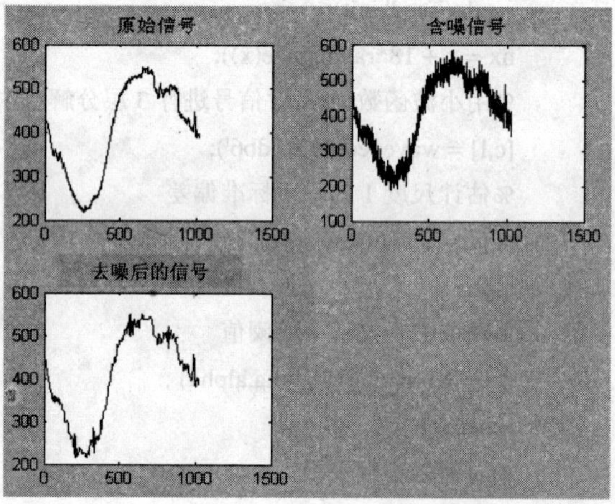

图 5.26 一维信号的阈值去噪

程序运行结果如图 5.26 所示。

【例 5-13】 信号阈值去噪实例 4。

在本例中使用一维信号的自动去噪函数 wden 对信号进行去噪。

程序代码如下：

```
load leleccum;
indx = 1:1024;
x = leleccum(indx);
%产生含噪信号
init=2055615866;
randn('seed',init);
nx = x + 18*randn(size(x));
%将信号 nx 用小波函数 sym5 分解到第 5 层
%用 minimaxi 阈值选择对系数进行处理，去除噪声信号
lev = 5;
xd = wden(nx,'minimaxi','s','mln',lev,'sym5');
subplot(2,2,1);
plot(x);
title('原始信号');
```

```
subplot(2,2,2);
plot(nx);
title('含噪信号');
subplot(2,2,3)
plot(xd);
title('去噪后的信号');
```

程序运行结果如图 5.27 所示。

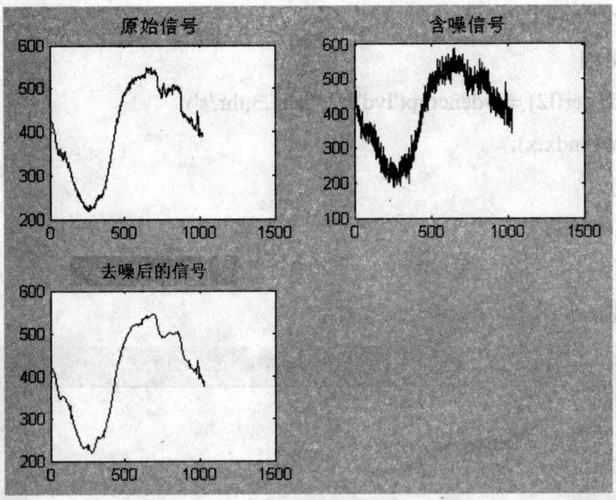

图 5.27　一维信号的自动去噪

5.4　信号压缩

5.4.1　信号压缩简述

MATLAB 实现了获取压缩阈值和信号压缩。实现获取压缩阈值的函数有 ddencmp 和 wdcbm 两个，实现信号压缩的函数有 wdencmp、wpdencm 和 wthcoef 三个。关于这些函数的用法在 5.3.3 小节信号去噪中已经介绍。

信号压缩的一般步骤如下：

(1) 对信号进行小波或小波包分解。

(2) 对分解的高频系数进行阈值量化处理。对分解的各层高频信号进行阈值量化处理。

(3) 对阈值量化处理后的系数进行重构。

5.4.2　信号压缩实例

在本节中将举两个例子说明如何进行信号压缩。

【例 5-14】　信号压缩实例 1。

在本例中使用函数 wdcbm 获取信号压缩阈值，然后采用函数 wdencmp 实现信号压缩。

程序代码如下：

```
load nelec;
indx = 1:1024;
x = nelec(indx);
%用小波函数 haar 对信号进行 3 层分解
[c,l] = wavedec(x,3,'haar');
alpha = 1.5;
%获取信号压缩的阈值
[thr,nkeep] = wdcbm(c,l,alpha)
%对信号进行压缩
[xd,cxd,lxd,perf0,perfl2] = wdencmp('lvd',c,l,'haar',3,thr,'s');
subplot(211), plot(indx,x);
title('原始信号');
subplot(212), plot(indx,xd);
title('压缩后的信号');
```

程序运行结果如图 5.28 所示。

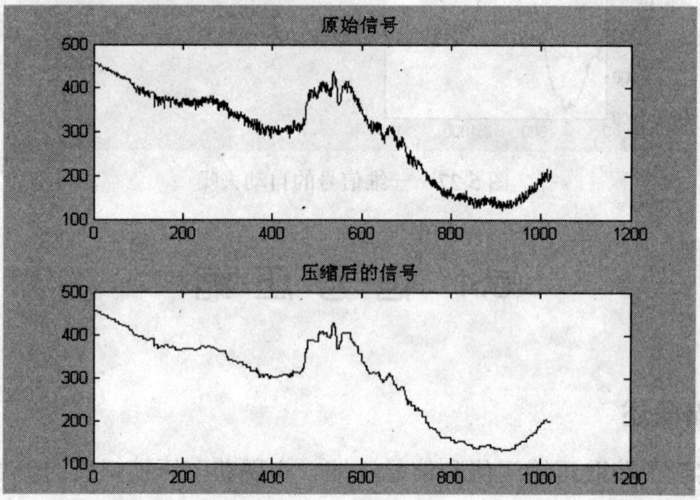

图 5.28 一维信号压缩

【例 5-15】 信号压缩实例 2。

在本例中使用函数 ddencmp 获取信号压缩阈值，然后采用函数 wdencmp 实现信号压缩。程序代码如下：

```
load nelec;
indx = 1:1024;
x = nelec(indx);
%用小波函数 haar 对信号进行 5 层分解
[c,l] = wavedec(x,5,'haar');
%获取信号压缩的阈值
[thr,nkeep] = ddencmp('cmp','wv',x);
```

```
%对信号进行压缩
xd = wdencmp('gbl',c,l,'haar',5,thr,'s',1);
subplot(211), plot(indx,x);
title('原始信号');
subplot(212), plot(indx,xd);
title('压缩后的信号');
```

程序运行结果如图 5.29 所示。

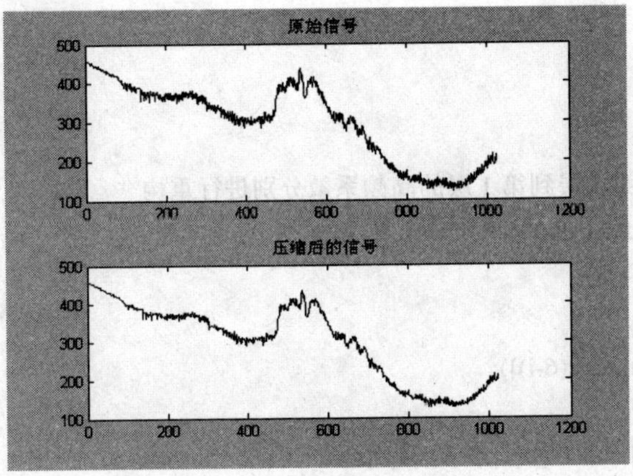

图 5.29　一维信号压缩

5.5　信号分析

5.5.1　分离信号的不同成分

在本节中将通过两个例子说明小波分析在分离信号的不同成分中的应用。

1. 正弦信号加噪声

下面通过使用小波分析一个由正弦信号(正弦信号的周期约为 200)加白噪声组成的信号，说明小波分析如何分离这两种信号。

程序代码如下所示：

```
load  noissin;
x = noissin;
figure(1);
subplot(611);
plot(x);
ylabel('x');
%使用 db5 小波对信号进行 5 层分解
[c,l]=wavedec(x,5,'db5');
for i=1:5
```

```
        %对分解的第 5 层到第 1 层的低频系数分别进行重构
        a = wrcoef('a',c,l,'db5',6-i);
        subplot(6,1,i+1);
        plot(a);
        ylabel(['a',num2str(6-i)]);
    end
    figure(2);
    subplot(611);
    plot(x);
    ylabel('x');
    for i=1:5
        %对分解的第 5 层到第 1 层的高频系数分别进行重构
        d = wrcoef('d',c,l,'db5',6-i);
        subplot(6,1,i+1);
        plot(d);
        ylabel(['d',num2str(6-i)]);
    end
```

程序运行结果如图 5.30 和图 5.31 所示。

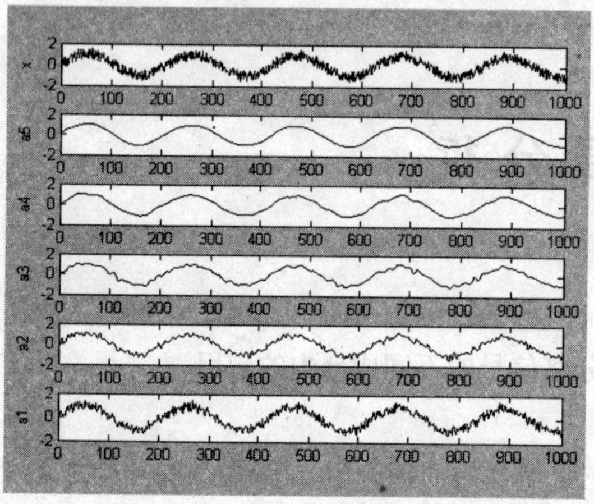

图 5.30 小波分解的低频系数

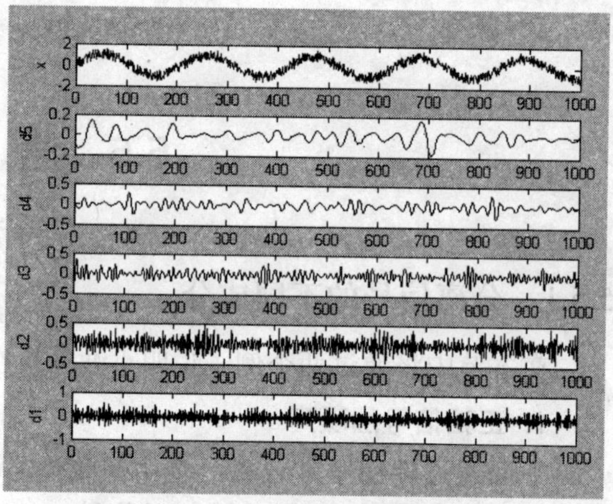

图 5.31 小波分解的高频系数

如图 5.31 所示，小波分解的细节信号是由白噪声分解得到的，而正弦信号可以在图 5.30 的近似信号 a5 中得到，因为在这一层噪声对正弦信号的影响已经可以忽略了。

2. 正弦信号加三角波

下面通过使用小波分析一个由正弦信号(正弦信号的周期约为 20)加三角波组成的信号，说明小波分析如何分离这两种信号。

程序代码如下所示：

```
load  trsin;
x = trsin;
subplot(711);
```

```
plot(x);
axis tight;
ylabel('x');
%使用 db5 小波对信号进行 6 层分解
[c,l]=wavedec(x,6,'db5');
for i=1:6
    %对分解的第 6 层到第 1 层的低频系数分别进行重构
    a = wrcoef('a',c,l,'db5',7-i);
    subplot(7,1,i+1);
    plot(a);
    axis tight;
    ylabel(['a',num2str(7-i)]);
end
figure(2);
subplot(711);
plot(x);
axis tight;
ylabel('x');
for i=1:6
    %对分解的第 6 层到第 1 层的高频系数分别进行重构
    d = wrcoef('d',c,l,'db5',7-i);
    subplot(7,1,i+1);
    plot(d);
    axis tight;
    ylabel(['d',num2str(7-i)]);
end
```

程序运行结果如图 5.32 和图 5.33 所示。

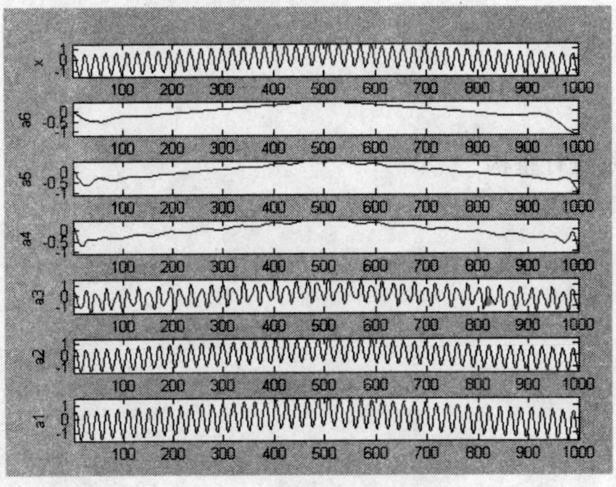

图 5.32　小波分解的低频系数

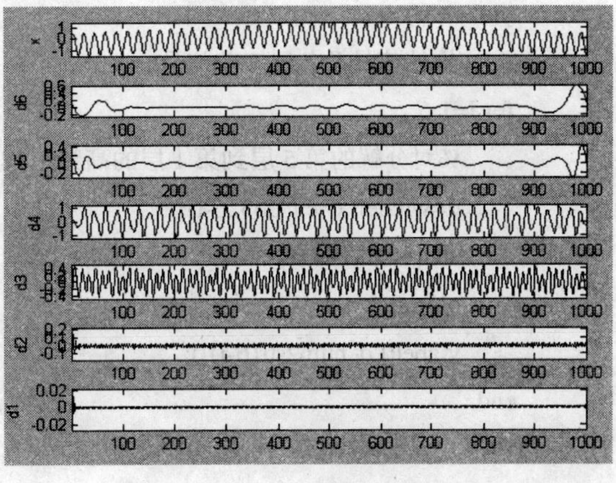

图 5.33　小波分解的高频系数

如图 5.32 和图 5.33 所示，d1、d2、d5、d6 的值非常小，这说明信号中包含的频率段的信号非常少，d3 和 d4 主要是由正弦信号产生的，a6 主要是由三角波分解产生的。

5.5.2 识别某一频率区间上的信号

下面通过一个例子说明如何应用小波分析识别某一频率区间上的信号。

在本例中，使用小波来分析一个由三个不同频率的正弦信号叠加的信号，看是否能够将这三个正弦信号区分开来，结果证明小波分析可以很好地识别某一频率区间的信号。

程序代码如下所示：

```
load sumsin;
x = sumsin;
figure(1)
subplot(611);
plot(x);
ylabel('x');
title('原始信号及各层近似信号');
%使用 DB3 小波进行 5 层分解
[c,l]=wavedec(x,5,'db3');
for i=1:5
    %对分解的第 5 层到第 1 层的低频系数分别进行重构
    a=wrcoef('a',c,l,'db3',6-i);
    subplot(6,1,i+1);
    plot(a);
    ylabel(['a',num2str(6-i)]);
end
figure(2);
subplot(611);
plot(x);
ylabel('x');
title('原始信号及各层细节信号');
for i=1:5
    %对分解的第 5 层到第 1 层的高频系数分别进行重构
    d=wrcoef('d',c,l,'db3',6-i);
    subplot(6,1,i+1);
    plot(d);
    ylabel(['d',num2str(6-i)]);
end
```

程序运行结果如图 5.34 和图 5.35 所示。

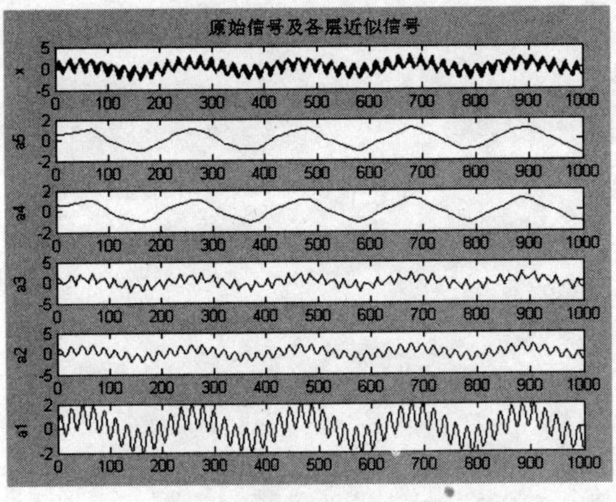

图 5.34　小波分解近似信号

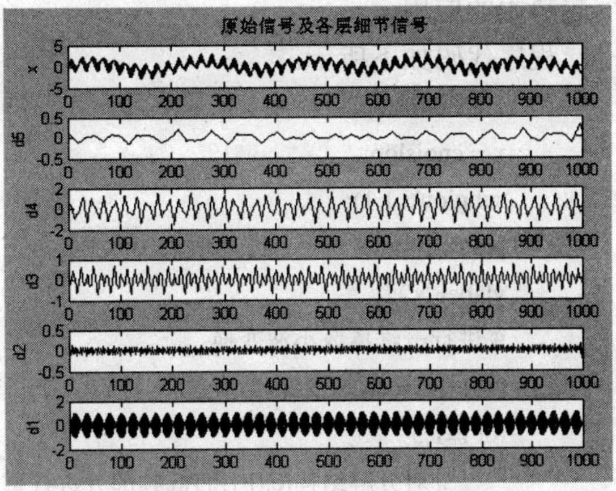

图 5.35　小波分解的细节信号

在本例中，该信号是由周期分别为 200、20 和 2 的三个正弦信号合成，它们的采样周期均为 1，为方便叙述，在此分别称为低频、中频和高频正弦信号。从图中可以看出，低频、中频和高频信号分别位于分解的近似信号 a4、细节信号 d4 以及细节信号 d1。

细节信号 d1 包含的主要是周期在 1 和 2 之间的信号，但直接从图上无法看出。将 d1 放大，如图 5.36 所示，可以看到每个椭圆形中包含 10 次振动，依此来估计周期，可以发现它接近于 2。

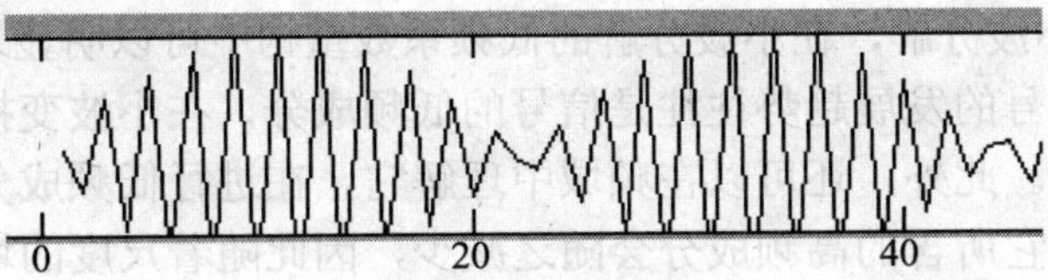

图 5.36　细节信号 d1

细节信号 d3 和细节信号 d4 包含中频信号。注意到在近似信号 a3 和 a4 之间出现了信号的不连续，这是因为中频信号是由这两层共同表达的。中频信号周期的估计需要使用近似信号 a1 和 a3。将近似信号 a1 放大，如图 5.37 所示，可以看到周期为 20 的中频信号。而周期为 2 的低频信号在图 5.34 的近似信号 a4 中可以清晰地分辨出来。

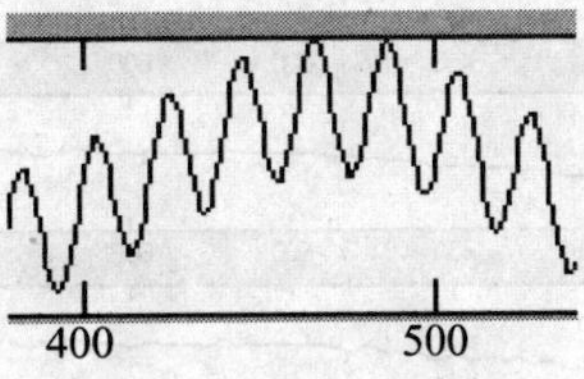

图 5.37　近似信号 a1

5.5.3　识别信号的发展趋势

有时某些信号由于受到噪声污染，因此无法辨别信号的发展趋势。由于信号的发展趋势往往代表的是信号的低频部分，因此通过信号的多尺度分解，在分解的低频系数中就可以观察到信号的发展趋势。

下面对一个被有色噪声污染的谐波信号进行小波分解，说明小波分析在识别信号的发展趋势中的应用。

程序代码如下所示。

```
load cnoislop;
x = cnoislop;
subplot(6,1,1);
plot(x);
ylabel('x');
%进行一维离散小波变换
[c,l]=wavedec(x,5,'db4');
for i=1:5
    %对分解结构[c,l]中的低频部分进行重构
    s=wrcoef('a',c,l,'db4',6-i);
    subplot(6,1,i+1);
    plot(s);
    ylabel(['a',num2str(6-i)]);
end
```

程序运行结果如图 5.38 所示。

从图 5.38 中可以看出，由于噪声的污染，从原始信号 x 中无法观察信号的发展趋势。通过进行 5 尺度的小波分解，在小波分解的低频系数重构中可以明显地看到原始信号的发展趋势。这是因为信号的发展趋势往往是信号的低频成分，在小波变换中对应着最大尺度小波变换的低频系数。此外，还可以在频域中理解它，在进行低频成分的尺度分解时，随着分解层次的增加，它所含的高频成分会随之减少，因此随着尺度的增加，更多高频的信号会被滤掉，这样就可以看到信号的发展趋势了。

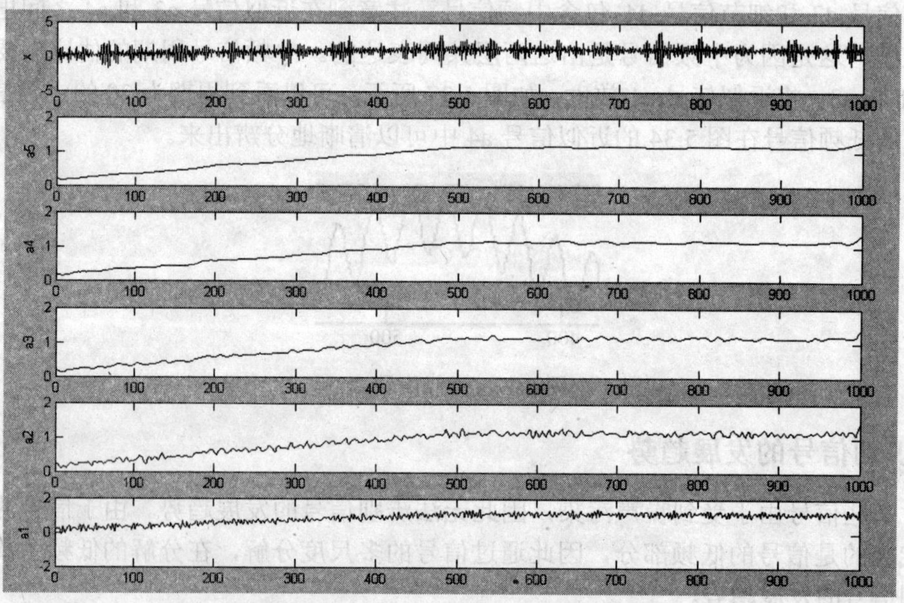

图 5.38　识别信号的发展趋势

5.6 信号检测

5.6.1　检测信号的自相似性

直观上说，小波分解系数表示了信号与小波之间的“相似指数”，相似程度越高，则相似指数越大。如果一个信号的不同尺度之间相似，则小波系数在不同的尺度上也应该相似。因此可以通过小波分解检测信号的自相似性，即检测信号的分形特征。实践表明，采用小波分解可以很好地研究信号或图像的分形特征。

下面将通过一个简单的例子说明小波分析在检测信号自相似性中的应用，待检测的信号是经过反复迭代生成的合成信号，因此具有自相似性。

程序代码如下所示：

```
load vonkoch;
x = vonkoch;
subplot(211);
plot(x);
title('原始信号');
subplot(212);
%进行一维连续小波变换
f = cwt(x,[2:2:128],'coif3','plot');
title('分解后的小波系数');
```

程序运行结果如图 5.39 所示。

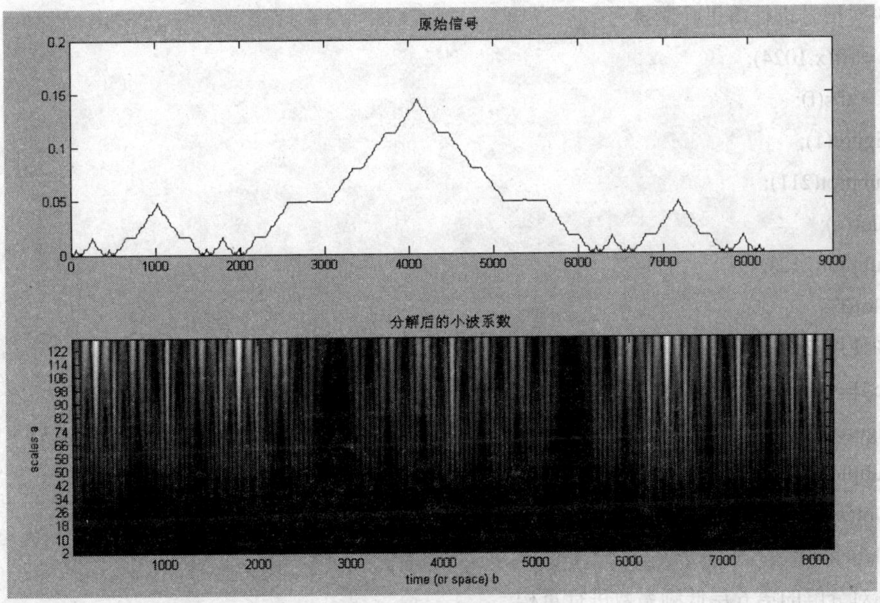

图 5.39　检测信号的自相似性

从图中可以看出分解后的小波系数在许多尺度上看上去非常相似。

5.6.2 信号奇异性检测

信号中的突变部分和奇异点等不规则部分通常包含重要的信息。在图像处理中，一个主要的问题就是边缘检测，这也包括检测突变部分。在故障诊断中，如机械故障、电力系统故障以及脑电图、心电图中的异常等都对应着信号的突然变化，因此对突变点的检测在图像处理和故障诊断中都有着非常重要的意义。

一般信号奇异性分为两种情况：

(1) 信号在某一时刻其幅值发生突变，引起信号的非连续，这种类型的突变称为第一种类型的间断点；

(2) 信号外观上很光滑，幅值没有发生突变，但是信号的一阶微分有突变发生且一阶微分不连续，这种类型的突变称为第二类型的间断点。

下面介绍小波分析在信号奇异性检测中的应用。应用小波分析可以检测出信号中突变点的位置、类型以及变化的幅度。

1. 第一类型间断点检测

下面举例说明小波分析用于检测第一类型间断点。

在本例中，信号的不连续是由于低频特征的正弦信号在后半部分突然有高频特征的正弦信号加入，首先利用傅里叶变换分析对信号在频域进行分析，发现无法检测突变点，接着利用小波分析进行分析，结果证明它能够准确地检测出信号幅值变换的位置，即高频特征的正弦信号加入的时间点。

程序代码如下所示：

```
load freqbrk;
x= freqbrk;
%对信号进行傅里叶变换
f = fft(x,1024);
f = abs(f);
figure(1);
subplot(211);
plot(x);
subplot(212);
plot(f);
%使用 DB6 小波进行 6 层分解
[c,l]=wavedec(x,6,'db6');
figure(2);
subplot(8,1,1);
plot(x);
ylabel('x');
%对分解的第 6 层低频系数进行重构
```

```
a=wrcoef('a',c,l,'db6',6);
subplot(8,1,2);
plot(a);
ylabel('a6');
for i=1:6
    %对分解的第 6 层到第 1 层的高频系数分别进行重构
    d=wrcoef('d',c,l,'db6',7-i);
    subplot(8,1,i+2);
    plot(d);
    ylabel(['d',num2str(7-i)]);
end
```

程序运行结果如图 5.40 和图 5.41 所示。

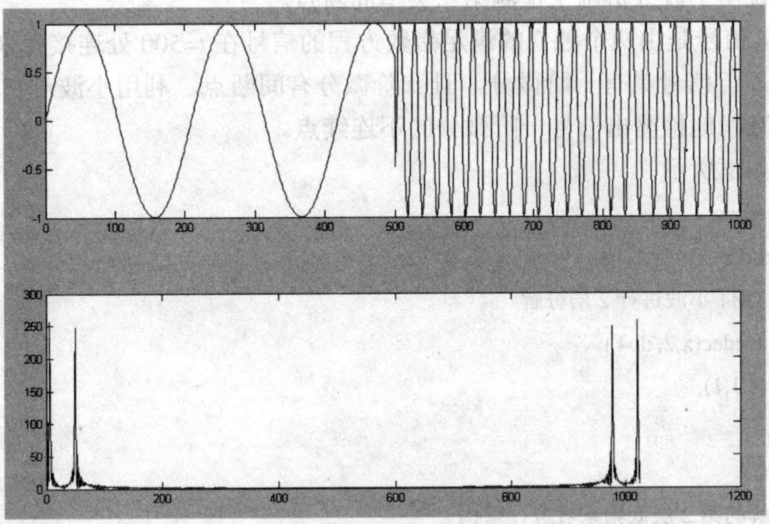

图 5.40　傅里叶变换检测第一类型间断点

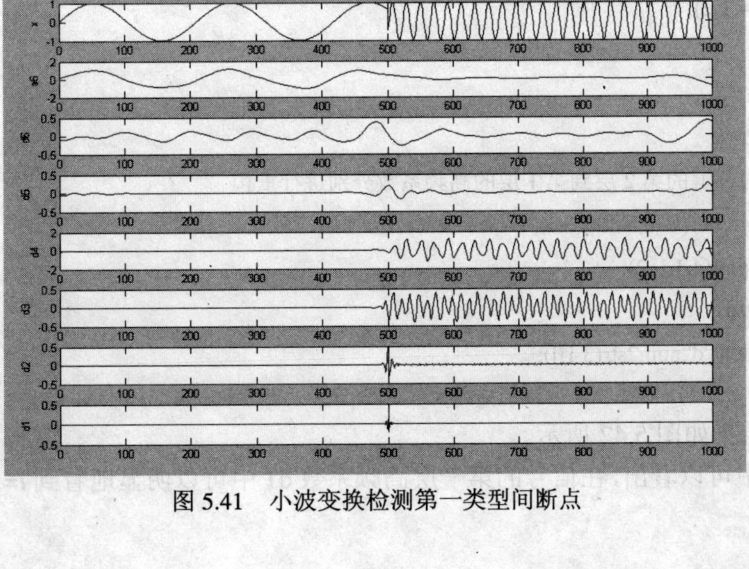

图 5.41　小波变换检测第一类型间断点

如图 5.40 所示，由于傅里叶变换不具有时间分辨力，因此无法检测信号的间断点。而在图 5.41 中，在信号的小波分解的第一层高频系数 d1 和第二层高频系数 d2 中，可以非常清楚地观察到信号的不连续点，即高频特征的正弦信号的加入点，这是因为间断点包含了高频信息。需要说明的是，如果只需要识别信号的不连续点，用 db1 小波比 db6 小波效果更好。

这个例子表明小波分析在检测信号的奇异点时具有傅里叶变换无法比拟的优越性，利用小波分析可以精确地检测出信号的突变点。

在信号处理中，信号中通常都含有噪声，而噪声的存在增加了辨别信号不连续点的难度。一般来说，如果信号小波分解的第一层能够估计出噪声的大体位置，则信号的间断点就能够在小波分解的更深层次上表现出来。

2. 第二类型间断点检测

下面举例说明小波分析用于检测第二类型间断点。

在本例中，信号是由两个独立的满足指数方程的信号在 t=500 处连接起来的。因此它看上去是光滑的，但信号具有一阶微分，且一阶微分有间断点。利用小波对它进行分析，结果表明它能够准确地检测出信号一阶微分的不连续点。

程序代码如下所示：

```
load nearbrk;
x= nearbrk;
%使用 DB4 小波进行 2 层分解
[c,l]=wavedec(x,2,'db4');
subplot(4,1,1);
plot(x);
ylabel('x');
%对分解的第 2 层低频系数进行重构
a=wrcoef('a',c,l,'db4',2);
subplot(4,1,2);
plot(a);
ylabel('a2');
for i=1:2
    %对分解的第 2 层到第 1 层的高频系数分别进行重构
    d=wrcoef('d',c,l,'db6',3-i);
    subplot(4,1,i+2);
    plot(d);
    ylabel(['d',num2str(3-i)]);
end
```

程序运行结果如图 5.42 所示。

从图 5.42 中可以看出，在信号的第一层高频系数 d1 中可以明显地看到 t=500 的间断点。

要注意的是，在信号奇异点的检测中，选择小波的正则性是非常重要的准则，因为这时小波可实现一个长的冲激响应滤波器。

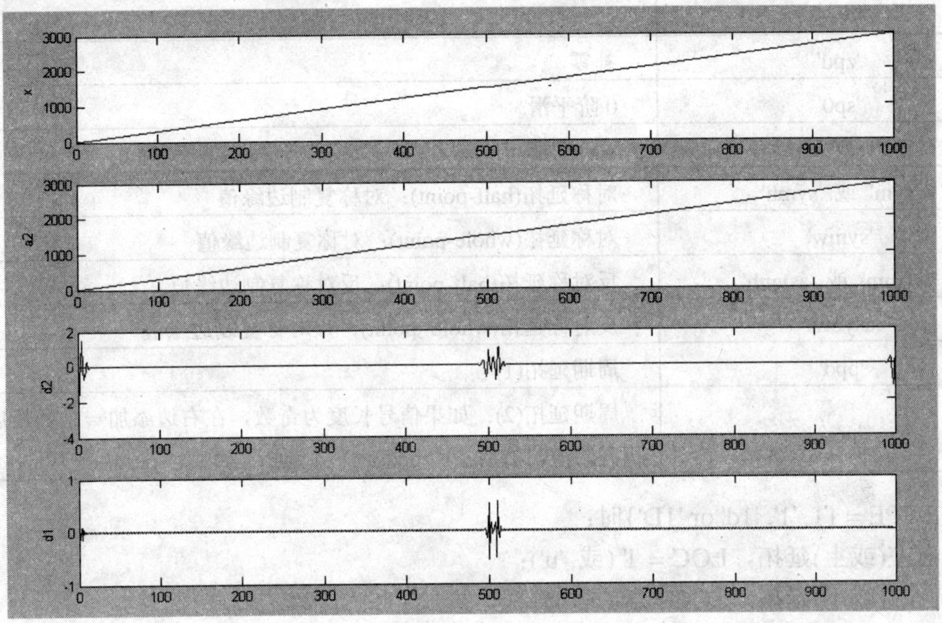

图 5.42　小波分析检测第二类型间断点

5.7　信号延拓

实际应用中常需要对信号进行延拓或裁剪。下面说明如何在 MATLAB 中对信号进行延拓或裁剪。

5.7.1　信号延拓函数

MATLAB 中实现信号延拓的函数为 wextend，其调用格式为：

(1) Y = wextend(TYPE,MODE,X,L,LOC)

(2) Y = wextend(TYPE,MODE,X,L)

参数"TYPE"定义了延拓的类型，如表 5-4 所示。

表 5-4　延拓类型

TYPE	描　述
1，'1'，'1d' 或 '1D'	一维延拓
2，'2'，'2d' 或 '2D'	二维延拓
'ar' 或 'addrow'	添加行
'ac' 或 'addcol'	添加列

参数“MODE”定义了延拓的方式，如表 5-5 所示。

表 5-5　延拓方式

TYPE	描　述
'zpd'	补零
'sp0'	0 阶平滑
'spd'(或 'sp1')	1 阶平滑
'sym' 或 'symh'	对称延拓(half-point)：对称复制边缘值
'symw'	对称延拓(whole-point)：对称复制边缘值
'asymm' 或 'asymh'	反对称延拓(half-point)：反对称复制边缘值
'asymw'	反对称延拓(whole -point)：反对称复制边缘值
'ppd'	周期延拓(1)
'per'	周期延拓(2)：如果信号长度为奇数，在右边添加一个和最后一个相同的值，然后按照 ppd 的方式延拓；否则，'per'转变为'ppd'

当 TYPE = {1, '1', '1d' or '1D'}时：

- 向左(或上)延拓，LOC = 'l' (或 'u')；
- 向右(或下)延拓，LOC = 'r' (或 'd')；
- 双边延拓，LOC = 'b'；
- 不延拓，LOC = 'n'；
- LOC 默认值为'b'；
- 参数“L”为延拓长度。

当 TYPE = {'ar', 'addrow'}时：

- LOC 是一维延拓位置；
- LOC 默认值是'b'；
- 参数“L”是添加的行数。

当 TYPE = {'ac', 'addcol'}时：

- LOC 是一维延拓位置；
- LOC 默认值是'b'；
- 参数“L”是添加的列数。

当 TYPE = {2, '2', '2d' or '2D'}时：

- LOC = [LOCROW, LOCCOL]，其中 LOCROW 和 LOCCOL 都是一维延拓位置或 'n'(不延拓)；
- LOC 默认值是'bb'；
- L = [LROW, LCOL]，其中 LROW 是添加的行数，LCOL 是添加的列数。

5.7.2　信号延拓实例

下面举例说明如何使用函数 wextend 进行信号的延拓。

程序代码如下：

```
%加载原始信号
```

```
x = [1 2 3];
%输入一维延拓长度
l = 2;
%一维补 0 延拓
xextzpd1 = wextend('1','zpd',x,l)
xextzpd2 = wextend('1D','zpd',x,l,'b')
%一维对称延拓
xextsym = wextend('1D','sym',x,l)
%一维周期延拓
xextper = wextend('1D','per',x,l)
```

程序运行结果如下所示。

```
xcxtzpd1 =
    0     0     1     2     3     0     0
xextzpd2 =
    0     0     1     2     3     0     0
xextsym =
    2     1     1     2     3     3     2
xextper =
    3     3     1     2     3     3     1     2
```

第 6 章　小波变换与图像处理

图像处理领域是小波分析应用最广泛和最成熟的领域。实践证明小波是图像处理的最强有力的工具之一。小波分析在图像分析、去噪、压缩、融合、增强以及边缘检测等方面都有广泛的应用。

本章将对小波在图像分解、图像重构、图像去噪、图像压缩、图像增强和图像融合等各方面的应用进行介绍，读者通过阅读本章的内容，将能够掌握使用 MATLAB 小波工具箱进行图像处理的方法、技巧和思想。

6.1　图 像 分 解

6.1.1　图像的小波分解

1. 二维小波分解函数

MATLAB 中实现了单尺度二维离散小波分解、多尺度二维离散小波分解、提取二维小波分解的高频系数以及提取二维小波分解的低频系数。

1) 单尺度二维离散小波分解

MATLAB 中实现单尺度二维离散小波分解的函数是 dwt2，其调用格式有以下两种：

(1) [cA, cH, cV, cD] = dwt2(X,' wname')

(2) [cA, cH, cV, cD] = dwt2(X, Lo_D, Hi_D)

其中，X 是被分解的离散信号，wname 为分解小波函数，Lo_D 和 Hi_D 分别为分解低通滤波器和高通滤波器，两者长度必须相等。返回值 cA、cH、cV 和 cD 分别为低频系数和高频系数向量。

可以按照格式[cA, cH, cV, cD] = dwt2(..., 'mode', MODE)，使用扩展模式进行信号的小波分解，参数 MODE 可以参考函数 dwtmode。如果 sx = size(X)，lf = 滤波器的长度，则 size(cA)= size(cH) = size(cV) = size(cD) = sa；如果 DWT 的扩展模式为周期，此时 sa = ceil(sx/2)；对于其他的模式，此时 sa = floor((sx+lf−1)/2)。

2) 多尺度二维离散小波分解

MATLAB 中实现多尺度二维离散小波分解的函数是 wavedec2，其调用格式有以下两种：

(1) [C, S] = wavedec2(X, N, 'wname')

(2) [C, S] = wavedec2(X, N, Lo_D, Hi_D)

其中，N 必须为严格的正整数；wname 为小波函数；Lo_D 和 Hi_D 分别为分解低通滤波器和高通滤波器。返回分解结构[C, S]，其中 C 的结构为：

$C = [A(N) | H(N) | V(N) | D(N) | ... H(N-1) | V(N-1) | D(N-1) | ... | H(1) | V(1) | D(1)]$

式中，A 为低频系数；H 为水平高频系数；V 为垂直高频系数；D 为斜线高频系数；所有向量均以列向量存储在矩阵 C 中。

矩阵 S 的结构为：

S(1,:) = 尺度 N 的低频系数矩阵的大小；

S(i,:) = 尺度 N−i+2 的高频系数矩阵的大小，i = 2，…，N+1；

S(N+2,:) = size(X)。

其分解过程如图 6.1 所示。

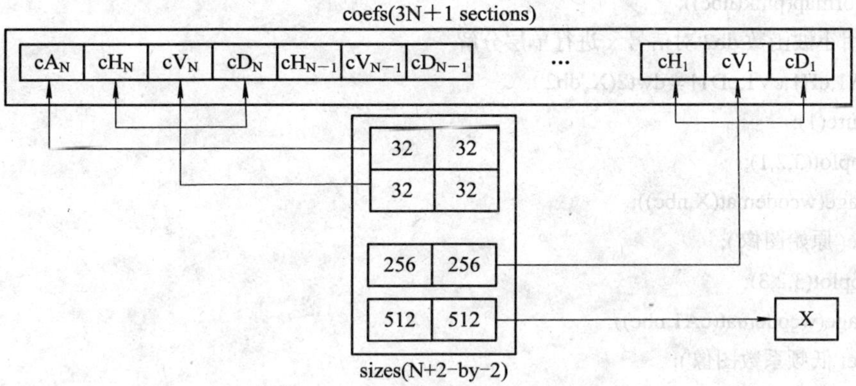

图 6.1　信号的多尺度二维小波分解

3) 提取二维小波分解的高频系数

MATLAB 中实现提取二维小波分解的高频系数的函数是 detcoef2，其调用格式如下：

D = detcoef2(O, C, S, N)

其中，[C, S]是信号的二维小波分解结构，尺度 N 必须为正整数且 1≤N≤size(S,1)−2，O 取值为 'h'('v'或'd')，当 O 为 'h' 时，表示提取水平方向系数，当 O 为 'v' 时，表示提取垂直方向系数，当 O 为'd'时，表示提取斜线方向系数。

4) 提取二维小波分解的低频系数

MATLAB 中实现提取二维小波分解的低频系数的函数是 appcoef2，其调用格式有以下 4 种：

(1) A = appcoef2(C, S, 'wname', N)

(2) A = appcoef2(C, S, 'wname')

(3) A = appcoef2(C, S, Lo_R, Hi_R)

(4) A = appcoef2(C, S, Lo_R, Hi_R, N)

appcoef2 与 detcoef2 对应，用于提取二维小波分解的低频系数。wname 为小波函数，Lo_R 和 Hi_R 分别为低通滤波器和高通滤波器。格式(1)和(4)提取尺度 N 的低频系数，0≤N≤size(S,1)−2，格式(2)和(3)提取最后一尺度(N=size(S,1)−2)的低频系数。

2. 图像的小波分解实例

下面通过两个例子说明如何对图像进行单尺度分解和多尺度分解，并提取多尺度分解的小波系数。

【例 6-1】 对图像进行单尺度分解。

在本例中说明如何对图像进行单尺度分解。程序中调用函数 dwt2 对图像进行分解，并画出图像分解的低频分量和水平、垂直和斜线方向的三个高频分量，可以看出低频分量表现了图像的轮廓，而高频分量表现了图像的细节。

程序代码如下：

```
%加载图像
load tire;
nbc = size(map,1);
colormap(pink(nbc));
%用小波函数 db2 对信号 x 进行单层分解
[cA1,cH1,cV1,cD1] = dwt2(X,'db2');
figure(1);
subplot(3,2,1);
image(wcodemat(X,nbc));
title('原始图像');
subplot(3,2,3);
image(wcodemat(cA1,nbc));
title('低频系数图像');
subplot(3,2,4);
image(wcodemat(cH1,nbc));
title('水平高频系数图像');
subplot(3,2,5);
image(wcodemat(cV1,nbc));
title('垂直高频系数图像');
subplot(3,2,6);
image(wcodemat(cD1,nbc));
title('斜线高频系数图像');
```

程序运行结果如图 6.2 所示。

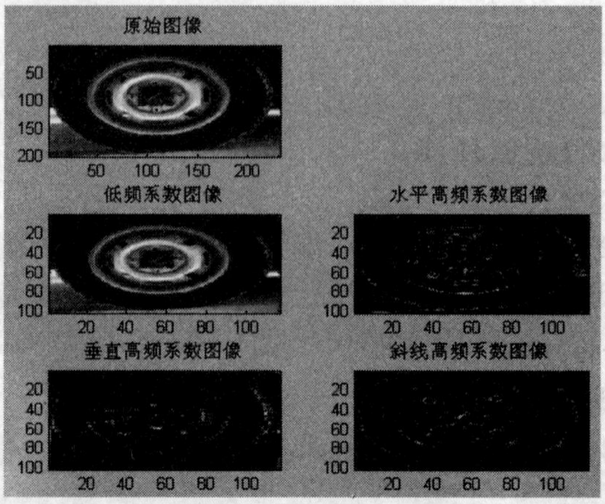

图 6.2　单尺度图像分解

【例 6-2】　对图像进行多尺度分解并提取图像分解的低频和高频小波系数。

在本例中说明如何进行图像的多尺度分解并提取图像分解的低频和高频小波系数。程序中首先利用函数 wavedec2 对图像进行 2 层分解，然后利用函数 detcoef2 提取小波分解的高频系数，再利用函数 appcoef2 提取小波分解的低频系数。

程序代码如下：

```
load tire;
%用小波函数 db1 对信号进行 2 尺度分解
[c,s] = wavedec2(X,2,'db1');
sizex = size(X)
sizec = size(c)
val_s = s
%提取尺度 2 的所有方向的高频系数
[chd2,cvd2,cdd2] = detcoef2('all',c,s,2);
sizecd2 = size(chd2)
%提取尺度 1 的所有方向的高频系数
[chd1,cvd1,cdd1] = detcoef2('all',c,s,1);
sizecd1 = size(chd1)
%提取尺度 2 的低频系数
ca2 = appcoef2(c,s,'db1',2);
sizeca2 = size(ca2)
%提取尺度 1 的低频系数
ca1 = appcoef2(c,s,'db1',1);
sizeca1 = size(ca1)
nbc = size(map,1);
colormap(pink(nbc));
figure(1);
subplot(221);image(wcodemat(X,nbc));
title('原始图像');
subplot(223);image(wcodemat(ca2,nbc));
title('尺度 2 的低频系数');
subplot(224);image(wcodemat(ca1,nbc));
title('尺度 1 的低频系数');
figure(2);
subplot(231);image(wcodemat(chd2,nbc));
title('尺度 2 水平方向的高频系数');
subplot(232);image(wcodemat(cvd2,nbc));
title('尺度 2 垂直方向的高频系数');
subplot(233);image(wcodemat(cdd2,nbc));
title('尺度 2 斜线方向的高频系数');
```

```
subplot(234);image(wcodemat(chd1,nbc));
title('尺度 1 水平方向的高频系数');
subplot(235);image(wcodemat(cvd1,nbc));
title('尺度 1 垂直方向的高频系数');
subplot(236);image(wcodemat(cdd1,nbc));
title('尺度 1 斜线方向的高频系数');
```

程序运行结果如图 6.3 和图 6.4 所示。

```
sizex =
   200   232
sizec =
           1        46400
val_s =
    50    58
    50    58
   100   116
   200   232
sizecd2 =
    50    58
sizecd1 =
   100   116
sizeca2 =
    50    58
sizeca1 =
   100   116
```

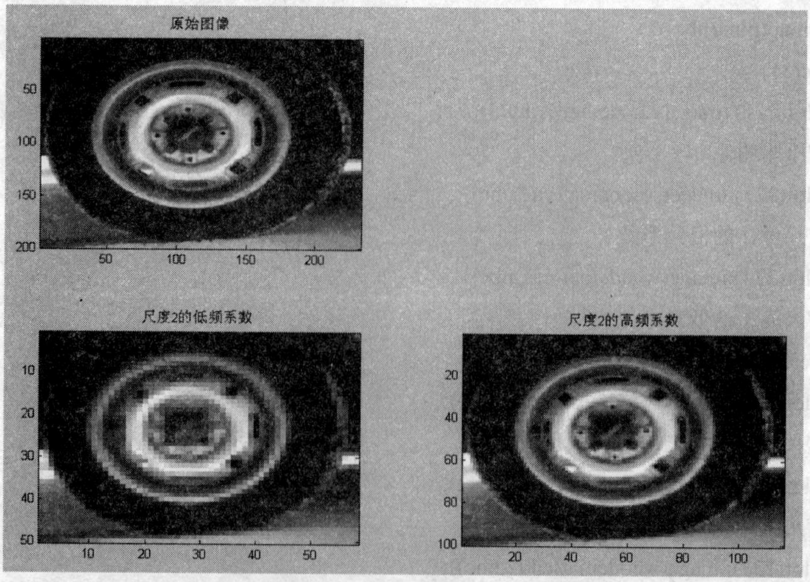

图 6.3　原始图像以及尺度 1 和 2 的低频系数

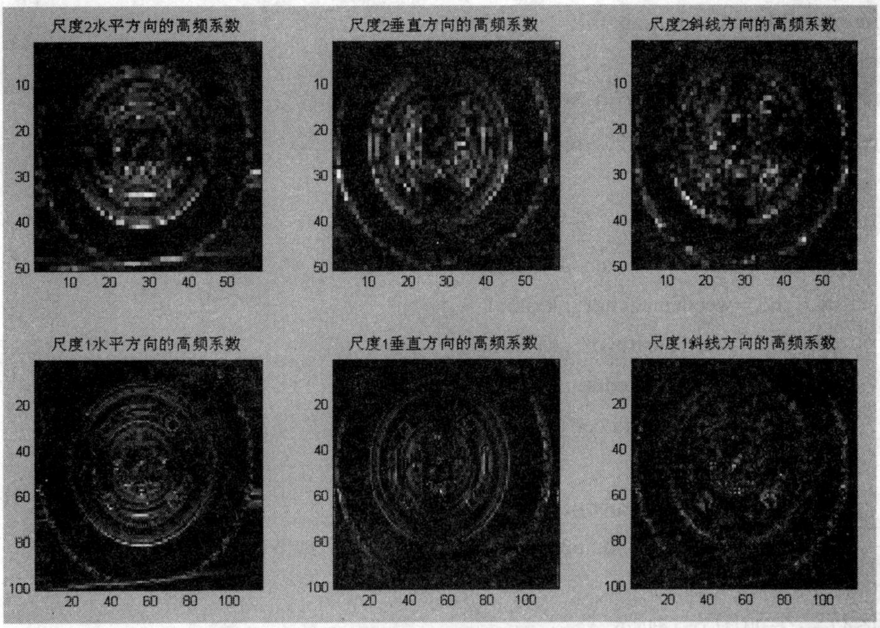

图 6.4　尺度 1 和 2 的高频系数

6.1.2　图像的平稳小波分解

1. 二维平稳小波变换函数

MATLAB 的二维平稳小波变换函数为 swt2，其调用格式为：

(1) SWC = swt2(X, N, wname')

(2) [A, H, V, D] = swt2(X , N, 'wname')

(3) SWC = swt2(X, N, Lo_D, Hi_D)

(4) [A, H, V, D] = swt2(X, N, Lo_D, Hi_D)

Swt2 用于二维离散平稳小波变换，即对信号 X 进行 N 尺度小波分解。wname 是正交小波函数，Lo_D 和 Hi_D 分别为低通和高通正交小波分解滤波器，它们的长度必须相等。N 必须为严格的正整数。对于 1≤i≤N，A(:,:,i) 保存的是第 i 层的近似信号的系数，H(:,:,i)、V(:,:,i)和 D(:,:,i)分别保存的是第 i 层水平、垂直和对角线方向的细节信号的系数，SWC = [H(:,:,1:N); V(:,:,1:N); D(:,:,1:N); A(:,:,N)]。

2. 图像的平稳小波变换实例

下面举例说明函数 swt2 的用法。

程序代码如下：

```
%加载图像
load tire;
nbc = size(map,1);
colormap(pink(nbc));
cod_X = wcodemat(X,nbc);
subplot(221)
```

```
image(wcodemat(cod_X,nbc));
title('原始图像');
%使用小波函数 sym4 进行 3 尺度 SWT 分解
[ca,chd,cvd,cdd] = swt2(X,3,'sym4');
for k = 1:3
    %第 k 层图像
    cod_ca  = wcodemat(ca(:,:,k),nbc);
    cod_chd = wcodemat(chd(:,:,k),nbc);
    cod_cvd = wcodemat(cvd(:,:,k),nbc);
    cod_cdd = wcodemat(cdd(:,:,k),nbc);
    decl = [cod_ca,cod_chd;cod_cvd,cod_cdd];
    subplot(2,2,k+1)
    image(wcodemat(decl,nbc));
    title(['SWT 分解：第',num2str(k),'层近似信号 ', '和细节信号']);
end
```

程序运行结果如图 6.5 所示。

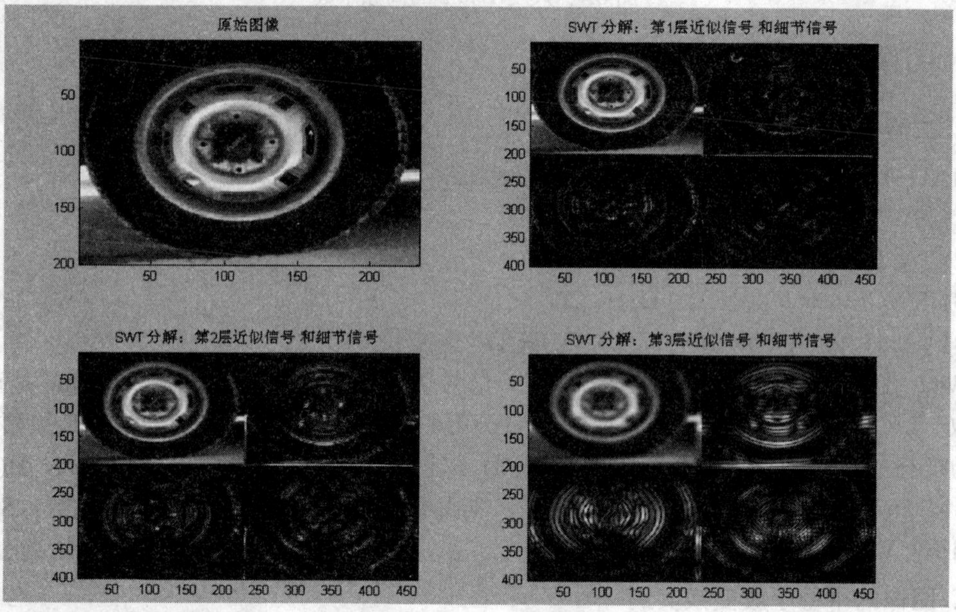

图 6.5　二维平稳小波分解

6.1.3　二维小波包分解

1．二维小波包分解函数

MATLAB 中实现了二维小波包分解以及提取小波包分解树结点系数。

1) 二维小波包分解

MATLAB 中实现二维小波包分解的函数是 wpdec2，其调用格式有以下两种：

(1) T = wpdec2(X, N, 'wname', E, P)

(2) T = wpdec2(X, N, 'wname')

T = wpdec2(X, N, 'wname', E, P)返回矩阵 X 利用小波包'wname'进行 N 层分解的小波包树 T。

T = wpdec2(X, N, 'wname')等价于 T = wpdec2(X, N, 'wname', 'shannon')。

参数 E 是熵的类型，P 是一个可选参数。其关系如表 6-1 所示。

表 6-1　E 与 P 的关系

熵类型名称(参数 E)	参数 P	说　明
'shannon'		不使用 P
'log energy'		不使用 P
'threshold'	0≤P	P 是阈值
'sure'	0≤P	P 是阈值
'user'	string	P 是单输入 X 下，包含用户自己的熵函数的 M 文件名称的字符串
'norm'	1≤P	P 是指数
FunName	P 没有限制	FunName 是除了上面列举的熵类型名称外的任意字符串。FunName 包含用户自己熵函数的 M 文件名称，其中输入是 X，P 是关于用户熵函数的一个附加参数

2) 提取小波包结点系数

MATLAB 中实现提取小波包结点系数的函数是 wpcoef，其调用格式有以下两种：

(1) X = wpcoef(T, N)

(2) X = wpcoef(T)

X = wpcoef(T, N)返回和小波包树 T 结点 N 相关的系数。如果 N 不存在，则 X = [ ]。X = wpcoef(T)等价于 X = wpcoef(T, 0)。

2. 图像的小波包分解实例

下面通过一个例子说明对图像进行小波包分解，首先调用函数 wpdec2 进行图像分解，然后调用函数 wpcoef 提取小波包分解系数，就可以将图像根据需要的分辨率分解为低频和高频部分。

程序代码如下：

```
%加载图像
load woman
%X 包含加载的图像
%使用小波包 db2 进行两层分解
%使用默认熵 shannon
t = wpdec2(X,2,'db2');
figure(1);
plot(t);
%提取结点(1，0)的系数
%单击结点(1，0)
cfs = wpcoef(t,[1 0]);
```

```
nbc = size(map,1);
colormap(pink(nbc));
figure(2);
subplot(211);
image(wcodemat(X,nbc));
title('原始图像');
subplot(212);
image(wcodemat(cfs,nbc));
title('结点(1,0)系数');
```

程序运行结果如图 6.6 和图 6.7 所示。

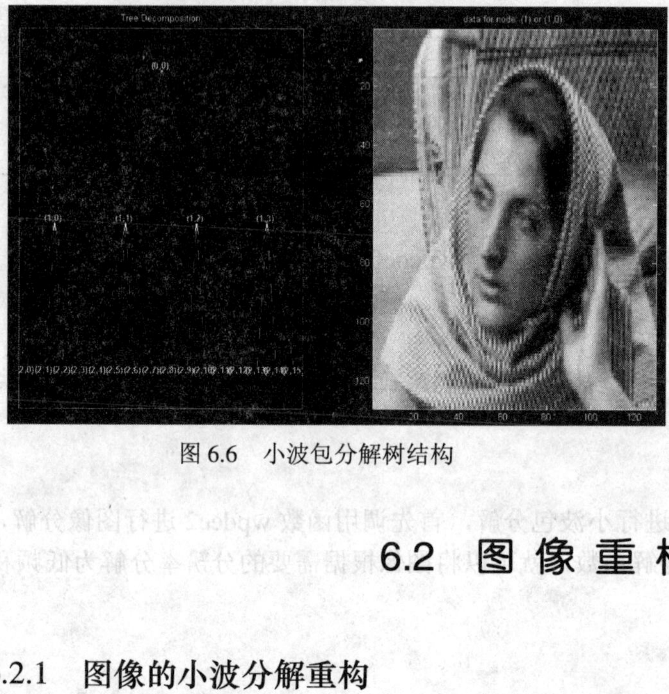

图 6.6　小波包分解树结构

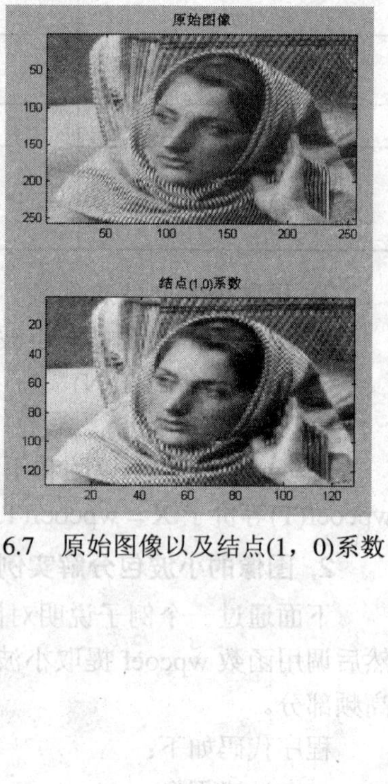

图 6.7　原始图像以及结点(1，0)系数

6.2　图 像 重 构

6.2.1　图像的小波分解重构

1. 图像的小波分解重构

MATLAB 中实现了单尺度二维离散小波逆变换、多尺度二维小波重构、二维小波分解的低频或高频重构、二维小波分解系数的直接重构以及二维小波分解单尺度重构。

1) *单尺度二维离散小波逆变换*

MATLAB 中实现单尺度二维离散小波逆变换的函数是 idwt2，其调用格式有以下 5 种：

(1) X = idwt2(cA, cH, cV, cD, 'wname')

(2) X = idwt2(cA, cH, cV, cD, Lo_R, Hi_R)

(3) X = idwt2(cA, cH, cV, cD, wname', S)

(4) X = idwt2(cA, cH, cV, cD, Lo_R, Hi_R, S)

(5) X = idwt2(..., 'mode', MODE)

其中，输入参数 wname 是小波函数，Lo_R 和 Hi_R 分别为重构低通滤波器和高通滤波器，两者长度必须相等。[cA, cH, cV, cD]是信号的单尺度小波分解结构，返回值向量 X 为单尺度重构后的信号，如果设 sa = size(cA) = size(cH) = size(cV) = size(cD)，滤波器的长度为 lf，则 size(X) = SX，此时若 DWT 拓展模式为周期，则 SX = 2* SA；若为其他模式，则 SX = 2*size(cA)−lf+2。格式(5)中的 MODE 的值参考函数 dwtmode。

2) 多尺度二维小波重构

MATLAB 中实现多尺度二维小波重构的函数是 waverec2，其调用格式有以下两种：

(1) X = waverec2(C, S, 'wname')

(2) X = waverec2(C, S, Lo_R, Hi_R)

其中，wname 是小波函数，Lo_R 和 Hi_R 分别为重构低通滤波器和高通滤波器，两者长度必须相等。[C, S]是信号的小波分解结构，向量 X 为重构后的信号。

3) 小波分解的低频或高频重构

MATLAB 中实现函数小波分解的低频或高频重构的函数是 wrcoef2，其调用格式有以下 4 种：

(1) X = wrcoef2('type', C, S, 'wname', N)

(2) X = wrcoef2('type', C, S, Lo_R, Hi_R, N)

(3) X = wrcoef2('type', C, S, 'wname')

(4) X = wrcoef2('type', C, S, Lo_R, Hi_R)

其中，[C, S]是二维信号的小波分解结构，wname 为所调用的小波函数，Lo_D 和 Hi_D 分别为重构低通滤波器和高通滤波器，type 是指选择进行重构信号的低频或高频部分，取值为'a'或'h'（或'v'、'd'）。当 type 取值为'a'时，表示对信号的低频部分进行重构，此时 N 可以为 0；当 type 取值为'h'（或'v'、'd'）时，表示对信号的高频部分进行重构，此时 N 取值为正整数。

当 type = 'a'时，0≤N≤size(S,1)−2；

当 type = 'h'（或'v'、'd'）时，1≤N≤size(S,1)−2。

4) 小波分解系数的直接重构

MATLAB 中实现小波分解系数的直接重构的函数是 upcoef2，其调用格式有以下 6 种：

(1) Y = upcoef2(O, X,' wname', N, S)

(2) Y = upcoef2(O, X, Lo_R, Hi_R, N, S)

(3) Y = upcoef2(O, X, 'wname', N)

(4) Y = upcoef2(O, X, Lo_R, Hi_R, N)

(5) Y = upcoef2(O, X, 'wname')

(6) Y = upcoef2(O, X, Lo_R, Hi_R)

其中，wname 为所调用的小波函数，Lo_D 和 Hi_D 分别为重构低通滤波器和高通滤波器。O 取值为 'a' 或 'h'（或 'v'、'd'），当 O 取值为 'a' 时，表示对信号的低频部分进行重构；当 O 取值为 'h'（或 'v'、'd')时，表示对信号的高频部分进行重构。N 为严格的正整数。格式(1)和(2)表示对信号 X 进行重构并返回中间长度为 S 的部分。格式(5)和(6)中，N 取值为 1。

5) 二维小波分解单尺度重构

MATLAB 中实现二维小波分解单尺度重构的函数是 upwlev2，其调用格式有以下两种：

(1) [NC, NS, cA] = upwlev2(C, S, 'wname')

(2) [NC, NS, cA] = upwlev2(C, S, Lo_R, Hi_R)

其中，[C, S]是信号的小波分解结构，wname 是小波函数，Lo_R 和 Hi_R 分别为低通和高通重构滤波器。函数返回分解结构[C, S]的第 n 步重构，即[NC, NS]是尺度 n−1 的分解结构，cA 是尺度 n 的低频系数矩阵。

2. 图像的小波分解重构实例

下面通过几个例子说明如何进行图像的小波分解重构。

【例 6-3】 对图像的单尺度分解进行重构。

在本例中说明如何对图像的单尺度分解进行重构。程序中首先调用函数 dwt2 对图像进行单尺度分解，然后调用函数 idwt2 对图像进行重构。

程序代码如下：

```
load woman;
sX = size(X);
%使用小波函数 db4 进行信号的单层分解
[cA1,cH1,cV1,cD1] = dwt2(X,'db4');
%进行小波函数的重构
A0 = idwt2(cA1,cH1,cV1,cD1,'db4',sX);
%检查重构误差
ans = max(max(abs(X-A0)))
nbc = size(map,1);
colormap(pink(nbc));
subplot(121);
image(wcodemat(X,nbc));
title('原始图像');
subplot(122);
image(wcodemat(A0,nbc));
title('重构图像');
```

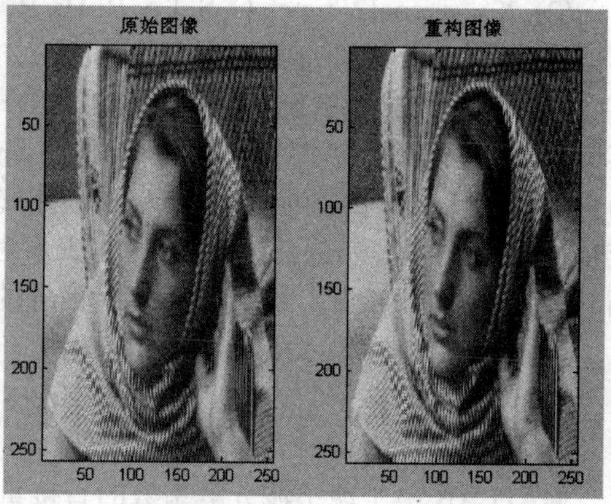

图 6.8 单尺度二维小波重构

程序运行结果如图 6.8 所示。

```
ans = 3.4176e−010
```

【例 6-4】 对图像的多尺度小波分解重构低频或高频信号。

在本例中说明如何对图像的多尺度小波分解重构低频或高频信号。首先使用函数 wavedec2 对图像进行多尺度分解，然后使用函数 wrcoef2 重构低频和高频信号。

程序代码如下：

```
load woman;
%对信号用小波函数 sym5 进行二尺度分解
[c,s] = wavedec2(X,2,'sym5');
%对小波分解结构[c,s]的低频系数进行尺度 1 和尺度 2 上的重构
a1 = wrcoef2('a',c,s,'sym5',1);
a2 = wrcoef2('a',c,s,'sym5',2);
%对分解结构[c,s]的高频系数进行'h'、'v'、'd'三个方向上尺度 2 上的重构
```

```
hd2 = wrcoef2('h',c,s,'sym5',2);
vd2 = wrcoef2('v',c,s,'sym5',2);
dd2 = wrcoef2('d',c,s,'sym5',2);
%所有的图像都有相同的大小
sX = size(X)
sa1 = size(a1)
shd2 = size(hd2)
nbc = size(map,1);
colormap(pink(nbc));
subplot(3,2,1);
image(wcodemat(X,nbc));
title('原始图像');
subplot(3,2,2);
image(wcodemat(a1,nbc));
title('尺度 1 的低频图像');
subplot(3,2,3);
image(wcodemat(a2,nbc));
title('尺度 2 的低频图像');
subplot(3,2,4);
image(wcodemat(hd2,nbc));
title('尺度 2 的水平高频图像');
subplot(3,2,5);
image(wcodemat(vd2,nbc));
title('尺度 2 的垂直高频图像');
subplot(3,2,6);
image(wcodemat(dd2,nbc));
title('尺度 2 的斜线高频图像');
```

程序运行结果如图 6.9 所示。

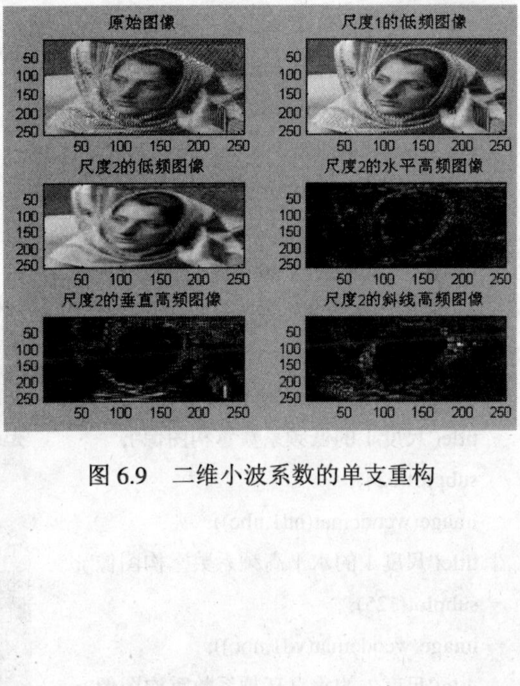

图 6.9　二维小波系数的单支重构

```
sX =
    256   256
sa1 =
    256   256
shd2 =
    256   256
```

【例 6-5】　通过小波分解系数进行小波重构。

在本例中说明如何通过小波分解系数进行小波重构。首先使用函数 dwt2 对信号进行小波分解，然后利用函数 upcoef2 对高频和低频系数进行小波重构。

程序代码如下：

```
load woman;
%使用小波函数 db4 对信号进行二层分解
```

```
[c,s] = wavedec2(X,2,'db4');
siz = s(size(s,1),:);
%提取尺度 1 的低频系数
ca1 = appcoef2(c,s,'db4',1);
%对尺度 1 的低频部分进行重构
a1 = upcoef2('a',ca1,'db4',1,siz);
%提取尺度 1 的水平方向高频系数
chd1 = detcoef2('h',c,s,1);
%对尺度 1 的水平方向高频部分进行重构
hd1 = upcoef2('h',chd1,'db4',1,siz);
%提取尺度 1 的垂直方向高频系数
cvd1 = detcoef2('v',c,s,1);
%对尺度 1 的垂直方向高频部分进行重构
vd1 = upcoef2('v',cvd1,'db4',1,siz);
%提取尺度 1 的斜线方向高频系数
cdd1 = detcoef2('d',c,s,1);
%对尺度 1 的斜线方向高频部分进行重构
dd1 = upcoef2('d',cdd1,'db4',1,siz);
nbc = size(map,1);
colormap(pink(nbc));
subplot(321);
image(wcodemat(X,nbc));
 title('原始图像');
subplot(323);
image(wcodemat(a1,nbc));
title('尺度 1 的低频系数重构图像');
subplot(324);
image(wcodemat(hd1,nbc));
title('尺度 1 的水平高频系数重构图像');
subplot(325);
image(wcodemat(vd1,nbc));
title('尺度 1 的垂直高频系数重构图像');
subplot(326);
image(wcodemat(dd1,nbc));
title('尺度 1 的斜线高频系数重构图像');
```

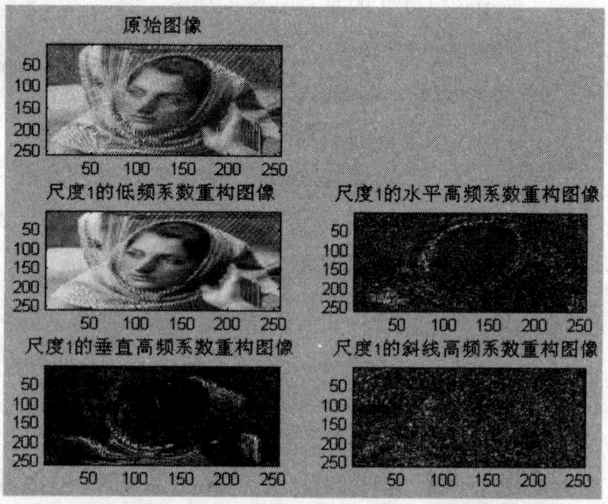

图 6.10　二维小波分解系数的直接重构

程序运行结果如图 6.10 所示。

【例 6-6】　对小波多尺度分解进行重构。

在本例中说明如何对小波多尺度分解进行重构，即重构原图像(包括低频和高频)。首先使用函数 wavedec2 对图像进行多尺度分解，然后调用函数 waverec 进行图像的重构。

程序代码如下：

```
load woman;
[c,s] = wavedec2(X,2,'sym4');          %使用小波函数 sym4 对信号进行二尺度分解
a0 = waverec2(c,s,'sym4');             %进行小波函数的重构
%检查重构误差
ans = max(max(abs(X-a0)))
nbc = size(map,1);
colormap(pink(nbc));
subplot(121);
image(wcodemat(X,nbc));
title('原始图像');
subplot(122);
image(wcodemat(a0,nbc));
title('重构图像');
```

程序运行结果如图 6.11 所示。

```
ans = 2.0984e-010
```

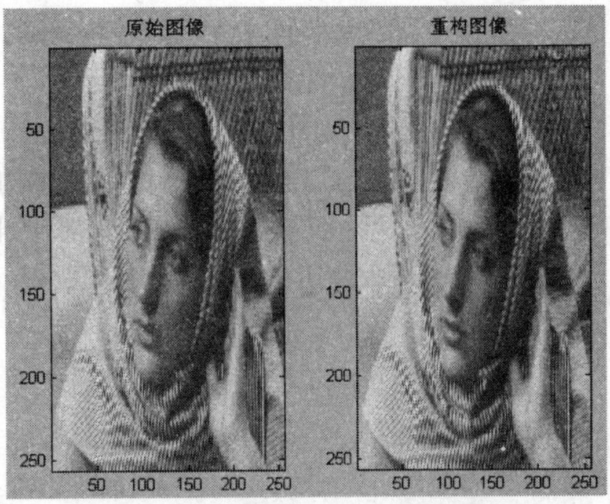

图 6.11　多尺度二维小波重构

【例 6-7】 对小波分解进行单尺度重构。

在本例中说明如何对小波分解进行单尺度重构，即获得小波分解向上一个尺度的重构。首先使用函数 wavedec2 对图像进行多尺度分解，然后调用函数 upwlev2 进行分解结构向上一尺度的重构。程序代码如下：

```
load tire;
%用小波函数 db1 进行二尺度分解
[c,s] = wavedec2(X,2,'db1');
sc = size(c)
val_s = s
%分解结构[c,s]的向上一个尺度的重构
[nc,ns] = upwlev2(c,s,'db1');
snc = size(nc)
val_ns = ns
ca1 = appcoef2(nc,ns,'db1',1);
nbc = size(map,1);
colormap(pink(nbc));
subplot(121);
image(wcodemat(X,nbc));
title('原始图像');
subplot(122);
image(wcodemat(ca1,nbc));
title('尺度 1 的小波分解低频系数');
```

程序运行结果如图 6.12 所示。

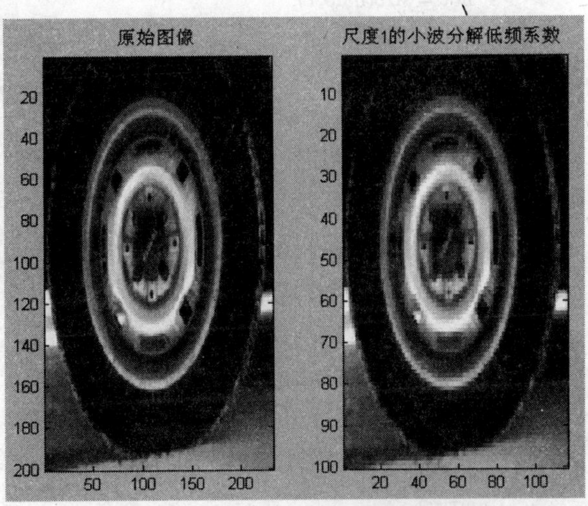

图 6.12　小波分解的单尺度重构

6.2.2　图像的平稳小波重构

1. 二维平稳小波重构函数

MATLAB 中二维平稳小波重构函数为 iswt2，其调用格式为：

(1) X = iswt2(SWC, 'wname')

(2) X = iswt2(A, H, V, D, 'wname')

(3) X = iswt2(SWC, Lo_R, Hi_R)

(4) X = iswt2(A, H, V, D, Lo_R, Hi_R)

iswt2 函数用于二维离散平稳小波重构。wname 是正交小波函数，Lo_D 和 Hi_D 分别为低通和高通正交小波重构滤波器，它们的长度必须相等。

2. 图像的平稳小波重构实例

下面举例说明函数 iswt2 的用法。

程序代码如下：

```
load tire;
%使用小波函数 sym4 进行三尺度 SWT 分解
swc = swt2(X,3,'sym4');
%使用小波函数 sym4 进行三尺度 SWT 分解
[ca,chd,cvd,cdd] = swt2(X,3,'sym4');
%使用 swc 进行重构
a0 = iswt2(swc,'sym4');
%使用 ca、chd、cvd 和 cdd 进行重构
 a0bis = iswt2(ca,chd,cvd,cdd,'sym4');
%检验重构误差
err = max(max(abs(X-a0)))
errbis = max(max(abs(X-a0bis)))
nbc = size(map,1);
colormap(pink(nbc));
subplot(221);
image(wcodemat(X,nbc));
title('原始信号');
subplot(223);
image(wcodemat(a0,nbc));
title('用 swc 重构后的信号');
subplot(224);
image(wcodemat(a0bis,nbc));
title('用 ca、chd、cvd 和 cdd 重构后的信号');
```

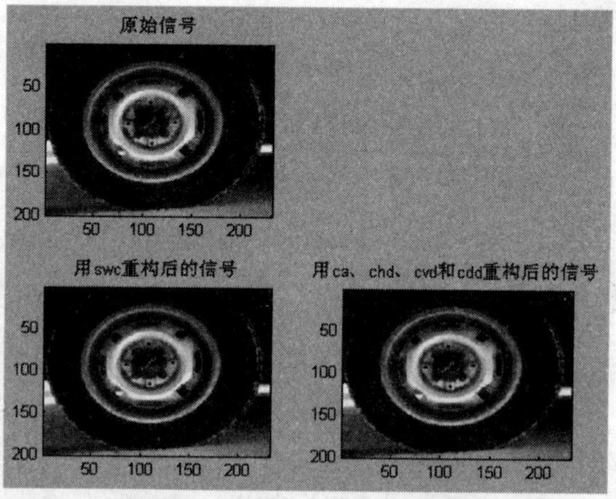

图 6.13　二维平稳小波重构

程序运行结果如图 6.13 所示。

```
err =
```

```
    3.4140e-010
errbis =
    3.4140e-010
```

6.2.3　图像的小波包分解重构

1. 图像的小波包分解重构

MATLAB 中实现了二维小波包分解重构以及小波包分解树结点系数的重构。

1) 二维小波包分解重构

MATLAB 中实现二维小波包分解重构的函数是 wprec2，其调用格式如下：

X = wprec2(T)

其中，参数 T 是小波包分解的树结构。

2) 小波包分解树结点系数的重构

MATLAB 中实现小波包分解树结点系数的重构的函数是 wprcoef，其调用格式如下：

X = wprcoef(T, N)

X = wprcoef(T)等价于 X = wprcoef(T, 0)。

2. 图像的小波包分解实例

下面通过两个例子说明如何使用 MATLAB 进行图像的小波包分解树结构重构和小波包分解的单结点重构。

【例 6-8】　对小波包分解的树结构进行重构。

在本例中说明如何对小波包分解的树结构进行重构。程序中首先调用函数 wpdec2 对信号进行小波包分解，然后使用函数 wprec2 进行重构。

程序代码如下：

```
%加载信号
load woman;
%X 包含加载的图像
%使用小波包 db2 进行二层分解
 t = wpdec2(X,2,'db2');
%使用默认熵 shannon
rex = wprec2(t)
subplot(211);
image(X);
colormap(map);
title('原始信号');
subplot(212);
image(rex);
colormap(map);
title('重构后的信号');
```

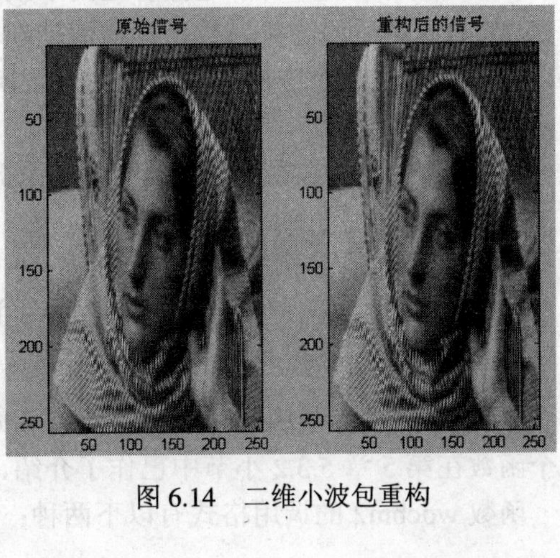

图 6.14　二维小波包重构

程序运行结果如图 6.14 所示。

【例 6-9】 对小波包分解的某一结点系数进行重构。

在本例中说明如何对小波包分解的某一结点系数进行重构。程序中首先调用函数 wpdec2 对信号进行小波包分解，然后使用函数 wprcoef 对小波包分解结点系数进行重构。

程序代码如下：

```
%当前的扩展模式是 zero-padding
%装载信号
load leleccum; x = leleccum;
%使用 db2 小波包对信号 x 进行三层分解
wpt = wpdec(x,3,'db2');
subplot(211);
plot(x);
title('原始信号');
%重构小波包结点(2,1)
rcfs = wprcoef(wpt,[2 1]);
subplot(212);
plot(rcfs);
title('重构小波包结点(2,1)');
```

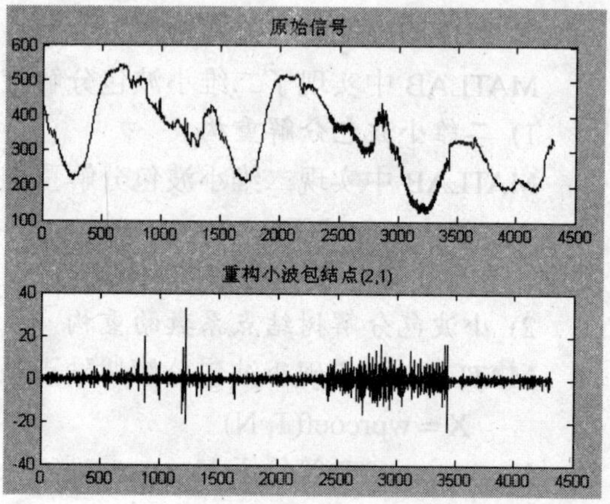

图 6.15 重构小波包结点

程序运行结果如图 6.15 所示。

6.3 图像去噪

第 5 章的 5.3.1 小节从阈值函数和阈值估计两方面对信号阈值去噪方法进行了介绍，这些理论同样适用于图像去噪。不同的是图像去噪，需要用二维的分析工具对图像进行分析，在对高频系数分别进行阈值量化处理时，要对图像分解的三个方向的高频系数进行阈值处理。图像去噪的一般方法如下：

(1) 图像的小波分解。选择合适的小波函数以及适合的分解层次对图像进行分解。

(2) 对分解后的高频系数进行阈值处理。对分解的每一层，选择合适的阈值对该层的水平、垂直和斜线三个方向的高频系数进行阈值量化处理。阈值函数和阈值选择规则同信号的阈值去噪相同。

(3) 重构图像。根据小波分解的低频系数和经阈值量化处理后的高频系数进行图像重构。

6.3.1 图像阈值去噪函数

MATLAB 中实现了图像的阈值去噪，主要是阈值获取和阈值去噪两方面。

1. 阈值获取函数

MATLAB 中实现阈值获取的函数有 ddencmp、thselect、wbmpen 和 wdcbm2 四个。前三个函数在第 5 章 5.3.2 小节中已作了介绍，这里简单介绍函数 wdcbm2 的用法。

函数 wdcbm2 的调用格式有以下两种：

(1) [THR, NKEEP] = wdcbm2(C, S, ALPHA)

(2) [THR, NKEEP] = wdcbm2(C, S, ALPHA, M)

函数 wdcbm2 用于使用 Birgé-Massart 算法获取二维小波变换的阈值。返回值 THR 是与尺度无关的阈值，NKEEP 是系数的个数。[C,S]是要进行去噪或压缩的信号在 j= length(L)−2 层的分解结构；ALPHA 和 M 必须是大于 1 的实数；THR 是关于 j 的向量，THR(i)是第 i 层在水平、垂直及斜线方向上的阈值；NKEEP 也是关于 j 的向量，NKEEP(i)是 i 层的系数个数。一般压缩时 ALPHA 取 1.5，去噪时 ALPHA 取 3。

2. 阈值去噪函数

MATLAB 中实现阈值去噪的函数主要有 wden、wdencmp、wpdencmp、wthresh、wpthcoef 和 wthcoef2 六个。其中函数 wden、wdencmp、wpdencmp、wthresh 和 wpthcoef 的用法在第 5 章 5.3.2 小节中进行了介绍，下面只简单介绍一下函数 wthcoef2 的用法。

函数 wthcoef2 的调用格式有下面 4 种：

(1) NC = wthcoef2('type', C, S, N, T, SORH)

(2) NC = wthcoef2('type', C, S, N)

(3) NC = wthcoef2('a', C, S)

(4) NC = wthcoef2('t', C, S, N, T, SORH)

函数 wthcoef2 用于二维信号小波系数的阈值处理。

参数 'type' 的取值分别为 'h('v'或'd')时，NC = wthcoef2 ('type', C, S, N, T, SORH)返回小波分解结构[C, S]经由向量 N 和 T 定义的阈值量化后的水平(垂直或斜线)系数。其中 SORH='s' 表示为软阈值处理，SORH='h' 表示为硬阈值处理。N 是包含要进行阈值量化的细节尺度向量，T 是相应的阈值。N 和 T 的长度必须相等。向量 N 的长度必须满足 1≤N(i)≤size(S,1)−2。

参数 'type' 的取值分别为 'h'('v'或'd')，NC = wthcoef2('type', C, S, N)返回将向量 N 中定义的细节系数全部置 0 后小波分解结构的水平(垂直或斜线)系数。

NC = wthcoef2('a', C, S)返回将近似系数置 0 后的系数。

NC = wthcoef2('t', C, S, N, T, SORH)返回小波分解结构[C, S]经由向量 N 和 T 定义的阈值量化后的细节系数。N 是包含要进行阈值量化的细节尺度向量，T 是相应的阈值。N 和 T 的长度必须相等。[NC, S]即构成修正后的小波分解结构。

6.3.2 图像阈值去噪实例

本节中通过几个例子说明如何应用 MATLAB 的函数进行图像的阈值去噪。

【例 6-10】　图像阈值去噪实例 1。

在本例中使用函数 wdcbm2 获取图像去噪阈值，然后采用函数 wdencmp 实现图像去噪。程序代码如下：

```
load woman;
%产生含噪信号
init=2055615866;
randn('seed',init);
x = X + 18*randn(size(X));
```

```
nbc = size(map,1);
%使用 sym4 小波进行三层分解
wname = 'sym4'; lev = 3;
[c,s] = wavedec2(x,lev,wname);
%使用 wdcbm2 获得去噪阈值
alpha = 3; m = 3.5*prod(s(1,:));
[thr,nkeep] = wdcbm2(c,s,alpha,m)
%对信号进行去噪
sorh = 's';
xd= wdencmp('lvd',c,s,wname,lev,thr,sorh);
 colormap(pink(nbc));
figure(1);
subplot(2,2,1);
  image(wcodemat(X,nbc));
title('原始信号');
subplot(2,2,2);
  image(wcodemat(x,nbc))
title('含噪信号');
subplot(2,2,3)
  image(wcodemat(xd,nbc))
title('去噪后的信号');
```

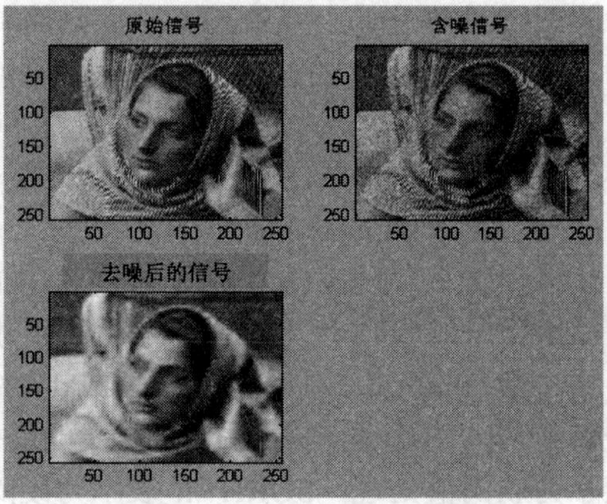

图 6.16 图像小波阈值去噪

程序运行结果如图 6.16 所示。

【例 6-11】 图像阈值去噪实例 2。

在本例中首先使用函数 wpcoef 获取图像的小波包分解系数，接着估计噪声方差，然后使用函数 wpbmpen 获取小波包去噪阈值，最后使用函数 wpdencmp 实现图像去噪。

程序代码如下：

```
load woman;
%产生含噪信号
init=2055615866;
randn('seed',init);
x = X + 18*randn(size(X));
%对图像进行小波包分解
%使用 coif2 分解到第三层
wname = 'coif2'; lev = 3;
tree = wpdec2(x,lev,wname);
%估计噪声标准差
det1 = [wpcoef(tree,2) wpcoef(tree,3) wpcoef(tree,4)];
sigma = median(abs(det1(:)))/0.6745;
%选择去噪的阈值
```

```
alpha = 1.1;
thr = wpbmpen(tree,sigma,alpha);
%使用上面的阈值对图像去噪
keepapp = 1;
xd = wpdencmp(tree,'s','nobest',thr,keepapp);
%画出原始图像和去噪后的图像
 nbc = size(map,1);
colormap(pink(nbc));
subplot(2,2,1);
image(wcodemat(X,nbc));
title('原始信号');
subplot(2,2,2);
  image(wcodemat(x,nbc))
title('含噪信号');
subplot(2,2,3)
image(wcodemat(xd,nbc))
title('去噪后的信号');
```

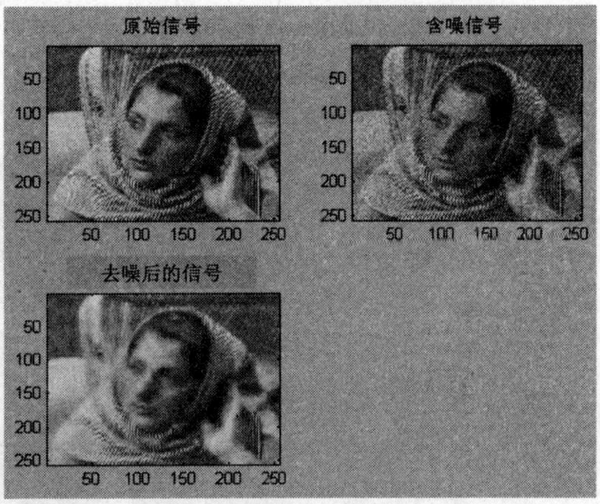

图 6.17 图像小波包去噪

程序运行结果如图 6.17 所示。

【例 6-12】 图像阈值去噪实例 3。

在本例中对小波分解系数使用函数 wthcoef2 进行阈值处理，然后利用阈值处理后的小波系数进行小波重构达到去噪的目的。

程序代码如下：

```
%加载原始信号
load woman;
%产生含噪图像
init = 2055615866;randn('seed',init);
x = X + 18*randn(size(X));
[c,s] = wavedec2(x,3,'sym4');
%设置尺度向量
n = [1,2,3];
%设置阈值向量
p = [150,120,60];
%对高频系数进行阈值处理
nc = wthcoef2('d',c,s,n,p,'s');
%对新的分解结构进行重构
rx = waverec2(nc,s,'sym4');
nbc = size(map,1);
colormap(pink(nbc));
subplot(2,2,1);
```

```
image(wcodemat(X,nbc));
title('原始信号');
subplot(2,2,2);
 image(wcodemat(x,nbc))
title('含噪信号');
subplot(2,2,3)
image(wcodemat(rx,nbc))
title('去噪后的信号');
```

程序运行结果如图 6.18 所示。

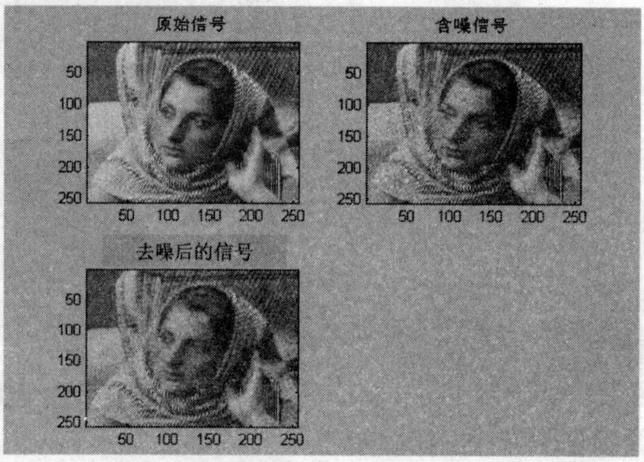

图 6.18　图像阈值处理

6.4　图像压缩

6.4.1　图像压缩概述

通常所说的图像压缩主要指无损压缩(无失真)和有损压缩(有失真)两大类。所谓无损压缩，是指图像数据经压缩后可以完全得到复原，复原后的图像与原始图像完全一致。有损压缩则是指经它处理的数据在基本保持原图像的特征的前提下，不可避免地要丢掉一部分原始图像信息。图像能够进行压缩的主要原因如下：

(1) 原始图像信息存在着很大的冗余度，数据之间存在着相关性，如相邻像素之间色彩的相关性等，消息中这些冗余信息将会产生额外的编码。如果去掉冗余信息，就会减少消息所占的空间。

(2) 在多媒体系统的应用领域中，人眼作为图像信息的接收端，其视觉对于边缘急剧变化不敏感(视觉掩盖效应)，以及人眼对图像的亮度信息敏感，而对颜色分辨率弱等，因此在高压缩比的情况下，解压缩后的图像信号仍比较满意。

基于上述两点，发展出数据压缩的两类基本方法：一种是将相同的或相似的数据或数据特征归类，使用较少的数据量描述原始数据，达到减少数据量的目的，这种压缩一般为无损压缩。另一种是利用人眼的视觉特性有针对性地简化不重要的数据，以减少总的数据量。这种压缩一般为有损压缩。只要损失的数据不太影响人眼主观接收的效果，即可采用。

MATLAB 中实现了图像的压缩，主要包括获取压缩阈值和进行图像压缩两方面。实现获取压缩阈值的函数有 ddencmp 和 wdcbm2 两个，实现图像压缩的函数有 wdencmp、wpdencm 和 wthcoef2 三个。函数 ddencmp、wdencmp 和 wpdencm 在第 5 章 5.3.1 小节进行了介绍，函数 wdcbm2 和 wthcoef2 在上一节中进行了介绍。

6.4.2　图像压缩实例

在本节中将通过三个例子说明如何进行图像压缩。

【例 6-13】　图像压缩实例 1。

在本例中使用函数 wdcbm2 获取图像压缩阈值，然后采用函数 wdencmp 实现图像压缩。

程序代码如下：

```
load julia;
nbc = size(map,1);
%使用 haar 小波进行三层分解
wname = 'haar'; lev = 3;
[c,s] = wavedec2(X,lev,wname);
%使用 wdcbm2 获得压缩阈值
alpha = 1.5; m = 3.5*prod(s(1,:));
[thr,nkeep] = wdcbm2(c,s,alpha,m);
%对信号进行压缩
xd= wdencmp('lvd',c,s,wname,lev,thr,'h');
colormap(pink(nbc));
figure(1);
subplot(1,2,1);
image(wcodemat(X,nbc));
title('原始信号');
subplot(1,2,2)
image(wcodemat(xd,nbc))
title('压缩后的信号');
```

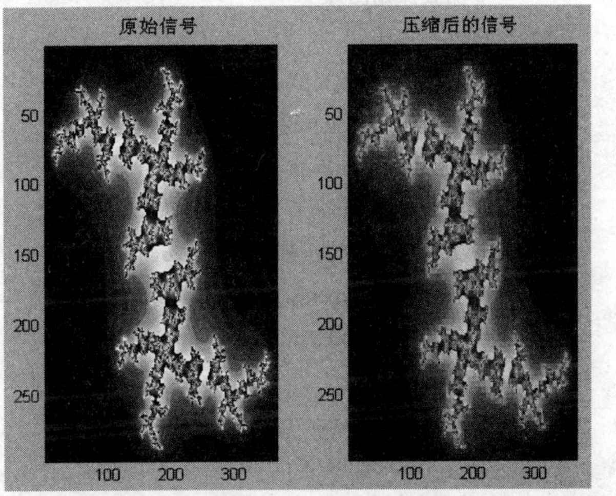

图 6.19　图像压缩

程序运行结果如图 6.19 所示。

【例 6-14】　图像压缩实例 2。

在本例中使用函数 ddencmp 获取图像压缩阈值，然后采用函数 wdencmp 实现图像压缩。

程序代码如下：

```
load julia;
nbc = size(map,1);
%使用 haar 小波进行三层分解
wname = 'haar'; lev = 3;
[c,s] = wavedec2(X,lev,wname);
%使用 ddencmp 获得压缩阈值
```

```
[thr,nkeep] = ddencmp('cmp','wv',X)
%对信号进行压缩
xd= wdencmp('gbl',c,s,wname,lev,thr,'s',1);
colormap(pink(nbc));
figure(1);
subplot(1,2,1);
image(wcodemat(X,nbc));
title('原始信号');
subplot(1,2,2)
image(wcodemat(xd,nbc))
title('压缩后的信号');
```

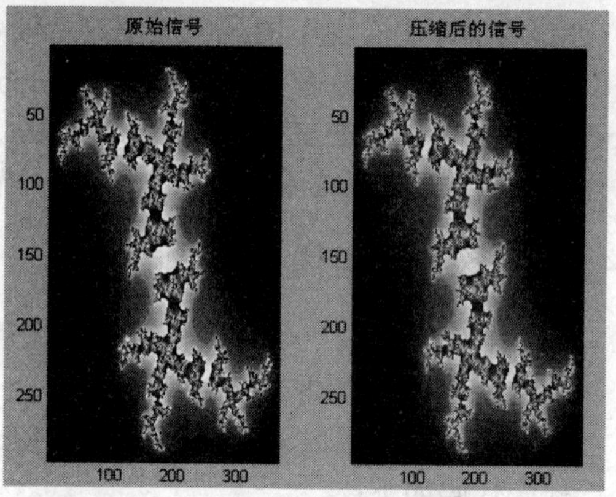

图 6.20　图像压缩

程序运行结果如图 6.20 所示。

【例 6-15】　图像压缩实例 3。

在本例中首先使用函数 ddencmp 获得图像压缩阈值，然后才用函数 wpdencmp 对图像进行小波包压缩。

程序代码如下：

```
%加载原始图像
load  mask;
nbc = size(map,1);
%使用 wpdencmp 进行小波压缩
 %使用 ddencmp 获取阈值
[thr,sorh,keepapp,crit] = ddencmp('cmp','wp',X);
%使用阈值进行小波包压缩
[xc,treed,perf0,perfl2] = wpdencmp(X,sorh,3,
                  'db3',crit,thr,keepapp);
subplot(211);
colormap(pink(nbc));
image(wcodemat(X,nbc))
title('原始图像');
subplot(212);
image(wcodemat(xc,nbc))
title('压缩后的图像');
```

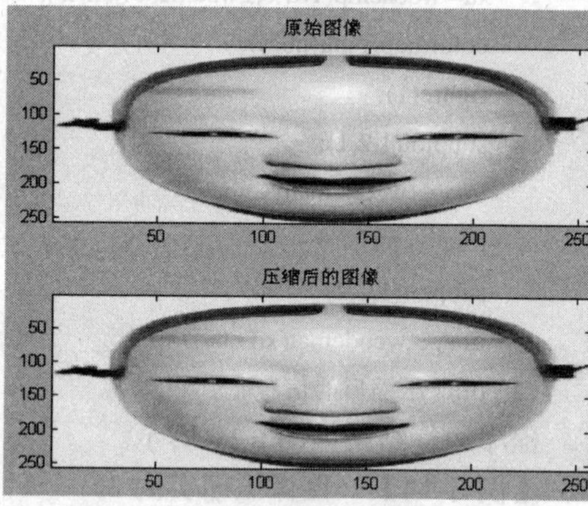

图 6.21　图像小波包压缩

程序运行结果如图 6.21 所示。

6.5　图 像 增 强

图像增强的主要目的是提高图像的视觉质量或者凸显某些特征信息。无论对人眼理解还是基于计算机可视化技术的高级图像分析，图像增强都非常有用。需要知道的是图像增强技术不能增加图像数据本身包含的信息，但是可以凸显特定特征，在处理后更容易识别，进而有利于特定的应用。通常图像增强的目的主要有：放大图像中感兴趣结构的对比度，增加可理解性；减少或抑制图像中混有的噪声，提高视觉质量。

小波变换可以将图像分解为各个尺度上的子带图像，因此可以对感兴趣的部分进行增强以实现图像增强的目的。下面通过一个例子说明在 MATLAB 中实现图像增强的方法。

【例 6-16】　图像增强实例。

因为图像分解的低频部分体现了图像的轮廓，图像分解的高频部分表现为图像的细节和混入的噪声，因此在本例中对低频部分进行增强，对高频部分进行衰减，结果显示达到了图像增强的目的。

程序代码如下：

```
load noiswom;
nbc = size(map,1);
%使用 haar 小波进行 2 层分解
wname = 'haar'; lev = 2;
[c,s] = wavedec2(X,lev,wname);
sizec = size(c);
for i = 1:sizec(2)
    if (c(i)>180)
        c(i)=1.2*c(i);
    else
        c(i)=0.8*c(i);
    end
end
rx = waverec2(c,s,'haar');
colormap(pink(nbc));
subplot(1,2,1);
image(wcodemat(X,nbc));
title('原始信号');
subplot(1,2,2)
image(wcodemat(rx,nbc))
title('增强后的信号');
```

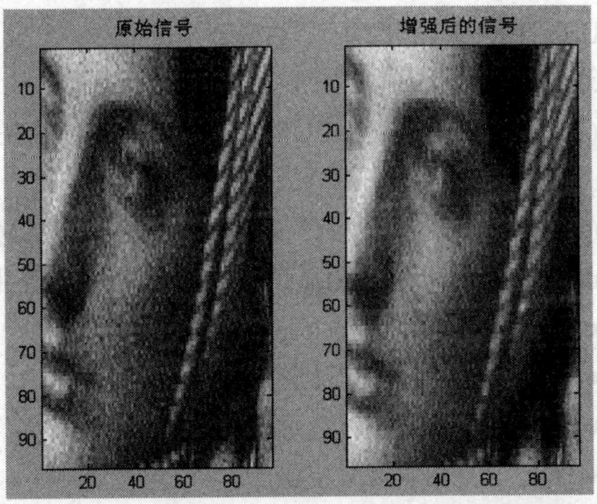

图 6.22　图像增强

程序运行结果如图 6.22 所示。

由于原始图像含有噪声，因此将低频系数进行放大，高频系数进行缩小，从图 6.22 可以看出达到了去除噪声、增强图像轮廓的目的。

6.6　图 像 融 合

图像融合是将两幅或多幅图像融合在一起，帮助理解图像并快速地获取感兴趣的信息。

应用小波进行图像融合的原理是将融合方法应用到原始图像的小波分解的低频分量和高频分量中。

6.6.1 图像融合概述

MATLAB 中实现了对图像进行融合。实现图像融合的函数是 wfusimg，它的调用格式有以下 3 种：

(1) XFUS = wfusimg(X1, X2, WNAME, LEVEL, AFUSMETH, DFUSMETH)

(2) [XFUS, TXFUS, TX1, TX2] =
wfusimg(X1, X2, WNAME, LEVEL, AFUSMETH, DFUSMETH)

(3) wfusimg(X1, X2, WNAME, LEVEL, AFUSMETH, DFUSMETH, FLAGPLOT)

XFUS = wfusimg(X1, X2, WNAME, LEVEL, AFUSMETH, DFUSMETH)返回将原始图像 X1 和 X2 融合后的图像 XFUS，参数 LEVEL 是指 X1 和 X2 分解的层次，参数 WNAME 指定分解小波。矩阵 X1 和 X2 的大小必须相同，AFUSMETH 和 DFUSMETH 分别定义了低频和高频分量的融合方法。

[XFUS, TXFUS, TX1, TX2] = wfusimg (X1, X2, WNAME, LEVEL, AFUSMETH, DFUSMETH)除了返回矩阵 XFUS 外，还返回了分别和 XFUS，X1 以及 X2 相关的三个类 WDECTREE 的对象。

wfusimg(X1, X2, WNAME, LEVEL, AFUSMETH, DFUSMETH, FLAGPLOT)同时画出 TXFUS、TX1 和 TX2 三个对象。

通常融合方法包括如下几种：

(1) 简单融合法：AFUSMETH 和 DFUSMETH 的有效取值包括 'max'，'min'，'mean'，'img1'，'img2' 或 'rand'。

(2) 参数独立方法：AFUSMETH/DFUSMETH = struct('name', nameMETH, 'param', paramMETH)。其中 nameMETH 的取值有以下几种：

- 'UD_fusion'：上-下融合；
- 'DU_fusion'：下-上融合；
- 'LR_fusion'：左-右融合；
- 'RL_fusion'：右-左融合；
- 'UserDEF'：用户自定义的融合。

6.6.2 图像融合实例

在本节中将举两个例子说明如何进行图像融合。

【例 6-17】 将两幅不同的图像进行融合。

本例中将两幅不同的图像使用不同的方法进行融合，首先使用取细节和近似信号的平均值进行融合，可以看到融合后的图像拥有两幅图像的特征，接着使用取细节信号的最小值和近似信号最大值的融合方法，发现融合后的图像较模糊。

程序代码如下：

```
%加载两幅原始图像
load bust;
X1 = X;
load mask;
X2 = X;
%融合两幅图像的 5 层小波分解
%使用'db2'小波
%取细节和近似信号的平均值融合
XFUSmean = wfusimg(X1,X2,'db2',5,'mean','mean');
%取近似信号的最大值，细节信号的最小值融合
XFUSmaxmin = wfusimg(X1,X2,'db2',5,'max','min');
%画出融合后的图像和原始图像
colormap(map);
subplot(221), image(X1),
axis square, title('bust')
subplot(222), image(X2),
axis square, title('mask')
subplot(223), image(XFUSmean),
axis square,
title('融合图像，平均值-平均值')
subplot(224), image(XFUSmaxmin),
axis square,
title('融合图像，最大值-最小值')
```

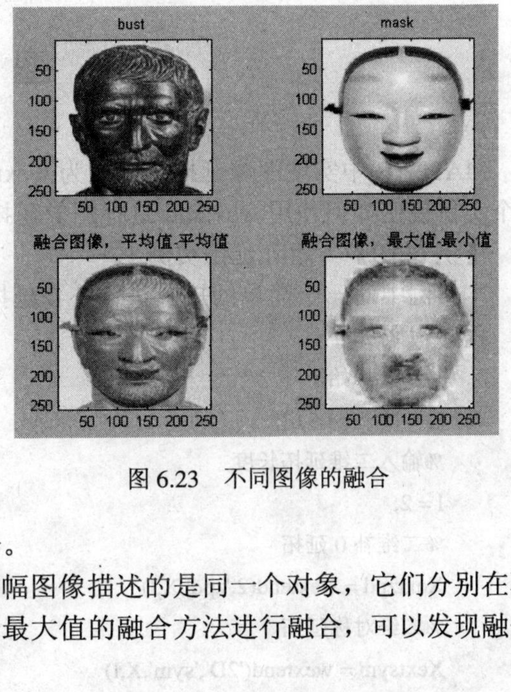

图 6.23　不同图像的融合

程序运行结果如图 6.23 所示。

【例 6-18】　将两幅模糊的图像进行融合。

本例中将两个模糊的图像进行融合，这两幅图像描述的是同一个对象，它们分别在不同的地方有一些模糊。通过取细节和近似信号最大值的融合方法进行融合，可以发现融合后的图像清楚地表现了对象特征。

程序代码如下：

```
%加载两幅原始图像
load cathe_1;
X1 = X;
load cathe_2;
X2 = X;
%融合两幅图像的 5 层小波分解
%使用'db2'小波
%取细节和近似信号的最大值融合
XFUS = wfusimg(X1,X2,'sym4',5,'max','max');
```

```
%画出融合后的图像和原始图像
colormap(map);
subplot(221), image(X1),
axis square,
title('Catherine 1')
subplot(222), image(X2),
axis square,
title('Catherine 2')
subplot(223), image(XFUS),
axis square,
title('Synthesized image')
```

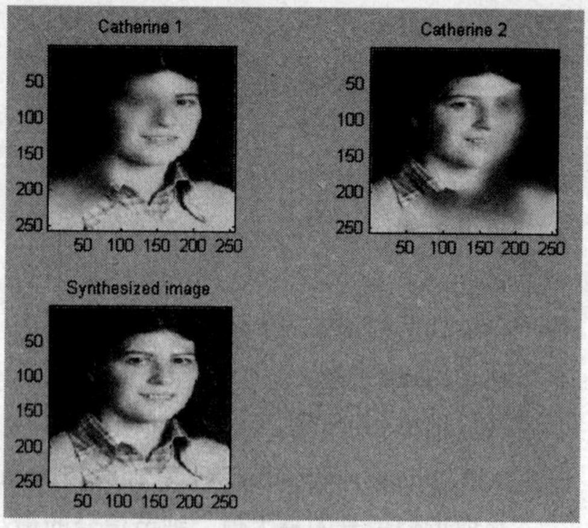

图 6.24　图像融合

程序运行结果如图 6.24 所示。

6.7　图像延拓

MATLAB 中实现图像延拓的函数为 wextend，其具体使用方法见 5.7.1 小节。在此通过两个实例说明如何使用 wextend 进行图像延拓。

【例 6-19】　矩阵延拓实例 1。

本实例中对一个简单的矩阵进行补 0 延拓和对称延拓。

程序代码如下：

```
%加载原始矩阵
X = [1 2 3;4 5 6];
%输入二维延拓长度
l = 2;
%二维补 0 延拓
Xextzpd = wextend(2,'zpd',X,l)
%二维对称延拓
Xextsym = wextend('2D','sym',X,l)
```

程序运行结果如下所示。

```
Xextzpd =
     0     0     0     0     0     0     0
     0     0     0     0     0     0     0
     0     0     1     2     3     0     0
     0     0     4     5     6     0     0
     0     0     0     0     0     0     0
     0     0     0     0     0     0     0
Xextsym =
     5     4     4     5     6     6     5
```

2	1	1	2	3	3	2
2	1	1	2	3	3	2
5	4	4	5	6	6	5
5	4	4	5	6	6	5
2	1	1	2	3	3	2

【例 6-20】　图像延拓实例 2。

本实例中对一个图像进行延拓。

程序代码如下：

```
%加载原始图像
load facets;
%查看原始图像大小
[x,y] = size(X);
%输入延拓长度
l = [x/2,y/2];
%二维补 0 延拓
Xextzpd = wextend(2,'zpd',X,l);
%二维对称延拓
Xextsym = wextend('2D','sym',X,l);
figure(1);
image(X);
colormap(map);
figure(2);
image(Xextzpd);
colormap(map);
figure(3);
image(Xextsym);
colormap(map);
```

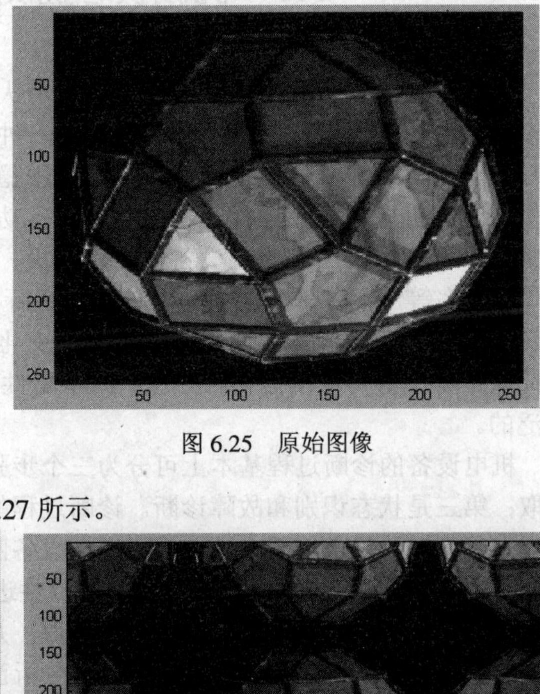

图 6.25　原始图像

程序运行结果如图 6.25、图 6.26 和图 6.27 所示。

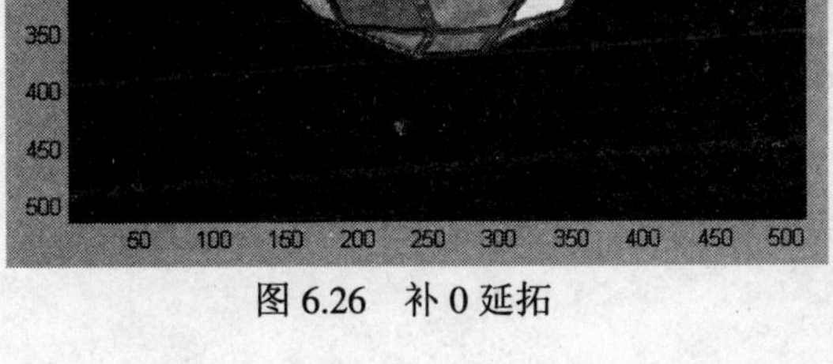

图 6.26　补 0 延拓

图 6.27　对称延拓

第 7 章　小波变换与机械故障诊断

小波变换由于其良好的时频特性，已广泛应用于旋转机械、往复机械、齿轮、轴承等的状态监测和故障诊断中。采用不同的小波基函数并与分形、模糊评判、神经网络以及时间序列分析等方法结合起来，可解决大量的工程实际问题。本章将对小波变换在机械故障诊断中的一些典型应用进行介绍。

7.1　机械状态监测中的非平稳信号

工程中设备运行状态千变万化，存在着大量的非平稳信号。机械设备在运行过程中的多发故障，如剥落、摩擦、松动、爬行、冲击、裂纹及断裂等，当故障发生或发展时将导致动态信号非平稳性地出现。因此非平稳性可表征某些故障的存在。工矿企业中有许多变工况机电设备在运行过程中的转速、功率、负载等往往是变化的，它们的运行状态具有非平稳性。还有一些设备，如发电机、离心压缩机、风机等，它们在启、停机时转速、功率等工况是非平稳的。即使稳态运行的旋转机械，当出现碰摩、冲击等故障时，其转子的阻尼、刚度、弹性力等也将发生变化，呈现出非线性，振动信号变得非平稳。因此从工程中获得的动态信号，它们的平稳性是相对的、局部的，而非平稳性是绝对的、广泛的。

机电设备的诊断过程基本上可分为三个步骤：第一是诊断信息提取；第二是故障特征提取；第三是状态识别和故障诊断。诊断过程的关键是从动态信号中提取故障特征，信号处理是特征提取最常用的方法。由于机械设备监测信号的非平稳性，因此关键问题之一是对监测诊断中得到的机械动态信号的非平稳性进行有效的分析。

由于小波分析兼具时域和频域分析能力，并且具有可变的时频分辨率，因此能够很好地对非平稳性信号进行分析。目前，小波分析已广泛应用于机械故障诊断中，下面将对小波在机械状态监测和故障诊断中的一些典型应用进行介绍。

7.2　发动机故障诊断

在本节中将小波分析应用于摩托车发动机故障检测中，实际结果表明能有效地监测是否具有故障以及故障的严重程度。

7.2.1　故障机理分析

在摩托车发动机装配前对其进行检测，确定其是否存在潜在故障是提高摩托车的质量和可靠性水平的重要手段。发动机运行过程中，在产生振动信号的同时，往往还会激发噪声信号。当发动机产生故障时，其噪声品质也会发生改变，因而利用噪声信号可以对机器故障进行诊断。实际上，在工厂的质量检验中，有经验的技术人员通过监听摩托车发动机的噪声能大致判断发动机是否存在影响其使用寿命的各种故障。

基于噪声信号的故障诊断采用非接触测量，便于安装操作，但噪音信号通过空气介质传播，比较容易受环境噪声干扰。因此，如何从被环境噪声污染的声音信号中提取出有效的信号特征是成功进行噪声诊断的关键。摩托车发动机的许多故障表现为间歇性异常撞击声，如活塞响故障、活塞环响故障、连杆响故障等等。在这里以活塞响故障为对象对其进行分析。

图 7.1 所示为活塞击缸故障的噪声信号样本。研究表明，活塞击缸的撞击声产生的时间间隔一般为 2～3 秒，它在时域上的表现可以近似为由指数衰减的简谐振动信号形成的独立“波包”，“波包”持续时间约 10 毫秒，其频域能量分布在一定的频带上。由于发动机运行的正常噪声很强(图 7.1(a))，故障的频域特征将完全被噪声谱所掩盖(图 7.1(b))。显然，传统的谱分析方法难以识别这类信号，必须采用新的信号处理方法。

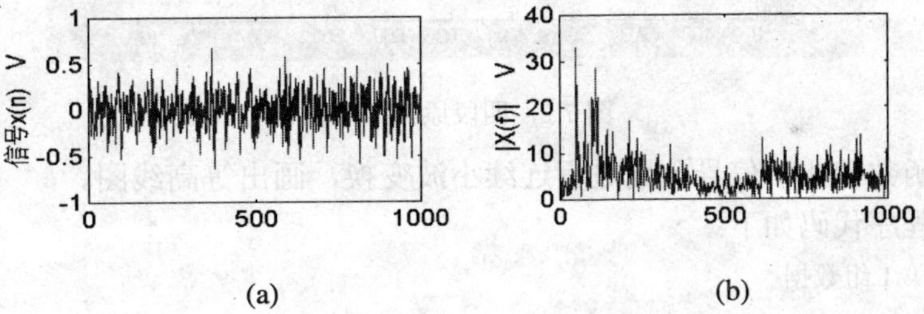

图 7.1　发动机正常噪声及频谱

一般说来，人耳能够从发动机的噪声信号中识别出这种间歇性的撞击声。这是因为人耳是一个智能的听觉系统，在一个相对嘈杂的环境中，两个交谈的人可以比较清楚地听见对方的声音而基本不受环境噪声的影响，这表明人耳在听音过程中可以针对感兴趣的频带进行自适应智能滤波。从滤波功能上看，人耳滤波时在低频段通带较窄，而在高频段通带较宽，即人耳对低频声音的频率分辨力较高而对高频声音的频率分辨力较低。人耳能很容易地区分出 200 Hz 和 300 Hz 的声音却难以分辨出 3000 Hz 和 3100 Hz 的声音正是上述特点的具体体现。因此，如果在噪声诊断中能模拟人耳的上述功能就可能识别出表征故障的间歇性撞击声。

小波变换的频域定义相当于用一族带通滤波器对信号进行滤波，这族滤波器的特点在于其 Q 值(中心频率/带宽)基本相同，随着小波变换的尺度减小，滤波器的中心频率向高频移动的同时，其通带宽度也随之增加。在这一点上，小波变换的滤波功能同人耳极其相似。因此，应用小波变换可以从噪声信号中搜索识别出表征故障的间歇性撞击声。

7.2.2　故障检测方法

故障检测和诊断的具体过程为：采集发动机噪声信号，采样频率 f_s 为 1400 Hz，采样长度 N 为 1024 点，采样信号的持续时间为 t=1024/1400=0.73 s，活塞响故障特征信号出现的时间间隔为 2～3 s，因而每段信号内最多有一处故障，为了能确保捕捉到故障特征信号，每次连续采集四段信号。

图 7.2 所示为采集的四组原始噪声信号(在对四段信号近行分析后，文中只选取了一段)，其中第 1 组信号为发动机正常噪声信号，从图中无法判断后面 3 组是否存在故障。

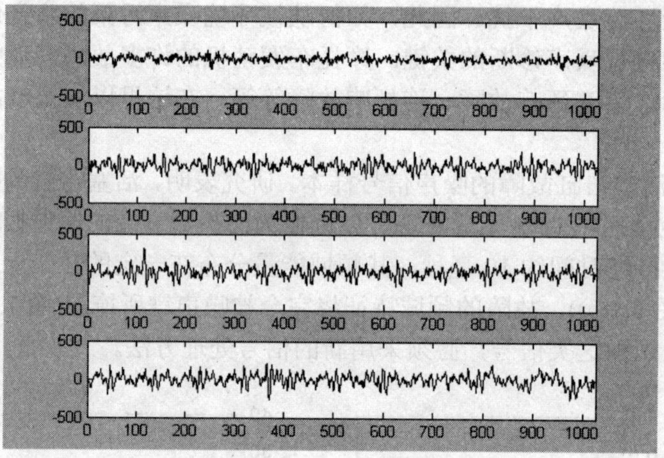

图 7.2　四段原始信号图

选用小波函数 db4 对信号分别进行连续小波变换，画出等高线图。

故障诊断程序代码如下：

```
%加载第 1 组数据
load hg30_0.txt;
s1=hg30_0;
%利用小波函数 db2 对第 1 组数据进行一维连续小波变换
c1 = cwt(s1,1:20,'db2');
%加载第 2 组数据
load lg30a_3.txt;
s2=lg30a_3;
%利用小波函数 db2 对第 2 组数据进行一维连续小波变换
c2 = cwt(s2,1:20,'db2');
%加载第 3 组数据
load lg31b_2.txt;
s3=lg31b_2;
%利用小波函数 db2 对第 3 组数据进行一维连续小波变换
c3 = cwt(s3,1:20,'db2');
%加载第 4 组数据
```

```
load lg31c_0.txt;
s4=lg31c_0;
%利用小波函数 db2 对第 4 组数据进行一维连续小波变换
c4 = cwt(s4,1:20,'db2');
t = 1:1024;
a = 1:20;
v = [320:20:500];
figure(1);
subplot(411);
plot(t,s1);
axis([0,1024,-500,500]);
subplot(412);
plot(t,s2);
axis([0,1024,-500,500]);
subplot(413);
plot(t,s3);
axis([0,1024,-500,500]);
subplot(414);
plot(t,s4);
axis([0,1024,-500,500]);
figure(2);
subplot(2,2,1);
C1 = contour(t,a,c1);
clabel(C1,v);
subplot(2,2,2);
C2 = contour(t,a,c2);
clabel(C2,v);
subplot(2,2,3);
C3 = contour(t,a,c3);
clabel(C3,v);
subplot(2,2,4);
C4 = contour(t,a,c4);
clabel(C4,v);
```

程序运行结果如图 7.3 所示。

图 7.3 中，其横坐标为时间，纵坐标为尺度。左上为正常信号的小波变换等高线图，右上为第 2 组信号的小波变换等高线图，左下、右下分别为第 3 组和第 4 组信号的小波变换等高线图。从图中可以看出，当存在故障时，噪声信号在低频段上幅值会突然增大，可以非常直观地判断是否存在故障。

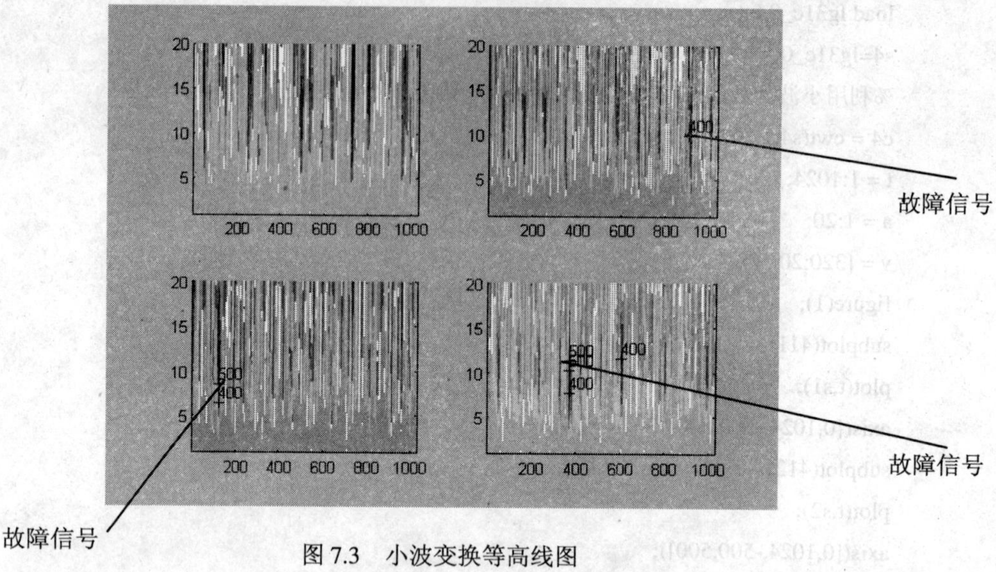

图 7.3　小波变换等高线图

7.3　齿轮故障诊断

齿轮传动是机械设备中最常用的传动方式，齿轮失效又是诱发其故障的重要因素。在生产中，由于小故障未能及时发现而酿成设备事故，带来经济损失的事例屡见不鲜。故对齿轮运行状态进行在线监测和故障诊断，对降低设备运行费用，防止突发事故具有重大的现实意义。

齿轮的故障常在振动状况方面体现出来，因此振动信号监测是齿轮故障诊断的主要手段，小波作为一种新的信号处理方法，在齿轮振动信号分析中得到了广泛的应用。

下面首先对齿轮的故障机理进行分析，在对故障机理进行分析的基础上，对两种典型的齿轮故障，即齿轮点蚀和齿轮疲劳进行了分析，并将小波应用于其诊断中，实验结果表明能有效地识别故障。

7.3.1　齿轮故障机理

齿轮的轮齿可看做弹簧，轮体可看做质量，所以齿轮就是由弹簧和质量组成的振动系统。忽略齿面上摩擦力的影响，齿轮副的振动方程为

$$M_r X + CX + k(t)X = k(t)E_1 + k(t)E_2(t) \tag{7-1}$$

式(7-1)中，M_r 为

$$M_r = \frac{m_1 m_2}{m_1 + m_2} \tag{7-2}$$

m_1 和 m_2 分别为齿轮付中主动轮与从动轮的质量；X 为沿作用线上齿轮的相对位移；C 为啮合阻尼；$k(t)$为啮合刚度；E_1 为齿轮受载后的平均静弹性变形；$E_2(t)$为齿轮的误差和故障造成的两个齿轮间的相对位移，成为故障函数。

由式(7-1)可知，齿轮的振动为自激振动，该式的左端代表齿轮副本身的振动特征，右端为激振函数。激振函数有两个，一是 $k(t)E_1$，它与齿轮的误差和故障无关，仅取决于平均弹性变形与啮合刚度，因为啮合刚度 $k(t)$是周期性函数，所以不论齿轮有无故障，齿轮的振动总是存在的，这个振动可称为常规振动，或称为啮合振动。齿轮啮合刚度的变化频率为

$$f_m = \frac{n_1 z_1}{60} = \frac{n_2 z_2}{60} \text{ (Hz)}$$

式中，n_1 与 n_2 分别为齿轮副中主动轮与从动轮的转速(r/min)；z_1 与 z_2 分别为主动轮与从动轮的齿数；f_m 即为齿轮啮合振动的啮合频率。一般来说，由于 $k(t)$不是标准的正弦函数，所以啮合振动中还含有 f_m 的谐波分量。

另一个激振函数是 $k(t)E_2(t)$，它取决于齿轮的啮合刚度和故障函数，是导致齿轮振动异常的激励源。诊断齿轮故障的任务在于检出由这个故障激励源所造成的异常振动的特征。比较典型的故障例子是齿轮的偏心使得齿轮啮合时一边紧一边松，从而产生载荷的波动，同时也必然导致扭矩的波动。载荷波动使振动的振幅随转速而周期性起伏，即振动信号有幅值调制；扭矩波动使齿轮的转速波动，使振动信号含有相位调频。一般来说，齿轮失效后，振动信号的特征是既有幅值调制又有相位调制，因此齿轮振动信号的数学模型可表示为

$$x(t) = \sum_{k=1}^{M} r_k(t)\cos[2\pi k f_m t + \phi_k(t)]$$

式中，$r_k(t)$与 $\phi_k(t)$ 分别为调幅信号与调相信号。

$$r_k(t) = A_k[1 + \sum_{n=1}^{N} a_{1kn}\cos(2\pi n f_{r_1} t + \alpha_{1kn}) + \sum_{n=1}^{N} a_{2kn}\cos(2\pi n f_{r_2} t + \alpha_{2kn})]$$

$$\phi_k(t) = \sum_{n=1}^{N} b_{1kn}\cos(2\pi n f_{r_1} t + \beta_{1kn}) + \sum_{n=1}^{N} b_{2kn}\cos(2\pi n f_{r_2} t + \beta_{2kn})$$

式中，A，a，b 均为幅值系数；α，β 为初始相位；f_{r_1} 与 f_{r_2} 分别为主动轮和从动轮的旋转频率。对无缺陷齿轮，无调制现象，则上式中的 a_{1kn}，a_{2kn}，b_{1kn}，b_{2kn} 均为零。当齿轮出现异常时，就出现调制现象，且随着缺陷的加剧，调制愈深，故能有效地从振动信号中提取 a 与 b (故障信息)的方法，便是有效的齿轮故障诊断方法。

7.3.2　齿轮点蚀

在本小节中将举例说明应用小波进行齿轮点蚀故障诊断。对某一减速箱实验台的振动信号进行监测，输入转速为 1750 r/min，减速比为 3.333，小齿轮的齿数为 21，大齿轮的齿数为 70，运行中发生强烈噪声，检查齿轮发现出现点蚀。传感器的采样频率为 20 000 Hz，实验数据已经进行了标准化处理。

当齿轮发生点蚀时，其振动信号频谱中的啮合频率及其二、三次谐波附近的边频带都

会有明显的增长，这是因为在齿轮发生点蚀时，在其振动信号中会出现一定带宽的随机信号分量，与主频带信号叠加在一起。

根据实验条件，可以计算出减速箱的啮合频率为 612.5 Hz，其二、三次谐波分别为 1225 Hz、1836.5 Hz。根据对故障机理的分析，对采集的信号首先进行单层次小波分解，从小波系数无法直接判断是否发生故障，因此需要对小波系数进一步处理。

希尔伯特变换已广泛应用于齿轮故障的诊断中，这是因为利用希尔伯特变换可以得到信号的复包络，此复包络只包含信号的调制信息，无载频成分。也就是说，去除了常规振动分量，仅保留故障信息。由于齿轮的故障信息主要体现在高频，即细节信号上，因此对小波分解的细节信号进行希尔伯特变换，求出其包络谱，实验证明这种方法能够有效地识别齿轮的点蚀故障。

诊断程序代码如下：

```
fs = 20000;
%读取正常信号
fid = fopen('normgear.dat','r');
N = 3072;
x1 = fread(fid,N,'int16');
fclose(fid);
%读取故障信号
fid = fopen('faultgear.dat','r');
x2 = fread(fid,N,'int16');
fclose(fid);
t = 1:3072;
%------------------------------
figure(1);
subplot(211);
plot(t,x1);
axis([0,1500,-6000,6000]);
title('正常信号');
subplot(212);
plot(t,x2);
title('故障信号');
axis([0,1500,-6000,6000]);
%----------------------------------
figure(2);
%对正常信号进行单尺度分解
[ca,cd] = dwt(x1,'db2');
subplot(221);
plot(ca);
title('正常信号近似信号');
```

```
subplot(222);
plot(cd);
title('正常信号细节信号');
%对故障信号进行单尺度分解
[ca,cd] = dwt(x2,'db2');
subplot(223);
plot(ca);
title('故障信号近似信号');
subplot(224);
plot(cd);
title('故障信号细节信号');
%---------------------------------
 figure(3);
[ca,cd] = dwt(x1,'db2');
%对正常信号进行 hilbert 变换
y = hilbert(cd);
%对正常信号进行 hilbert 变换
y = abs(y);
nfft = 3072;
p = abs(fft(y,nfft));
subplot(211);
plot((0:nfft/2-1)/nfft*fs,p(1:nfft/2));
axis([1000,2000,1,70000]);
title('正常信号第 1 层细节信号包络谱');
xlabel('频率 f/Hz');
ylabel('功率谱');
[ca,cd] = dwt(x2,'db2');
%对故障信号进行 hibert 变换
y = hilbert(cd);
%对故障信号进行 hibert 变换
y = abs(y);
nfft = 3072;
%y = y-mean(y);
p = abs(fft(y,nfft));
subplot(212);
plot((0:nfft/2-1)/nfft*fs,p(1:nfft/2));
axis([1000,2000,1,70000]);
title('故障信号第 1 层细节信号包络谱');
xlabel('频率 f/Hz');
ylabel('功率谱');
```

程序运行结果如图 7.4、图 7.5 和图 7.6 所示。

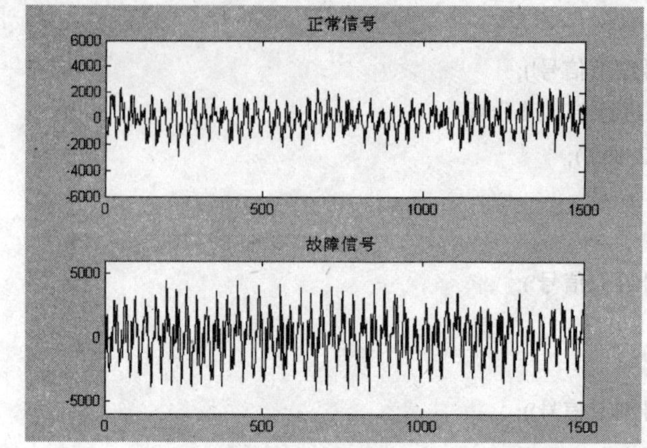

图 7.4　正常和故障振动信号

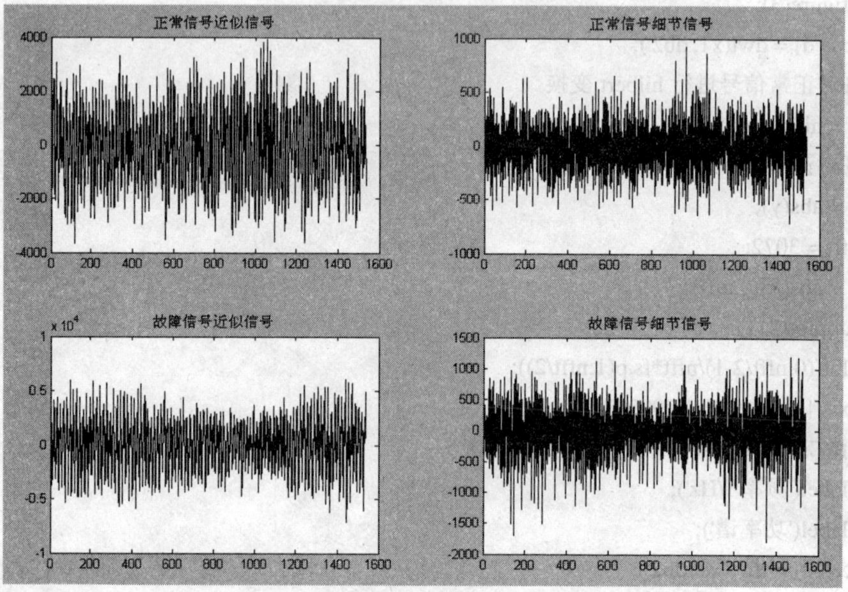

图 7.5　信号的小波分解系数

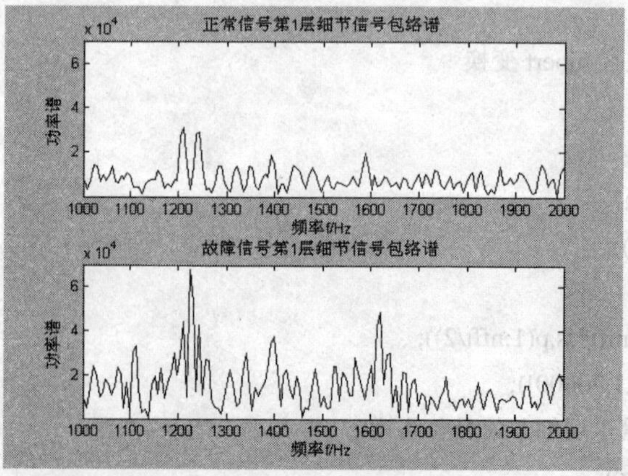

图 7.6　信号的包络谱分析

从图 7.4 中无法直接判断信号是否具有故障，在对其作小波分解后(如图 7.5 所示)，发现仍然无法判断设备当前是否运行正常。通过对故障机理的分析以及希尔伯特变换的良好性质，决定采用对小波变换系数求包络谱的方法来判断是否存在故障。从实验结果可以明显地看出(如图 7.6 所示)，当存在故障时，振动信号频谱中的啮合频率及其二、三次谐波附近的边频带都会有明显的增长。

7.3.3　齿轮疲劳

在本小节中将举例说明应用小波进行齿轮疲劳故障诊断。对某一减速箱实验台的振动信号进行监测，输入转速为 1788 r/min，减速比为 3.333，小齿轮的齿数为 21，大齿轮的齿数为 70，运行中发生强烈噪声，检查齿轮发现大齿轮出现疲劳裂纹。传感器的采样频率为 20000 Hz，实验数据已经进行了标准化处理。

当齿轮出现疲劳时，齿面上产生缺陷，其重复频率为啮合频率的高次谐波，因此在啮合频率及其谐波处将调制出无限的以故障齿轮的运行频率为间隔的边带族，且其振幅随故障的恶化而加大。

根据实验条件，可以计算出减速箱的啮合频率为 612.8 Hz，大齿轮的运行频率为 8.94 Hz。根据对故障机理的分析，对采集的信号首先进行 2 尺度小波分解，从小波分解的低频和高频重构信号无法直接判断是否发生故障，因此需要对小波重构信号作进一步处理。

在本例中仍然采用对小波变换信号求包络谱的方法进行诊断，实验证明这种方法能够有效地识别齿轮的疲劳故障。

诊断源代码如下：

```
fs = 20000;
%读取正常信号
fid = fopen('normgear.dat','r');
 N = 3072;
 x1 = fread(fid,N,'int16');
 fclose(fid);
%读取故障信号
 fid = fopen('faultgear.dat','r');
 x2 = fread(fid,N,'int16');
 fclose(fid);
t = 1:3072;
 %------------------------------
 figure(1);
 subplot(211);
 plot(t,x1);
 title('正常信号');
 subplot(212);
 plot(t,x2);
 title('故障信号');
```

```
figure(2);
%对正常信号进行 2 尺度小波分解
[c,l] = wavedec(x1,2,'db2');
%对正常信号进行 2 尺度小波分解
d = wrcoef('d',c,l,'db2');
%对正常信号进行 2 尺度小波分解
a = wrcoef('a',c,l,'db2');
subplot(221);
plot(d);
title('正常信号的高频重构');
subplot(222);
plot(a);
title('正常信号的低频重构');
%对故障信号进行 2 尺度小波分解
[c,l] = wavedec(x2,2,'db2');
%对故障信号进行 2 尺度小波分解
d = wrcoef('d',c,l,'db2');
%对故障信号进行 2 尺度小波分解
a = wrcoef('a',c,l,'db2');
subplot(223);
plot(d);
title('故障信号的高频重构');
subplot(224);
plot(a);
title('故障信号的低频重构');
%--------------------------------
[c,l] = wavedec(x1,2,'db2');
d1 = wrcoef('d',c,l,'db2',1);
%对正常信号第 1 层细节重构信号进行希尔伯特变换
y = hilbert(d1);
%求正常信号包络谱
y = abs(y);
nfft = 3072;
p = abs(fft(y,nfft));
figure(3);
subplot(211);
stem((0:nfft/2-1)/nfft*fs,p(1:nfft/2));
axis([400,2000,1,300000]);
title('正常信号第 1 层细节信号包络谱');
xlabel('频率 f/Hz');
```

```
ylabel('功率谱');
[c,l] = wavedec(x2,2,'db2');
d1 = wrcoef('d',c,l,'db2',1);
%对故障信号第 1 层细节重构信号进行希尔伯特变换
y = hilbert(d);
%求故障信号包络谱
y = abs(y);
nfft = 3072;;
p = abs(fft(y,nfft));
subplot(212);
stem((0:nfft/2-1)/nfft*fs,p(1:nfft/2));
axis([400,2000,1,300000]);
title('故障信号第 1 层细节信号包络谱');
xlabel('频率 f/Hz');
ylabel('功率谱');
```

程序运行结果如图 7.7、图 7.8 和图 7.9 所示。

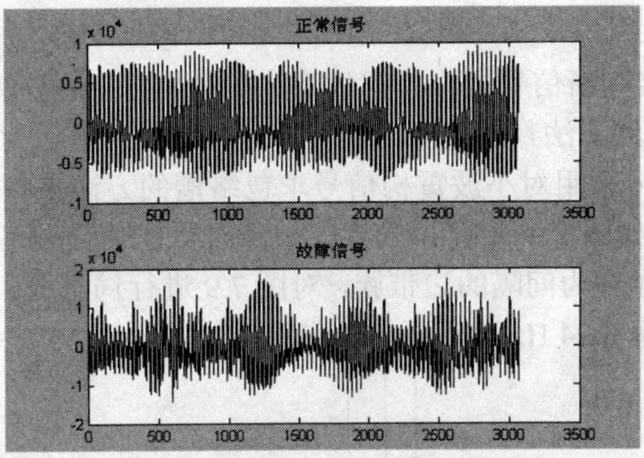

图 7.7　齿轮正常信号及疲劳故障信号

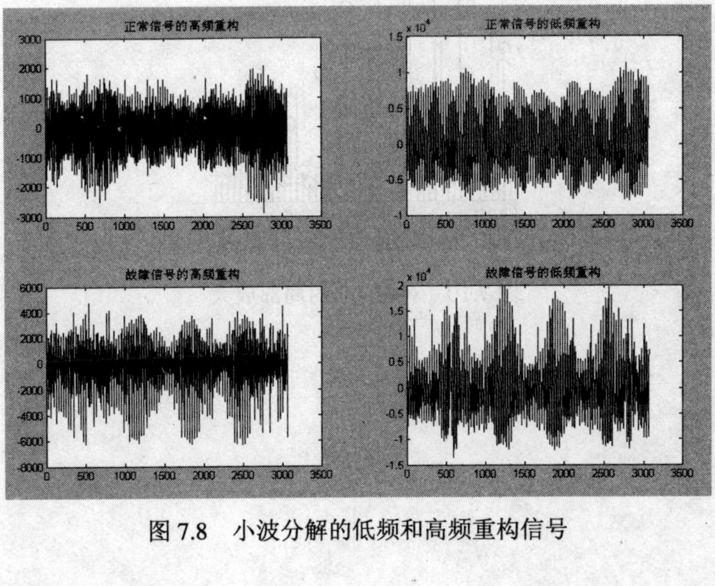

图 7.8　小波分解的低频和高频重构信号

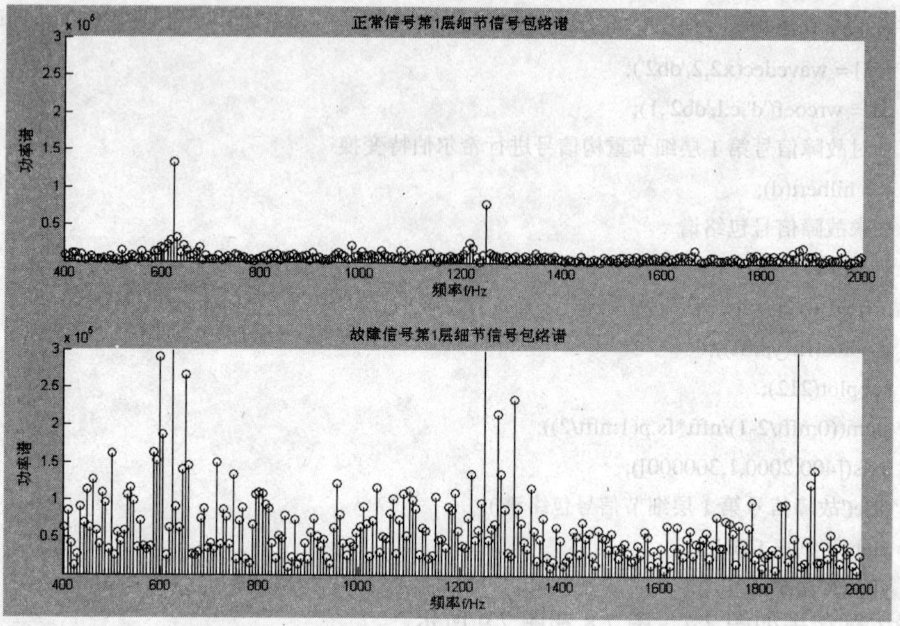

图 7.9　信号的包络谱

从图 7.7 中无法直接判断信号是否具有故障，在对其作小波分解的低频和高频重构后，(如图 7.8 所示)，发现仍然无法判断设备当前是否运行正常。通过对故障机理的分析以及希尔伯特变换的良好性质，采用对小波重构信号求包络谱的方法来判断是否存在故障。从实验结果可以明显地看出(如图 7.9 所示)，当存在故障时，在啮合频率及其谐波处将调制出无限的以故障齿轮的运行频率为间隔的边带族，对图 7.9 进行局部放大(如图 7.10 所示)，可以看到以大齿轮的运行频率 8.94 Hz 为间隔的边带族。

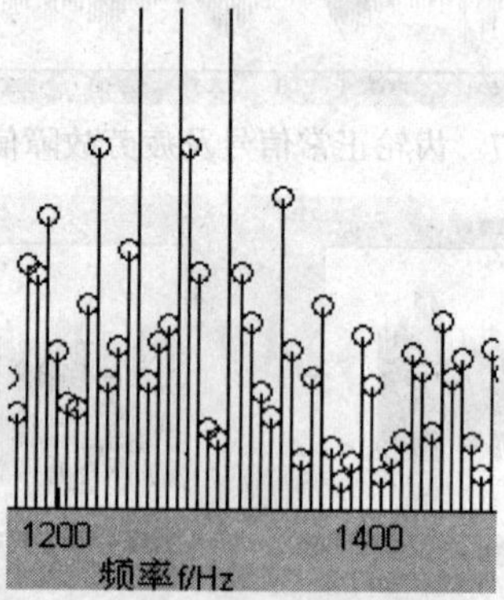

图 7.10　对图 7.9 的局部放大

第 8 章　小波变换与数字水印

随着信息时代的到来，特别是 Internet 的普及，信息的安全保护问题日益突出。当前的信息安全技术基本上都以密码学理论为基础，无论是采用传统的密钥系统还是公钥系统，其保护方式都是控制文件的存取，即将文件加密成密文，使非法用户不能解读。但随着计算机处理能力的快速提高，这种通过不断增加密钥长度来提高系统密级的方法变得越来越不安全。

另一方面，多媒体技术已被广泛应用，需要进行加密、认证和版权保护的声像数据也越来越多。数字化的声像数据从本质上说就是数字信号，如果对这类数据也采用密码加密方式，则其本身的信号属性就被忽略了。最近几年，许多研究人员放弃了传统密码学的技术路线，尝试用各种信号处理方法对声像数据进行隐藏加密，并将该技术用于制作多媒体的“数字水印”。

本章将详细介绍 MATLAB 小波在数字水印中的应用。

8.1　数字水印技术概述

数字水印(Digital Watermark)技术是指用信号处理的方法在数字化的多媒体数据中嵌入隐蔽的标记，这种标记通常是不可见的，只有通过专用的检测器或阅读器才能提取。数字水印是信息隐藏技术的一个重要研究方向。

嵌入数字作品中的信息必须具有以下基本特性才能称为数字水印。

(1) 隐蔽性：在数字作品中嵌入数字水印不会引起明显的降质，并且不易被察觉。

(2) 隐藏位置的安全性：水印信息隐藏于数据而非文件头中，文件格式的变换不应导致水印数据的丢失。

(3) 鲁棒性：所谓鲁棒性，是指在经历多种无意或有意的信号处理过程后，数字水印仍能保持完整性或仍能被准确鉴别。可能的信号处理过程包括信道噪声、滤波、数/模与模/数转换、重采样、剪切、位移、尺度变化以及有损压缩编码等。

8.2　数字水印算法

数字水印技术通过在原始数据中嵌入秘密信息——水印(Watermark)来证实该数据的所有权。这种被嵌入的水印可以是一段文字、标识、序列号等，而且这种水印通常是不可见或不可察的，它与原始数据(如图像、音频、视频数据)紧密结合并隐藏于其中，并可以经历一些不破坏源数据使用价值或商用价值的操作而能保存下来。数字水印技术除了应具备信息隐藏技术的一般特点外，还有着其固有的特点和研究方法。

图 8.1 所示为水印嵌入模型，其功能是完成将水印信号加入原始数据中；图 8.2 所示为水印检测模型，用以判断某一数据中是否含有指定的水印信号。

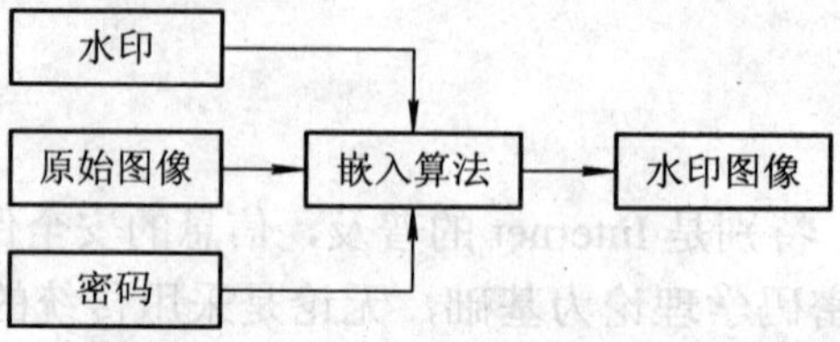

图 8.1　水印嵌入模型

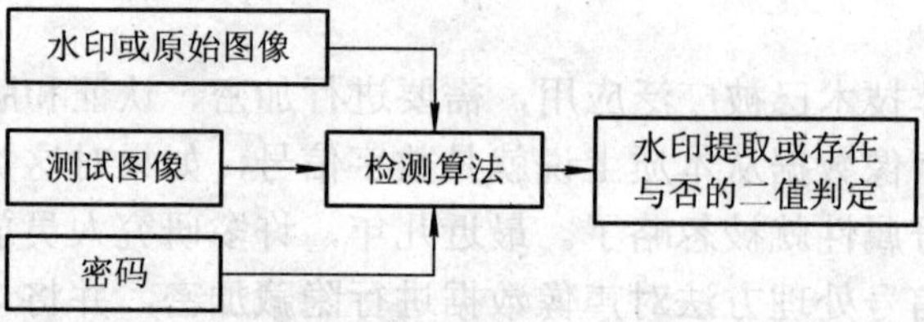

图 8.2　水印检测模型

近年来，数字水印技术研究取得了很大的进步。数字水印的应用范围非常广泛，本节仅以图像数据(某些算法也适合视频和音频数据)为例，介绍其一些典型算法。

8.2.1　空间域算法

早期的数字水印算法利用的是空间域。以图像来说，数字水印的嵌入有几种不同的方法，可以将水印嵌入在一幅图像的亮度、色彩或轮廓、结构中。普通水印制作方法利用的是亮度，因为它包含了一幅彩色图像最重要的信息。做空间域水印还可以用色彩分离的方法，水印只存在于色谱的一个颜色中，这样水印看起来很淡，正常情况下很难被发现。一种比较坚固的水印技术可以与在纸张上制作水印的方法类比，这种技术可以将水印符号叠加到图像上，而后调节图像上因叠加了水印而发生变化的那些像素的亮度，根据亮度值的大小，水印可以做成可见的或不可见的。

空间域算法中典型的水印算法是将信息嵌入到随机选择的图像点中最不重要的像素位(LSB，Least Significant Bits)上，这可保证嵌入的水印是不可见的。但是由于使用了图像不重要的像素位，算法的鲁棒性差，水印信息很容易被滤波、图像量化、几何变形等操作所破坏。另外一个常用方法是利用像素的统计特征将信息嵌入像素的亮度值中。Patchwork 算法是随机选择 N 对像素点(a_i，b_i)，然后将每个 a_i 点的亮度值加 1，每个 b_i 点的亮度值减 1，这样整个图像的平均亮度保持不变。适当地调整参数，Patchwork 方法对 JPEG 压缩、FIR 滤波以及图像裁剪有一定的抵抗力，但该方法嵌入的信息量有限。为了嵌入更多的水印信息，可以将图像分块，然后对每一个图像块进行嵌入操作。

8.2.2 变换域算法

变换域制作水印的算法是比较坚固的方法，它利用一个信号可以掩盖另一个较弱的信号这一频率掩盖现象，在频域变换中嵌入水印，包括快速傅里叶变换(FFT)、离散余弦变换(DCT)、Hadamard 变换和小波变换。

变换域算法中，应用最广泛的是基于 DCT 的频域水印算法。算法实现过程为：先计算图像的离散余弦变换(DCT)，然后将水印叠加到 DCT 域中幅值最大的前 k 个系数上(不包括直流分量)，通常为图像的低频分量。若 DCT 系数的前 k 个最大分量表示为 $D=\{d_i\}$，$i=1, \cdots, k$，水印是服从高斯分布的随机实数序列 $W=\{w_i\}$，$i=1, \ldots, k$，那么水印的嵌入算法为 $d_i = d_i(1 + aw_i)$，其中常数 a 为尺度因子，控制水印添加的强度。然后用新的系数作反变换得到水印图像 I。解码函数则分别计算原始图像 I 和水印图像 I^*的离散余弦变换，并提取嵌入的水印 W^*，再做相关检验 $W \cdot W^* / \sqrt{W \cdot W^*}$ 以确定水印的存在与否。该方法即使当水印图像经过一些通用的几何变形和信号处理操作而产生比较明显的变形后仍然能够提取出一个可信赖的水印拷贝。

一个简单改进是不将水印嵌入到 DCT 域的低频分量上，而是嵌入到中频分量上以调节水印的顽健性与不可见性之间的矛盾。另外，还可以将数字图像的空间域数据通过离散傅里叶变换(DFT)或离散小波变换(DWT)转化为相应的频域系数；其次，根据待隐藏的信息类型，对其进行适当编码或变形；然后，根据隐藏信息量的大小和其相应的安全目标，选择某些类型的频域系数序列(如高频、中频或低频)；再次，确定某种规则或算法，用待隐藏的信息的相应数据去修改前面选定的频域系数序列；最后，将数字图像的频域系数经相应的反变换转化为空间域数据。该类算法的隐藏和提取信息操作复杂，隐藏信息量不能很大，但抗攻击能力强，很适合于数字作品版权保护的数字水印技术。

8.2.3 压缩域算法

基于 JPEG、MPEG 标准的压缩域数字水印系统不仅节省了大量的完全解码和重新编码过程，而且在数字电视广播及 VOD(Video On Demand)中有很大的实用价值。相应地，水印检测与提取也可直接在压缩域数据中进行。

下面介绍一种针对 MPEG-2 压缩视频数据流的数字水印方案。虽然 MPEG-2 数据流语法允许把用户数据加到数据流中，但是这种方案并不适合数字水印技术，因为用户数据可以简单地把水印从数据流中去掉，同时，在 MPEG-2 编码视频数据流中增加用户数据会加大位率，使之不适于固定带宽的应用，所以关键是如何把水印信号加到数据信号中，即加入到表示视频帧的数据流中。对于输入的 MPEG-2 数据流而言，它可分为数据头信息、运动向量(用于运动补偿)和 DCT 编码信号块 3 部分，在方案中只有 MPEG-2 数据流最后一部分数据被改变，其原理是，首先对 DCT 编码数据块中每一输入的 Huffman 码进行解码和逆量化，以得到当前数据块的一个 DCT 系数；其次，把相应水印信号块的变换系数与之相加，从而得到水印叠加的 DCT 系数，再重新进行量化和 Huffman 编码；最后对新的 Huffman 码字的位数 n_1 与原来的无水印系数的码字 n_0 进行比较，只在 n_1 不大于 n_0 的时候，才能传输水印码字，否则传输原码字，这就保证了不增加视频数据流位率。该方法有一个问题值得考虑，即水印信号的引入是一种引起降质的误差信号，而基于运动补偿的编码方案会将一个误差扩散和累积起来。为解决此问题，该算法采取了漂移补偿的方案来抵消因水印信号的引入所引起的视觉变形。

8.2.4　NEC 算法

NEC 算法由 NEC 实验室的 Cox 等人提出，该算法在数字水印算法中占有重要地位。其实现方法是：首先以密钥为种子来产生伪随机序列，该序列具有高斯分布 $N(0,1)$，密钥一般由作者的标识码和图像的哈希值组成；其次对图像作 DCT 变换；最后用伪随机高斯序列来调制(叠加)该图像除直流(DC)分量外的 1000 个最大的 DCT 系数。该算法具有较强的鲁棒性、安全性、透明性等。由于采用特殊的密钥，因此可防止 IBM 攻击，而且该算法还提出了增强水印鲁棒性和抗攻击算法的重要原则，即水印信号应该嵌入源数据中对人感觉最重要的部分，这种水印信号由独立同分布随机实数序列构成，且该实数序列应该具有高斯分布 $N(0,1)$的特征。

8.2.5　生理模型算法

人的生理模型包括人类视觉系统(HVS，Human Visual System)和人类听觉系统(HAS，Human Auditory System)。该模型不仅被多媒体数据压缩系统利用，同样可以供数字水印系统利用。利用视觉模型的基本思想是利用从视觉模型导出的 JND(Just Noticeable Difference)描述来确定在图像的各个部分所能容忍的数字水印信号的最大强度，从而避免破坏视觉质量。也就是说，利用视觉模型来确定与图像相关的调制掩模，然后再利用其来插入水印。这一方法同时具有好的透明性和强健性。

8.3　基于小波变换域的数字水印

8.3.1　基于小波变换域的数字水印简述

小波水印的算法主要根据小波分解后产生的近似子带和细节子带系数的不同，确定水印嵌入的不同位置，大体分为低频域水印和高频域水印算法。低频域水印算法主要考虑近似子带系数能量大，经过一般的信号处理后，仍能很好保留的特点，嵌入一定强度的水印，达到不影响原图视觉质量的效果。高频域水印算法利用人眼的视觉特性(HVS)，在细节子带的边缘和纹理处系数较大，嵌入水印信息后，人眼对图像的变化不敏感。此类算法配合自适应思想，可提高水印的鲁棒性。按照这两种思路，本节就目前的小波水印的基本算法进行介绍。

小波水印嵌入流程一般如图 8.3 所示。水印嵌入一般采用可加性模型，嵌入公式为

$$X^* = \begin{cases} X + \alpha\omega, & X > T \\ X, & X \le T \end{cases}$$

其中，T 为阈值，ω 为水印。水印嵌入的位置主要为小波分解后的低频域和高频域，对应近

似子带和细节子带。下面按低频子带和高频子带分类，对小波域水印算法做介绍。

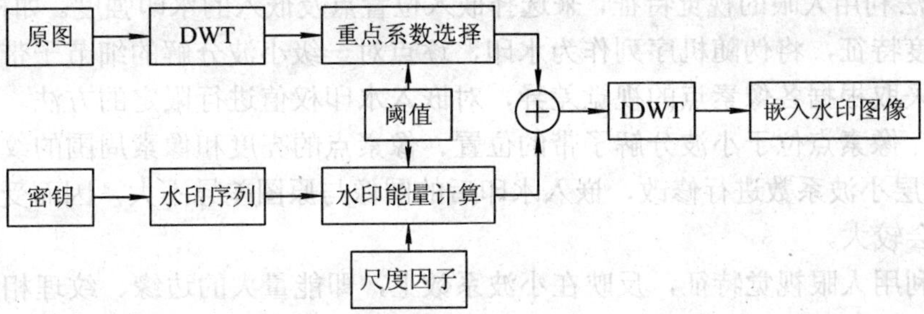

图 8.3　水印嵌入过程

1. 低频子带水印嵌入方法

该方法是针对原图小波分解后近似子带的系数进行水印嵌入。近似子带代表图像中平坦的部分，具有较高的感觉容量，嵌入水印的鲁棒性强。该类方法对高频滤波、有损压缩都有较好的抗攻击性。但同时正因为低频分量直接影响着图像的质量，水印嵌入容量过大会直接影响图像的视觉效果。

以下举出几个典型的低频域水印算法进行说明。

1) 盲水印算法

盲水印是指水印检测时，不需原图及其他参考信息，故盲水印的嵌入算法也最复杂，与之相关的文章较非盲水印文章要少。但作为公开水印，盲水印的法庭证据效果较好，具有很大的研究前景。

2) 自适应的半盲水印算法

自适应的半盲水印算法研究结果较多，采取自适应的方式选择嵌入位置，水印嵌入后的视觉效果及检测效率较盲水印要高。

2. 高频子带水印嵌入方法

小波分解中低频子带系数的大小大致相同，高频子带的系数遵从拉氏函数分布，大部分系数为 0，只有少数代表边缘和高质地的峰值系数包含较大的能量。为了可靠地在细节子带中嵌入水印，可只选择足够大的系数，也可对水印强度加权，使之在重要系数中嵌入更多的能量，嵌入强度一般取决于分解层数、子带方向及能量。因为高频域信息易受低通滤波和 JPEG 压缩的攻击，为提高高频域水印算法的鲁棒性，经常采用自适应的方法，来提高该类算法的抗攻击能力。这里总结了几类典型的高频域小波自适应算法。

1) 阈值设定法

阈值设定算法通过设定阈值，将高频域系数与阈值做比较，选择能量大的系数进行水印嵌入。将最高分解层的小波系数与给定阈值进行比较，如果小于阈值的系数则被认为是不重要系数，作为父节点(或根节点)，其同方向的较低分解层的系数也被认为是不重要系数，作为子节点，从而形成一棵零树。零树树根被编码为特殊字符，以标识整个零树。零树是图像压缩中易被去除的位置，故不进行水印嵌入；反之，在重要系数构成的父节点及相应子孙节点上嵌入水印。

阈值设定法是通过明确的阈值来判定重要系数的，阈值的设定自适应产生。

2) 应用 HVS 的方法

HVS 方法利用人眼的视觉特征，来选择嵌入位置点及嵌入的水印强度。如根据 HVS 中的纹理和亮度特征，将伪随机序列作为水印，逐点对一级小波分解的细节子带中所有系数嵌入水印。采取根据各像素点的视觉差异，对嵌入水印权值进行限定的方法。主要考虑的视觉因素有：像素点位于小波分解子带的位置、像素点的亮度和像素周围的纹理情况。因为是对第 1 层小波系数进行修改，嵌入水印后的图像与原图差异不大，因而受滤波、压缩攻击的影响会较大。

该方法利用人眼视觉特征，反映在小波系数上，即能量大的边缘、纹理相应系数嵌入较大能量的水印信息。

3) 量化方法

量化方法一般是对小波分解后的三个方向的高频系数比较后，中间值量化的方法。如对原图的同一尺度层细节子带的三个被选中系数进行排序，根据嵌入值为 0 或为 1，对中间系数进行量化。

该方法的水印嵌入过程，实际也是一种自适应地选择嵌入位置的过程，通过三个系数的比较，找出合适的嵌入位置。

总结高频域水印嵌入算法，最需要解决的就是抗 JPEG 有损压缩和低通滤波的能力问题。因为这两种图像处理去除了一些高频信号，嵌入高频信息中的水印会被同时去除掉。因此嵌入系数的选择若经过精心处理，水印的提取或检测准确率相应会大大提高。另一方面，这类水印较低频子带水印嵌入模型的优点在于其较好的抗噪声、抗切割等几何变形攻击的能力。

8.3.2　基于小波变换域的数字水印实例

本节将介绍两个实例：基于离散小波变换(DWT)和人类视觉系统(HVS)的数字水印实例和基于二维离散 Daubechies 小波变换的水印处理。

1. 基于 DWT 和 HVS 的数字水印

1) 人类视觉系统(HVS)

对于图像来说，HVS 的主要特性一般表现在 3 个方面：亮度特性、频域特性、图像类型特性。其中，亮度特性是 HVS 特性中最基本的一种，主要是关于人眼对亮度变化的敏感性。一般来说，人眼对于高亮度的区域所附加的噪声其敏感性较小，这就意味着，如果图像的背景亮度越高，那么它所能嵌入的附加信息就越多。对于频域特性来说，如果将图像从空域变换到频域，那么，频率越高，人眼的分辨能力就越低；频率越低，人眼的分辨能力就越高。HVS 的频域特性说明人眼对高频的内容其敏感性较低。从图像类型特性来说，图像可分为大块平滑区域和纹理密集区域。HVS 对于平滑区域的敏感性要远高于纹理密集区域，也就是说，图像中的纹理越密集，其所能嵌入的信息就越多。

HVS 对于不同的颜色其敏感性也各有不同，该特性对于彩色图像的数字水印研究很有意义。对于彩色图像来说，其每一个像素都可分为 R、G、B 三种基色，在向彩色图像嵌入水印时，根据人眼对不同颜色的敏感性的不同，从而调整水印的嵌入能量，能使嵌入水印后的图像有较好的质量。根据人眼对各种颜色的不同敏感性，在此取 R∶G∶B=1∶2∶4。

2) 水印嵌入算法

对于二维的图像信号来说，经过一次 DWT 变换后，图像被分解为 4 幅，其中左上角一幅是原图像的平滑逼近(低频)，左下角为垂直细节，右上角为水平细节，右下角为原图像的细节分量(高频)。然后，可以继续对左上角的低频分量进行同样的第 2 次、第 3 次……小波变换。

经过小波分解后，其低频分量是对原图像的近似，所以在该频段中所加入的水印具有较强的鲁棒性。但人眼对于低频分量加入 HVS 水印的敏感性要远高于对高频分量加入信息。另一方面，由图像压缩知识可知，在高频段加入的水印较易在图像进行等有损压缩的操作中被丢失。综合以上考虑，本算法 JPEG 采用了对不同基色乘以不同加权系数的方法来解决可视失真，并通过将水印嵌入中频段以及多次嵌入水印低频小波系数的方法来增强水印的鲁棒性。

本算法先将原始彩色数字图像分解为三个基色分量 C_R、C_G、C_B，分别对该三个基色分量作两层小波分解。然后，将彩色数字水印同样分解为 W_R、W_G、W_B 三个基色分量，分别对其进行一次小波分解。然后便将彩色数字水印的三基色分解系数分别对应嵌入到原始彩色图像的三基色分解系数中，嵌入公式为

$$\begin{cases} C_{\mathbf{R(G,B)}}A_2(i,j)=C_{\mathbf{R(G,B)}}A_2(i,j)+r(g,b)*W_{\mathbf{R(G,B)}}A_1(i,j) \\ C_{\mathbf{R(G,B)}}H_1(i,j)=C_{\mathbf{R(G,B)}}H_1(i,j)+r(g,b)*W_{\mathbf{R(G,B)}}H_1(i,j) \\ C_{\mathbf{R(G,B)}}V_1(i,j)=C_{\mathbf{R(G,B)}}V_1(i,j)+r(g,b)*W_{\mathbf{R(G,B)}}V_1(i,j) \\ C_{\mathbf{R(G,B)}}D_1(i,j)=C_{\mathbf{R(G,B)}}D_1(i,j)+r(g,b)*W_{\mathbf{R(G,B)}}D_1(i,j) \end{cases}$$

其中，$r(g，b)A_2(i，j)$表示原始彩色图像的红色分量 R(或 G、B)经小波两层分解后的低频区域中的第$(i，j)$各系数的值，其余类推。并且 $r：g：b$=2：1：4。

程序代码如下：

```
function dwtgl
clear all;
clc;
% 保存开始时间
start_time=cputime;
figure(1);
%读出原始图像
subplot(1,2,1);
input = imread('image.bmp');
imshow(input);
title('原始图像');
%读出水印
subplot(1,2,2);
water = imread('water1.bmp');
imshow(water,[]);
```

```
title('水印');
%三色分离
input = double(input);
water = double(water);
inputr = input(:,:,1);
waterr = water(:,:,1);
inputg = input(:,:,2);
waterg = water(:,:,2);
inputb = double(input(:,:,3));
waterb = double(water(:,:,3));
%系数 r，大则增加鲁棒性，小则增加透明性
r = 0.06 ;
%水印 R 的分解
[Cwr,Swr] =WAVEDEC2(waterr,1,'haar');
%图像 R 的分解
[Cr,Sr] =WAVEDEC2(inputr,2,'haar');
%水印的嵌入
Cr(1:size(Cwr,2)/16)=...
    Cr(1:size(Cwr,2)/16)+r*Cwr(1:size(Cwr,2)/16);
k =0;
while k <= size(Cr,2)/size(Cwr,2)-1
    Cr(1+size(Cr,2)/4 + k*size(Cwr,2)/4:size(Cr,2)/4+...
        (k+1)*size(Cwr,2)/4) = Cr(1+size(Cr,2)/4 + ...
        k*size(Cwr,2)/4:size(Cr,2)/4 + (k +1)*size(Cwr,2)/4) + ...
        r*Cwr(1 + size(Cwr ,2)/4:size(Cwr,2)/2);
    Cr(1+ size(Cr,2)/2 + k*size(Cwr,2)/4:size(Cr,2)/2 + ...
        (k+1)*size(Cwr,2)/4) = Cr(1+size(Cr,2)/2 + ...
        k*size(Cwr,2)/4:size(Cr,2)/2 + (k+1)*size(Cwr,2)/4) + ...
        r*Cwr(1+size(Cwr,2)/2:3*size(Cwr,2)/4);
    Cr(1+3*size(Cr,2)/4 + k*size(Cwr,2)/4:3*size(Cr,2)/4 + ...
        (k+1)*size(Cwr,2)/4) = Cr(1+3*size(Cr,2)/4 + ...
        k*size(Cwr,2)/4:3*size(Cr,2)/4 + (k+1)*size(Cwr,2)/4) + ...
        r*Cwr(1+3*size(Cwr,2)/4:size(Cwr,2));
    k = k+1;
end ;
Cr(1:size(Cwr,2)/4) = Cr(1:size(Cwr,2)/4) + r*Cwr(1:size(Cwr,2)/4);
g = 0.03;
%水印 G 的分解
```

```
[Cwg,Swg] =WAVEDEC2(waterg,1,'haar');
%图像 G 的分解
[Cg,Sg] =WAVEDEC2(inputg,2,'haar');
%水印的嵌入
Cg(1:size(Cwg,2)/16)= ...
    Cg(1:size(Cwg,2)/16)+g*Cwg(1:size(Cwg,2)/16);
k =0 ;
while k <=size(Cg,2)/size(Cwg,2)-1
    Cg(1+size(Cg,2)/4 + k*size(Cwg,2)/4:size(Cg,2)/4+...
        (k+1)*size(Cwg,2)/4) = Cg(1+size(Cg,2)/4 + ...
        k*size(Cwg,2)/4:size(Cg,2)/4 + (k +1)*size(Cwg,2)/4) + ...
        g*Cwg(1 + size(Cwg ,2)/4:size(Cwg,2)/2);
    Cg(1+ size(Cg,2)/2 + k*size(Cwg,2)/4:size(Cg,2)/2 + ...
        (k+1)*size(Cwg,2)/4) = Cg(1+size(Cg,2)/2 + ...
        k*size(Cwg,2)/4:size(Cg,2)/2 + (k+1)*size(Cwg,2)/4) + ...
        g*Cwg(1+size(Cwg,2)/2:3*size(Cwg,2)/4);
    Cg(1+3*size(Cg,2)/4 + k*size(Cwg,2)/4:3*size(Cg,2)/4 + ...
        (k+1)*size(Cwg,2)/4) = Cg(1+3*size(Cg,2)/4 + ...
        k*size(Cwg,2)/4:3*size(Cg,2)/4 + (k+1)*size(Cwg,2)/4) + ...
        g*Cwg(1+3*size(Cwg,2)/4:size(Cwg,2));
    k = k+1;
end ;
Cg(1:size(Cwg,2)/4) = Cg(1:size(Cwg,2)/4) + g*Cwg(1:size(Cwg,2)/4);
b = 0.12;
%水印 B 的分解
[Cwb,Swb] =WAVEDEC2(waterb,1,'haar');
%图像 B 的分解
[Cb,Sb] =WAVEDEC2(inputb,2,'haar');
%水印的嵌入
Cb(1:size(Cwb,2)/16)= ...
    Cb(1:size(Cwb,2)/16)+b*Cwb(1:size(Cwb,2)/16);
k = 0;
while k <= size(Cb,2)/size(Cwb,2)-1
    Cb(1+size(Cb,2)/4 + k*size(Cwb,2)/4:size(Cb,2)/4+...
        (k+1)*size(Cwb,2)/4) = Cb(1+size(Cb,2)/4 + ...
        k*size(Cwb,2)/4:size(Cb,2)/4 + (k +1)*size(Cwb,2)/4) + ...
        b*Cwb(1 + size(Cwb ,2)/4:size(Cwb,2)/2);
    Cb(1+ size(Cb,2)/2 + k*size(Cwb,2)/4:size(Cb,2)/2 + ...
```

```
            (k+1)*size(Cwb,2)/4) = Cb(1+size(Cb,2)/2 + ...
            k*size(Cwb,2)/4:size(Cb,2)/2 + (k+1)*size(Cwb,2)/4) + ...
            b*Cwb(1+size(Cwb,2)/2:3*size(Cwb,2)/4);
        Cb(1+3*size(Cb,2)/4 + k*size(Cwr,2)/4:3*size(Cb,2)/4 + ...
            (k+1)*size(Cwr,2)/4) = Cb(1+3*size(Cb,2)/4 + ...
            k*size(Cwb,2)/4:3*size(Cb,2)/4 + (k+1)*size(Cwb,2)/4) + ...
            b*Cwb(1+3*size(Cwb,2)/4:size(Cwb,2));
        k = k+1;
    end ;
    Cb(1:size(Cwb,2)/4) = Cb(1:size(Cwb,2)/4) + b*Cwb(1:size(Cwb,2)/4);
    %图像的重构
    inputr =WAVEREC2(Cr ,Sr ,'haar');
    inputg =WAVEREC2(Cg ,Sg ,'haar');
    inputb =WAVEREC2(Cb ,Sb ,'haar');
    %三色的叠加
    temp=size(inputr);
     pic=zeros(temp(1),temp(2),3);
     for i=1:temp(1);
        for j=1:temp(2);
            pic(i,j,1)=inputr(i,j);
            pic(i,j,2)=inputg(i,j);
            pic(i,j,3)=inputb(i,j);
        end
     end
    output = uint8(round(pic));
    %转化为 uint8
    watermarked_image_uint8=uint8(output);
    imwrite(watermarked_image_uint8,'watermarked.bmp','bmp');
    %显示时间
    elapsed_time=cputime-start_time,
    %输出结果
    figure(2);
    imshow(watermarked_image_uint8);
    title('水印图像') ;
```

程序运行结果如图 8.4 和图 8.5 所示。

```
    elapsed_time =
    =
         1.0415
```

图 8.4　原始图像和水印

图 8.5　水印图像

3) 水印提取算法

本算法的水印提取过程是水印嵌入的逆过程，需要用到原始彩色图像和加入了彩色数字水印的图像。将原始图像和数字水印图像分别作两层小波分解，水印的低频系数从原始图像和数字水印图像的第二层分解的低频系数中得到，高频系数从原始图像和数字水印图像的第一层分解的高频系数中得到。实现过程中按嵌入时相同的过程将原始图像的小波系数相应地从水印图像的小波系数中减去。最后，将得到的数字水印的小波系数作小波反变换，即获得提取出的水印图像。

程序代码如下：

```
clear all;
clc;
%保存开始时间
start_time=cputime;
figure(1);
%读出原始图像
subplot(1,2,1);
input = imread('image.bmp');
imshow(input);
title('原始图像');
%读出水印图像
subplot(1,2,2);
watermarked_image = imread('watermarked.bmp');
imshow(watermarked_image,[]);
title('水印图像');
%三色分离
input = double(input);
watermarked_image = double(watermarked_image);
inputr = input(:,:,1);
watermarked_imager = watermarked_image(:,:,1);
inputg = input(:,:,2);
```

```
watermarked_imageg = watermarked_image(:,:,2);
inputb = input(:,:,3);
watermarked_imageb = watermarked_image(:,:,3);
%-----------------------------------------------
%水印图像 R 的分解
[Cwr,Swr] =WAVEDEC2(watermarked_imager,2,'haar');
%图像 R 的分解
[Cr,Sr] =WAVEDEC2(inputr,2,'haar');
%水印图像 G 的分解
[Cwg,Swg] =WAVEDEC2(watermarked_imageg,2,'haar');
%图像 G 的分解
[Cg,Sg] =WAVEDEC2(inputg,2,'haar');
%水印图像 B 的分解
[Cwb,Swb] =WAVEDEC2(watermarked_imageb,2,'haar');
%图像 B 的分解
[Cb,Sb] =WAVEDEC2(inputb,2,'haar');
%-----------------------------------------------
%提取水印的小波系数
r = 0.06;
for k =0:3
    whr(k+1,:) = Cwr(1+size(Cwr,2)/4+k*size(Cwr,2)/16:...
        size(Cwr,2)/4+(k+1)*size(Cwr,2)/16)-...
         Cr(1+size(Cr,2)/4+k*size(Cr,2)/16:...
         size(Cr,2)/4+(k+1)*size(Cr,2)/16);
    wvr(k+1,:) = Cwr(1+size(Cwr,2)/2+k*size(Cwr,2)/16:...
        size(Cwr,2)/2+(k+1)*size(Cwr,2)/16)-...
         Cr(1+size(Cr,2)/2+k*size(Cr,2)/16:...
         size(Cr,2)/2+(k+1)*size(Cr,2)/16);
    wdr(k+1,:) = Cwr(1+3*size(Cwr,2)/4+k*size(Cwr,2)/16:...
        3*size(Cwr,2)/4+(k+1)*size(Cwr,2)/16)-...
         Cr(1+3*size(Cr,2)/4+k*size(Cr,2)/16:...
         3*size(Cr,2)/4+(k+1)*size(Cr,2)/16);
end
whr = (whr(1,:)+whr(2,:)+whr(3,:)+whr(4,:))/(4*r);
wvr = (wvr(1,:)+wvr(2,:)+wvr(3,:)+wvr(4,:))/(4*r);
wdr = (wdr(1,:)+wdr(2,:)+wdr(3,:)+wdr(4,:))/(4*r);
war =( Cwr(1:size(Cwr,2)/16) - Cr(1:size(Cr,2)/16))/r;
g = 0.03;
for k =0:3
    whg(k+1,:) = Cwg(1+size(Cwg,2)/4+k*size(Cwg,2)/16:...
```

```
            size(Cwg,2)/4+(k+1)*size(Cwg,2)/16)-Cg(1+...
            size(Cg,2)/4+k*size(Cg,2)/16:...
            size(Cg,2)/4+(k+1)*size(Cg,2)/16);
      wvg(k+1,:) = Cwg(1+size(Cwg,2)/2+k*size(Cwg,2)/16:...
            size(Cwg,2)/2+(k+1)*size(Cwg,2)/16)-Cg(1+...
            size(Cg,2)/2+k*size(Cg,2)/16:...
            size(Cg,2)/2+(k+1)*size(Cg,2)/16);
      wdg(k+1,:) = Cwg(1+3*size(Cwg,2)/4+k*size(Cwg,2)/16:...
            3*size(Cwg,2)/4+(k+1)*size(Cwg,2)/16)-...
             Cg(1+3*size(Cg,2)/4+k*size(Cg,2)/16:...
             3*size(Cg,2)/4+(k+1)*size(Cg,2)/16);
end
whg = (whg(1,:)+whg(2,:)+whg(3,:)+whg(4,:))/(4*g);
wvg = (wvg(1,:)+wvg(2,:)+wvg(3,:)+wvg(4,:))/(4*g);
wdg = (wdg(1,:)+wdg(2,:)+wdg(3,:)+wdg(4))/(4*g);
wag =( Cwg(1:size(Cwg,2)/16) - Cg(1:size(Cg,2)/16))/g;
b = 0.12;
for k =0:3
      whb(k+1,:) = Cwb(1+size(Cwb,2)/4+k*size(Cwb,2)/16:...
            size(Cwb,2)/4+(k+1)*size(Cwb,2)/16)-...
             Cb(1+size(Cb,2)/4+k*size(Cb,2)/16:...
             size(Cb,2)/4+(k+1)*size(Cb,2)/16);
      wvb(k+1,:) = Cwb(1+size(Cwb,2)/2+k*size(Cwb,2)/16:...
            size(Cwb,2)/2+(k+1)*size(Cwb,2)/16)-...
             Cb(1+size(Cb,2)/2+k*size(Cb,2)/16:...
             size(Cb,2)/2+(k+1)*size(Cb,2)/16);
      wdb(k+1,:) = Cwb(1+3*size(Cwb,2)/4+k*size(Cwb,2)/16:...
            3*size(Cwb,2)/4+(k+1)*size(Cwb,2)/16)-...
             Cb(1+3*size(Cb,2)/4+k*size(Cb,2)/16:...
             3*size(Cb,2)/4+(k+1)*size(Cb,2)/16);
end
whb = (whb(1,:)+whb(2,:)+whb(3,:)+whb(4,:))/(4*b);
wvb = (wvb(1,:)+wvb(2,:)+wvb(3,:)+wvb(4,:))/(4*b);
wdb = (wdb(1,:)+wdb(2,:)+wdb(3,:)+wdb(4,:))/(4*b);
wab =( Cwb(1:size(Cwb,2)/16) - Cb(1:size(Cb,2)/16))/b;
%---------------------------------------------------
%重构水印图像
cwr = [war,whr,wvr,wdr];
swr(:,1) = [sqrt(size(war,2)),sqrt(size(war,2)),2*sqrt(size(war,2))];
swr(:,2) = [sqrt(size(war,2)),sqrt(size(war,2)),2*sqrt(size(war,2))];
```

```
wr = waverec2(cwr,swr,'haar');
cwg = [wag,whg,wvg,wdg];
swg(:,1) = [sqrt(size(wag,2)),sqrt(size(wag,2)),2*sqrt(size(wag,2))];
swg(:,2) = [sqrt(size(wag,2)),sqrt(size(wag,2)),2*sqrt(size(wag,2))];
wg = waverec2(cwg ,swg ,'haar');
cwb = [wab,whb,wvb,wdb];
swb(:,1) = [sqrt(size(wab,2)),sqrt(size(wab,2)),2*sqrt(size(wab,2))];
swb(:,2) = [sqrt(size(wab,2)),sqrt(size(wab,2)),2*sqrt(size(wab,2))];
wb = waverec2(cwb ,swb ,'haar');
%-----------------------------------------------------
%三色叠加
temp=size(wr);
 pic=zeros(temp(1),temp(2),3);
 for i=1:temp(1);
     for j=1:temp(2);
         pic(i,j,1)=wr(i,j);
         pic(i,j,2)=wg(i,j);
         pic(i,j,3)=wb(i,j);
     end
 end
output = uint8(round(pic));
%转化为 uint8
watermark_image_uint8=uint8(output);
imwrite(watermark_image_uint8,'watermark.bmp','bmp');
figure(2);
imshow(watermark_image_uint8);
title('水印');
```

程序运行结果如图 8.6 和图 8.7 所示。

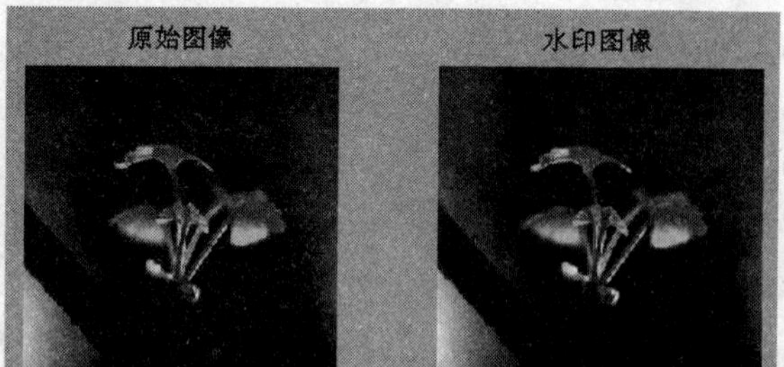

图 8.6　原始图像和水印图像

图 8.7　提取的水印

2. 基于二维离散 Daubechies 小波变换的水印处理

下面介绍一种利用二维离散 Daubechies 小波变换实现数字水印的实例。

MATLAB 程序如下：

```
clear;
%装入原始图像
load woman2;
I=X;

%小波函数
type='db1';

%二维离散 Daubechies 小波变换
[CA1,CH1,CV1,CD1]=dwt2(I,type);
C1=[CH1 CV1 CD1];

%系数矩阵大小
[length1,width1]=size(CA1);
[M1,N1]=size(C1);

%定义阈值 T1
T1=50;
alpha=0.2;

%在图像中加入水印
for counter2=1:1:N1
 for counter1=1:1:M1
        if(C1(counter1,counter2)>T1)
                marked1(counter1,counter2)=randn(1,1);
                NEWC1(counter1,counter2)=double(C1(counter1,counter2))+...
alpha*abs(double(C1(counter1,counter2)))*marked1(counter1,counter2);
        else
                marked1(counter1,counter2)=0;
                NEWC1(counter1,counter2)=double(C1(counter1,counter2));
        end;
 end;
end;

%重构图像
NEWCH1=NEWC1(1:length1,1:width1);
```

```
NEWCV1=NEWC1(1:length1,width1+1:2*width1);
NEWCD1=NEWC1(1:length1,2*width1+1:3*width1);

R1=double(idwt2(CA1,NEWCH1,NEWCV1,NEWCD1,type));

%分离水印
watermark1=double(R1)-double(I);

figure(1);
subplot(121);
image(I);
axis('square');
title('原始图像');
subplot(122);
imshow(R1/250);
axis('square');
title('Daubechies 小波变换后图像');

figure(2);
imshow(watermark1*10^6);
axis('square');
title('水印图像');

%水印检测
newmarked1=reshape(marked1,M1*N1,1);
%检测阈值
T2=60; %定义阈值 T2
for counter2=1:1:N1
 for counter1=1:1:M1
        if(NEWC1(counter1,counter2)>T2)
              NEWC1X(counter1,counter2)=NEWC1(counter1,counter2);
        else
              NEWC1X(counter1,counter2)=0;
        end;
 end;
end;

NEWC1X=reshape(NEWC1X,M1*N1,1);

correlation1=zeros(1000,1);
```

```
for corrcounter=1:1:1000
 if(corrcounter==500)
       correlation1(corrcounter,1)=NEWC1X'*newmarked1/(M1*N1);
 else
       rnmark=randn(M1*N1,1);
       correlation1(corrcounter,1)=NEWC1X'*rnmark/(M1*N1);
 end;
end;

%计算阈值
originthreshold=0;
for counter2=1:1:N1
 for counter1=1:1:M1
       if(NEWC1(counter1,counter2)>T2)
              originthreshold=originthreshold+abs(NEWC1(counter1,counter2));
       end;
 end;
end;
originthreshold=originthreshold*alpha/(2*M1*N1);

corrcounter=1000;
originthresholdvetor=ones(corrcounter,1)*originthreshold;

figure(3);
plot(correlation1,'-');
hold on;
plot(originthresholdvetor,'--');
title('原始的加水印图像');
xlabel('水印');ylabel('检测响应');
```

原始图像和小波变换后的图像如图 8.8 所示，加入的水印图像如图 8.9 所示，水印图像检测结果如图 8.10 所示。

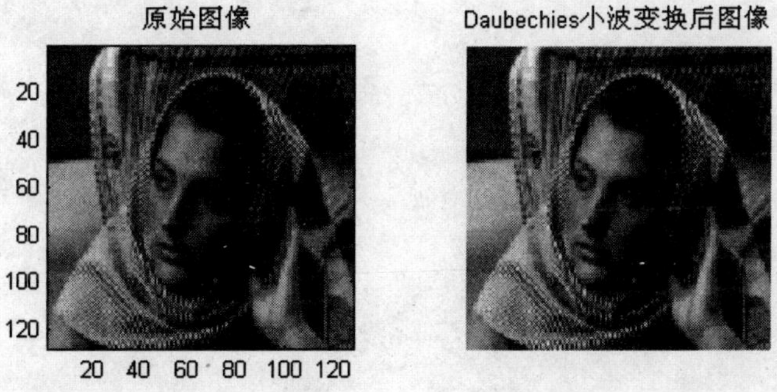

图 8.8　原始图像和小波变换后的图像对比

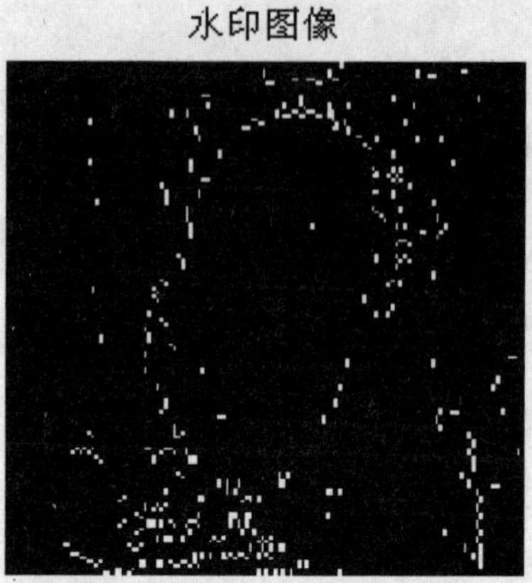

图 8.9　水印处理后的图像

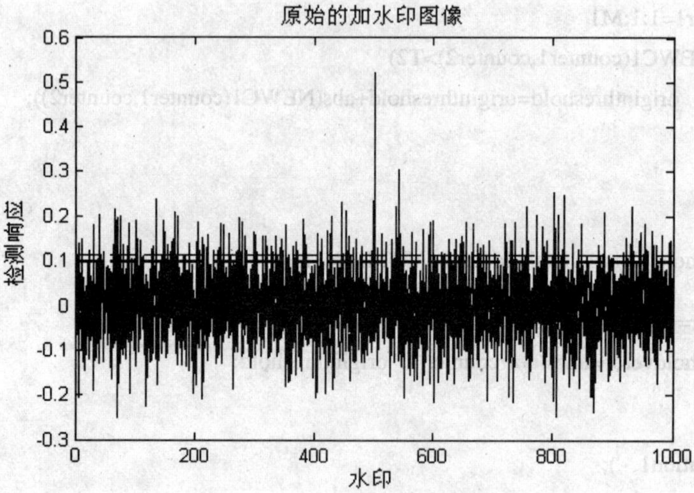

图 8.10　水印图像的检测结果

第 9 章　小波变换与语音/生物医学信号处理

语音信号处理也可以简称为语音处理，它是以语音学和数字信号处理为基础而形成的一个综合性的学科，包括语音识别、语音合成、语音编码和说话人识别等四大分支。语音处理的研究目标多种多样，处理方法丰富多彩，一直是数字信号处理技术发展的重要推动力量。

本章将详细介绍 MATLAB 小波在语音信号处理中的应用。

9.1　语音信号处理概述

语音识别与合成技术是一种人机语言通信技术，属于计算机智能接口技术。计算机智能接口技术主要包括计算机听觉和视觉。多媒体技术也主要是利用计算机语音处理和图像处理的能力为人们提供一种更方便的人机界面，使人与计算机之间、人与人之间的通信更加方便。

语音识别技术的应用，本质上是基于它能将人的语音转化为语言代码。语音是语言信息的载体，语音识别的基本任务是将输入的话音转化为相应的语言代码(如文字或词语的代号)。这样，不仅在存储或传输这样的语言代码时的数码率比起存储原来的语音信号来大幅度降低，还在于它把一种连续的语音信号变成了一种有限符号集中的符号(或代码)，这样的符号容易被计算机(或专用信息处理单元)理解，而且便于与人进行交流，因而可以进行十分广泛的应用。

语音合成的应用已经在许多方面推向了实际应用，例如：公共交通中的自动报站、各种场合的自动报时、自动告警、电话自动查询服务、文本校对中的语音提示等。

说话人识别主要是在近 20 年中发展起来的，现在已在安全加密、银行信息电话查询服务等方面得到了应用，此外在公安机关破案和法庭取证方面也得到了应用。

语种辨识在军事情报工作、国家安全事务中有重要应用。

语音编码技术的实用价值是不需多说的，它的根本作用是使语音通信数字化，而语音通信的数字化将使通信技术的水平提高一大步。对于目前正在蓬勃兴起的移动通信和个人通信，语音编码技术就是其非常重要的支撑技术。

9.2　基于小波的语音信号处理

目前，小波在语音信号处理中的应用非常广泛，例如在语音识别的信号预处理、语音端点检测、语音分析与合成、语音增强以及语音编码中都有非常广泛的应用。本节将就小波在语音增强、语音压缩中的应用进行介绍。

9.2.1　小波在语音信号增强中的应用

语音增强的目的是从带噪语音中提取尽可能纯净的原始语音，即在前端消除含噪语音信号中的噪声成分，提高输入信号的信噪比。在实际应用环境中，语音都会不同程度受到环境噪声的干扰，噪声会影响语音质量，严重的情况下将语音完全淹没到噪声中，无法分辨。同时，语音质量的下降也会使许多语音处理系统的性能急剧恶化。语音增强技术无论在日常生活中，还是在军事领域，或者对语音处理技术本身来说都很有应用价值。

小波的多分辨分析特性使其在非平稳信号以及图像等的去噪中都得到了广泛的应用，因此小波同样可以应用于语音信号的去噪中。下面将通过两个实例演示如何在 MATLAB 中有效地应用小波进行语音信号的去噪。

【例 9-1】　小波语音信号增强实例 1。

本例中在读入的声音语音信号中加入正态随机噪声，然后对含噪声的语音信号进行小波分解，估计噪声的方差，然后获取去噪的阈值并对小波分解的高频系数进行阈值量化，得到去噪后的语音信号，试验结果表明这种方法能有效地去除噪声，还原了原始语音信号。

程序代码如下：

```
clear
clc
%在噪声环境下语音信号的增强
%语音信号为读入的声音文件
%噪声为正态随机噪声
sound = wavread('Voice.wav');
count = length(sound);
noise = 0.05*randn(1,count);
y=sound' + noise;
%用小波函数'db6'对信号进行三层分解
[c,l] = wavedec(y,3, 'db6');
%估计尺度 1 的噪声标准偏差
sigma = wnoisest(c,l,1);
alpha = 2;
%获取消噪过程中的阈值
thr = wbmpen(c,l,sigma,alpha) ;
keepapp = 1;
%对信号进行消噪
yd = wdencmp('gbl',c,l,'db6',3,thr,'s',keepapp);
subplot(121);
plot(sound);
title('原始语音信号');
```

```
subplot(122);
plot(yd);
title('去噪后的语音信号');
```

程序运行结果如图 9.1 所示。

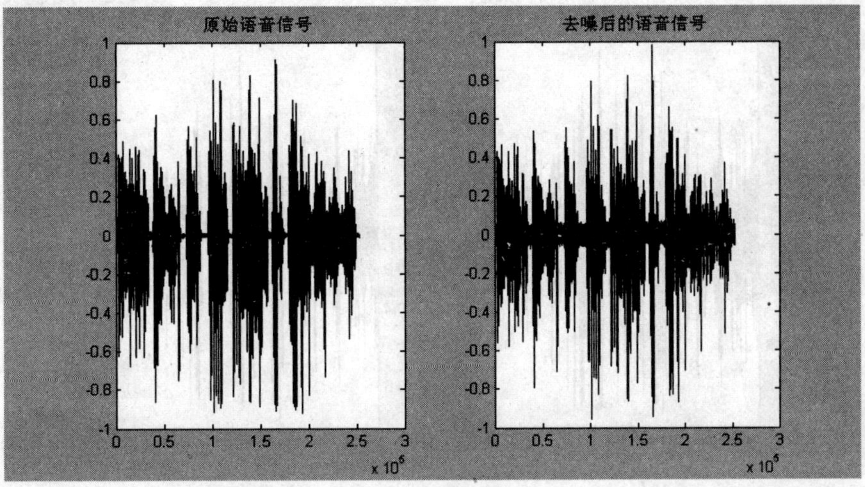

图 9.1　小波应用于语音增强

【例 9-2】　小波语音信号增强实例 2。

本例中在读入的声音语音信号中加入正态随机噪声，然后对含噪声的语音信号进行小波分解，再获取去噪的阈值并对小波分解的高频系数进行阈值量化，得到去噪后的语音信号，试验结果表明这种方法能有效去除噪声。

程序代码如下：

```
clear
clc
%在噪声环境下语音信号的增强
%语音信号为读入的声音文件
%噪声为正态随机噪声
sound = wavread('Voice.wav');
count = length(sound);
noise = 0.05*randn(1,count);
y=sound' + noise;
%获取消噪的阈值
[thr,sorh,keepapp] = ddencmp('den','wv',y);
%对信号进行消噪
yd = wdencmp('gbl',y,'db4',2,thr,sorh,keepapp);
subplot(121);
plot(sound);
title('原始语音信号');
```

```
subplot(122);
plot(yd);
title('去噪后的语音信号');
```

程序运行结果如图 9.2 所示。

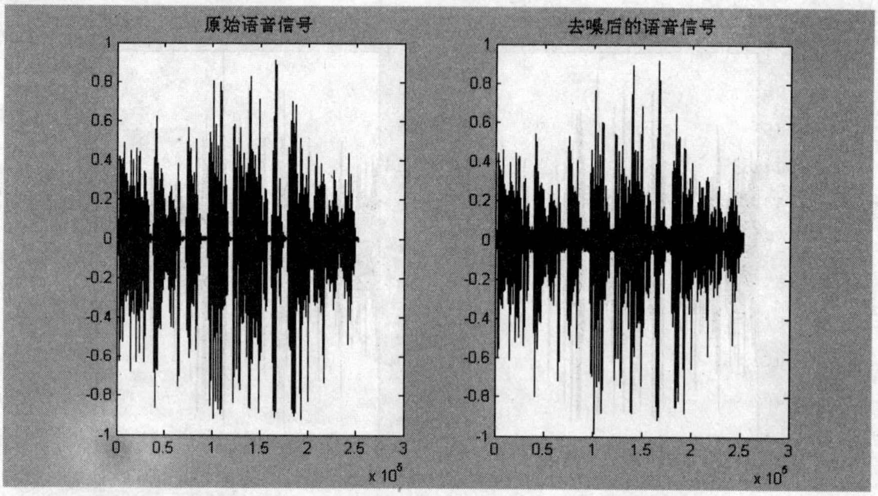

图 9.2　语音增强

9.2.2　小波在语音信号压缩中的应用

小波在语音信号压缩中的主要应用是在编码前对信号进行小波变换并对系数进行处理。一般步骤是将信号进行小波分解，然后选择阈值对小波系数进行压缩，最后使用编码算法对处理后的小波系数进行编码实现信号的压缩编码。由于编码技术不属于本书的范围，因此下面将对语音编码前的语音信号的小波处理举例进行介绍。

【例 9-3】　小波语音信号压缩实例 1。

本例中在对语音信号进行小波分解后获取语音信号压缩的阈值，最后利用 MATLAB 的函数 wdencmp 进行语音信号的压缩。

程序代码如下：

```
clear
clc
%语音信号为读入的声音文件
sound = wavread('Voice.wav');
%用小波函数 haar 对信号进行三层分解
[c,l] = wavedec(sound,3,'haar');
alpha = 1.5;
%获取信号压缩的阈值
[thr,nkeep] = wdcbm(c,l,alpha)
%对信号进行压缩
[cpsound,cxd,lxd,perf0,perfl2] = wdencmp('lvd',c,l,'haar',3,thr,'s');
```

```
subplot(121);
plot(sound);
title('原始语音信号');
subplot(122);
plot(cpsound);
title('压缩后的语音信号');
```

程序运行结果如图 9.3 所示。

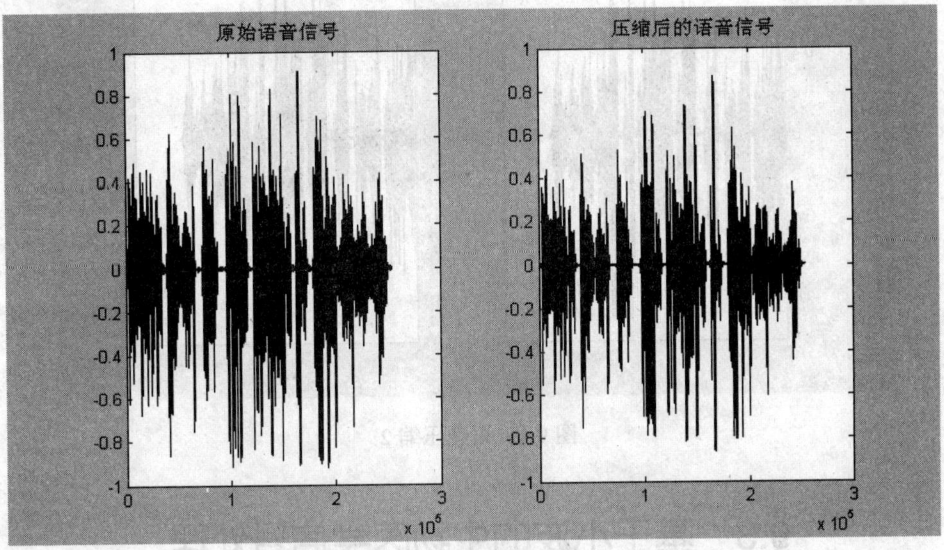

图 9.3　语音压缩 1

【例 9-4】　小波语音信号压缩实例 2。

本例中与前面的处理方法相同，除了使用 wdcbm 获取信号压缩的阈值外，也可以使用本例中的函数 ddencmp 获取压缩阈值。

程序代码如下：

```
clear
clc
%语音信号为读入的声音文件
sound = wavread('Voice.wav');
%用小波函数 haar 对信号进行五层分解
[c,l] = wavedec(sound,5,'haar');
%获取信号压缩的阈值
[thr,nkeep] = ddencmp('cmp','wv',sound);
%对信号进行压缩
cpsound = wdencmp('gbl',c,l,'haar',5,thr,'s',1);
subplot(121);
plot(sound);
title('原始语音信号');
```

```
subplot(122);
plot(cpsound);
title('压缩后的语音信号');
```

程序运行结果如图 9.4 所示。

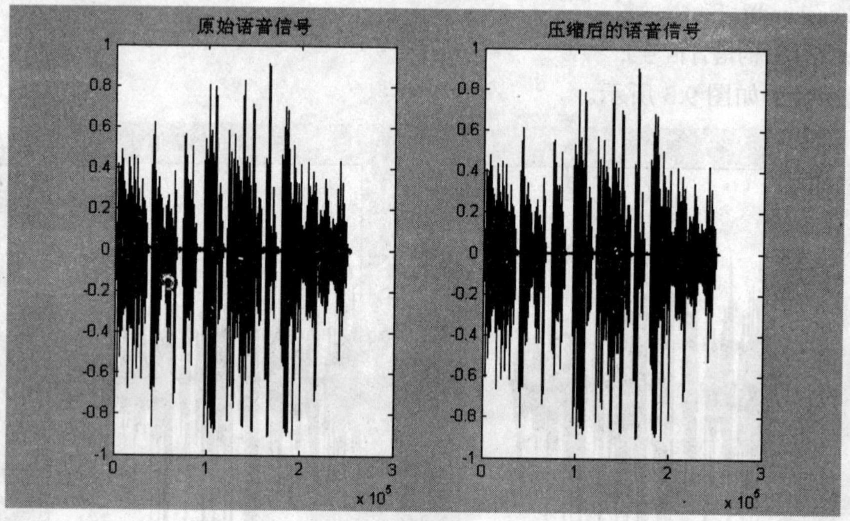

图 9.4　语音压缩 2

9.3　基于小波的生物医学信号处理

生物医学信号主要指心电信号 ECG，由于其受到人体诸多因素的影响，因而有着一般信号所没有的特点：

(1) 信号弱。例如从母体腹部获得的胎儿心电信号仅为 10～50 μV，脑干听觉诱发响应信号小于 1 μV。

(2) 噪声强。由于人体自身信号比较微弱，而人体又是一个复杂的整体，因此信号易受噪声的干扰。如胎儿心电混有很强的噪声，它一方面来自股电、工频等干扰，另一方面，在胎儿心电中不可避免地含有母体心电，母体心电相对需提取的胎儿心电则变成了很强的噪声。

(3) 频率范围一般比较低。除心音信号频谱成分稍高外，其他电生理信号频谱一般都比较低。

(4) 随机性强。生物医学信号不但是随机的，而且是非平稳的。

因为生物医学信号的以上特点，使得生物医学信号处理成为当代信号处理技术最可发挥其威力的一个重要技术领域，而小波变换方法则为医学临床诊断提供了更多的信息和手段。

9.3.1　ECG 信号的构建仿真

利用 MATLAB 产生 ECG 心电信号数据的程序如下：

```
clc;
x=0.01:0.01:2;
default=input('按 1 键为默认配置的 ECG 信号，按 2 键重新配置：\n');
if(default==1)
        li=30/72;
        a_pwav=0.25;
        d_pwav=0.09;
        t_pwav=0.16;

        a_qwav=0.025;
        d_qwav=0.066;
        t_qwav=0.166;

        a_qrswav=1.6;
        d_qrswav=0.11;

        a_swav=0.25;
        d_swav=0.066;
        t_swav=0.09;

        a_twav=0.35;
        d_twav=0.142;
        t_twav=0.2;

        a_uwav=0.035;
        d_uwav=0.0476;
        t_uwav=0.433;
else
      rate=input('\n\nenter the heart beat rate :');
      li=30/rate;
      %p wave specifications
      fprintf('\n\np wave specifications\n');
      d=input('Enter 1 for default specification else press 2: \n');
      if(d==1)
          a_pwav=0.25;
          d_pwav=0.09;
          t_pwav=0.16;
   else
          a_pwav=input('amplitude = ');
```

```
    d_pwav=input('duration = ');
    t_pwav=input('p-r interval = ');
    d=0;
end
%q wave specifications
fprintf('\n\nq wave specifications\n');
d=input('Enter 1 for default specification else press 2: \n');
if(d==1)
     a_qwav=0.025;
     d_qwav=0.066;
     t_qwav=0.166;
else
    a_qwav=input('amplitude = ');
    d_qwav=input('duration = ');
    t_qwav=0.166;
    d=0;
end
%qrs wave specifications
fprintf('\n\nqrs wave specifications\n');
d=input('Enter 1 for default specification else press 2: \n');
if(d==1)
     a_qrswav=1.6;
     d_qrswav=0.11;
else
    a_qrswav=input('amplitude = ');
    d_qrswav=input('duration = ');
    d=0;
end
%s wave specifications
fprintf('\n\ns wave specifications\n');
d=input('Enter 1 for default specification else press 2: \n');
if(d==1)
     a_swav=0.25;
     d_swav=0.066;
     t_swav=0.09;
else
    a_swav=input('amplitude = ');
    d_swav=input('duration = ');
    t_swav=0.09;
```

```
        d=0;
    end
    %t wave specifications
    fprintf('\n\nt wave specifications\n');
    d=input('Enter 1 for default specification else press 2: \n');
    if(d==1)
        a_twav=0.35;
        d_twav=0.142;
        t_twav=0.2;
    else
        a_twav=input('amplitude = ');
        d_twav=input('duration = ');
        t_twav=input('s-t interval = ');
        d=0;
    end
    %u wave specifications
    fprintf('\n\nu wave specifications\n');
    d=input('Enter 1 for default specification else press 2: \n');
    if(d==1)
        a_uwav=0.035;
        d_uwav=0.0476;
        t_uwav=0.433;
    else
        a_uwav=input('amplitude = ');
        d_uwav=input('duration = ');
        t_uwav=0.433;
        d=0;
    end
end
pwav=p_wav(x,a_pwav,d_pwav,t_pwav,li);
%qwav output
qwav=q_wav(x,a_qwav,d_qwav,t_qwav,li);
%qrswav output
qrswav=qrs_wav(x,a_qrswav,d_qrswav,li);
%swav output
swav=s_wav(x,a_swav,d_swav,t_swav,li);
%twav output
twav=t_wav(x,a_twav,d_twav,t_twav,li);
%uwav output
```

```
uwav=u_wav(x,a_uwav,d_uwav,t_uwav,li);
%ECG 信号显示保存
ecg=pwav+qrswav+twav+swav+qwav+uwav;
save ecg
figure(1)
plot(x,ecg);
```

程序中几个功能函数的定义如下：

```
function [pwav]=p_wav(x,a_pwav,d_pwav,t_pwav,li)
l=li;
a=a_pwav;
x=x+t_pwav;
b=(2*l)/d_pwav;
n=100;
p1=1/l;
p2=0;
for i = 1:n
harm1=(((sin((pi/(2*b))*(b-(2*i))))/(b-(2*i))+(sin((pi/(2*b))*(b+(2*i))))/(b+(2*i)))*(2/pi))*cos((i*pi*x)/l);
     p2=p2+harm1;
end
pwav1=p1+p2;
pwav=a*pwav1;

function [qwav]=q_wav(x,a_qwav,d_qwav,t_qwav,li)
l=li;
x=x+t_qwav;
a=a_qwav;
b=(2*l)/d_qwav;
n=100;
q1=(a/(2*b))*(2-b);
q2=0;
for i = 1:n
     harm5=(((2*b*a)/(i*i*pi*pi))*(1-cos((i*pi)/b)))*cos((i*pi*x)/l);
     q2=q2+harm5;
end
qwav=-1*(q1+q2);

function [qrswav]=qrs_wav(x,a_qrswav,d_qrswav,li)
l=li;
a=a_qrswav;
```

```
b=(2*l)/d_qrswav;
n=100;
qrs1=(a/(2*b))*(2-b);
qrs2=0;
for i = 1:n
    harm=(((2*b*a)/(i*i*pi*pi))*(1-cos((i*pi)/b)))*cos((i*pi*x)/l);
    qrs2=qrs2+harm;
end
qrswav=qrs1+qrs2;

function [swav]=s_wav(x,a_swav,d_swav,t_swav,li)
l=li;
x=x-t_swav;
a=a_swav;
b=(2*l)/d_swav;
n=100;
s1=(a/(2*b))*(2-b);
s2=0;
for i = 1:n
    harm3=(((2*b*a)/(i*i*pi*pi))*(1-cos((i*pi)/b)))*cos((i*pi*x)/l);
    s2=s2+harm3;
end
swav=-1*(s1+s2);

function [twav]=t_wav(x,a_twav,d_twav,t_twav,li)
l=li;
a=a_twav;
x=x-t_twav-0.045;
b=(2*l)/d_twav;
n=100;
t1=1/l;
t2=0;
for i = 1:n   harm2=(((sin((pi/(2*b))*(b-(2*i))))/(b-(2*i))+(sin((pi/(2*b))*(b+(2*i))))/(b+(2*i)))* (2/pi))*
cos((i*pi*x)/l);
    t2=t2+harm2;
end
twav1=t1+t2;
twav=a*twav1;
```

```
function [uwav]=u_wav(x,a_uwav,d_uwav,t_uwav,li)
l=li;
a=a_uwav
x=x-t_uwav;
b=(2*l)/d_uwav;
n=100;
u1=1/l
u2=0
for i = 1:n
harm4=(((sin((pi/(2*b))*(b-(2*i))))/(b-(2*i))+(sin((pi/(2*b))*(b+(2*i))))/(b+(2*i)))*(2/pi))*cos((i*pi*x
)/l);
u2=u2+harm4;
end
uwav1=u1+u2;
uwav=a*uwav1;
```

按 1 键选择默认配置 ECG 信号，程序执行结果如图 9.5 所示。

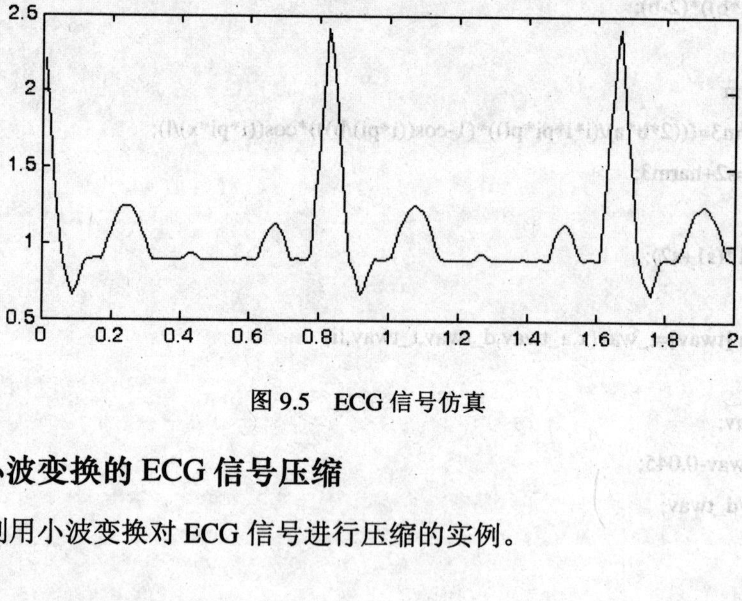

图 9.5　ECG 信号仿真

9.3.2　基于小波变换的 ECG 信号压缩

下面给出利用小波变换对 ECG 信号进行压缩的实例。

```
clear;
%正常人的心律信号
fid=fopen('normalecg.txt','r');
x=fscanf(fid,'%f%f%f',[600 3]);
fcolse(fid);
N=length(x);
for i=0:N/3-1
 t(i+1)=x(3*i+1);
 sig1(i+1)=x(3*i+2);
```

```
 sig2(i+1)=x(3*i+3);
end

s=sig1+0.5*randn(1,length(sig1));
%时域波形
figure(1);
subplot(211);
plot(t,s,'LineWidth',2);
xlabel('t/s');ylabel('U/mV');
title('含噪声的 ECG 信号');

%选用小波函数
wavelet='db5';
%分解级数
level=4;
%压缩参数
alpha=1.5;
%阈值类型
sorh='h';
%小波分解
[c,l]=wavedec(s,level,wavelet);
%计算阈值
[thr,nkeep]=wdcbm(c,l,alpha);
%使用硬阈值压缩信号
[xc,cxc,lxc,perf0,perfl2]=wdencmp('lvd',c,l,wavelet,level,thr,sorh);

%对系数编码
cC=encode(cxc);
%传输的系数
tC=cC;
%传输的系数向量长度
tL=length(tC);
%零系数的百分比
pzeros=perf0
%保留的能量大小
pnormen=perfl2
%编码的压缩比
compratio=length(s)/length(tC)
```

压缩前后的 ECG 信号波形如图 9.6 所示，计算得到的结果如下：

零系数的比例：

pzeros = 84.4828

保留的能量大小：

pnormen =61.8710

压缩比：

compratio =3.0303

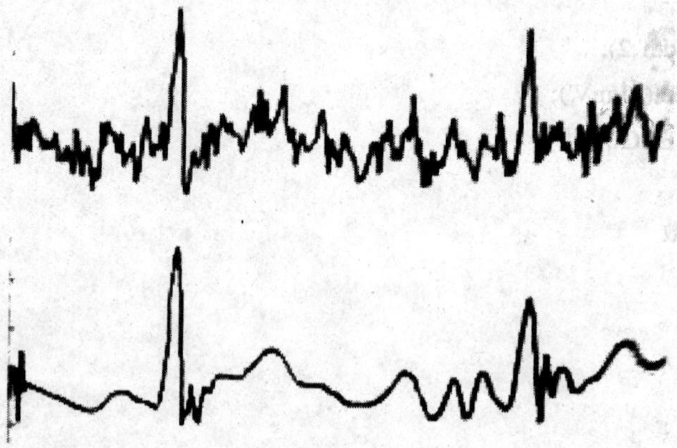

图 9.6　压缩前后的 ECG 信号

9.3.3　基于小波变换的 EEG 信号多分辨率分析

利用小波变换的多层分解可以将 EEG 信号分成具有不同尺度的小波系数，这样可以剔除与噪声相关的系数，然后重构信号可以保留信号中的有用成分。另外，不同的节律具有不同的频率范围，因此，多分辨率分析可以将它们分开。

下面给出利用小波变换进行 EEG 信号的多分辨率分析的实例。

MATLAB 程序如下：

```
%读入 EEG 信号
load eeg.dat
x=eeg(2,1:512)';
N=length(sig);
%采样频率
fs=312.5;
%小波分解
[c,l]=wavedec(x,5,'db5');
%重构第 5 层逼近信号
a5 = wrcoef('a',c,l,'db5',5);
%重构第 1～5 层细节信号
d5 = wrcoef('d',c,l,'db5',5);
d4 = wrcoef('d',c,l,'db5',4);
```

```
d3 = wrcoef('d',c,l,'db5',3);
d2 = wrcoef('d',c,l,'db5',2);
d1 = wrcoef('d',c,l,'db5',1);

%显示各层信号
figure(1);
subplot(611);
plot(a5,'LineWidth',2);
ylabel('a5');
subplot(612);
plot(d5,'LineWidth',2);
ylabel('d5');
subplot(613);
plot(d4,'LineWidth',2);
ylabel('d4');
subplot(614);
plot(d3,'LineWidth',2);
ylabel('d3');
subplot(615);
plot(d2,'LineWidth',2);
ylabel('d2');
subplot(616);
plot(d1,'LineWidth',2);
ylabel('d1');
xlabel('t/s');

%时域波形
figure(2);
subplot(211);
plot((1:N)/fs,x,'LineWidth',2);
xlabel('t/s');yalbel('U/uV');
title('原始信号');
%去除噪声，重构信号
subplot(212);
y=a5+d5+d4;
plot((1:N)/fs,y,'LineWidth',2);
xlabel('t/s');yalbel('U/uV');
title('去噪声后的信号');
```

五层小波分解后的 EEG 各层信号波形如图 9.7 所示，可以看出低层的细节信号主要是由噪声引起的，取出噪声后重构 EEG 信号波形如图 9.8 所示，明显可以看出去除了颤动。

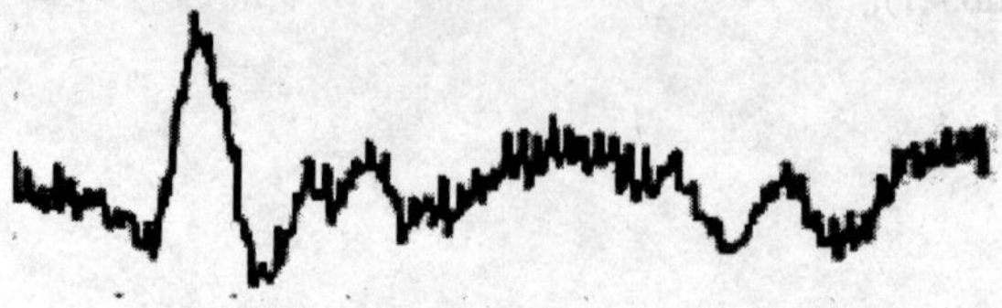

图 9.7 小波分解后的 EEG 信号波形(5 层)

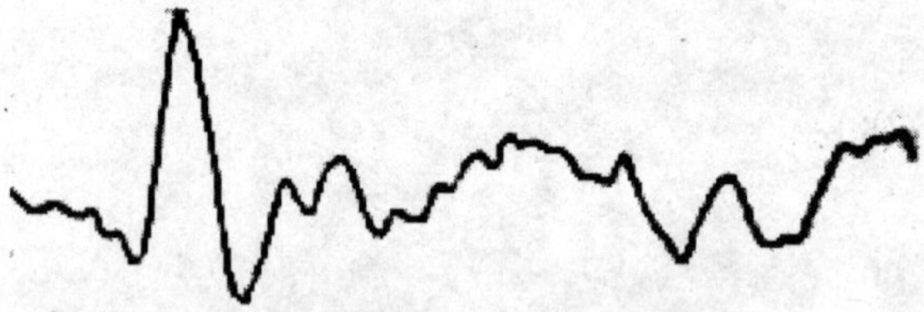

图 9.8 去除低频噪声后 EEG 信号波形

第 10 章　小波变换与矩阵方程求解

在自然界中，有很多物理现象都可以用偏微分方程(Partial Differential Equation)的形式来描述，如水流的运动、热量的扩散、弦的震动、电磁波的传播与衍射以及力的传导等。在利用偏微分方程分析的过程中，虽然对某类问题的方程形式是一样的，但由于问题的边界条件、初始条件、连续条件的不同，造成了最终解的形式各异。能否在高精度、快速度、低内存、高稳定、低色散、无耗损的条件下，求解偏微分方程是在应用数学、数字分析、工程计算领域一直广为探讨的课题。偏微分方程(包括椭圆方程、抛物线方程、双曲线方程等)的解法一般分为：解析法、数值法、混合法。其中，解析法一般只能在可分离坐标系(直角坐标、柱坐标以及球坐标等)的特殊情况或者某种简单条件下可解。而对于大多数实际的工程应用，必须采用数值分析的方法来求解。

偏微分方程的数值解法最常用的就是积分方程法(Integral Equation Method)和微分方程法(Differential Equation Method)。前者用标量或者矢量基函数展开待求的未知量，再用测试函数对偏微分方程进行测配，从而将偏微分方程转化为矩阵方程。后者用各种离散的差分方程来逼近连续的偏微分，从而也能将偏微分方程转化为矩阵方程。

积分方程法转化的矩阵方程一般为满秩矩阵(Full Matrix)，而微分方程法转化的矩阵一般为稀疏矩阵(Sparse Matrix)。由于边界不连续性的影响，微分方程法的精度较积分方程法差，但由于其生成的是稀疏矩阵，计算时间较积分方程快。因此，如何提高满秩矩阵方程的求解速度成了解决问题的关键。对此，国内外许多学者先后提出了快速傅里叶算法、自适应积分法、多重网格法、快速多极子方法、小波变换法等。其中，小波变换法在求解积分方程的应用中得到了飞速发展。

小波分析在偏微分方程中的应用可分为两种方法：一种是将小波作为基函数，逼近未知解，由于其多分辨率特性，能够获得某种自适应的效果；另一种是用小波变换压缩生成的满秩矩阵，由于其去相关的特性，能够把满秩矩阵变换成稀疏矩阵，从而节约了迭代求逆运算的时间。本章将采用后一种方法，并结合具体实例，来讲解小波变换在矩阵求解中的应用。本章中的满秩矩阵快速求逆的小波方法，可以应用到数值分析诸多领域，例如电磁学、计算力学、计算声学等。

10.1　小波变换快速求解矩阵方程

采用积分方程法后，偏微分方程可以转化为下列矩阵方程：

$$\boldsymbol{ZJ} = \boldsymbol{V} \tag{10-1}$$

对于一般迭代的解法，例如共轭梯度法，需要 $k \cdot O(N^2)$计算复杂度，其中，k 是迭代需要的步数。

用小波变换求解(10-1)矩阵方程的步骤如下：

(1) 构造正交小波变换矩阵 $\boldsymbol{W}$

$$\boldsymbol{W} = [P_n]\cdots P_3]P_2]P_1] \tag{10-2}$$

$$[P_n] = \begin{bmatrix} \begin{bmatrix} \boldsymbol{H}_{(N/2^n)\times(N/2^{n-1})} \\ \boldsymbol{G}_{(N/2^n)\times(N/2^{n-1})} \end{bmatrix} & 0 \\ 0 & \boldsymbol{I} \end{bmatrix}_{N\times N} \tag{10-3}$$

式中，$\boldsymbol{H}$ 和 $\boldsymbol{G}$ 分别是由消失矩为 $\boldsymbol{P}$ 的分解低通滤波器 h 和分解高通滤波器 g 构成的矩阵。它们的每行是由长度为 $N/2^{n-1}$ 的向量[$h(0)$，$h(1)$，…$h(2P-2)$，$h(2P-1)$，0，0，…，0]和向量[$g(0)$，$g(1)$，…$g(2P-2)$，$g(2P-1)$，0，0，…0]分别圆周 2 移位得到。根据滤波器的正交性质，可知 $\boldsymbol{W}\boldsymbol{W}^{\mathrm{T}}=\boldsymbol{W}^{\mathrm{T}}\boldsymbol{W}=\boldsymbol{I}$。

(2) 由于 $\boldsymbol{U}=\boldsymbol{W}\boldsymbol{Z}$，对矩阵 **Z** 和向量 $\boldsymbol{V}$ 分别作二维和一维小波变换

$$\hat{\boldsymbol{Z}} = \boldsymbol{U}\boldsymbol{W}^{\mathrm{T}} \tag{10-4}$$

$$\hat{\boldsymbol{V}} = \boldsymbol{W}\boldsymbol{V} \tag{10-5}$$

经变换后，矩阵方程(10-1)等价于

$$\hat{\boldsymbol{Z}}\hat{\boldsymbol{J}} = \hat{\boldsymbol{V}} \tag{10-6}$$

式中，$\hat{\boldsymbol{J}} = \boldsymbol{W}\boldsymbol{J}$ 。称式(10-6)为小波域矩阵方程。

(3) 通过硬阈值方法，稀疏化矩阵 $\hat{\boldsymbol{Z}}$ 。

$$\hat{\boldsymbol{Z}}_{\mathrm{C}}(\alpha,\beta) = \begin{cases} \hat{\boldsymbol{Z}}(\alpha,\beta), \left|\hat{\boldsymbol{Z}}(\alpha,\beta)\right| > \sigma \\ 0, \left|\hat{\boldsymbol{Z}}(\alpha,\beta)\right| \le \sigma \end{cases} \tag{10-7}$$

式中，阈值σ 的选择基于 L_1 范数标准

$$\sigma = \gamma \cdot \frac{\left\|\hat{\boldsymbol{Z}}\right\|_1}{N} = \gamma \cdot \max_q \sum_q \left|\hat{\boldsymbol{Z}}(p,q)\right| / N \tag{10-8}$$

小波域矩阵经稀疏化后转化为

$$\hat{\boldsymbol{Z}}_{\mathrm{C}}\hat{\boldsymbol{J}}_{\mathrm{C}} = \hat{\boldsymbol{V}} \tag{10-9}$$

(4) 采用共轭梯度(CG)或者广义最小余量法(GMRES)求解小波域的解 $\hat{\boldsymbol{J}}_{\mathrm{C}}$ 。

(5) 通过逆小波变换，得到矩阵方程的近似解 $\boldsymbol{J}_{\mathrm{C}}$ 。

$$\boldsymbol{J}_{\mathrm{C}} = \boldsymbol{W}^{-1}\hat{\boldsymbol{J}}_{\mathrm{C}} = \boldsymbol{W}^{\mathrm{T}}\hat{\boldsymbol{J}}_{\mathrm{C}} \tag{10-10}$$

对于利用小波变化加速矩阵方程的求解，需注意以下几点：

(1) 若式(10-2)中，$n=1$时，该变换等价于一维小波变换；而当 $n \geqslant 2$ 时，对矩阵的变换不是传统的二维小波变换，而是一种被称为类小波的变换。该变换介于小波变换和小波包

变换之间，其高频分辨率高于小波变换但低于小波包变换，计算时间慢于小波变换但快于小波包变换。

(2) 根据矩阵方程求解的步骤可知，小波变换耗时主要取决于式(10-4)的矩阵变换的耗时，该步计算的复杂度为 $O(4pkN^2)$。因为当矩阵的维数很大时，k 是一个很大的量(k 同矩阵的维数有正增长关系)，而小波变换的稀疏度(非零元素的比例)p 为很小的量(1%左右)，因此有 $pk+4P<<k$，这表明矩阵求解时间是大于小波变换时间的。对于很多物理问题，经小波变换预处理后，总体可以节约的时间大于 90%以上。

(3) 以上分析针对的是矩阵 $\boldsymbol{W}$ 的正交小波的情况，对于双正交小波来说，同样可以构造对偶的小波矩阵 $\tilde{\boldsymbol{W}}$，满足双正交关系：

$$\boldsymbol{W}\tilde{\boldsymbol{W}}=\tilde{\boldsymbol{W}}\boldsymbol{W}=\boldsymbol{I} \tag{10-11}$$

这种正交或双正交关系使得变换后的矩阵 $\tilde{\boldsymbol{Z}}$ 条件数和变换前矩阵 $\boldsymbol{Z}$ 的条件数一致，不会造成矩阵的病态。

(4) 上述算法能节省时间，是由于原始矩阵 $\boldsymbol{Z}$ 经小波变换和阈值化后得到的矩阵 $\hat{\boldsymbol{Z}}_C$，可以达到很低的稀疏率。对于某些实际的物理问题，原始矩阵 $\boldsymbol{Z}$ 的元素分布类似于一种无规律振荡状态(如白噪声矩阵)，因此，经过小波变换后的矩阵并不能达到满意的稀疏率。如果强行增大阈值来改善稀疏化程度，会使最终的求解与原方程解之间的误差增大。

10.2　快速求解矩阵方程实例分析

下面结合具体实例，给出矩阵求解操作的过程与 MATLAB 程序。

1. 构造矩阵 *W* 的程序

下面利用 MATLAB 编程，给出如何利用小波变换构造矩阵 **W**。

MATLAB 程序如下：

```
%构造小波矩阵
clear;
clc;
[h,g]=wfilters('db7','d');                  %分解低通和高通滤波器
N=512;                                      %矩阵维数(2 的整数次幂)
L=length(h);                                %滤波器长度
rank_max=log2(N);                           %最大层数
rank_min=double(int8(log2(L)))+1;           %最小层数
ww=1;                                       %预处理矩阵

%构造矩阵 W
for jj=rank_min:rank_max
    nn=2^jj;
```

```
        %构造向量
        p1_0=sparse([h,zeros(1,nn-L)]);
        p2_0=sparse([g,zeros(1,nn-L)]);

        %向量圆周移位
        for ii=1:nn/2
            p1(ii,:)=circshift(p1_0',2*(ii-1))';
            p2(ii,:)=circshift(p2_0',2*(ii-1))';
        end

        %构造正交矩阵
        w1=[p1;p2];
        mm=2^rank_max-length(w1);
        w=sparse([w1,zeros(length(w1),mm);zeros(mm,length(w1)),eye(mm,mm)]);
        ww=ww*w;
        clear p1;
        clear p2;
    end
    save ww;
```

在命令行输入命令：norm(ww*ww.'-eye(N,N))，显示结果为

```
ans =
     5.9958e-012
```

在命令行输入命令：norm(ww.'*ww-eye(N,N))，显示结果为

```
ans =
     5.9965e-012
```

由此可知，得到的结果都是 10^{-12} 量级的很小的数，说明构造的矩阵是正交矩阵。用 spy(ww)命令可以看出 ww 的非零元素分布，如图 10.1 所示。这说明小波矩阵是很稀疏的，因此小波变换的时间是很快的。

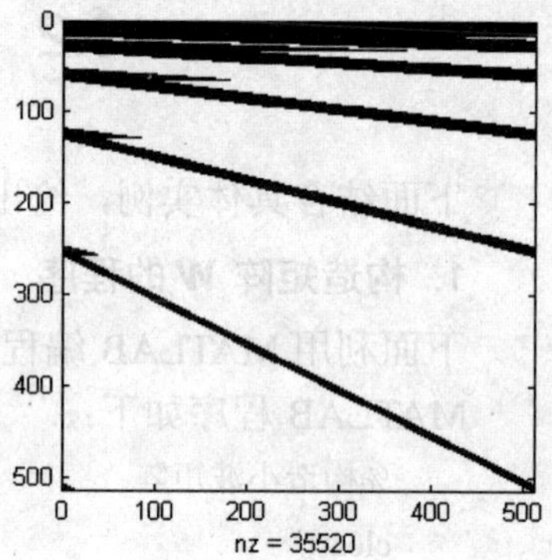

图 10.1　小波矩阵非零元素分布

2. 矩阵求解的程序

下面利用 MATLAB 编程，给出如何利用小波变换进行矩阵求解。

MATLAB 程序如下：

```
%利用小波变换求解矩阵方程
clear;
clc;
load ww;
N=512;
```

```
%构造测试矩阵
for i=1:N
    for j=1:N
        z(i,j)=1/(abs(i-j)+1);
    end
end
v=eye(N,1);
result=z\v;

%小波变换(稀疏矩阵乘法)
z_t=ww*sparse(z)*ww.';
v_t=ww*sparse(v);

%稀疏化矩阵
threshold=3*10^(-3);
z_t=z_t.*sparse(abs(z_t)>(threshold*norm(abs(z_t),1)));

%求解小波域矩阵方程
j_t=z_t\v_t;

%反小波变换
result_app=ww.'*j_t;

%计算相对误差
e=norm(result_app-result)/norm(result)

%绘制稀疏度图
spy(z_t)
```

程序执行结果为

```
e =
    0.0591
```

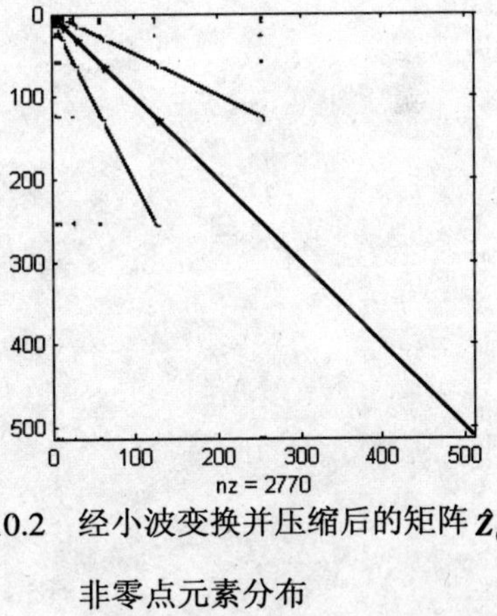

图 10.2　经小波变换并压缩后的矩阵 $\hat{Z}_C$ 的非零点元素分布

非零元素分布如图 10.2 所示。

从上图可以看出，经过小波变换得到的矩阵方程的解和原方程解的相对误差小于 5%，且稀疏度为 2770/(512*512)=1.06%。

将上面程序中的 z 改成随机矩阵 randn(N, N)，再次运行此程序，程序执行结果为

```
e =
    1.5375
```

非零元素分布如图 10.3 所示。

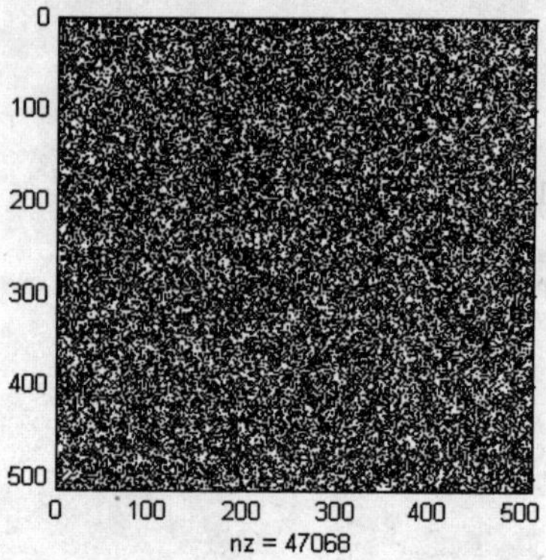

图 10.3　z 为随机矩阵时矩阵 $\hat{z}_C$ 的非零点元素分布

由此可知，得到矩阵方程解的误差为 153.75%，稀疏度 47068/(512*512)=17.96%。这说明对于类似于此类的矩阵，小波变换是无效的。

第 11 章 提升小波变换及应用

提升方案是 Sweldens 和 Daubechiesa 等学者于 20 世纪 90 年代中期提出的。基于提升方案的小波变换称为提升小波变换。2004 年底面世的 MATLAB 7.0 的小波分析工具箱 Wavelet Toolbox 3.0 增加了对提升小波变换的支持，本章将详细介绍在 MATLAB 中提升小波变换的使用方法。

11.1 提升小波变换概述

在提升小波变换中，小波不一定是由某一母小波通过膨胀和平移得到的，它们的定义非常灵活，也许是在某一区间，也许是定义在不规则的网格上。在二维空间中，提升小波变换更加灵活、复杂，不是简单地有规律地划分二维平面，而可能是定义在某一曲面上，如定义在球面上的小波。提升方案的另外一个优点在于它能够包容传统小波，也就是说，所有的传统小波都可以用提升方案构造出来。通过 Eucliden 算法，所有的传统小波可以由提升方案中基本的提升和对偶分解而成。并且采用提升方案实现小波滤波具有以下优点：运算速度快、不需要额外的内存、可以实现整数小波变换。

提升小波变换由于其计算速度快，占用内存少，可以实现整数变换等特点，所以被作为 JPEG 2000 中的核心算法。其基本过程可以分为分裂、预测和更新三个环节。通过预测和更新两个提升环节可实现信号的高低频分离。由于信号有局部相关性，某一点的信号值可以通过其相邻的信号的值通过适当的预测算子预测出来，同时预测出来的误差就是高频的信息，从而这个过程就是预测环节。预测环节下面得到的高频信息又通过更新算子来调整信号的下抽样来得到低频信息，这个过程就是更新环节。

MATLAB R2008 小波工具箱中首次实现了提升小波变换，其主要函数列表如表 2-9 提升小波变换函数所示，主要实现了提升小波变换、提升小波变换系数的提取或重构以及提升小波逆变换等功能。

11.1.1 提升小波变换

MATLAB 中实现提升小波变换的函数是 lwt 和 lwt2。其中 lwt 实现了一维提升小波变换，lwt2 实现了二维提升小波变换。下面对它们的用法进行简单的介绍。

(1) 函数 lwt 的调用格式有下面 5 种：

① [CA, CD] = lwt(X, W)

② X_InPlace = lwt(X, W)

③ Lwt(X, W, LEVEL)

④ X_InPlace = lwt(X, W, LEVEL, 'typeDEC', typeDEC)

⑤ [CA, CD] = lwt(X, W, LEVEL, 'typeDEC', typeDEC)

函数 lwt 用于一维提升小波分解。

[CA, CD] = lwt (X, W)返回向量 X 的提升小波分解的近似系数向量 CA 和细节系数向量 CD，其中 W 是提升小波名称。

X_InPlace = lwt(X, W) 返回向量 X 的提升小波分解的近似系数和细节系数，其中 CA = X_InPlace(1:2:end)，CD = X_InPlace(2:2:end)。

lwt(X, W, LEVEL)在 LEVEL 层计算向量 X 的提升小波分解。

X_InPlace = lwt(X, W, LEVEL, 'typeDEC', typeDEC)或[CA, CD] = lwt(X, W, LEVEL, 'typeDEC', typeDEC)中，参数 typeDEC = 'w'或'wp'，函数返回 X 在 LEVEL 层的提升小波或小波包分解。

除了使用提升小波名称，用户还可以使用相关的提升方案 LS，即使用 lwt(X, LS,...) 来代替 lwt(X, W,...)。

(2) 函数 lwt2 的调用格式有下面 5 种：

① [CA, CH, CV, CD] = lwt2(X, W)

② X_InPlace = lwt2(X, LS)

③ lwt2(X, W, LEVEL)

④ X_InPlace = lwt2(X, W, LEVEL, 'typeDEC', typeDEC)

⑤ [CA, CH, CV, CD] = lwt2(X, W, LEVEL, 'typeDEC', typeDEC)

函数 lwt2 用于二维提升小波分解。

[CA, CH, CV, CD] = lwt2(X, W)返回矩阵 X 的二维提升小波分解的近似系数矩阵 CA，细节系数矩阵 CH、CV 和 CD。其中参数 W 是提升小波名称。

X_InPlace = lwt2 (X, LS)计算矩阵 X 的二维小波分解的近似系数和细节系数，其中 CA = X_InPlace(1:2:end, 1:2:end)，CH = X_InPlace(2:2:end, 1:2:end)，CV = X_InPlace(1:2:end, 2:2:end)，CD = X_InPlace(2:2:end, 2:2:end)。

lwt2(X, W, LEVEL)计算矩阵 X 的 LEVEL 层提升小波分解。

X_InPlace = lwt2(X, W, LEVEL, 'typeDEC', typeDEC)或[CA, CH, CV, CD] = lwt2(X, W, LEVEL, 'typeDEC', typeDEC)，其中 typeDEC = 'w' 或 'wp'，函数计算矩阵 X 的 LEVEL 层提升小波或小波包分解。

除了使用提升小波名称，用户也可以提升方案 LS，即使用 lwt2(X, LS,...)代替 LWT2(X, W,...)。

11.1.2　提升小波逆变换

MATLAB 中实现提升小波逆变换的函数是 ilwt 和 ilw2。其中 ilwt 实现了一维提升小波逆变换，ilwt2 实现了二维提升小波逆变换。下面对它们的用法进行简单的介绍。

(1) 函数 ilwt 的调用格式有以下 6 种：

① X = ilwt(AD_In_Place, W)

② X = ilwt(CA, CD, W)

③ X = ilwt(AD_In_Place, W, LEVEL)

④ X = ilwt(CA, CD, W, LEVEL)

⑤ X = ilwt(AD_In_Place, W, LEVEL, 'typeDEC', typeDEC)

⑥ X = ilwt(CA, CD, W, LEVEL, 'typeDEC', typeDEC)

ilwt 为一维提升小波逆变换函数。

X = ilwt(AD_In_Place, W)使用通过提升小波分解得到的近似和细节向量 AD_In_Place 计算重构向量 X。W 是提升小波名称。

X = ilwt(CA, CD, W)使用通过提升小波得到的近似向量 CA 和细节向量 CD 计算重构向量 X。

X = ilwt(AD_In_Place, W, LEVEL)或 X = ilwt(CA, CD, W, LEVEL)在层次 LEVEL 上计算提升小波重构。

X = ilwt(AD_In_Place, W, LEVEL, 'typeDEC', typeDEC)或 X = ilwt(CA, CD, W, LEVEL, 'typeDEC', typeDEC)中，当 typeDEC = 'w' 或 'wp' 时，在层次 LEVEL 上使用提升小波或小波包分解。

除了使用提升小波名称，用户也可以使用相关的提升方案 LS，即使用 X = ilwt(..., LS, ...)取代 X = ilwt(..., W ,...)。

(2) 函数 ilwt2 的调用格式有下面 6 种：

① X = ilwt2(AD_In_Place, W)

② X = ilwt2(CA, CH, CV, CD, W)

③ X = ilwt2(AD_In_Place, W, LEVEL)

④ X = ilwt2(CA, CH, CV, CD, W, LEVEL)

⑤ X = ilwt2(AD_In_Place, W, LEVEL, 'typeDEC', typeDEC)

⑥ X = ilwt2(CA, CH, CV, CD, W, LEVEL, 'typeDEC', typeDEC)

ilwt2 为二维提升小波逆变换函数。

X = ilwt2 (AD_In_Place, W)使用通过提升小波得到的近似和细节矩阵 AD_In_Place 计算重构矩阵 X。W 是提升小波名称。

X = ilwt2(CA, CH, CV, CD, W)使用通过提升小波得到的近似向量 CA 和细节向量 CH、CV 和 CD 计算重构矩阵 X。

X = ilwt2(AD_In_Place, W, LEVEL)或 X = ilwt2(CA, CH, CV, CD, W, LEVEL)在层次 LEVEL 上计算提升小波重构。

X = ilwt2(AD_In_Place, W, LEVEL, 'typeDEC', typeDEC)或 X = ilwt2(CA, CH, CV, CD, W, LEVEL, 'typeDEC', typeDEC)，当 typeDEC = 'w' 或 'wp' 时，在层次 LEVEL 上使用提升小波或小波包分解。

除了使用提升小波名称，用户也可以使用相关的提升方案 LS，即使用 X = ilwt2(..., LS, ...)取代 X = ilwt2(..., W,...)。

11.1.3　提升小波变换系数的提取或重构

MATLAB 中实现提升小波变换系数的提升或重构的函数是 lwtcoef 和 lwtcoef2。其中 lwtcoef 实现一维提升小波变换系数的提取或重构，lwtcoef2 实现二维提升小波变换系数的提取或重构。下面对它们的用法进行简单的介绍。

(1) 函数 lwtcoef 的调用格式有下面两种：

① Y = lwtcoef(TYPE, XDEC, LS, LEVEL, LEVEXT)

② Y = lwtcoef(TYPE, XDEC, W, LEVEL, LEVEXT)

函数 lwtcoef 用于一维提升小波变换系数的提取或重构。

Y = lwtcoef(TYPE, XDEC, LS, LEVEL, LEVEXT)，输入参数 XDEC 是使用提升方案 LS 获得的在 LEVEL 层的提升小波分解结构，函数返回从 XDEC 提取的在层次 LEVEXT 的系数或重构系数。参数 TYPE 的有效值包括下面 4 种。

- 'a'——approximations；
- 'd'——details；
- 'ca'——coefficients of approximations；
- 'cd'——coefficients of details。

Y = lwtcoef(TYPE, XDEC, W, LEVEL, LEVEXT)的输出和上面相同，不同在于使用参数提升小波名称 W，而不是提升方案 LS。

(2) 函数 lwtcoef2 的调用格式有下面两种。

① Y = lwtcoef2(TYPE, XDEC, LS, LEVEL, LEVEXT)

② Y = lwtcoef2(TYPE, XDEC, W, LEVEL, LEVEXT)

Y = lwtcoef2(TYPE, XDEC, LS, LEVEL, LEVEXT)，输入参数 XDEC 是使用提升方案 LS 获得的在 LEVEL 层的提升小波分解，函数返回从 XDEC 提取的在层次 LEVEXT 的系数或重构系数。参数 TYPE 的有效值包括下面 8 种。

- 'a'——approximations；
- 'h'——horizontal details；
- 'v'——vertical details；
- d'——diagonal details；
- 'ca'——coefficients of approximations；
- 'ch'——coefficients of horizontal details；
- 'cv'——coefficients of vertical details；
- 'cd'——coefficients of diagonal details。

Y = lwtcoef2(TYPE, XDEC, W, LEVEL, LEVEXT)的输出和上面相同，不同在于使用参数提升小波名称 W，而不是提升方案 LS。

11.2　提升小波变换应用实例

11.2.1　提升小波变换用于信号处理

1. 信号分解

下面将应用提升小波变换进行信号分解。与传统的小波分解相比，提升小波可以实现整数小波变换，这对于许多应用而言是非常重要的性质。在此将通过 3 个实例说明如何利用 MATLAB 提供的提升小波函数进行信号的提升分解并提取小波分解的系数。

【例 11-1】　信号的提升分解。

此例中调用函数 lwt 进行信号的提升分解。

程序代码如下：

```
%得到 Haar 小波的提升方案
lshaar = liftwave('haar');
%添加 ELS 到提升方案中
els = {'p',[-0.125 0.125],0};
lsnew = addlift(lshaar,els);
%进行单层提升小波分解
load noisdopp;
 x = noisdopp;
[cA,cD] = lwt(x,lsnew);
figure(1);
subplot(311);
plot(x);
title('原始信号');
subplot(312);
plot(cA);
title('提升小波分解的低频信号');
subplot(313);
plot(cD);
title('提升小波分解的高频信号');
%直接使用 Haar 小波进行两层提升小波分解
[cA,cD] = lwt(x,'haar',2);
figure(2);
subplot(311);
plot(x);
title('原始信号');
subplot(312);
plot(cA);
title('2 层提升小波分解的低频信号');
subplot(313);
plot(cD);
title('2 层提升小波分解的高频信号');
```

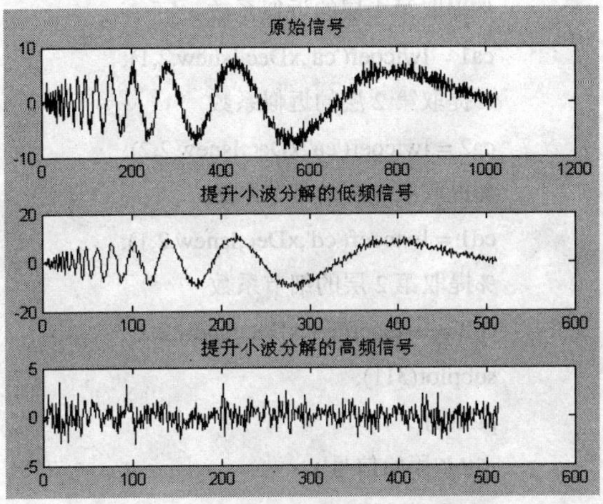

图 11.1　单层提升小波分解

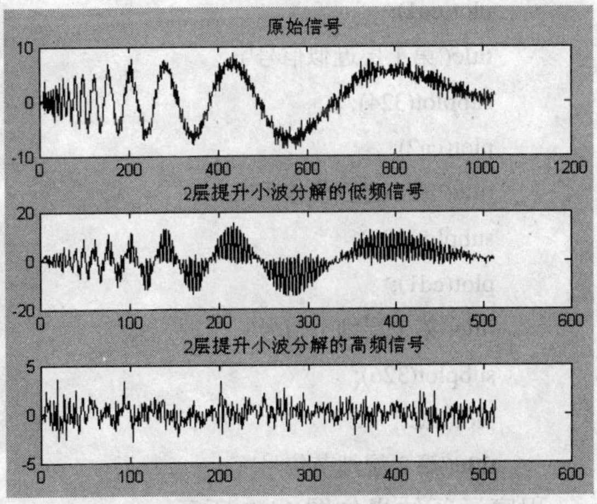

图 11.2　两层提升小波分解

程序运行结果如图 11.1 和图 11.2 所示。

【例 11-2】　提取小波分解的某一层小波系数。

此例中演示如何提取小波分解的某一层小波系数。首先对信号进行提升分解，然后提取信号分解的小波系数。

程序代码如下：

```
%得到 Haar 小波的提升方案
lshaar = liftwave('haar');
%添加 ELS 到提升方案中
els = {'p',[-0.125 0.125],0};
lsnew = addlift(lshaar,els);
%二层提升小波分解
load noisdopp;
x = noisdopp;
xDec = lwt(x,lsnew,2);
%提取第 1 层的近似系数
ca1 = lwtcoef('ca',xDec,lsnew,2,1);
%提取第 2 层的近似系数
ca2 = lwtcoef('ca',xDec,lsnew,2,2);
%提取第 1 层的细节系数
cd1 = lwtcoef('cd',xDec,lsnew,2,1);
%提取第 2 层的细节系数
cd2 = lwtcoef('cd',xDec,lsnew,2,2);
subplot(311);
plot(x);
 title('原始信号');
subplot(323);
plot(ca1);
title('第 1 层近似信号');
subplot(324);
plot(ca2);
title('第 2 层近似信号');
subplot(325);
plot(cd1);
title('第 1 层细节信号');
subplot(326);
plot(cd2);
title('第 2 层细节信号');
```

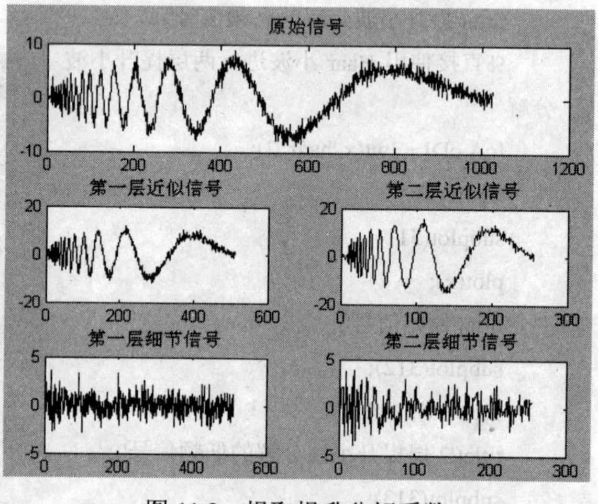

图 11.3　提取提升分解系数

程序运行结果如图 11.3 所示。

【例 11-3】对信号实施整数提升小波变换。

此例中将演示如何通过对信号实施整数提升小波变换。

程序代码如下：

```
%获得 db2 小波的提升方案
```

```
lsdb2 = liftwave('db2');
%显示提升方案
displs(lsdb2);
%获得 sym2 小波的提升方案
lssym2 = liftwave('sym2');
%显示提升方案
displs(lssym2);
%获得整数变换提升方案
lsdb2 = liftwave('db2','Int2Int');
x = [1:10];
lwtx = lwt(x,lsdb2)
```

程序运行结果如下所示：

```
lsdb2 = {...
'd'              [ -1.73205081]              [0]
'p'              [ -0.06698730   0.43301270]  [1]
'd'              [  1.00000000]               [-1]
[  1.93185165]   [  0.51763809]               []
};
lssym2 = {...
'd'              [ -1.73205081]              [0]
'p'              [ -0.06698730   0.43301270]  [1]
'd'              [  1.00000000]               [-1]
[  1.93185165]   [  0.51763809]               []
};
lwtx =
     1     1     3     0     5     1     6     1     7     1
```

2. 信号重构

下面将通过 3 个例子说明如何在 MATLAB 中进行信号的提升分解重构。

【例 11-4】　通过提升小波分解的逆变换进行信号重构。

本例将通过提升小波分解的逆变换进行信号的重构。

程序代码如下：

```
%获得 Haar 小波的提升方案
lshaar = liftwave('haar');
%将提升步骤 ELS 加入到提升方案中
els = {'p',[-0.125 0.125],0};
lsnew = addlift(lshaar,els);
load noisdopp;
x = noisdopp;
subplot(211);
```

```
plot(x);
ylabel('x');
%实施提升小波变换
[cA,cD] = lwt(x,lsnew);
%实施提升小波逆变换
xRec = ilwt(cA,cD,lsnew);
err = max(max(abs(x-xRec)))
subplot(212);
plot(xRec);
ylabel('xRec');
```

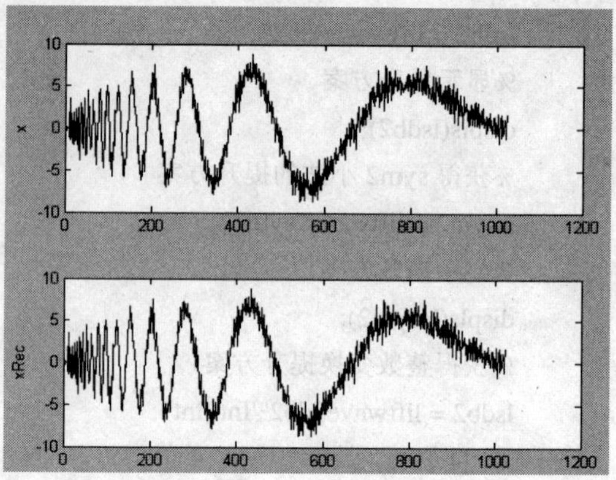

图 11.4　一维提升小波逆变换

程序运行结果如图 11.4 所示。

【例 11-5】　对提升小波分解的某一层系数进行单支重构。

本例中演示如何对提升小波分解的某一层系数进行单支重构。

程序代码如下：

```
%得到 Haar 小波的提升方案
lshaar = liftwave('haar');
%添加 ELS 到提升方案中
els = {'p',[-0.125 0.125],0};
lsnew = addlift(lshaar,els);
%两层提升小波分解
load noisdopp;
x = noisdopp;
xDec = lwt(x,lsnew,2);
%重构近似信号和细节信号
a1 = lwtcoef('a',xDec,lsnew,2,1);
a2 = lwtcoef('a',xDec,lsnew,2,2);
d1 = lwtcoef('d',xDec,lsnew,2,1);
d2 = lwtcoef('d',xDec,lsnew,2,2);
%检查重构误差
err = max(abs(x-a2-d2-d1))
subplot(311);
plot(x);
title('原始信号');
subplot(323);
plot(a1);
title('重构第 1 层近似信号');
subplot(324);
plot(a2);
title('重构第 2 层近似信号');
```

```
subplot(325);
plot(d1);
title('重构第 1 层细节信号');
subplot(326);
plot(d2);
title('重构第 2 层细节信号');
```

程序运行结果如图 11.5 所示。

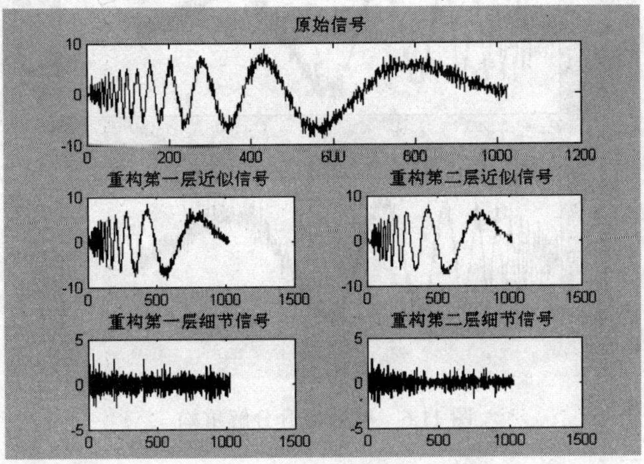

图 11.5　提升小波分解单支重构

【例 11-6】　对整数小波分解进行重构。

本例中说明如何对整数小波分解进行重构。

程序代码如下：

```
%获得 Haar 小波的提升方案
lshaar = liftwave('haar');
%将提升步骤 ELS 加入到提升方案中
els = {'p',[-0.125 0.125],0};
lsnew = addlift(lshaar,els);
load noisdopp;
x = noisdopp;
subplot(211);
plot(x);
ylabel('x');
%对信号实施整数提升小波变换
lshaarInt = liftwave('haar','int2int');
lsnewInt = addlift(lshaarInt,els);
[cAint,cDint] = lwt(x,lsnewInt);
%实施提升小波逆变换
xRecInt = ilwt(cAint,cDint,lsnewInt);
```

```
errInt = max(max(abs(x-xRecInt)))
subplot(212);
plot(xRecInt);
ylabel('xRecInt');
```

程序运行结果如图 11.6 所示。

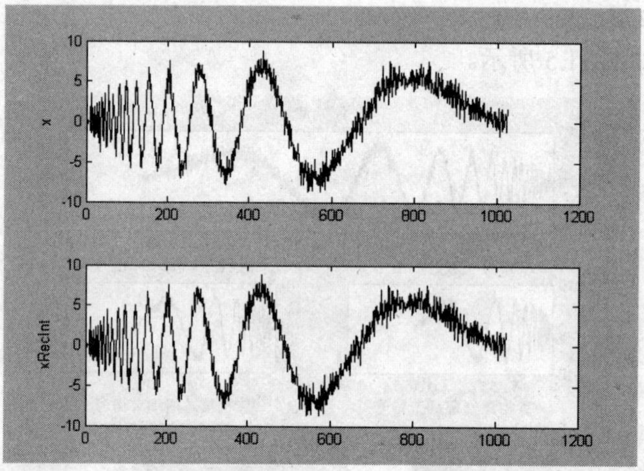

图 11.6　整数提升分解重构

3. 信号压缩

信号通过提升小波分解为高频信号和低频信号，高频信号表现为信号的细节，通过对高频信号进行处理同样可以实现信号的压缩。下面将通过两个例子说明如何对信号通过提升分解进行压缩。

【例 11-7】　一维信号压缩实例 1。

在本例中首先对信号进行提升小波分解，然后构造传统小波分解结构[c, l]，接着使用函数 wdcbm 获取信号压缩阈值，再采用函数 wdencmp 实现信号压缩。

程序代码如下：

```
load nelec;
indx = 1:1024;
x = nelec(indx);
%得到 Haar 小波的提升方案
lshaar = liftwave('haar');
%添加 ELS 到提升方案中
els = {'p',[-0.125 0.125],0};
lsnew = addlift(lshaar,els);
%进行单层提升小波分解
[cA,cD] = lwt(x,lsnew);
length = size(cA,2);
c = zeros(1,length*2);
for i = 1:length;
```

```
    c(i) = cA(i);
end
for i = length+1:2*length;
    c(i) = cD(i-length);
end;
l(1) = length;
l(2) = length;
l(3) = length*2;
alpha = 1.5;
%获取信号压缩的阈值
[thr,nkeep] = wdcbm(c,l,alpha);
%对信号进行压缩
[xd,cxd,lxd,perf0,perfl2] = wdencmp('lvd',c,l,'haar',1,thr,'s');
subplot(211), plot(indx,x);
title('原始信号');
subplot(212), plot(indx,xd);
title('压缩后的信号');
```

程序运行结果如图 11.7 所示。

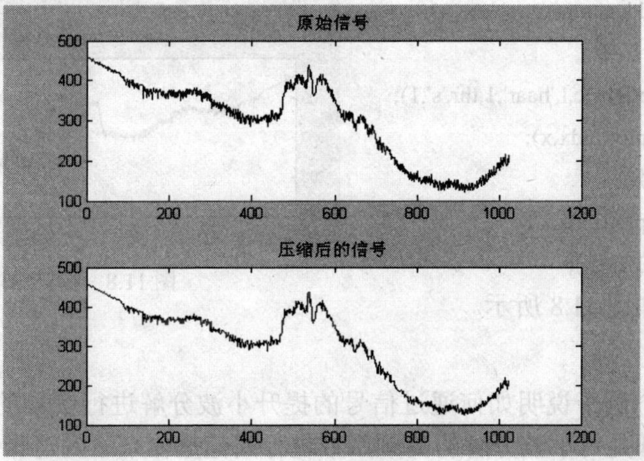

图 11.7　提升分解压缩

【例 11-8】　一维信号压缩实例 2。

在本例中首先对信号进行提升小波分解，然后构造传统小波分解结构[c, l]，再使用函数 ddencmp 获取信号压缩阈值，最后采用函数 wdencmp 实现信号压缩。

程序代码如下：

```
load nelec;
indx = 1:1024;
x = nelec(indx);
%得到 Haar 小波的提升方案
```

```
lshaar = liftwave('haar');
%添加 ELS 到提升方案中
els = {'p',[-0.125 0.125],0};
lsnew = addlift(lshaar,els);
%进行单层提升小波分解
[cA,cD] = lwt(x,lsnew);
length = size(cA,2);
c = zeros(1,length*2);
for i = 1:length;
    c(i) = cA(i);
end
for i = length+1:2*length;
     c(i) = cD(i-length);
end;
l(1) = length;
l(2) = length;
l(3) = length*2;
%获取信号压缩的阈值
[thr,nkeep] = ddencmp('cmp','wv',x);
%对信号进行压缩
xd = wdencmp('gbl',c,l,'haar',1,thr,'s',1);
subplot(211), plot(indx,x);
title('原始信号');
subplot(212), plot(indx,xd);
title('压缩后的信号');
```

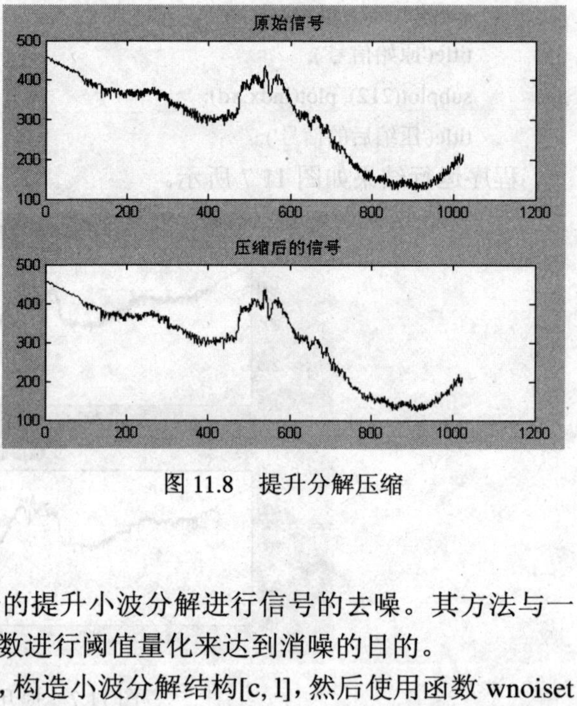

图 11.8　提升分解压缩

程序运行结果如图 11.8 所示。

4. 信号消噪

下面将通过一个例子说明如何通过信号的提升小波分解进行信号的去噪。其方法与一般去噪方法相同，都是对小波分解的高频系数进行阈值量化来达到消噪的目的。

在本例中首先对信号进行两层提升分解，构造小波分解结构[c, l]，然后使用函数 wnoiset 获取噪声方差，接着使用函数 wbmpen 获取小波去噪阈值，最后使用函数 wdencmp 实现信号去噪。

程序代码如下：

```
clear all;
clc;
load leleccum;
indx = 1:1024;
x = leleccum(indx);
```

```
%产生含噪信号
init=2055615866;
randn('seed',init);
nx = x + 18*randn(size(x));
%得到 Haar 小波的提升方案
lshaar = liftwave('haar');
%添加 ELS 到提升方案中
els = {'p',[-0.125 0.125],0};
lsnew = addlift(lshaar,els);
%进行提升小波分解
[cA1,cD1] = lwt(x,lsnew);
[cA2,cD2] = lwt(cA1,lsnew);
length = size(cA2,2);
c = zeros(1,length*4);
for i = 1:length;
    c(i) = cA2(i);
end
for i = length+1:2*length;
    c(i) = cD2(i-length);
end;
for i = length*2+1:4*length;
    c(i) = cD1(i-2*length);
end;
l(1) = length;
l(2) = length;
l(3) = length*2;
l(4) = length*4;
%估计尺度 1 的噪声标准偏差
sigma = wnoisest(c,l,1);
alpha = 2;
%获取消噪过程中的阈值
thr = wbmpen(c,l,sigma,alpha) ;
keepapp = 1;
%对信号进行消噪
xd = wdencmp('gbl',c,l,'db6',1,thr,'s',keepapp);
subplot(2,2,1);
plot(x);
title('原始信号');
subplot(2,2,2);
```

```
plot(nx);
title('含噪信号');
subplot(2,2,3)
plot(xd(1:1000));
title('消噪后的信号');
```

程序运行结果如图 11.9 所示。

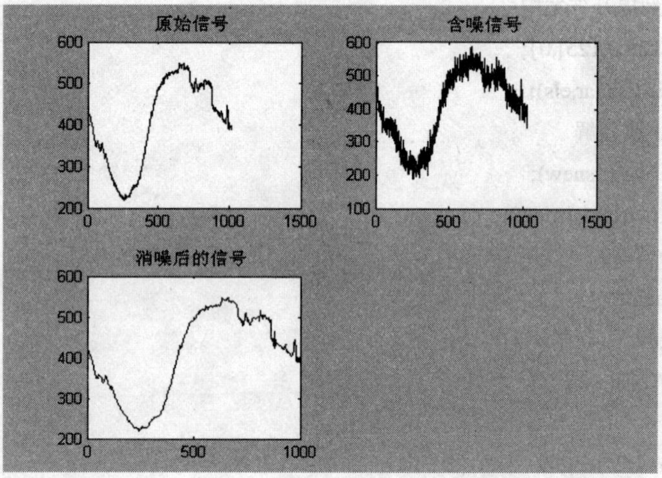

图 11.9 提升分解消噪

11.2.2 提升小波变换用于图像处理

1. 图像分解

下面将应用提升小波变换进行图像分解。在此将通过两个实例说明如何利用 MATLAB 提供的提升小波函数进行图像的提升分解并提取小波分解的系数。

【例 11-9】 图像的提升分解。

此例中调用函数 lwt2 进行图像的提升分解。

程序代码如下：

```
%得到 Haar 小波的提升方案
lshaar = liftwave('haar');
%添加 ELS 到提升方案中
els = {'p',[-0.125 0.125],0};
lsnew = addlift(lshaar,els);
load woman;
%进行一层提升小波分解
[cA,cH,cV,cD] = lwt2(X,lsnew);
figure(1);
nbc = size(map,1);
colormap(pink(nbc));
```

```
subplot(321);
image(wcodemat(X,nbc));
title('原始图像');
subplot(322);
image(wcodemat(cA,nbc));
title('提升小波分解低频图像');
subplot(323);
image(wcodemat(cH,nbc));
title('水平方向高频图像');
subplot(324);
image(wcodemat(cV,nbc));
title('垂直方向高频图像');
subplot(325);
image(wcodemat(cD,nbc));
title('垂直方向高频图像');
```

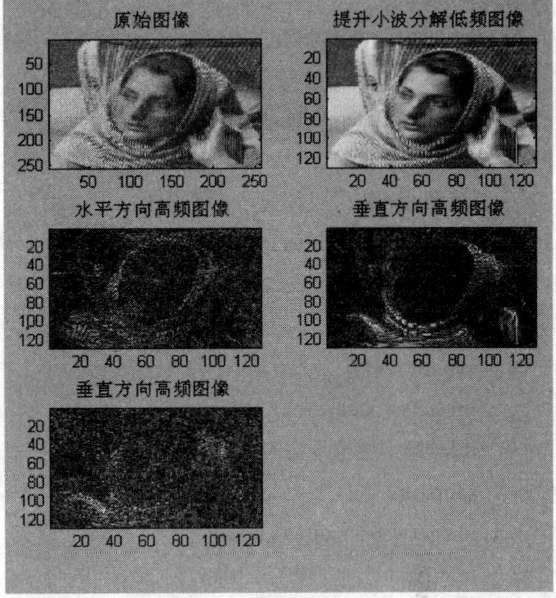

图 11.10　图像提升小波分解

程序运行结果如图 11.10 所示。

【例 11-10】　提取小波分解的某一层小波系数。

此例中演示如何提取小波分解的某一层小波系数。首先对二维图像进行提升分解，然后提取图像分解的小波系数。

程序代码如下：

```
clear;
clc;
%得到 Haar 小波的提升方案
lshaar = liftwave('haar');
%添加 ELS 到提升方案中
els = {'p',[-0.125 0.125],0};
lsnew = addlift(lshaar,els);
%两层提升小波分解
load woman;
xDec = lwt2(X,lsnew,2);
%提取近似图像和细节图像
ca2 = lwtcoef2('ca',xDec,lsnew,2,2);
ch1 = lwtcoef2('ch',xDec,lsnew,2,1);
cv1 = lwtcoef2('cv',xDec,lsnew,2,1);
cd1 = lwtcoef2('cd',xDec,lsnew,2,1);
ch2 = lwtcoef2('ch',xDec,lsnew,2,2);
cv2 = lwtcoef2('cv',xDec,lsnew,2,2);
cd2 = lwtcoef2('cd',xDec,lsnew,2,2);
nbc = size(map,1);
```

```
colormap(pink(nbc));
subplot(121);
image(wcodemat(X,nbc));
title('原始图像');
subplot(122);
image(wcodemat(ca2,nbc));
title('第 2 层近似图像');
figure(2);
subplot(231);
image(wcodemat(ch1,nbc));
title('第 1 层水平方向图像');
subplot(232);
image(wcodemat(cv1,nbc));
title('第 1 层垂直方向图像');
subplot(233);
image(wcodemat(cd1,nbc));
title('第 1 层斜线方向图像');
subplot(234);
image(wcodemat(ch2,nbc));
title('第 2 层水平方向图像');
subplot(235);
image(wcodemat(cv2,nbc));
title('第 2 层垂直方向图像');
subplot(236);
image(wcodemat(cd2,nbc));
title('第 2 层斜线方向图像');
```

程序运行结果如图 11.11 和图 11.12 所示。

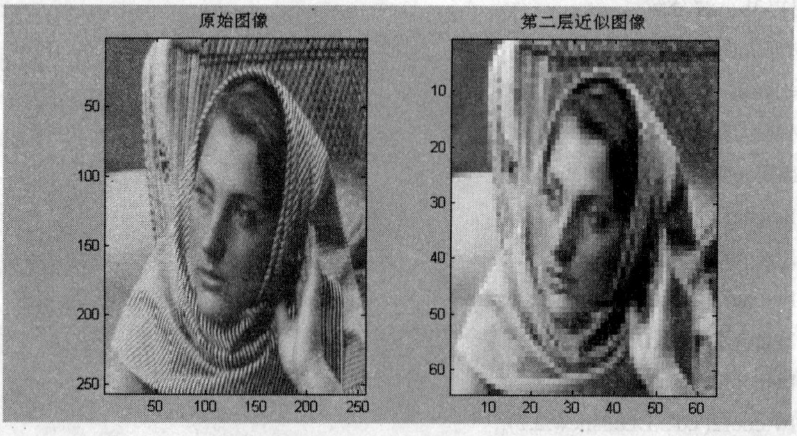

图 11.11　提取提升分解低频系数

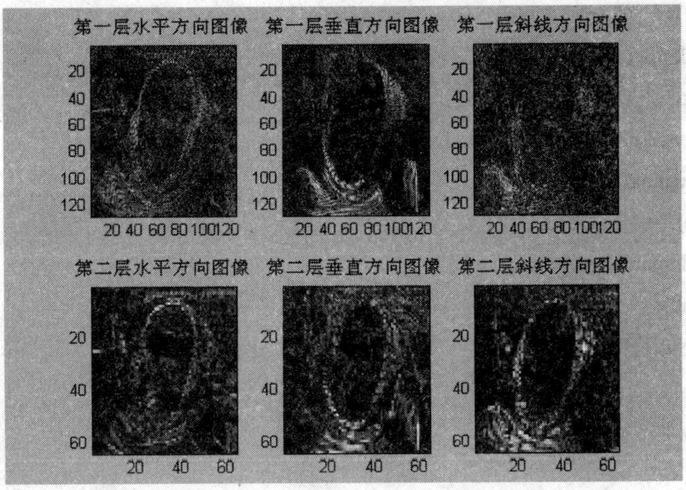

图 11.12　提取提升分解的高频系数

2. 图像重构

下面将通过两个例子说明如何在 MATLAB 中进行图像的提升分解重构。

【例 11-11】　图像重构。

本例将通过提升小波分解的逆变换进行图像的重构。

程序代码如下：

```
%获得 Haar 小波的提升方案
lshaar = liftwave('haar');
%将提升步骤 ELS 加入到提升方案中
els = {'p',[-0.125 0.125],0};
lsnew = addlift(lshaar,els);
%实施二维提升小波变换
load woman;
nbc = size(map,1);
colormap(pink(nbc));
subplot(221);
image(wcodemat(X,nbc));
title('X');
[cA,cH,cV,cD] = lwt2(X,lsnew);
%对同一个图像实施整数提升小波变换
lshaarInt = liftwave('haar','int2int');
lsnewInt = addlift(lshaarInt,els);
[cAint,cHint,cVint,cDint] = lwt2(X,lsnewInt);
%实施提升小波逆变换
xRec = ilwt2(cA,cH,cV,cD,lsnew);
err = max(max(abs(X-xRec)))
```

```
subplot(222);
image(wcodemat(xRec,nbc))
title('xRec');
xRecInt = ilwt2(cAint,cHint,cVint,cDint,lsnewInt);
errInt = max(max(abs(X-xRecInt)))
subplot(223);
image(wcodemat(xRecInt,nbc))
title('xRecInt');
```

程序运行结果如图 11.13 所示。

```
err =
     0
errInt =
     0
```

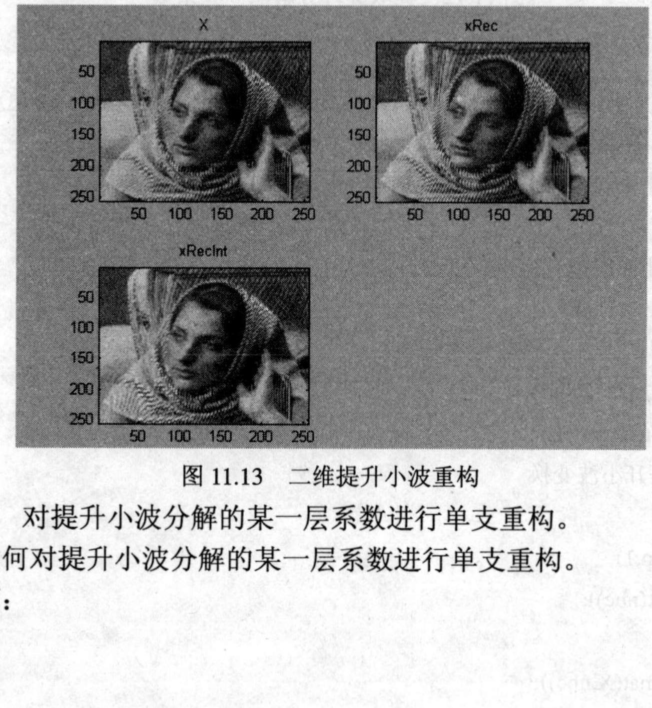

图 11.13　二维提升小波重构

【例 11-12】　对提升小波分解的某一层系数进行单支重构。

本例中演示如何对提升小波分解的某一层系数进行单支重构。

程序代码如下：

```
clear;
clc;
%得到 Haar 小波的提升方案
lshaar = liftwave('haar');
%添加 ELS 到提升方案中
els = {'p',[-0.125 0.125],0};
lsnew = addlift(lshaar,els);
%两层提升小波分解
load woman;
xDec = lwt2(X,lsnew,2);
%重构近似图像和细节图像
```

```
a2 = lwtcoef2('a',xDec,lsnew,2,2);
h1 = lwtcoef2('h',xDec,lsnew,2,1);
v1 = lwtcoef2('v',xDec,lsnew,2,1);
d1 = lwtcoef2('d',xDec,lsnew,2,1);
h2 = lwtcoef2('h',xDec,lsnew,2,2);
v2 = lwtcoef2('v',xDec,lsnew,2,2);
d2 = lwtcoef2('d',xDec,lsnew,2,2);
%检查重构误差
err = max(max(abs(X-a2-h2-v2-d2-h1-v1-d1)))
nbc = size(map,1);
colormap(pink(nbc));
subplot(121);
 image(wcodemat(X,nbc));
title('原始图像');
subplot(122);
image(wcodemat(a2,nbc));
title('重构第 2 层近似图像');
figure(2);
subplot(231);
image(wcodemat(h1,nbc));
title('第 1 层水平方向图像');
subplot(232);
image(wcodemat(v1,nbc));
title('第 1 层垂直方向图像');
subplot(233);
image(wcodemat(d1,nbc));
title('第 1 层斜线方向图像');
subplot(234);
image(wcodemat(h2,nbc));
title('第 2 层水平方向图像');
subplot(235);
image(wcodemat(v2,nbc));
title('第 2 层垂直方向图像');
subplot(236);
image(wcodemat(d2,nbc));
title('第 2 层斜线方向图像');
```

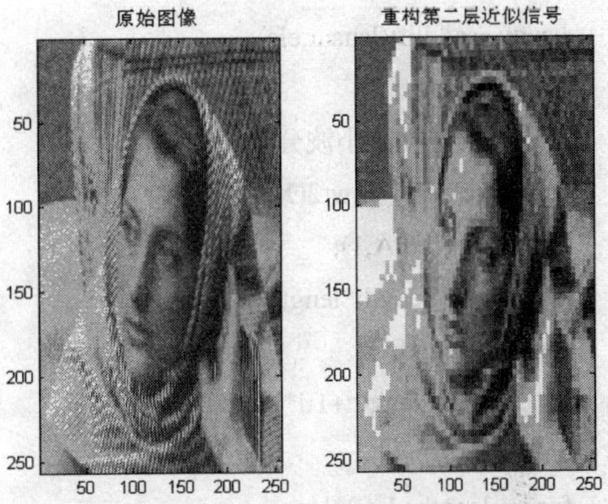

图 11.14 重构低频图像

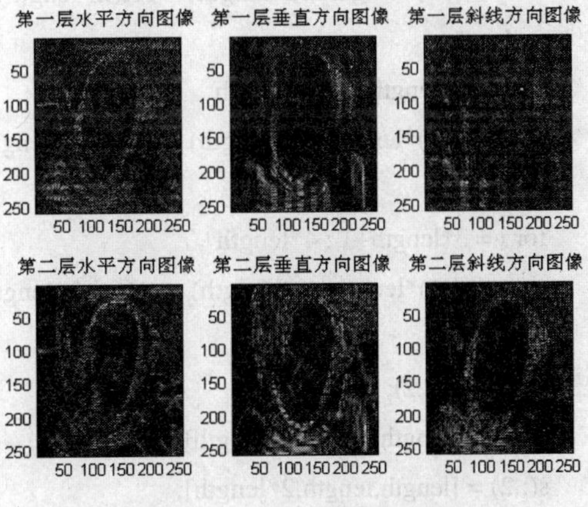

图 11.15 重构高频图像

程序运行结果如图 11.14 和图 11.15 所示。

```
err =
   7.1054e-014
```

3. 图像压缩

下面将通过两个例子说明如何对图像通过提升分解和高频系数的阈值量化实现压缩。

【例 11-13】　图像压缩实例 1。

在本例中首先对二维图像进行提升小波分解，然后构造传统小波分解结构[c, s]，使用函数 wdcbm2 获取图像的压缩阈值，再采用函数 wdencmp 实现图像压缩。

程序代码如下：

```
clc;
load woman;
nbc = size(map,1);
%得到 Haar 小波的提升方案
lshaar = liftwave('haar');
%添加 ELS 到提升方案中
els = {'p',[-0.125 0.125],0};
lsnew = addlift(lshaar,els);
load woman;
%进行一层提升小波分解
[cA,cH,cV,cD] = lwt2(X,lsnew);
length = size(cA,1);
c = zeros(1,length*length*4);
for i = 1:length
    c((i-1)*length+1:i*length) = cA(:,i);
end
for i = length+1 : 2*length
    c((i-1)*length+1:i*length) = cH(:,i-length);
end
for i = 2*length+1 : 3*length
    c((i-1)*length+1:i*length) = cV(:,i-2*length);
end
for i = 3*length+1 : 4*length
    c((i-1)*length+1:i*length) = cD(:,i-3*length);
end
s = zeros(3,2);
s(:,1) = [length,length,2*length];
s(:,2) = [length,length,2*length];
%使用 wdcbm2 获得压缩阈值
alpha = 1.5; m = 3.5*prod(s(1,:));
[thr,nkeep] = wdcbm2(c,s,alpha,m);
%对图像进行压缩
xd= wdencmp('lvd',c,s,'haar',1,thr,'h');
```

```
colormap(pink(nbc));
figure(1);
subplot(1,2,1);
image(wcodemat(X,nbc));
title('原始图像');
subplot(1,2,2)
image(wcodemat(xd,nbc))
title('压缩后的图像');
```

程序运行结果如图 11.16 所示。

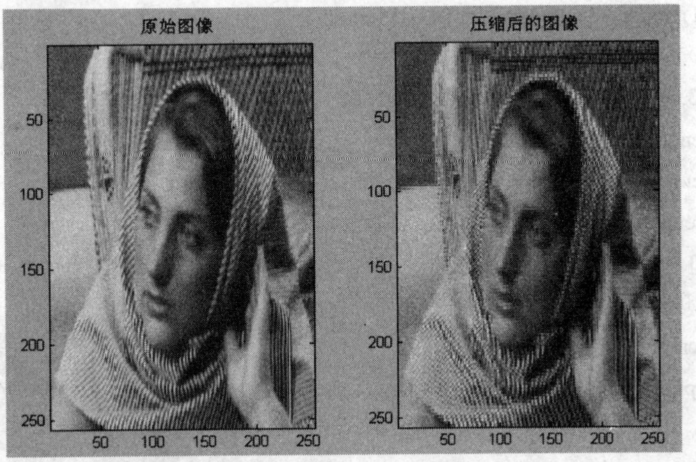

图 11.16　提升分解压缩

【例 11-14】　二维图像压缩实例 2。

在本例中首先对图像进行提升小波分解，然后构造传统小波分解结构[c, s]，再使用函数 ddencmp 获取图像压缩阈值，最后采用函数 wdencmp 实现图像压缩。

程序代码如下：

```
load woman;
nbc = size(map,1);
%得到 Haar 小波的提升方案
lshaar = liftwave('haar');
%添加 ELS 到提升方案中
els = {'p',[-0.125 0.125],0};
lsnew = addlift(lshaar,els);
load woman;
%进行一层提升小波分解
[cA,cH,cV,cD] = lwt2(X,lsnew);
length = size(cA,1);
c = zeros(1,length*length*4);
for i = 1:length
```

```
        c((i-1)*length+1:i*length) = cA(:,i);
    end
    for i = length+1 : 2*length
        c((i-1)*length+1:i*length) = cH(:,i-length);
    end
    for i = 2*length+1 : 3*length
        c((i-1)*length+1:i*length) = cV(:,i-2*length);
    end
    for i = 3*length+1 : 4*length
        c((i-1)*length+1:i*length) = cD(:,i-3*length);
    end
    s = zeros(3,2);
    s(:,1) = [length,length,2*length];
    s(:,2) = [length,length,2*length];
    %使用 ddencmp 获得压缩阈值
    [thr,nkeep] = ddencmp('cmp','wv',X)
    %对图像进行压缩
    xd= wdencmp('gbl',c,s,'haar',1,thr,'s',1);
    colormap(pink(nbc));
    figure(1);
    subplot(1,2,1);
    image(wcodemat(X,nbc));
    title('原始图像');
    subplot(1,2,2)
    image(wcodemat(xd,nbc))
    title('压缩后的图像');
```

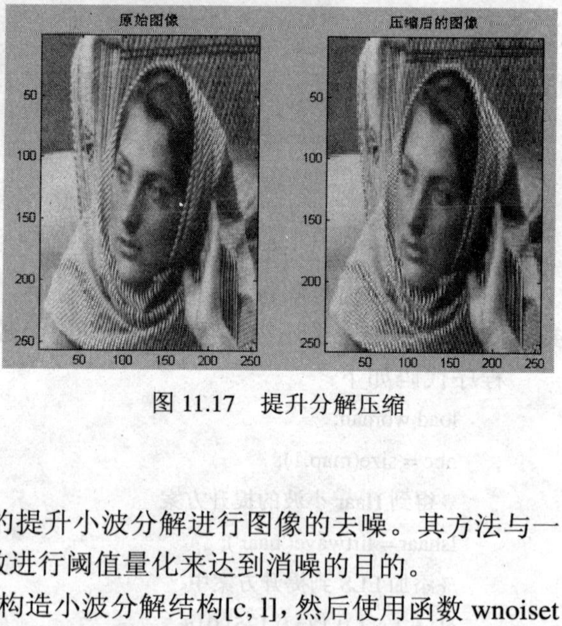

图 11.17 提升分解压缩

程序运行结果如图 11.17 所示。

4. 图像消噪

下面将通过一个例子说明如何通过图像的提升小波分解进行图像的去噪。其方法与一般去噪方法相同，都是对小波分解的高频系数进行阈值量化来达到消噪的目的。

在本例中首先对图像进行两层提升分解，构造小波分解结构[c, l]，然后使用函数 wnoiset 获取噪声方差，接着使用函数 wdcbm2 获取图像去噪阈值，最后使用函数 wdencmp 实现图像去噪。

程序代码如下：

```
load woman;
%产生含噪图像
init=2055615866;
randn('seed',init);
```

```
x = X + 18*randn(size(X));
nbc = size(map,1);
%得到 Haar 小波的提升方案
lshaar = liftwave('haar');
%添加 ELS 到提升方案中
els = {'p',[-0.125 0.125],0};
lsnew = addlift(lshaar,els);
load woman;
%进行一层提升小波分解
[cA,cH,cV,cD] = lwt2(X,lsnew);
length = size(cA,1);
c = zeros(1,length*length*4);
for i = 1:length
    c((i-1)*length+1:i*length) = cA(:,i);
end
for i = length+1 : 2*length
    c((i-1)*length+1:i*length) = cH(:,i-length);
end
for i = 2*length+1 : 3*length
    c((i-1)*length+1:i*length) = cV(:,i-2*length);
end
for i = 3*length+1 : 4*length
    c((i-1)*length+1:i*length) = cD(:,i-3*length);
end
s = zeros(3,2);
s(:,1) = [length,length,2*length];
s(:,2) = [length,length,2*length];
%使用 wdcbm2 获得去噪阈值
alpha = 3; m = 3.5*prod(s(1,:));
[thr,nkeep] = wdcbm2(c,s,alpha,m)
%对图像进行去噪
sorh = 's';
xd= wdencmp('lvd',c,s,'haar',1,thr,sorh);
colormap(pink(nbc));
figure(1);
subplot(2,2,1);
  image(wcodemat(X,nbc));
title('原始图像');
subplot(2,2,2);
```

```
  image(wcodemat(x,nbc))
title('含噪图像');
subplot(2,2,3)
  image(wcodemat(xd,nbc))
title('消噪后的图像');
```

程序运行结果如图 11.18 所示。

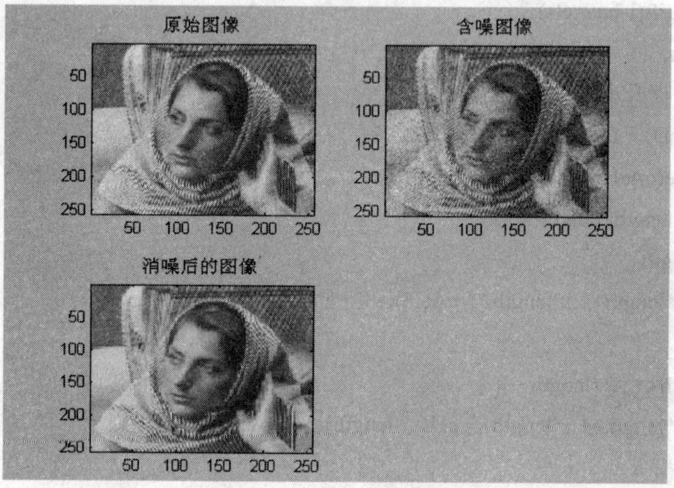

图 11.18　提升分解消噪

第 12 章　多信号小波分析及应用

在 MATLAB R2008 中增加的最重要的功能是提供了一组用于一维多信号小波分析的函数，利用这组函数可以对多个信号同时进行小波分析，主要包括的函数如表 2-13 所示。下面对这些函数的用法和应用进行具体介绍。

12.1　一维多信号小波分析函数

12.1.1　一维多信号小波分解函数

用于一维多信号小波分解的函数主要包括 mdwtdec、chgwdeccfs 和 wdcenergy。下面分别对其进行详细介绍。

1. 函数 mdwtdec

函数 mdwtdec 的调用格式有下面 3 种：

(1) DEC = mdwtdec(DIRDEC, X, LEV, WNAME)

(2) DEC = mdwtdec(DIRDEC, X, LEV, LoD, HiD, LoR, HiR)

(3) DEC = mdwtdec(..., 'mode', EXTMODE)

DEC = mdwtdec(DIRDEC, X, LEV, WNAME)返回矩阵 **X** 的每行(如果 DIRDEC = 'r')或每列(如果 DIRDEC = 'c')使用小波 WNAME 的 LEV 层分解。输出 DEC 的结构如表 12-1 所示。

表 12-1　DEC 的结构

值	描　述
'dirDec'	指示行'r'或列'c'
'level'	DWT 分解的层数
'wname'	小波名称
'dwtFilters'	LoD、HiD、LoR 和 HiR 的结构
'dwtEXTM'	DWT 延拓模式
'dwtShift'	DWT 的 shift 参数(0 或 1)
'dataSize'	X 的大小
'ca'	在层 LEV 的近似系数
'cd'	第 1 层到第 LEV 层的细节系数

系数 cA 和 cD{k}(k = 1 to LEV)是矩阵，以行存储(如果 DIRDEC = 'r')或以列存储(如果 DIRDEC = 'c')。

DEC = mdwtdec(DIRDEC, X, LEV, LoD, HiD, LoR, HiR)使用 4 个滤波器取代小波名称进行分解。

DEC = mdwtdec(..., 'mode', EXTMODE)使用指定的 EXTMODE 延拓模式进行小波分解。

2. 函数 chgwdeccfs

函数 chgwdeccfs 的调用格式有下面 5 种：

(1) DEC = chgwdeccfs(DEC, 'ca', COEFS)

(2) DEC = chgwdeccfs(DEC, 'cd', COEFS, LEV)

(3) DEC = chgwdeccfs(DEC, 'all', CA, CD)

(4) DEC = chgwdeccfs(DEC, 'all', V)

(5) DEC = chgwdeccfs(..., IDXSIG)

DEC = chgwdeccfs(DEC, 'ca', COEFS)使用矩阵 COEFS 代替 DEC 的 DEC.level 层近似系数。如果 COEFS 是一个单值 V，所有的近似系数均使用 V 代替。

DEC = chgwdeccfs(DEC, 'cd', COEFS, LEV)使用矩阵 COEFS 代替 DEC 的第 LEV 细节近似系数。如果 COEFS 是一个单值 V，LEV 可以是一个层次向量，并且属于这些层的所有细节系数均被 V 代替。要求 1≤LEV≤DEC.level。

DEC = chgwdeccfs(DEC, 'all', CA, CD)更换所有的近似和细节系数。CA 必须为矩阵，CD 必须为长度为 DEC.level 的细胞数组。

如果 COEFS(或 CA 或 CD)是一个单值，则将其替换所有相关系数；否则，COEFS(或 CA 或 CD)必须是合适大小的矩阵。

对于实值 V, DEC = chgwdeccfs(DEC, 'all', V)使用 V 更换所有系数。

DEC = chgwdeccfs(..., IDXSIG)更换由向量 IDXSIG 索引的信号系数。如果初始数据在矩阵 X 中以行存储或以列存储，则 IDXSIG 包含行索引或列索引。

3. 函数 wdcenergy

函数 wdcenergy 的调用格式有下面 4 种方式。

(1) [E, PEC, PECFS] = wdecenergy(DEC)

(2) [E, PEC, PECFS,IDXSORT,LONGS] = wdecenergy(DEC, 'sort')

(3) [E, PEC, PECFS] = wdecenergy(DEC, OPTSORT, IDXSIG)

(4) [E, PEC, PECFS, IDXSORT, LONGS] = wdecenergy(DEC, OPTSORT, IDXSIG)

[E, PEC, PECFS] = wdecenergy(DEC)返回每个分解信号的能量(L2-Norm)矢量 **E**，每个信号的小波部件(近似和细节)的能量百分比矩阵 PEC 以及每个系数的能量百分比矩阵 PECFS。

- E(i)是第 i 个信号的能量(L2-Norm)。
- PEC(i, 1)是第 i 个信号的层 MAXLEV = DEC.level 近似信号的能量百分比。
- PEC(i, j)(j=2 , ..., MAXLEV+1)是第 i 个信号的层(MAXLEV+1-j)近似信号的能量百分比。
- PECFS(i, j)是第 i 个信号的第 j 个系数的能量百分比。

[E, PEC, PECFS,IDXSORT,LONGS] = wdecenergy(DEC, 'sort')返回 PECFS(其行以升序排

序)和索引向量 IDXSORT。LONGS 是包含系数的每个簇的长度的向量。

- 更改'sort'为'ascend'，返回同样的结果。
- 更改'sort'为'descend'，返回 PECFS，以降序排序。

[E, PEC, PECFS] = wdecenergy(DEC, OPTSORT, IDXSIG)返回信号索引包含在 IDXSIG 中的能量分布。

[E, PEC, PECFS, IDXSORT, LONGS] = wdecenergy(DEC, OPTSORT, IDXSIG)返回信号索引包含在 IDXSIG 中的能量分布。OPTSORT 的有效值包括'none'、'sort'、'ascend'和'descend'。

12.1.2　一维多信号小波重构函数

用于一维多信号小波分解的函数主要为 mdwtrec，下面对其进行详细介绍。

函数 mdwtrec 的调用格式有下面 11 种：

(1) X = mdwtrec(DEC)

(2) X = mdwtrec(DEC, IDXSIG)

(3) Y = mdwtrec(DEC, TYPE, LEV)

(4) A = mdwtrec(DEC, 'a')

(5) A = mdwtrec(DEC, 'a', LEVDEC)

(6) D = mdwtrec(DEC, 'd')

(7) CA = mdwtrec(DEC, 'ca')

(8) CA = mdwtrec(DEC, 'ca', LEVDEC)

(9) CD = mdwtrec(DEC, 'cd', MODE)

(10) CFS = mdwtrec(DEC, 'cfs', MODE)

(11) Y = mdwtrec(..., IDXSIG)

X = mdwtrec(DEC)返回由小波分解结构 DEC 重构的信号矩阵 ***X***。

X = mdwtrec(DEC, IDXSIG)重构索引由 IDXSIG 给出的信号。

Y = mdwtrec(DEC, TYPE, LEV)根据 TYPE 值，提取或重构层 LEV 的近似或细节系数。最大值为 LEVDEC = DEC.level。

TYPE 取值包括：

- 'cd' 或 'ca'，提取的层 LEV 的系数。
- 'd' 或 'a'，重构的层 LEV 的系数。
- 'a' 或 'ca'，LEV 必须满足 0≤LEV≤LEVDEC。
- 'd' 或 'cd'，LEV 必须满足 1≤LEV≤LEVDEC。

A = mdwtrec(DEC, 'a')等于 A = mdwtrec(DEC, 'a', LEVDEC)。

D = mdwtrec(DEC, 'd')返回所有细节系数的综合，因此 X = A + D。

CA = mdwtrec(DEC, 'ca')等于 CA = mdwtrec(DEC, 'ca', LEVDEC)。

CD = mdwtrec(DEC, 'cd', MODE)返回包含所有细节系数的矩阵。

CFS = mdwtrec(DEC, 'cfs', MODE)返回包含所有系数的矩阵。

对于 MODE = 'descend'，系数从层 LEVDEC 到层 1 排列；MODE = 'ascend'，系数从层 1 到层 LEVDEC 排列。MODE 的默认值为'descend'。

Y = mdwtrec(..., IDXSIG)提取或重构索引包含在 IDXSIG 中的信号的细节或近似系数。

12.1.3　一维多信号小波去噪函数

用于一维多信号小波去噪的函数主要包括 mswthresh、mswden 和 wmulden，下面分别对其进行详细介绍。

1. 函数 mswthresh

函数 mswthresh 的调用格式有下面 4 种：

(1) Y = mswthresh(X, SORH, T)

(2) Y = mswthresh(X, SORH, T, 'c')

(3) Y = mswthresh(X, 's', T)

(4) Y = mswthresh(X, 'h', T)

Y = mswthresh(X, SORH, T)返回多信号 X 的软 T-阈值(如果 SORH='s')或硬 T-阈值(如果 SORH='h')。T 可以是一个单值，一个与 X 大小相同的矩阵或一个向量。当 T 为向量时，阈值是行相关的，LT = length(T)必须满足 size(X,1)≤LT。

Y = mswthresh(X, SORH, T, 'c')，阈值列相关，并且 size(X,2)≤LT。

Y = mswthresh(X, 's', T)返回 Y = SIGN(X).(|X|-T)+。

Y = mswthresh(X, 'h', T)返回 Y = X.1_(|X|>T)。

2. 函数 mswden

函数 mswden 的调用格式有下面 9 种：

(1) [XD, DECDEN, THRESH] = mswden('den', DEC, METH)

(2) [XD, DECDEN, THRESH] = mswden('den', DEC, METH, PARAM)

(3) [XD, THRESH] = mswden('densig', ...)

(4) [DECDEN, THRESH] = mswden('dendec', ...)

(5) THRESH = mswden('thr', ...)

(6) [...] = mswden(OPTION, DIRDEC, X, WNAME, LEV, METH,PARAM)

(7) [...] = mswden(..., S_OR_H)

(8) [...] = mswden(..., S_OR_H, KEEPAPP)

(9) [...] = mswden(..., S_OR_H, KEEPAPP, IDXSIG)

Mswden 计算阈值并根据选择的选项使用小波进行一维多信号去噪。

[XD, DECDEN, THRESH] = mswden('den', ...)返回原始信号 X 的去噪信号 XD，X 的小波分解结构为 DEC。输出 XD 由对小波系数进行阈值处理得到，DECDEN 是 XD 的小波分解结构，THRESH 是阈值矩阵。输入 METH 是去噪方法，PARAM 是与其相关的需要的参数。

下面介绍有效的去噪方法 METH 和相关参数 PARAM。常用 METH 有效值，如表 12-2 所示。

表 12-2　常用去噪 METH 有效值

METH	说　明
'rigrsure'	Stein 无偏似然估计
'heursure'	启发式阈值
'sqtwolog'	通用阈值 $\sqrt{2\lg(\text{length}(X))}$
'minimaxi'	极大极小值阈值

对于上述 METH，PARAM 为阈值调整方法，其值如表 12-3 所示。

表 12-3　PARAM 有效值

METH	说　明
'one'	不调整
'sln'	根据第一层的系数进行噪声层的估计来调整阈值
'mln'	根据不同层的噪声估计来调整阈值

除了上述 METH 方法，常用的 METH 还有处罚(Penalization)方法，其值如表 12-4 所示，此时 PARAM 是一个稀疏矩阵，其值满足 1≤PARAM≤10。

表 12-4　处 罚 方 法

METH	说　明
'penal'	处罚
'penalhi'	高处罚，2.5≤PARAM≤10
'penalme'	中处罚，1.5≤PARAM≤2.5
'penallo'	低处罚，1≤PARAM≤2

此外，还有一种手动方法，其值为'man_thr'，此时 PARAM 是一个 NbSIG×NbLEV 矩阵或 NbSIG×(NbLEV+1)矩阵(其中 NbSIG 是信号的数目，NbLEV 是分解层数)，满足：

- PARAM(i, j)是第 i 个信号的第 j 层细节系数的阈值。
- PARAM(i, NbLEV+1)是第 i 个信号的近似系数阈值(如果 KEEPAPP 是 0)。

除了使用 'den' 作为输入，还可以使用 'densig'、'dendec' 或 'thr' 输入来选择输出参数：[XD, THRESH]= mswden('densig', ...)或[DECDEN, THRESH] = mswden('dendec', ...)。THRESH = mswden('thr', ...)返回计算的阈值，但不进行去噪。

输入参数分解结构 DEC 可以使用 DIRDEC、X、WNAME 和 LEV 取代。

[...] = mswden(OPTION, DIRDEC, X, WNAME, LEV, METH, PARAM)，在进行去噪或计算阈值前，首先使用小波 WNAME 按 DIRDEC 方向将多信号 X 分解 LEV 层。

通过[...] = mswden(..., S_OR_H)、[...] = mswden(..., S_OR_H, KEEPAPP) 或[...] = mswden(..., S_OR_H, KEEPAPP, IDXSIG)，可以输入另外三个参数：

- S_OR_H ('s' 或 'h')表示使用软阈值或硬阈值。
- KEEPAPP (true 或 false)表示是否保持近似系数，保持(true)或不保持(false)。
- IDXSIG 是初始信号索引向量，或字符串 'all'。

这三个参数的默认值为 'h'、false 和 'all'。

3. 函数 wmulden

函数 wmulden 的调用格式有下面 5 种：

(1) [X_DEN, NPC, NESTCOV, DEC_DEN, PCA_Params, DEN_Params] =
　　wmulden(X, LEVEL, WNAME, NPC_APP, NPC_FIN, TPTR, SORH)

(2) [...] = wmulden(X, LEVEL, WNAME, 'mode', EXTMODE, NPC_APP, ...)

(3) [DEC, PCA_Params] = wmulden('estimate', DEC, NPC_APP, NPC_FIN)

(4) [X_DEN, NPC, DEC_DEN, PCA_Params] = wmulden('execute', DEC, PCA_Params)

(5) [...] = wmulden('execute', DEC, PCA_Params, TPTR, SORH)

[X_DEN, NPC, NESTCOV, DEC_DEN, PCA_Params, DEN_Params] = wmulden(X, LEVEL, WNAME, NPC_APP, NPC_FIN, TPTR, SORH) 或 [...] = wmulden(X, LEVEL, WNAME, 'mode', EXTMODE, NPC_APP, ...)返回 X 去噪后的结果 X_DEN。wmulden 为多元去噪，其中估计噪声协方差矩阵使用小波域近似的非中心主成分分析(PCA)或最终 PCA 对角化。

输入矩阵 X 包含长度为 N 的 P 个信号，以列保存，N > P。

① 小波分解参数。小波分解参数包括分解层数 LEV、小波名称 WNAME 和 DWT 的延拓模式 EXTMODE。如果已获取mdwtdec的小波分解结构 DEC，可以使用[...] = wmulden(DEC, NPC_APP)代替[...] = wmulden(X, LEVEL, WNAME, 'mode', EXTMODE, NPC_APP)。

② 主成分参数 NPC_APP 和 NPC_FIN。输入参数 NPC_APP 和 NPC_FIN 分别定义了为小波域的第 LEVEL 层近似或小波重构后的最终 PCA 选择主成分的方法。

如果 NPC_APP (或 NPC_FIN)是整数，则为需要保留的第 LEVEL 层近似的主成分的(或小波重构后的最终 PCA)数目。

NPC_XXX 必须满足 0 <= NPC_XXX <= P。

NPC_APP 或 NPC_FIN = 'kais' (or 'heur')使用 'Kaiser' 准则(或启发式准则)自动选择需要保留的主成分数目。

- Kaiser's 专责保留与特征值大于平均特征值对应的成分。
- 启发式准则保留与特征值大于所有特征值总合乘以 0.05 对应的成分。

NPC_APP 或 NPC_FIN = 'none' 等于 NPC_APP 或 NPC_FIN = P。

③ 去噪参数 TPTR 和 SORH。去噪参数 TPTR 和 SORH 的默认值为 TPTR = 'sqtwolog', SORH = 's'。

TPTR 的有效值包括：'rigsure'、'heursure'、'sqtwolog'、'minimaxi'、'penalhi'、'penalme' 和 'penallo'。

SORH 的有效值包括：'s' 和 'h'。

④ 输出参数。X_DEN 是 X 去噪后的信号，NPC 是选择保留的主成分数目矢量，NESTCOV 是使用最小协方差行列式估计(MCD)得到的噪声协方差矩阵，DEC_DEN 是 X_DEN 的小波分解，PCA_Params 是主成分结构，其值如下：

PCA_Params.NEST = {pc_NEST, var_NEST, NESTCOV}

PCA_Params.APP　= {pc_APP, var_APP, npc_APP}

PCA_Params.FIN　 = {pc_FIN, var_FIN, npc_FIN}

其中：

- pc_XXX 是一个 P×P 主成分矩阵。
- 列以方差的降序排列。
- var_XXX 是主成分方差向量。
- NESTCOV 是层 1 的细节协方差矩阵估计。

DEN_Params 满足：

- DEN_Params.thrVAL 是长度为 LEVEL 的向量，其值为每一层的阈值。
- DEN_Params.thrMETH 是去噪方法(TPTR)名称的字符串。
- DEN_Params.thrTYPE 是阈值类型(SORH)的字符。

⑤ 特殊情况。[DEC, PCA_Params] = wmulden('estimate', DEC, NPC_APP, NPC_FIN)返回小波分解 DEC 主成分估计 PCA_Params。

[X_DEN, NPC, DEC_DEN, PCA_Params] = wmulden('execute', DEC, PCA_Params)或[...] = wmulden('execute', DEC, PCA_Params, TPTR, SORH)使用之前计算的主成分估计 PCA_Params。

输入值 DEC 可以使用 X、LEVEL 和 WNAME 取代。

12.1.4　一维多信号小波压缩函数

用于一维多信号小波压缩的函数主要包括 mswcmp、mswcmpscr 和 mswcmptp。下面分别对其进行详细介绍。

1. 函数 mswcmp

函数 mswcmp 的调用格式有下面 10 种方式。

(1) [XC, DECCMP, THRESH] = mswcmp('cmp', DEC, METH)

(2) [XC, DECCMP, THRESH] = mswcmp('cmp', DEC, METH, PARAM)

(3) [XC, THRESH] = mswcmp('cmpsig', ...)

(4) [DECCMP, THRESH] = mswcmp('cmpdec', ...)

(5) THRESH = mswcmp('thr', ...)

(6) [...] = mswcmp(OPTION, DIRDEC, X, WNAME, LEV, METH)

(7) [...] = mswcmp(OPTION, DIRDEC, X, WNAME, LEV, METH, PARAM)

(8) [...] = mswcmp(..., S_OR_H)

(9) [...] = mswcmp(..., S_OR_H, KEEPAPP)

(10) [...] = mswcmp(..., S_OR_H, KEEPAPP, IDXSIG)

mswcmp 计算阈值并根据选择的输入使用小波进行一维多信号压缩。

[XC, DECCMP, THRESH] = mswcmp('cmp', DEC, METH)或[XC, DECCMP, THRESH] = mswcmp('cmp', DEC, METH, PARAM)返回分解结构为 DEC 的信号 X 压缩后的信号 XC。输出 XC 由对小波系数进行阈值处理得到，DECCMP 是 XC 的小波分解结构，THRESH 是阈值矩阵。输入 METH 是压缩方法，PARAM 是与其相关的需要的参数。

常用的压缩方法 METH 如表 12-5 所示，同时也给出了 PARAM 的值，此时 PARAM 是一个稀疏参数，并且满足 1≤PARAM≤10。

表 12-5　常用压缩 METH 有效值

METH	说　明	METH	说　明
'rem_n0'	去掉接近 0 的值	'scarsehi'	高 scare，2.5≤PARAM≤10
'bal_sn'	平衡稀疏范数	'scarseme'	中 scare，1.5≤PARAM≤2.5
'sqrtbal_sn'	平衡稀疏范数(sqrt)	'scarselo'	低 scare，1≤PARAM≤2
'scarse'	scare		

除上述值外，常用的其他 METH 值如表 12-6 所示。此时 PARAM 为一个实数，满足 1≤PARAM≤2。

表 12-6　常用压缩 METH 有效值

METH	说　明
'L2_perf'	能量比
'N0_perf'	0 系数比

此外，METH 值还可以为'glb_thr'，表示全局阈值，此时 PARAM 为实正数。

最后还有一种手动方法'man_thr'，此时 PARAM 是一个 NbSIG×NbLEV 矩阵或 NbSIG×(NbLEV+1)矩阵(其中 NbSIG 是信号的数目，NbLEV 是分解层数)，满足：

- PARAM(i, j)是第 i 个信号的第 j 层细节系数的阈值。
- PARAM(i, NbLEV+1)是第 i 个信号的近似系数阈值(如果 KEEPAPP 是 0)。

对于[XC, THRESH] = mswcmp('cmpsig', ...)、[DECCMP, THRESH] = mswcmp('cmpdec', ...)或 THRESH = mswcmp('thr', ...)，输入 'cmp' 使用 'cmpsig'、'cmpdec' 或 'thr' 代替，使用 'thr' 时，返回计算的阈值，不进行压缩。

对于[...] = mswcmp(OPTION, DIRDEC, X, WNAME, LEV, METH)和[...]=mswcmp (OPTION, DIRDEC, X, WNAME, LEV, METH, PARAM)，输入参数分解结构 DEC 可以使用 4 个参数 DIRDEC、X、WNAME 和 LEV 代替。在进行压缩或计算阈值前，使用小波 WNAME 按 DIRDEC 方向将多信号 X 分解 LEV 层。

对于[...] = mswcmp(..., S_OR_H)、[...] = mswcmp(..., S_OR_H, KEEPAPP)和[...] = mswcmp(..., S_OR_H, KEEPAPP, IDXSIG)，可以输入另 3 个参数：

- S_OR_H ('s'或'h')表示使用软阈值或硬阈值。
- KEEPAPP (true 或 false)表示是否保持近似系数，保持(true)或不保持(false)。
- IDXSIG 是初始信号索引向量，或字符串'all'。

这 3 个参数的默认值为'h'、false 和'all'。

2. 函数 mswcmpscr

函数 mswcmpscr 的调用格式有下面两种方式。

(1) [THR, L2SCR, NOSCR, IDXSORT] = mswcmpscr(DEC)

(2) [THR, L2SCR, NOSCR, IDXSORT] = …
　　mswcmpscr(DEC, S_OR_H, KEEPAPP, IDXSIG)

[THR, L2SCR, NOSCR, IDXSORT] = mswcmpscr(DEC)返回四个矩阵：阈值 THR、压缩比 L2SCR 和 NOSCR、索引 IDXSORT。分解结构 DEC 对应于一个小波系数矩阵 CFS，CFS 由细节和近似(可选)系数组成，其中 CFS=[cd{DEC.level}, ... , cd{1}]或 CFS = [ca, cd{DEC.level}, ... , cd{1}]。如果 DEC.dirDec 等于 'r'，则 CFS 按行连接；如果 DEC.dirDec 等于 'c'，则按列连接。

如果 NbSIG 是原始信号的数目，NbCFS 是每个信号系数的数目，则 CFS 是一个 NbSIG × NbCFS 矩阵，因此有：

- THR、L2SCR、NOSCR 是 NbSIG×(NbCFS+1)矩阵。
- IDXSORT 是一个 NbSIG×NbCFS 矩阵。

- THR(:, 2:end)为 CFS 以绝对值升序按行排列的矩阵。

对于第 i 个信号：

- L2SCR(i, j)是保存的对应于阈值 CFS(i, j-1) (2≤j≤NbCFS)，L2SCR(:, 1)=100 的能量(L2-norm)的百分比。
- N0SCR(i, j)是对应于阈值等于 CFS(i, j-1) (2≤j≤NbCFS)，N0SCR(:, 1)=0 的零值的百分比。

对于[...] = mswcmpscr(..., S_OR_H, KEEPAPP, IDXSIG)，可以输入另 3 个参数：

- S_OR_H ('s'或'h')表示使用软阈值或硬阈值。
- KEEPAPP(true 或 false)表示是否保持近似系数，保持(true)或不保持(false)。
- IDXSIG 是初始信号索引向量，或字符串 'all'。

这 3 个参数的默认值为 'h'、false 和 'all'。

3. 函数 mswcmptp

函数 mswcmptp 的调用格式有下面 5 种方式。

(1) [THR_VAL, L2_Perf, N0_Perf] = mswcmptp(DEC, METH)
(2) [THR_VAL, L2_Perf, N0_Perf] = mswcmptp(DEC, METH, PARAM)
(3) [THR_VAL, L2_Perf, N0_Perf] = mswcmptp(..., S_OR_H)
(4) [THR_VAL, L2_Perf, N0_Perf] = mswcmptp(..., S_OR_H, KEEPAPP)
(5) [THR_VAL, L2_Perf, N0_Perf] = mswcmptp(..., S_OR_H, KEEPAPP, IDXSIG)

[THR_VAL, L2_Perf, N0_Perf] = mswcmptp(DEC, METH) 或 [THR_VAL, L2_Perf, N0_Perf] = mswcmptp(DEC, METH, PARAM)返回向量 HR_VAL，L2_Perf 和 N0_Perf，根据 METH 方法以及可选参数 PARAM 得到。

对于第 i 个信号：

- THR_VAL(i)是应用于小波系数的阈值。对于按层设置阈值方法，THR_VAL(i, j)是第 j 层细节系数的阈值。
- L2_Perf(i)是压缩后保存的能量百分比(L2_norm)。
- N0_Perf(i)是压缩后获得的零值百分比。

[…] = mswcmptp(..., S_OR_H, KEEPAPP, IDXSIG)，可以输入另 3 个参数：

- S_OR_H ('s'或'h')表示使用软阈值或硬阈值。
- KEEPAPP (true 或 false)表示是否保持近似系数，保持(true)或不保持(false)。
- IDXSIG 是初始信号索引向量，或字符串 'all'。

这 3 个参数的默认值为 'h'、false 和 'all'。

12.2　一维多信号小波分析实例

12.2.1　一维多信号小波分解实例

下面将进行一维多信号小波分解。在此将通过 3 个实例说明如何利用 MATLAB 提供的多信号小波分解函数进行分解。

【例 12-1】　一维多信号小波分解。

此例中调用函数 mdetdec 进行多信号小波分解。

程序代码如下：

```
%加载一维多信号
load thinker;
%使用 db2 小波进行二层分解
dec = mdwtdec('r',X,2,'db2')
%计算 db2 小波相关的滤波器
[LoD,HiD,LoR,HiR] = wfilters('db2');
%使用滤波器组进行二层分解
decBIS = mdwtdec('r',X,2,LoD,HiD,LoR,HiR)
%指定延拓模式为'zpd'
deczpd = mdwtdec('r',X,2,'db2','mode','zpd')
figure(1);
subplot(411);
plot(X(1,:));
title('原始信号 1');
subplot(412);
plot(dec.ca(1,:));
title('信号 1 的 db2 分解第 2 层近似系数');
subplot(413);
plot(dec.cd{2}(1,:));
title('信号 1 的 db2 分解第 2 层细节系数');
subplot(414);
plot(dec.cd{1}(1,:));
title('信号 1 的 db2 分解第 1 层细节系数');
figure(2);
subplot(411);
plot(X(1,:));
title('原始信号 1');
subplot(412);
plot(decBIS.ca(1,:));
title('信号 1 的滤波器组分解第 2 层近似系数');
subplot(413);
plot(decBIS.cd{2}(1,:));
title('信号 1 的滤波器组分解第 2 层细节系数');
subplot(414);
plot(decBIS.cd{1}(1,:));
title('信号 1 的滤波器组分解第 1 层细节系数');
figure(3);
```

```
subplot(411);
plot(X(1,:));
title('原始信号 1');
subplot(412);
plot(deczpd.ca(1,:));
title('信号 1 的 db2 分解、延拓模式 zpd 第 2 层近似系数');
subplot(413);
plot(deczpd.cd{2}(1,:));
title('信号 1 的 db2 分解、延拓模式 zpd 第 2 层细节系数');
subplot(414);
plot(deczpd.cd{1}(1,:));
title('信号 1 的 db2 分解、延拓模式 zpd 第 1 层细节系数');
```

程序运行结果如图 12.1、图 12.2 和图 12.3 所示。可以看出，使用 db2 小波与其滤波器组进行小波分解，结果相同；延拓模式'zpd'与默认延拓模式'sym'结果不相同。

```
dec =
         dirDec: 'r'
          level: 2
          wname: 'db2'
     dwtFilters: [1x1 struct]
        dwtEXTM: 'sym'
       dwtShift: 0
       dataSize: [192 96]
             ca: [192x26 double]
             cd: {[192x49 double]   [192x26 double]}
decBIS =
         dirDec: 'r'
          level: 2
          wname: ''
     dwtFilters: [1x1 struct]
        dwtEXTM: 'sym'
       dwtShift: 0
       dataSize: [192 96]
             ca: [192x26 double]
             cd: {[192x49 double]   [192x26 double]}
deczpd =
         dirDec: 'r'
          level: 2
          wname: 'db2'
     dwtFilters: [1x1 struct]
        dwtEXTM: 'zpd'
```

dwtShift: 0

dataSize: [192 96]

　　ca: [192x26 double]

　　cd: {[192x49 double]　[192x26 double]}

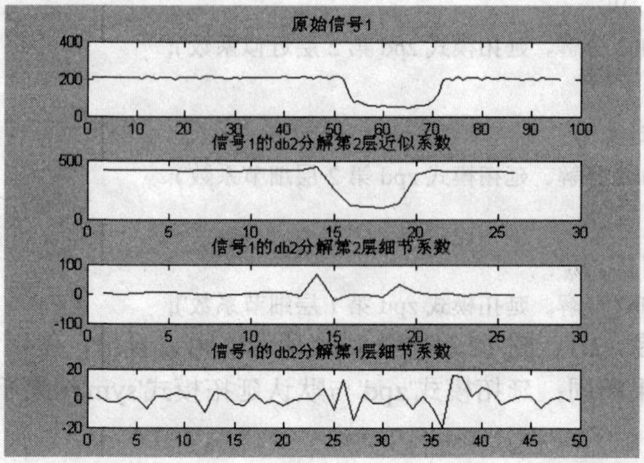

图 12.1　db2 小波分解

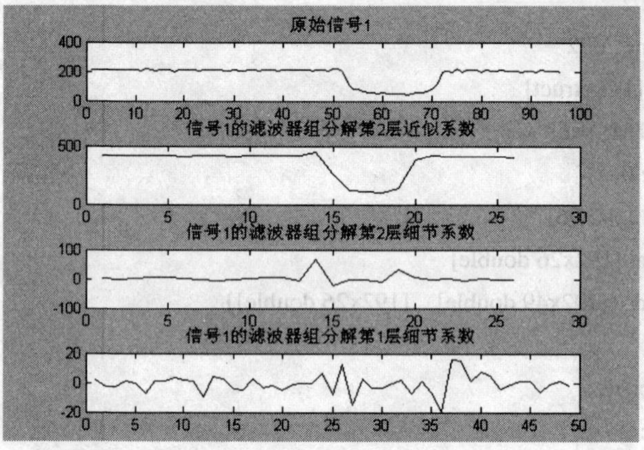

图 12.2　滤波器组小波分解

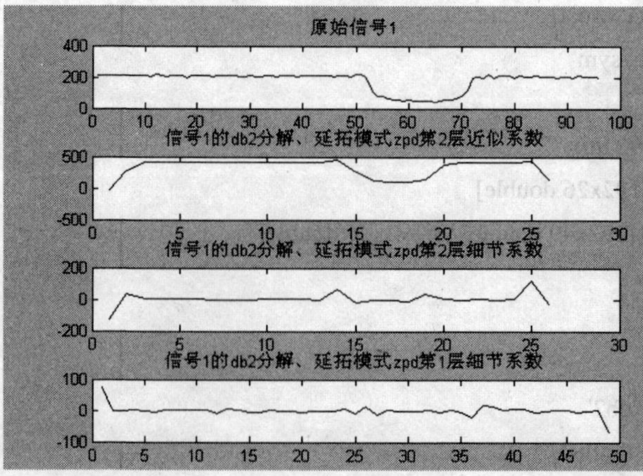

图 12.3　db2、延拓模式 zpd 小波分解

【实例 12-2】 改变一维多信号小波分解系数。

此例中调用函数 mdetdec 进行多信号小波分解，然后使用函数 chgwdeccfs 改变小波分解系数。

程序代码如下：

```
%加载一维多信号
load thinker
%使用 db2 进行两层分解
dec = mdwtdec('r',X,2,'db2');
%改变第 1 层的细节系数，全部用 0 代替
decBIS = chgwdeccfs(dec,'cd',0,1);
%改变信号 31~35 的第 1 层、第 2 层的细节系数，全部用 0 代替
decTER = chgwdeccfs(dec,'cd',0,1:2,31:35);
%比较信号 1～35 的第 1 层的原始细节系数和新细节系数
figure(1);
plot(dec.cd{1}(1:35,:)','b'); hold on;
plot(decBIS.cd{1}(1:35,:)','r')
%比较信号 31～35 的第 2 层的原始细节系数和新细节系数
figure(2);
plot(dec.cd{2}(31:35,:)','b'); hold on;
plot(decTER.cd{2}(31:35,:)','r')
```

程序运行结果如图 12.4 和图 12.5 所示。第一次改变了所有信号的第 1 层的细节系数为 0，图 12.4 中的红线为新的细节系数，确实全部为 0；第二次改变了信号 31～35 的第 1 层和第 2 层细节系数为 0，图 12.5 中的红线为第 2 层的细节系数，确实全部为 0。

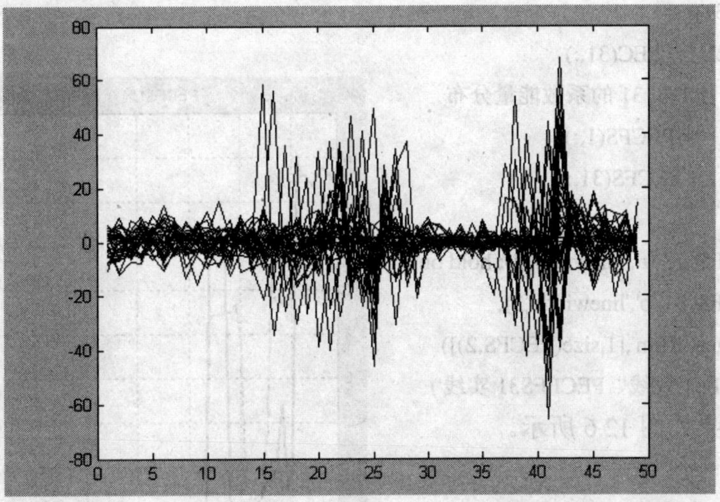

图 12.4　信号 1～35 的新旧第 1 层细节系数比较

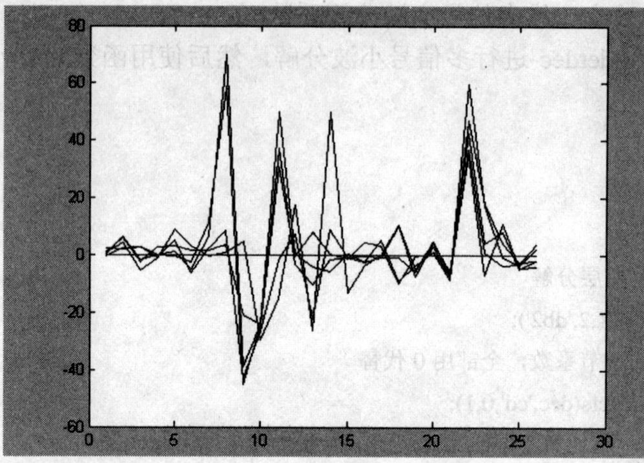

图 12.5　信号 31～35 的新旧第 2 层细节系数比较

【实例 12-3】　计算一维多信号小波分解能量分布。

此例中调用函数 mdetdec 进行多信号小波分解，然后使用函数 wdecenergy 计算小波分解能量分布。

程序代码如下：

```
%加载一维多信号
load thinker
%使用 db2 小波进行两层分解
dec = mdwtdec('r',X,2,'db2');
%计算能量分布
[E,PEC,PECFS] = wdecenergy(dec);
%显示总能量和小波部件(A2, D2, D1)的能量分布
E31 = E(31)
 perA2D2D1 = PEC(31,:)
%比较信号 1 和 31 的系数能量分布
PECFS_1    = PECFS(1,:);
PECFS_31 = PECFS(31,:);
figure;
plot(PECFS_1,'--r','linewidth',2); hold on
plot(PECFS_31,'b','linewidth',2);
grid; set(gca,'Xlim',[1,size(PECFS,2)])
title('PECFS1 虚线，PECFFS31 实线')
```

程序运行结果如图 12.6 所示。

```
E31 =
   2.2411e+006
perA2D2D1 =
    99.3850      0.2926      0.3225
```

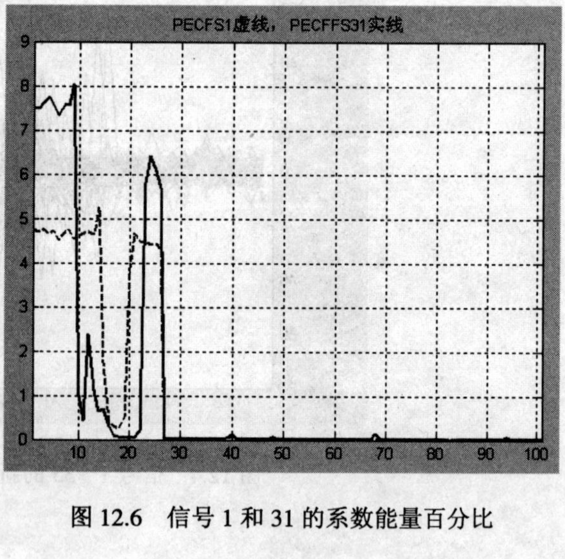

图 12.6　信号 1 和 31 的系数能量百分比

12.2.2　一维多信号小波重构实例

下面将通过一个实例说明如何利用 MATLAB 进行一维多信号小波重构。

【例 12-4】　一维多信号小波重构。

此例中调用函数 mdwtrec 进行多信号小波重构。

程序代码如下：

```
%加载一维多信号
load thinker;
%使用 db2 小波进行两层分解
dec = mdwtdec('r',X,2,'db2');
%重构原始信号矩阵
XR = mdwtrec(dec);
%计算重构误差
errREC = max(max(abs(X-XR)))
figure(1);
%比较原始和重构信号 1～4
subplot(221);
plot(X(1,:),'--r','linewidth',2);
subplot(222);
plot(X(2,:),'--r','linewidth',2);
subplot(223);
plot(X(3,:),'--r','linewidth',2);
subplot(224);
plot(X(4,:),'--r','linewidth',2);
hold on
subplot(221);
plot(XR(1,:),'b');
title('信号 1 原始和重构信号');
subplot(222);
plot(XR(2,:),'b');
title('信号 2 原始和重构信号');
subplot(223);
plot(XR(3,:),'b');
title('信号 3 原始和重构信号');
subplot(224);
plot(XR(4,:),'b');
title('信号 4 原始和重构信号');
errREC1 = max(max(abs(X(1,:)-XR(1,:))))
errREC2 = max(max(abs(X(2,:)-XR(2,:))))
errREC3 = max(max(abs(X(3,:)-XR(3,:))))
```

```
errREC4 = max(max(abs(X(4,:)-XR(4,:))))
%重构原始信号 31，第 2 层近似信号和第 1 层及第 2 层细节信号
Y = mdwtrec(dec,31);
A2 = mdwtrec(dec,'a',2,31);
D2 = mdwtrec(dec,'d',2,31);
D1 = mdwtrec(dec,'d',1,31);
%计算信号 31 的重构误差
errREC = max(abs(Y-A2-D2-D1))
```

程序运行结果如图 12.7 所示。从误差计算可以看出，信号矩阵的重构误差非常小，信号 1～信号 4 中信号 4 的重构误差最大，从图 12.7 中也可以看出，信号 1～信号 3 的重构信号与原始信号基本完全重构，而信号 4 的差别较大。

```
errREC =
    2.1026e-010
errREC1 =
    6.8724e-011
errREC2 =
    7.6852e-011
rrREC3 =
    7.8131e-011
errREC4 =
    8.4640e-011
errREC =
    6.8390e-014
```

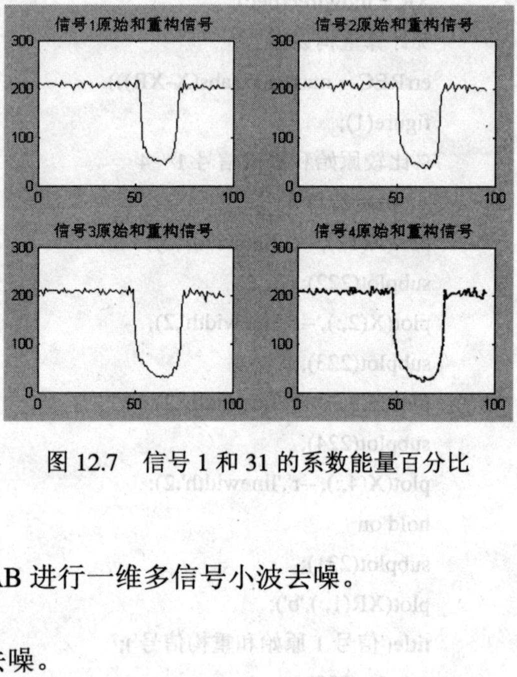

图 12.7　信号 1 和 31 的系数能量百分比

12.2.3　一维多信号小波去噪实例

下面将通过两个实例说明如何利用 MATLAB 进行一维多信号小波去噪。

【例 12-5】　一维多信号小波去噪。

此例中调用函数 mswden 进行多信号小波去噪。

程序代码如下：

```
%加载一维多信号
load thinker;
%产生含噪信号
init=2055615866;
[m,n] = size(X);
for i = 1:m
    randn('seed',init);
    NX(i,:) = X(i,:) + 18*randn(size(X(i,:)));
end
%使用 db2 小波进行二层分解
```

```
dec = mdwtdec('r',NX,2,'db2');
%使用阈值方法'sqtwolog'和阈值调整方法'sln'小波去噪
[XD,decDEN,THRESH] = mswden('den',dec,'sqtwolog','sln');
THRESH([2 31],:)
%比较原始信号、含噪信号和去噪信号
figure(1);
subplot(221);
plot(X([2 31],:)');
title('原始信号 2 和 31');
subplot(222);
plot(NX([2 31],:)');
title('含噪信号 2 和 31');
subplot(223);
plot(XD([2 31],:)');
title('去噪信号 2 和 31');
%使用阈值方法'sqtwolog'和阈值调整方法'one'小波去噪
[XD,decDEN,THRESH] = mswden('den',dec,'sqtwolog','one');
THRESH([2 31],:)
%比较原始信号、含噪信号和去噪信号
figure(2);
subplot(221);
plot(X([2 31],:)');
title('原始信号 2 和 31');
subplot(222);
plot(NX([2 31],:)');
title('含噪信号 2 和 31');
subplot(223);
plot(XD([2 31],:)');
title('去噪信号 2 和 31');
```

程序运行结果如图 12.8 和图 12.9 所示。结果表明采用'sln'阈值调整方法时，阈值较大，采用'one'时，阈值较小。从图 12.8 和图 12.9 可以看出，信号 31 的'sln'方法去噪效果较好，信号 2 的'one'效果较好，这是因为信号 31 较信号 2 更为平滑，其高频成分较少，因此阈值如果较小，则保留了许多噪声成分，而对于信号 2，当阈值较大时，在去掉噪声的同时，也将其自己的一些高频成分去掉了。

```
ans =
    50.0937    50.0937
    60.4683    60.4683
ans =
     3.0381     3.0381
     3.0381     3.0381
```

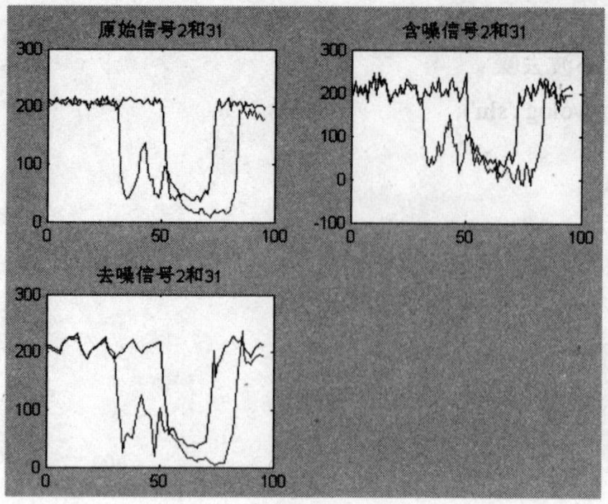

图 12.8 'sln' 阈值调整方法去噪

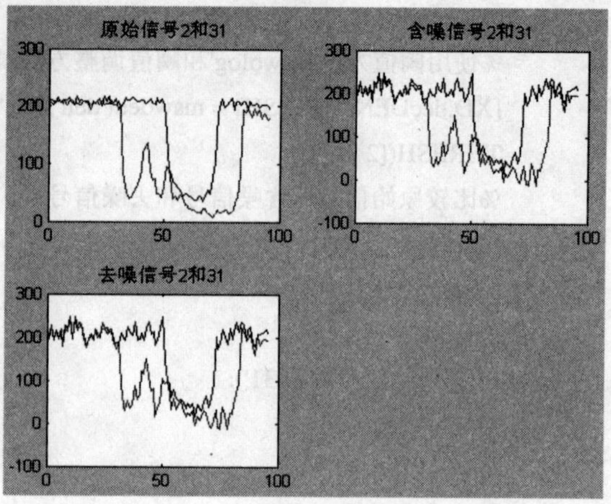

图 12.9 'one' 阈值调整方法去噪

【例 12-6】 一维多信号小波多元去噪。

此例中调用函数 wmulden 进行多信号小波多元去噪。

程序代码如下：

```
%加载多元信号 x，原始信号 x_orig 以及噪声协方差矩阵 covar
load ex4mwden
% 设置去噪参数
level = 5;
wname = 'sym4';
tptr = 'sqtwolog';
sorh = 's';
%设置 PCA 参数选择保留的主成分数目，使用 Kaiser's 准则
npc_app = 'kais';
npc_fin = 'kais';
%多元去噪
[x_den, npc, nestco] = wmulden(x, level, wname, npc_app, npc_fin, tptr, sorh);
%D 显示原始和去噪信号
kp = 0;
for i = 1:4
    subplot(4,3,kp+1), plot(x_orig(:,i));
    title(['原始信号 ',num2str(i)])
    subplot(4,3,kp+2), plot(x(:,i));
    title(['含噪信号 ',num2str(i)])
    subplot(4,3,kp+3), plot(x_den(:,i));
    title(['去噪信号 ',num2str(i)])
    kp = kp + 3;
end
%保留的主成分数目
```

```
npc
%估计的噪声协方差矩阵
nestco
%真实噪声协方差矩阵
covar
```

程序运行结果如图 12.10 所示，可以看出，去噪效果较好，估计的噪声协方差矩阵与真实噪声协方差矩阵相差也较小。

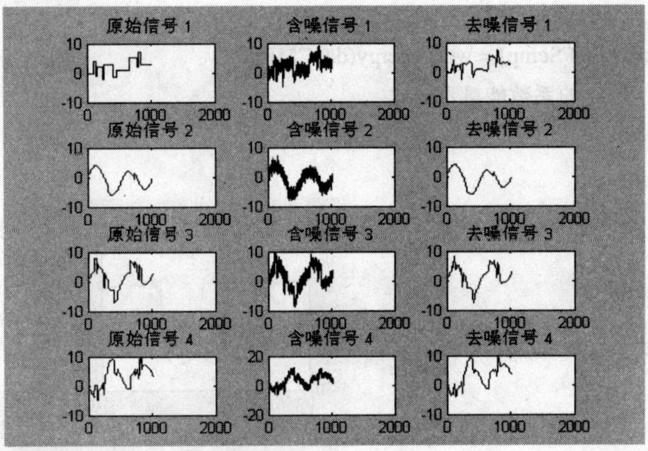

图 12.10　多元去噪

```
npc =
     2     2
nestco =
    1.0784    0.8333    0.6878    0.8141
    0.8333    1.0025    0.5275    0.6814
    0.6878    0.5275    1.0501    0.7734
    0.8141    0.6814    0.7734    1.0967
covar =
    1.0000    0.8000    0.6000    0.7000
    0.8000    1.0000    0.5000    0.6000
    0.6000    0.5000    1.0000    0.7000
    0.7000    0.6000    0.7000    1.0000
```

12.2.4　一维多信号小波压缩实例

下面将通过三个实例说明如何利用 MATLAB 进行一维多信号小波压缩。

【例 12-7】　一维多信号小波压缩。

此例中调用函数 mswcmp 进行多信号小波压缩。

程序代码如下：

```
%加载一维多信号
load thinker;
```

```
%使用 db2 小波进行 2 层分解
dec = mdwtdec('r',X,2,'db2');
%压缩信号，压缩后小波系数零值接近 95%
[XC,decCMP,THRESH] = mswcmp('cmp',dec,'N0_perf',95);
%原始信号 1 和 31 的系数能量百分比
[E,PEC,PECFS] = wdecenergy(dec);
PEC(1,:)
PEC(31,:)
[Ecmp,PECcmp,PECFScmp] = wdecenergy(decCMP);
%压缩信号 1 和 31 的系数能量百分比
PECcmp(1,:)
 PECcmp(31,:)
%原始信号 1 和 31 以及其压缩信号
subplot(221);
plot(X(1,:));
title('原始信号 1');
subplot(223);
plot(XC(1,:));
title('压缩信号 1');
subplot(222);
plot(X(31,:));
title('原始信号 31');
subplot(224);
plot(XC(31,:));
title('压缩信号 31');
```

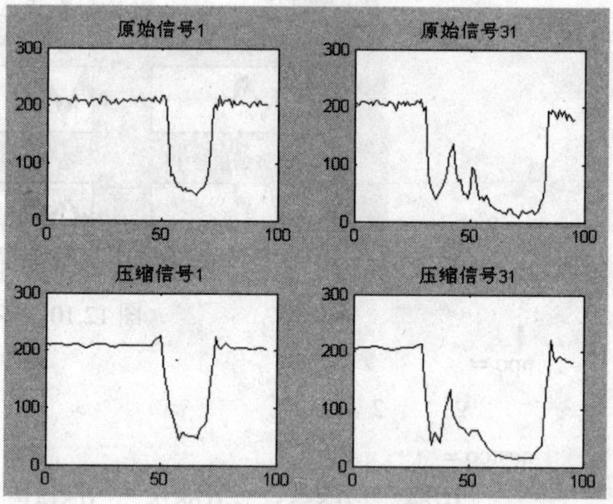

图 12.11 多信号压缩

程序运行结果如图 12.11 所示。由于压缩设置为压缩后小波系数零值接近 95%，因此可以看出小波压缩时将其细节系数全部置为 0，近似系数的能量百分比变为 100%，图 12.9 显示出压缩后信号去掉了高频分量，变得光滑。

```
ans =
    99.7760    0.1718    0.0522
ans =
    99.3850    0.2926    0.3225
ans =
    100    0    0
ans =
   100.0000         0         0
```

【例 12-8】一维多信号不同阈值小波压缩比。

此例中调用函数 wcmpscr 查看多信号小波不同阈值的压缩比。

程序代码如下：

```
%加载一维多信号
load thinker;
%使用 db2 小波进行两层分解
dec = mdwtdec('r',X,2,'db2');
%分别使用软阈值和硬阈值计算压缩比
[THR_S,L2SCR_S,N0SCR_S] = mswcmpscr(dec,'s');
[THR_H,L2SCR_H,N0SCR_H] = mswcmpscr(dec,'h');
%信号 1 的软阈值和硬阈值压缩后的能量和 0 值比
 subplot(221);
plot(L2SCR_S(1,:));
title('信号 1 的软阈值能量比');
subplot(222);
plot(N0SCR_S(1,:));
title('信号 1 的软阈值零值比');
subplot(223);
plot(L2SCR_H(1,:));
title('信号 1 的硬阈值能量比');
subplot(224);
plot(N0SCR_H(1,:));
title('信号 1 的硬阈值零值比');
```

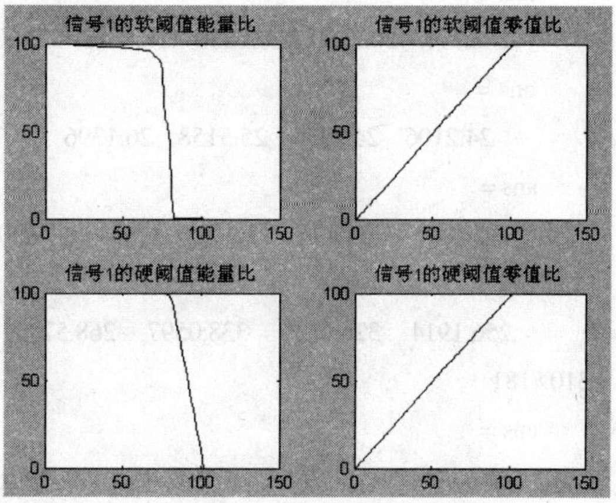

图 12.12　多信号不同阈值压缩比

程序运行结果如图 12.12 所示。由于函数 mswcmpscr 计算由小波系数按升值排列的阈值压缩的能量和 0 值比，因此当阈值取最小系数时，此时所有小波系数均被保留，能量百分比为 100%，0 值百分比为 0，随着阈值的增加，更多的小波系数被置 0，能量百分比逐渐减少，0 值百分比增加，当阈值增加到最大系数时，所有系数被置 0，能量百分比为 0，0 值百分比为 100%。

【例 12-9】　一维多信号不同压缩方法阈值和压缩比。

此例中调用函数 mswcmptp 计算不同压缩方法，多信号小波压缩的阈值和压缩比。

程序代码如下：

```
%加载一维多信号
load thinker;
%使用 db2 小波进行二层分解
dec = mdwtdec('r',X,2,'db2');
%计算阈值和压缩比
%压缩方法'N0_perf'，小波系数 0 值要求接近 95%
[THR_VAL,L2_Perf,N0_Perf] = mswcmptp(dec,'N0_perf',95);
%信号 1 到 10 的阈值，压缩能量和 0 值百分比
THR_VAL(1:10)'
L2_Perf(1:10)'
N0_Perf(1:10)'
```

```
%压缩方法'L2_perf'，保存能量要求接近 95%
[THR_VAL,L2_Perf,N0_Perf] = mswcmptp(dec,'L2_perf',95);
%信号 1 到 10 的阈值，压缩能量和 0 值百分比
THR_VAL(1:10)'
L2_Perf(1:10)'
N0_Perf(1:10)'
```

程序运行结果如下所示。可以看出，第一次压缩要求压缩后 0 值接近 95%，因此阈值较大，保存能量较少；第二次压缩要求压缩后保存能量接近 95%，因此阈值较小，0 值较少。

```
ans =
  420.2377 420.2590 420.1830 418.6283 417.6079 419.0123 417.2087 419.8113 419.8260 420.3415
ans =
   24.2106   24.7554   25.5158   26.1396   26.7958   27.0320   27.7510   28.2288   28.9031   29.2438
ans =
   95.0495   95.0495   95.0495   95.0495   95.0495   95.0495   95.0495   95.0495   95.0495   95.0495
ans =
  256.1914   326.0537   338.0597   268.5759   218.8706   351.7782   306.7762   261.5054   328.6030
310.8181
ans =
   96.5488   95.1704   93.4734   95.6721   97.1435   94.2351   95.4738   96.2056   93.4349   94.5068
ans =
   79.2079   80.1980   81.1881   81.1881   81.1881   82.1782   82.1782   82.1782   83.1683   83.1683
```

第 13 章　在 VC 环境中使用小波工具箱

在 VC 环境中使用 MATLAB 小波工具箱的方法主要有两种，一种是 VC 通过 MATLAB 引擎调用 MATLAB 函数；另一种是 VC 调用 MATLAB 编译生成的 C/C++函数。前一种方法通过引擎进行调用，其优点是可以使用 MATLAB 中的几乎一切函数或命令，缺点是不能脱离 MATLAB 环境运行。后一种方法把 MATLAB 函数编译成 C/C++函数，以共享库的方式在 VC 中调用，其优点是目标应用程序可以脱离 MATLAB 环境运行，缺点是不能使用绘图函数。

本章所使用的MATLAB版本为最新版本R2008，MATLAB R2008版在功能上有了加强，在某些用法上较之前有了明显的变化。VC 的版本则使用了目前应用最广泛的 VC 6.0。需要注意的是，本章所有的操作只针对 Windows 用户。

13.1　VC 调用 MATLAB 引擎

VC 通过引擎调用 MATLAB，顾名思义，就是通过引擎(相当于连接通道)在 VC(相当于客户端)和 MATLAB(相当于服务器)之间传递命令和数据的一种调用方式。

MATLAB 引擎是一组函数，通过调用这组函数，可以在 VC 中实现对 MATLAB 的控制，来轻松完成计算和绘图等任务，当然也就可以完成对小波工具箱函数的调用。

13.1.1　引擎库函数

MATLAB 提供的引擎库函数主要可以分为以下 3 类：

- 启动和结束 MATLAB 进程。
- 向 MATLAB 发送命令。
- 向 MATLAB 发送数据或从 MATLAB 接收数据。

引擎库函数的头文件名为 engine.h，位于目录%matlab%\extern\include 下面，其中%matlab%表示 MATLAB R2008 的安装目录(下文若无特别说明，%matlab%均表示 MATLAB R2008 的安装目录)。引擎库函数的库文件名为 libeng.lib，VC 6.0 使用的库文件位于目录%matlab%\extern\lib\win32\microsoft\msvc60 下面。引擎库函数的动态链接库文件名为 libeng.dll，位于目录%matlab%\bin\win32 下面。了解这几个文件的位置对将来在 VC 应用工程中进行目录设置很有用。

下面简单介绍一下常用的引擎库函数，更加详尽的函数说明请参考 MATLAB 的帮助文档“C Engine Functions”，它位于“External Interfaces Reference”内容中。注意：所有的引擎库函数名称都有前缀“eng”。

1. 启动和关闭

1) 启动引擎：engOpen

engOpen 函数声明如下：

```
Engine *engOpen(const char *startcmd);
```

该函数启动 MATLAB 进程，返回 MATLAB 引擎指针。参数 startcmd 必须设为 NULL。该函数返回一个引擎句柄的指针，指向启动了的 MATLAB 进程。如果启动 MATLAB 引擎失败，则返回 NULL。

在进行其他所有的引擎函数之前必须调用 engOpen 函数，保存返回的引擎指针，以后所有的引擎函数调用都要使用该引擎指针。

在调用 engOpen 函数后，应该立即检查返回的引擎指针是否有效，如果无效，则不能进行其他引擎函数的调用。

2) 关闭引擎：engClose

engClose 函数声明如下：

```
int engClose(Engine *ep);
```

该函数关闭已经打开的由引擎指针 ep 指向的 MATLAB 进程。函数成功返回 0，失败返回 1。

在完成所有的引擎函数调用之后，记着调用该函数关闭已经打开的 MATLAB 进程，释放资源。

2. 向 MATLAB 发送命令

可以通过 engEvalString 函数向 MATLAB 发送命令。

engEvalString 函数声明如下：

```
int engEvalString(Engine *ep, const char *string);
```

该函数向由引擎指针 ep 指向的 MATLAB 进程发送字符串 string 命令，让 MATLAB 执行。

该函数使用较为频繁。字符串 string 必须是可执行的 MATLAB 命令，否则系统忽略该命令。该函数成功返回 0，失败返回 1，失败的原因可能是使用已经关闭了的 MATLAB 进程的引擎指针 ep。

3. 向 MATLAB 发送或接收数据

1) engPutVariable 函数

engPutVariable 函数声明如下：

```
int engPutVariable(Engine *ep, const char *var_name, const mxArray *array_ptr);
```

该函数把变量写入 MATLAB 引擎的工作空间。参数 ep 是已经打开的 MATLAB 引擎指针；var_name 为写入引擎工作空间的变量名称；array_ptr 为要写入的内容的指针，其类型为 mxArray *，结构 mxArray 等效于 MATLAB 工作空间中的阵列，将在下一小节中讲解。结构 mxArray 的定义在文件 matrix.h 中。

如果引擎工作空间中已经存在变量名称为 var_name 的变量，则用新变量代替已经存在的变量，否则创建新变量。函数成功返回 0，失败返回 1。

2) engGetVariable 函数

engGetVariable 函数声明如下：

mxArray *engGetVariable(Engine *ep, const char *var_name);

该函数从 MATLAB 引擎工作空间复制一个变量。参数 ep 是已经打开的 MATLAB 引擎指针；var_name 为引擎工作空间中的变量名称，是要复制的对象。

如果 engGetVariable 函数调用成功，返回一个 mxArray 类型的指针，该指针指向一个新建的实例，所以当不用该变量时要记得调用 mxDestroyArray 函数释放其内容。如果 engGetVariable 失败，则返回空指针 NULL，失败的原因都是由于指定的变量 var_name 不存在。

4. 其他函数

1) engSetVisible 函数

engSetVisible 函数声明如下：

int engSetVisible(Engine *ep, bool value);

该函数显示或隐藏 MATLAB 窗口。参数 ep 是已经打开的 MATLAB 引擎指针；valuc 是为 MATLAB 设定的可见性设置。当 value 值为 true 时，MATLAB 窗口可见，当 value 值为 false 时，MATLAB 窗口不可见。engSetVisible 函数成功返回 0，失败返回 1。

下面的代码打开 MATLAB 引擎，并隐藏 MATLAB 窗口。

```
Engine *ep;
ep = engOpen(NULL);
engSetVisible(ep, true);
```

2) engGetVisible 函数

engGetVisible 函数声明如下：

int engGetVisible(Engine *ep, bool *value);

该函数判断 MATLAB 窗口当前是否可见。参数 ep 是已经打开的 MATLAB 引擎指针；value 值为返回 MATLAB 当前的可见性属性。engGetVisible 函数成功返回 0，失败返回 1。

13.1.2　mx-函数

在上一小节中，在 engPutVariable 函数和 engGetVariable 函数中已经接触到了 mxArray 数据结构。mxArray 数据结构相当于 MATLAB 语言中的 MATLAB 阵列，它可以表示数量、向量、矩阵、字符串、单元和结构体等。

在上一小节中介绍了可以使用 engPutVariable 函数和 engGetVariable 函数对 mxArray 进行读写。有时用户还希望对 mxArray 对象进行其他操作，比如创建、删除和修改等操作。MATLAB 的 C/C++函数库中定义了一系列函数来完成对 mxArray 对象的操作，通常把这簇函数称为 mx-函数，这簇函数的定义在文件中 matrix.h 中。

下面简单介绍这簇函数中的常用函数，关于这簇函数具体详尽的说明和用法请参阅 MATLAB 的帮助文档“C MX-Functions”，它位于“External Interfaces Reference”内容中。

1. 创建和删除 mxArray 对象

1) 创建 mxArray 对象

对每种类型 mxArray 对象，都分别由相应的函数来创建，这些函数的名称具有前缀

"mxCreat"。例如创建一个二维的 double 类型的 mxArray 对象使用函数 mxCreatDoubleMatrix，该函数的声明如下：

```
mxArray *mxCreateDoubleMatrix(int m, int n, mxComplexity ComplexFlag);
```

其中，参数 m 为 mxArray 阵列的行数，n 为 mxArray 阵列的列数，ComplexFlag 的取值为 mxREAL 或 mxCOMPLEX，分别表示阵列是实数阵列还是复数阵列。函数如果调用成功，则返回一个指向新创建的二维 double 类型的 mxArray 对象的指针，否则返回空指针 NULL。

表 13-1 给出了创建 mxArray 对象的常用函数。

表 13-1　mxArray 对象的创建函数

函 数 名	功　能
mxCreateCellArray	创建多维单元阵列对象
mxCreateCellMatrix	创建二维单元阵列对象
mxCreateCharArray	创建多维字符串阵列对象
mxCreateCharMatrixFromStrings	创建二维字符串阵列对象
mxCreateDoubleMatrix	创建二维双精度型数据矩阵
mxCreateDoubleScalar	创建并初始化一个单一的双精度数据对象
mxCreateLogicalArray	创建多维逻辑阵列对象
mxCreateLogicalMatrix	创建二维逻辑矩阵
mxCreateLogicalScalar	创建并初始化一个单一的逻辑对象
mxCreateNumericArray	创建多维数值阵列
mxCreateNumericMatrix	创建二维数值阵列
mxCreateSparse	创建二维稀疏矩阵
mxCreateSparseLogicalMatrix	创建二维稀疏逻辑矩阵
mxCreateString	创建字符串对象
mxCreateStructArray	创建多维结构体阵列对象
mxCreateStructMatrix	创建二维结构体阵列对象

2) 删除 mxArray 对象

mxArray 对象使用结束后要使用 mxDestroyArray 函数从内存中删除，以释放资源。mxDestroyArray 函数的声明如下：

```
void mxDestroyArray(mxArray *array_ptr);
```

其中，array_ptr 为要删除的 mxArray 对象指针。

下面的代码显示了创建和删除 mxArray 对象的使用方法。

```
mxArray *pdmx= mxCreateDoubleMatrix(3, 3, mxREAL);     //创建一个 3*3 矩阵
……                                                     //进行其他操作
mxDestoryArray(pdmx);                                  //删除矩阵
```

2. 类型判断函数

在对 mxArray 对象进行操作之前，常常要知道 mxArray 对象的类型，比如是实数矩阵还是复数矩阵等。MATLAB 提供了一序列的函数来判断 mxArray 对象的类型，这类判断函数的名称都带有前缀"mxIs"，函数返回值为 bool 类型的变量，表明判断结果的真假。

表 13-2 给出了这些判断函数的简要说明。

表 13-2　类型判断函数

函 数 名	功　能
mxIsCell	判断是否为单元阵列
mxIsChar	判断是否为字符
mxIsClass	判断是否为指定的类型
mxIsComplex	判断是否为复数
mxIsDouble	判断是否为双精度浮点数
mxIsEmpty	判断是否为空阵列
mxIsFinite	判断是否为有限值
mxIsFromGlobalWS	判断是否为从 MATLAB 工作空间中复制的
mxIsInf	判断是否为无限值
mxIsInt8	判断是否为 8 位整数
mxIsInt16	判断是否为 16 位整数
mxIsInt32	判断是否为 32 位整数
mxIsInt64	判断是否为 64 位整数
mxIsLogical	判断是否为逻辑阵列
mxIsLogicalScalar	判断是否为逻辑标量
mxIsLogicalScalarTrue	判断该逻辑标量是否为真值
mxIsNaN	判断是否为 NaN(非数)类型
mxIsNumeric	判断是否为数值
mxIsSingle	判断是否为单精度浮点数
mxIsSparse	判断是否为稀疏矩阵
mxIsStruct	判断是否为结构体
mxIsUint8	判断是否为 8 位无符号整数
mxIsUint16	判断是否为 16 位无符号整数
mxIsUint32	判断是否为 32 位无符号整数
mxIsUint64	判断是否为 64 位无符号整数

3. mxArray 对象的维数

1) mxGetM 函数

mxGetM 函数声明如下：

```
int mxGetM(const mxArray *array_ptr);
```

mxGetM 函数用来得到阵列的行数。其中，array_ptr 为指向矩阵阵列的指针，返回值即为阵列的行数。

2) mxGetN 函数

mxGetN 函数声明如下：

```
int mxGetN(const mxArray *array_ptr);
```

mxGetN 函数用来得到阵列的列数。其中，array_ptr 为指向矩阵阵列的指针，返回值即为阵列的列数。

注意：这两个函数的输入参数还可以是多维阵列对象的指针。

3) mxGetNumberOfDimensions 函数

mxGetNumberOfDimensions 函数声明如下：

```
int mxGetNumberOfDimensions(const mxArray *array_ptr);
```

mxGetNumberOfDimensions 函数用来获得阵列的维数。其中，array_ptr 为指向阵列的指针，返回值即为阵列的维数。

mxGetNumberOfDimensions 函数只能得到阵列的维数，而不能得到阵列各维的大小，如果要得到大小，可以使用 mxGetDimensions 函数。

4) mxGetDimensions 函数

mxGetDimensions 函数声明如下：

```
const int *mxGetDimensions(const mxArray *array_ptr);
```

mxGetDimensions 函数得到阵列各维的元素个数。其中，array_ptr 为指向阵列的指针，返回值为一个整数数组，各维的元素个数保存在这个数组中。

5) mxSetM 函数

mxSetM 函数声明如下：

```
void mxSetM(mxArray *array_ptr, int m);
```

mxSetM 函数设定阵列的行数。其中，array_ptr 为指向矩阵阵列的指针，m 指定阵列的行数。

6) mxSetN 函数

mxSetN 函数声明如下：

```
void mxSetN(mxArray *array_ptr, int n);
```

mxSetN 函数设定阵列的列数。其中，array_ptr 为指向矩阵阵列的指针，n 指定阵列的行数。

4. mxArray 对象访问函数

MATLAB 提供了很多函数来访问和操作 mxArray 对象，它们都是通过 mxArray 对象的指针来对对象数据进行读写的。这类函数名称都带有前缀“mxGet”或“mxSet”。表 13-3 列出了所有的 mxGet-函数。表 13-4 列出了所有的 mxSet-函数。

表 13-3　mxGet-访问函数列表

函 数 名	功　能
mxGetCell	获取阵列指定单元的内容
mxGetChars	获取阵列字符串
mxGetClassName	获取阵列类型名称
mxGetData	获取阵列数据
mxGetDimensions	获取阵列维数大小
mxGetElementSize	获取阵列每个单元元素所需的存储空间
mxGetEps	获取 eps 的值
mxGetField	获得结构体阵列中指定的内容

续表

函 数 名	功　能
mxGetFieldByNumber	获得结构体阵列中指定索引的内容
mxGetFieldNameByNumber	获得结构体阵列中指定索引的段名
mxGetFieldNumber	获得结构体阵列中指定域名的索引值
mxGetImagData	获得阵列的虚部数据
mxGetInf	获得系统的无限大值
mxGetIr	获取稀疏矩阵的 ir 矩阵
mxGetJc	获得稀疏矩阵的 jc 矩阵
mxGetLogicals	获得阵列的逻辑阵列
mxGetM	获得阵列的行数
mxGetN	获得阵列的列数
mxGetNaN	获得系统的 NaN 值
mxGetNumberOfElements	获得阵列的总元素个数
mxGetNumberOfDimensions	获得阵列的总维数
mxGetNumberOfFields	获得结构体阵列中的总域数
mxGetNzmax	获得稀疏矩阵中的非零元素的个数
mxGetPi	获得阵列的虚部
mxGetPr	获得阵列的实部
mxGetScalar	获得一个实数
mxGetString	获得字符串

表 13-4　mxSet-访问函数列表

函 数 名	功　能
mxSetCell	设置阵列制定单元的内容
mxSetClassName	阵列类型转换
mxSetData	设置阵列数据
mxSetDimensions	设置或修改阵列的维数
mxSetField	通过段名和索引设置结构体的值
mxSetFieldByNumber	通过段编号和索引设置结构体的值
mxSetImagData	设置阵列的虚部数据
mxSetIr	设置稀疏矩阵的 ir 数组
mxSetJc	设置稀疏矩阵的 jc 数组
mxSetM	设置阵列的行数
mxSetN	设置阵列的列数
mxSetNzmax	设置非零元数的数目
mxSetPi	设置阵列的虚部
mxSetPr	设置阵列的实部

5. 其他函数

mx-函数簇里还有几个函数上文没有提到，现列于表 13-5 中，以供参考。

表 13-5　杂类函数列表

函 数 名	功　能
mxAddField	向结构体阵列中添加段
mxArrayToString	将阵列转换为字符串
mxAssert	检查断言值
mxAssertS	检查断言值，不输出
mxCalcSingleSubscript	返回指定元数的便宜量
mxCalloc	开辟动态内存
mxFree	释放动态内存
mxMalloc	用 MATLAB 内存管理器开辟内存
mxRealloc	重新开辟内存
mxRemoveField	从结构体阵列中删除段
mxSetAllocFcns	注册内存函数

13.1.3　VC 调用 MATLAB 引擎的设置

要实现在 VC 集成环境中调用 MATLAB 引擎，完成需要的运算与绘图，要在 VC 集成环境中做一些设定。

1. 目录设置

1) *添加头文件目录*

首先启动 VC，选择菜单“Tools”→“Options…”，此时将弹出“Options”对话框，如图 13.1 所示；在 Option 对话框中，选择“Directories”属性页，确认“Show directories for”下拉列表框中选择的是“Include files”；然后在“Directories”中添加目录“%MATLAB%\EXTERN\INCLUDE”,其中%MATLAB%表示 MATLAB R2008 的安装目录，本电脑为“C:\MATLABR2008”；最后点击“OK”按钮确认添加。

注意，原来有三条目录在里面。只要点击最下面就可以输入目录添加了，也可以使用右边的按钮选择目录。添加了头文件目录的 Options 对话框如图 13.1 所示。

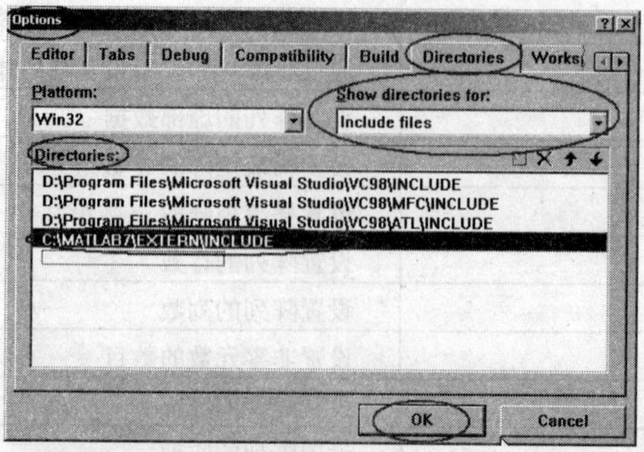

图 13.1　在 Options 对话框中添加头文件目录

2) 添加库文件目录

在 Options 对话框中，更改“Show directories for”下拉列表框中的选项，确保选中的是“Library files”；然后在“Directories”中添加目录“%MATLAB%\EXTERN\LIB\WIN32\MICROSOFT\MSVC60”，其中%MATLAB%表示 MATLAB R2008 的安装目录，本例中为“C:\MATLAB R2008”；最后点击“OK”按钮确认添加，如图 13.2 所示。

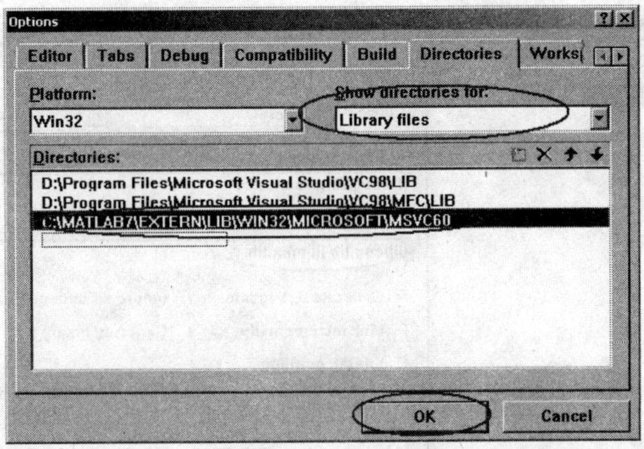

图 13.2　在 Options 对话框中添加库文件目录

2. 添加库文件

除了在 Options 对话框中进行目录设置以外，要顺利使用 MATLAB 引擎函数，还要对工程指定引擎函数的库文件。

在向工程中添加库文件之前，先要创建一个 VC 工程文件。首先创建一个名为 EngDemo 的基于对话框的 VC 工程，如图 13.3 所示。

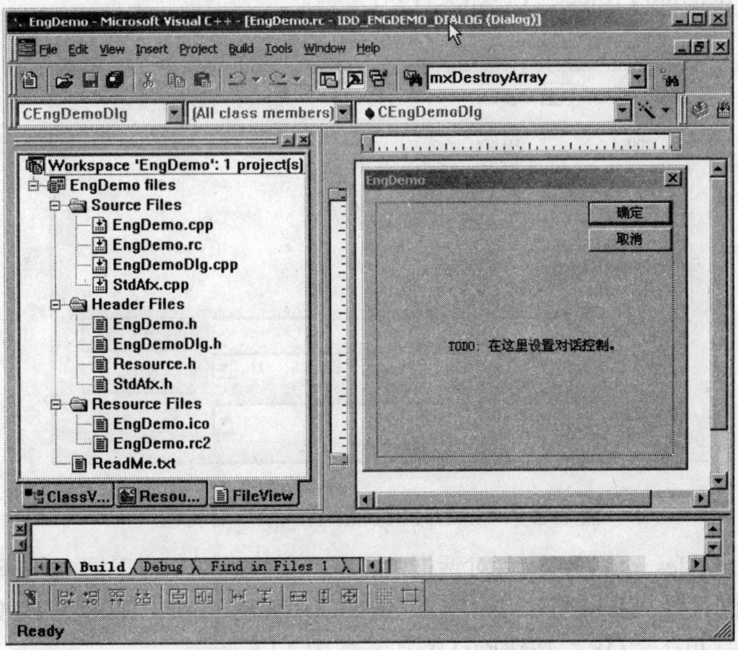

图 13.3　新建的 VC 工程：EngDemo

指定库文件有如下两种方法。

方法一：使用工程设置对话框来添加库文件。

在菜单中选择“Project”→“Setting…”命令，打开工程设置(Project Settings)对话框，在“Link”页面的“Object/library modules”编辑框中添加两个库文件：libeng.lib 和 libmx.lib。添加之后的对话框如图 13.4 所示。最后点击“OK”按钮确认库文件添加。

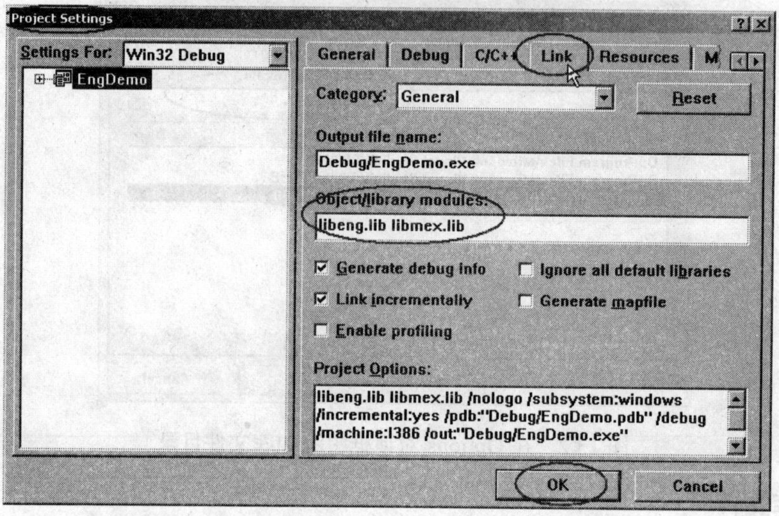

图 13.4　在工程设置对话框中添加库文件

方法二：使用添加文件对话框添加库文件。

(1) 选择菜单中的“Project”→“Add To Project”→“Files…”命令，将打开如图 13.5 所示的“Insert Files into Project”(添加文件)对话框。

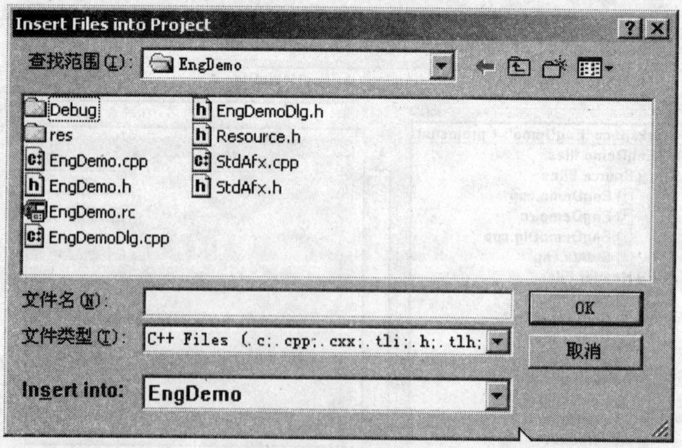

图 13.5　“Insert Files into Project”对话框

(2) 在“Insert Files into Project”对话框中，在“文件类型”列表框中选择“Library Files (.lib)”，然后定位目录到%MATLAB%\EXTERN\LIB\WIN32\MICROSOFT\MSVC60，选择 libeng.lib 库文件，单击“OK”按钮确认添加，如图 13.6 所示。

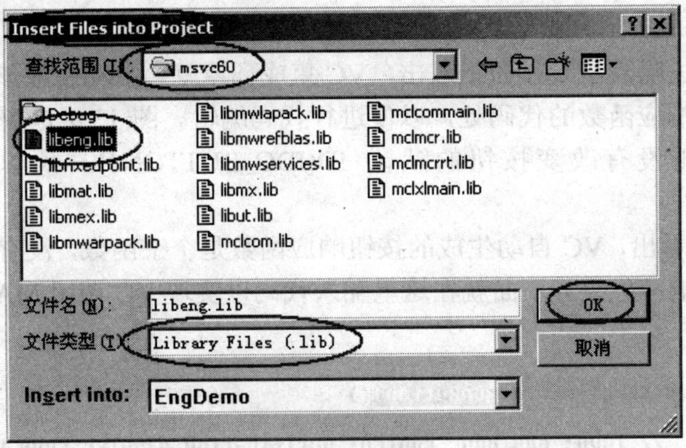

图 13.6 向工程中添加 libeng.lib 库文件

(3) 用同样的方法，把 libmx.lib 库文件也添加到工程文件中。添加了库文件的工程文件夹如图 13.7 所示。

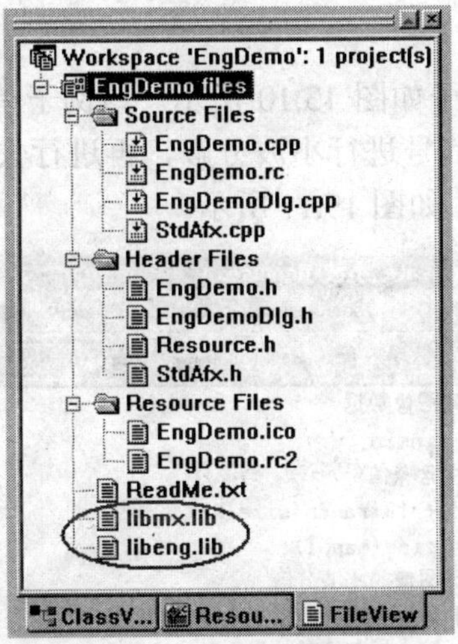

图 13.7 添加库文件之后的工程文件夹

以上介绍了两种添加库文件到 VC 工程中的方法。完成了以上目录路径设置并添加了库文件之后，就可以进行真正的 VC 调用 MATLAB 引擎编程了。

13.1.4 实例：小波去噪

在上一小节创建的 EngDemo 基础上，本节将使用 VC 调用 MATLAB 引擎来完成一个小波去噪的实例。该实例完成了图像噪声信号的去除。

1. 添加按钮

首先在 EngDemo 框体上添加一个按钮控件，更改说明(Caption)为“小波图像去噪演示”，并修改对话框的标题，对各个空间作适当的修改，此时的对话框框体设计图如图 13.8 所示。注意：对外观标题等的修改可以随意些，这不会影响程序的功能。

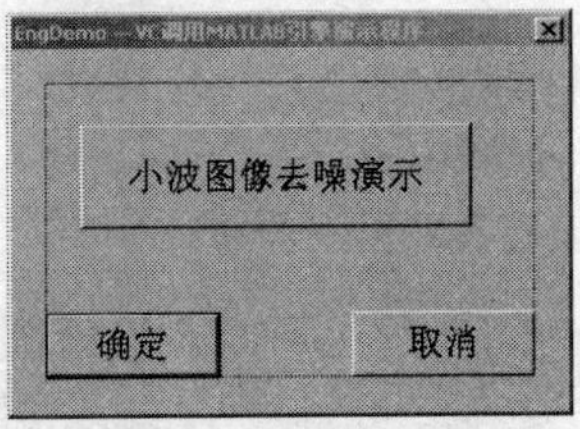

图 13.8 EngDemo 的框体设计图

2. 添加按钮响应函数

在“小波图像去噪演示”按钮上双击，VC 集成环境就会自动生成该按钮的响应函数，并把光标定位到该响应函数的代码处，以便进行代码编辑。图 13.9 是 VC 所生成的该按钮的响应函数，由于没有改变按钮的默认 ID(IDC_BUTTON1)，所以生成的函数名为 OnButton1。

由图 13.9 可以看出，VC 自动生成的按钮响应函数是个空函数，没有任何代码，有一行注释提示在此加入响应代码。下面就在这里加入代码以实现 VC 调用 MATLAB 引擎去处理图像噪声。

```
void CEngDemoDlg::OnButton1()
{
    // TODO: Add your control notification handler code here

}
```

图 13.9　自动生成的按钮响应函数

3. 代码编辑

MATLAB 中图像去噪的例子如图 13.10 所示。该例子首先加载 sinsin 图像信号，然后人为地加入噪声，对噪声图像信号进行小波分解，再进行去噪处理。该程序最后把噪声图像和去噪后的图像同时画出来，如图 13.11 所示。

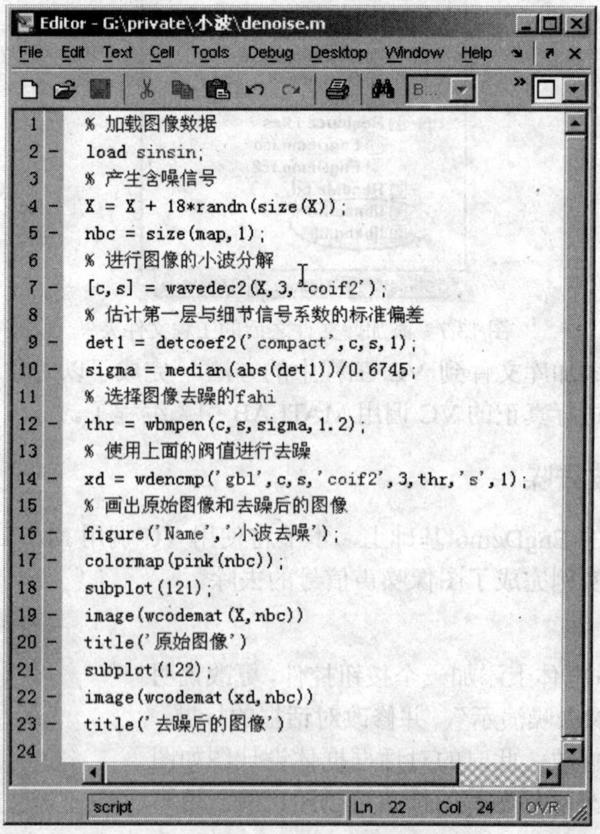

图 13.10　MATLAB 例子

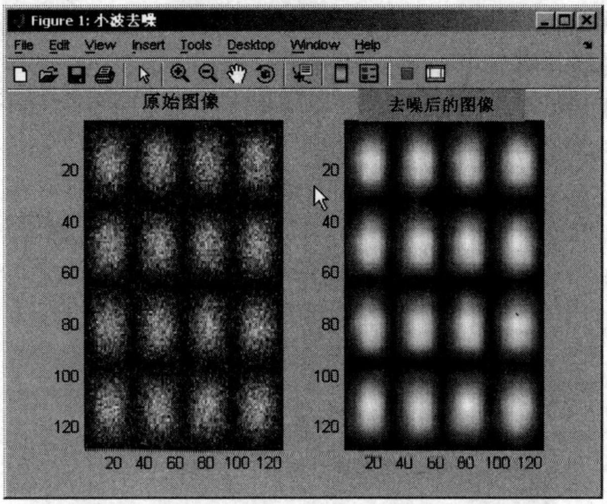

图 13.11　MATLAB 中小波图像去噪例子的输出

要在 VC 中完成图 13.10 所示的 MATLAB 例子，只要根据 m 文件逐行地转化为 VC 的引擎调用即可。编辑完成的代码如图 13.12 所示。

```
void CEngDemoDlg::OnButton1()
{
    // TODO: Add your control notification handler code here
    //定义MATLAB引擎指针ep
    Engine *ep;
    //调用engOpen打开MATLAB引擎
    if(!(ep= engOpen(NULL)))
    {
        //如果打开引擎失败，则返回
        MessageBox("不能打开MATLAB引擎");
        return;
    }
    ///调用engEvalString向MATLAB引擎发送命令
    //加载图像数据
    engEvalString(ep, "load sinsin;");
    //产生含噪信号
    engEvalString(ep, "X = X + 10*randn(size(X));");
    engEvalString(ep, "nbc = size(map,1);");
    //进行图像的小波分解
    engEvalString(ep, "[c,s] = wavedec2(X,3,'coif2');");
    //估计第一层与细节信号系数的标准偏差
    engEvalString(ep, "det1 = detcoef2('compact',c,s,1);");
    engEvalString(ep, "sigma = median(abs(det1))/0.6745;");
    //选择图像去噪的fahi
    engEvalString(ep, "thr = wbmpen(c,s,sigma,1.2);");
    //使用上面的阈值进行去噪
    engEvalString(ep, "xd = wdencmp('gbl',c,s,'coif2',3,thr,'s',1);");
    ///画出原始图像和去噪后的图像
    //添加图名
    engEvalString(ep, "figure('Name','VC调用MATLAB引擎演示小波去噪');");
    engEvalString(ep, "colormap(pink(nbc));");
    //画出原始图像（有噪声）
    engEvalString(ep, "subplot(121);");
    engEvalString(ep, "image(wcodemat(X,nbc));");
    engEvalString(ep, "title('原始图像');");
    //画出去噪后的图像
    engEvalString(ep, "subplot(122);");
    engEvalString(ep, "image(wcodemat(xd,nbc));");
    engEvalString(ep, "title('去噪后的图像');");
    //关闭MATLAB引擎
    //engClose(ep);
}
```

图 13.12　VC 调用 MATLAB 引擎小波去噪的代码

图 13.12 所示的代码有详尽的解释。注意：VC 调用 MATLAB 引擎首先要调用 engOpen 函数打开 MATLAB 引擎，然后用 engEvalString 函数向 MATLAB 引擎发送命令，最后记得调用 engClose 函数关闭 MATLAB 引擎。

在代码文件中还应包含引擎头文件，如图 13.13 所示。

```
// EngDemoDlg.cpp : implementation file
//

#include "stdafx.h"
#include "EngDemo.h"
#include "EngDemoDlg.h"

#include "engine.h"

#ifdef _DEBUG
#define new DEBUG_NEW
#undef THIS_FILE
static char THIS_FILE[] = __FILE__;
#endif
```

图 13.13　在代码文件中包含头文件“engine.h”

4. 运行程序

现在可以编译运行程序了，如果有编译连接错误，请仔细检查，可能是没包含头文件，或者没添加库文件，或者是没有设置路径目录，也有可能是输入错误。

如果一切正常，编译连接后，运行程序，点击按钮，会看到 MATLAB 窗口和作图窗口一闪而过。如果要观察运行结果，可以把程序中关闭 MATLAB 引擎的那一行代码注释掉(如图 13.12 所示)，这样运行结果就不会立即消失，结果如图 13.14 所示。

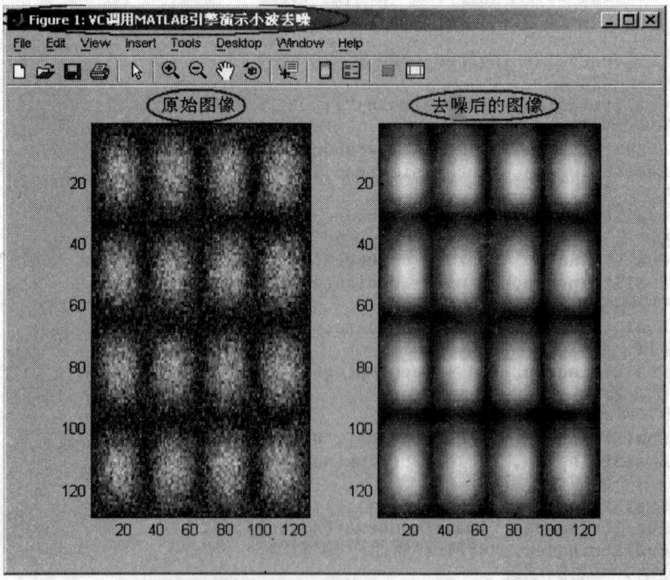

图 13.14　VC 调用 MATLAB 引擎演示小波去噪效果图

如果程序编译连接都没有错误，也能正常运行了，但是出不来图 13.14 所示的结果，很可能是 engEvalString 函数中的 MATLAB 命令字符串有错误，需要仔细检查。也可从 MATLAB 引擎打开的 MATLAB 窗口中打开 MATLAB 工作空间查看 MATLAB 中的变量，以利于检查 engEvalString 函数中的 MATLAB 命令错误。

13.2　VC 调用 MATLAB 的 C/C++函数

利用 MATLAB 的编译器(mcc 工具)可以将 MATLAB 中的 m 函数转换为 C/C++函数，以供 VC 开发使用。除了 mcc 以外，MATLAB 还带有另一个有用的工具——mbuild，它可以将 C/C++文件编译连接成独立的应用程序。

目前 MATLAB R2008 中的编译器的版本号是 4.0，编译命令的有些用法已经较 MATLAB 6.5 中的用法有了很大变化。

13.2.1　设置

在使用 VC 调用 MATLAB 的 C/C++函数之前需要在 MATLAB 命令窗口中对 mbuild 命令进行设置，以指定 C/C++编译器。在运行“mbuild -setup”进行制定 C/C++编译器之前要确保 VC 的环境变量已经注册到系统中去。

1. 注册 VC 环境变量

在安装 VC 的时候会提示用户是否注册环境变量。如果当时没有注册 VC 环境变量，也可以此时注册 VC 环境变量。找到目录“%VC%\VC98\Bin”，其中%VC%为 VC 的安装目录，本书中设为“D:\Program Files\Microsoft Visual Studio”。在目录“%VC%\VC98\Bin”下面找到文件“VCVARS32.BAT”(如图 13.15 所示)，这个文件是个批处理命令文件，在 DOS 窗口中运行它，或者在资源浏览器中双击它都可运行它，这样便注册了 VC 的环境变量。

图 13.15　注册 VC 环境变量的批处理文件 VCVARS32.BAT

2. 编译器指定

注册了 VC 的环境变量以后，需要到 MATLAB 命令窗口中运行命令“mbuild -setup”，把 VC 的编译器指定给 MATLAB。

在 MATLAB 命令窗口中运行命令“mbuild -setup”后，会提示是否要指定已经安装了的编译器，直接回车选择默认选项，MATLAB 会给出已经在本机上安装了的 C/C++编译器，如图 13.16 所示。输入 3 后回车，选择 VC6.0 的编译器。

```
>> mbuild -setup
Please choose your compiler for building standalone MATLAB applications:

Would you like mbuild to locate installed compilers [y]/n?

Select a compiler:
[1] Lcc C version 2.4 in C:\MATLAB7\sys\lcc
[2] Microsoft Visual C/C++ version 7.1 in D:\Program Files\Microsoft Visual Studio .NET 2003
[3] Microsoft Visual C/C++ version 6.0 in D:\Program Files\Microsoft Visual Studio

[0] None

Compiler: 3
```

图 13.16　指定编译器

此后，MATLAB 还会提示用户确认选择，然后还会显示一些更新过程，确认后即可完成相应设置。

13.2.2　实例：信号的小波分解与重构

VC 调用 MATLAB 的重要目的就在于使用 MATLAB 强大的数值计算能力、矩阵运算能力和快速开发能力。本节将使用 MATLAB 来预先编写小波分解与重构的算法，然后用 mcc 命令(mcc 命令自动会调用 mbuild 命令)把 MATLAB 语言的 m 文件转换为 C/C++语言文件，这样就可以在 VC 程序中调用这些算法函数了。

本例将在 VC 中调用两个小波函数：小波分解函数(wavedec)和小波重构函数(waverec)。它们都是 MATLAB 小波工具箱自带的函数，不需要用户自己进行编写，这就是用 MATLAB 进行算法开发的优势。用户所要做的就是把这两个函数转化为 C/C++语言文件。

1. 编译 m 文件

1) 准备工作

在“%MATLABR2008%\work”目录中新建一个目录“WaveFun”，并把“wavedec.m”和“waverec.m”两个文件从 MATLAB 小波工具箱目录(%MATLAB%\toolbox\wavelet\wavelet)拷贝一份到“WaveFun”目录下。切换 MATLAB 的工作路径为“%MATLABR2008%\work\WaveFun”。

2) 创建 C/C++共享库

在 MATLAB 命令窗口中键入命令“mcc -v -B csharedlib:libwavelet wavedec.m waverec.m”即可以把 wavedec 和 waverec 两个函数转换为 C/C++共享库 libwavelet.dll 文件，同时生成库文件 libwavelet.lib、头文件 libwavelet.h 以及运行时文件 libwavelet.ctf，请检查目录中是否生成了这几个文件，其他文件可以不管。

有关 mcc 命令的使用方法请查看 MATLAB 帮助，其中参数“-v”显示详细信息，参数“-B csharedlib”是一个绑定的操作，其等效指令为“-W lib:<libname> -T link:lib”。

2. 数据准备

为了在 VC 中对信号数据 leleccum 进行小波分解与重构，首先需要将信号数据存盘到文件，然后在 VC 中打开文件读取信号数据，使用 MATLAB 来完成信号数据文件的准备。

作为一个例子，这里只在 VC 中演示信号的小波重构。在 MATLAB 中把信号 leleccum 进行分解，并把分解信号存盘。文件 PrepareDada.m 完成这一工作。PrepareDada.m 如图 13.17 所示。

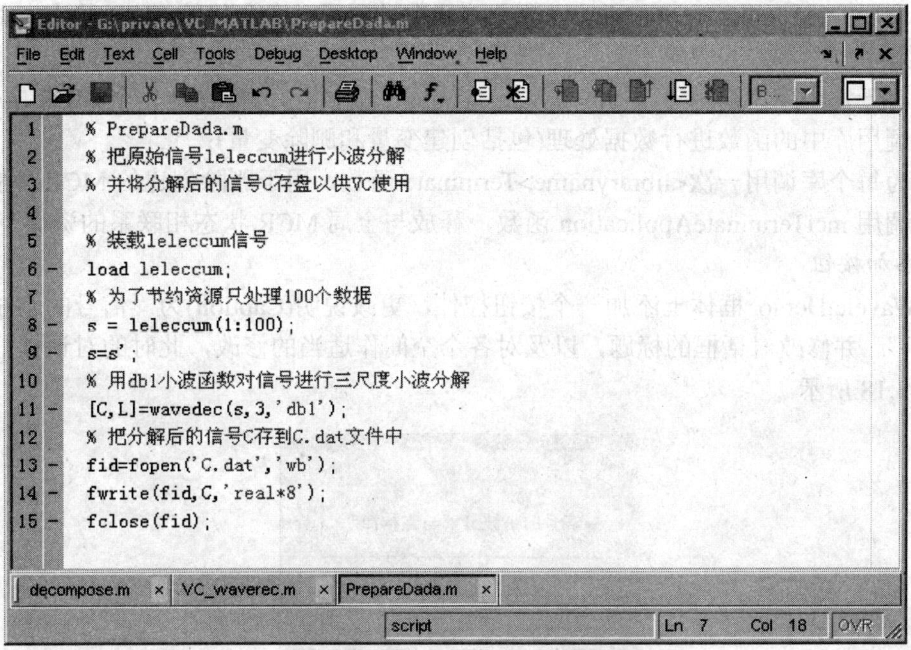

图 13.17　PrepareDada.m 文件

检查当前目录中是否生成了数据文件 C.dat。图 13.17 中有较为详细的注释，其中主要使用了两个函数 wavedec 和 fwrite。关于 fwrite 的用法，请参看 MATLAB 的帮助文档。

3. VC 工程设置

1) 创建 VC 工程

首先创建一个 VC 工程项目，此处创建的项目是基于对话框的，取名为 WaveletDemo，位于目录 G:\private\VC_MATLAB 下面。

2) 目录设置

参考 13.1.3 小节 VC 调用 MATLAB 引擎的设置中的目录设置，把目录“%MATLAB%\EXTERN\INCLUDE 添加到头文件目录列表中去，把目录“%MATLAB%\EXTERN\LIB\WIN32\MICROSOFT\MSVC60”添加到库文件目录列表中去。如果目录列表中已经有了这两个目录，则可省去此步骤。

3) 添加工程文件

首先把文件 libwavelet.h、libwavelet.lib 拷贝到 VC 工程目录下，把 libwavelet.dll、libwavelet.ctf 和 leleccum.txt 共 3 个文件拷贝到工程目录的 Debug\目录下。把数据文件 C.dat 也拷贝到工程目录的 Debug\目录下。

参考 13.1.3 小节 VC 调用 MATLAB 引擎的设置中的添加库文件，把 libwavelet.lib 和 %MATLABR2008%\EXTERN\LIB\WIN32\MICROSOFT\MSVC60mclmcrrt.lib 两个库文件添

加到工程 WaveletDemo 中。把头文件 libwavelet.h 也添加到工程中。

4. VC 编程

1) VC 编程步骤

在 VC 中编程调用 MATLAB 编译生成的 C/C++共享库有以下 5 个步骤。

(1) 调用 mclInitalizeApplication 函数，该函数设置了一个全局的 MCR 状态，并且构建 MCR 实例；

(2) 对于每个库，调用一次<libraryname>Initalize 函数，为库创建一个 MCR 实例；

(3) 调用库中的函数进行数据处理(包括创建变量和删除变量)；

(4) 为每个库调用一次<libraryname>Terminate 函数，用于删除创建的 MCR 库实例；

(5) 调用 mclTerminateApplication 函数，释放与全局 MCR 状态相联系的资源。

2) 添加按钮

在 WaveletDemo 框体上添加一个按钮控件，更改说明(Caption)为“信号的小波分解与重构演示”。并修改对话框的标题，以及对各个空间作适当的修改，此时的对话框框体设计图如图 13.18 所示。

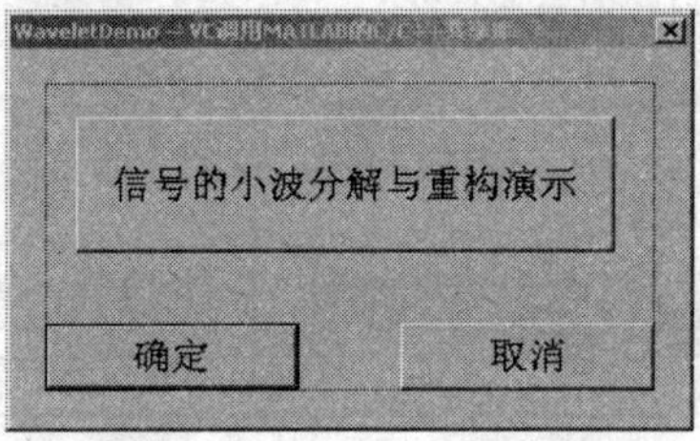

图 13.18　WaveletDemo 的框体设计

3) 包含头文件

在 WaveletDemoDlg.cpp 文件中包含头文件 libwavelet.h，如图 13.19 所示。文件 libwavelet.h 中已经包含了头文件 mclmcr.h 和 matrix.h。

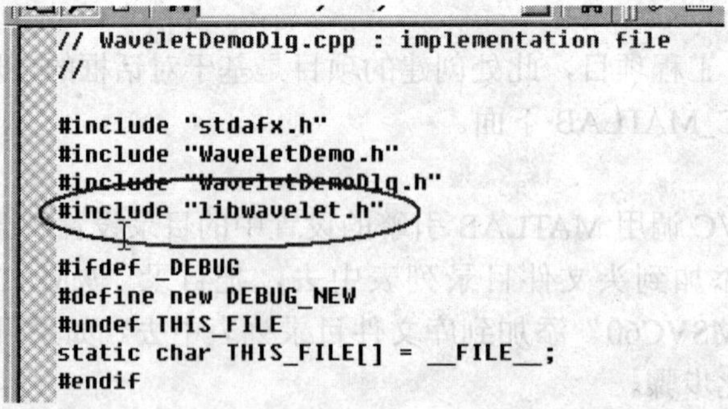

图 13.19　在文件 WaveletDemoDlg.cpp 中包含头文件 libwavelet.h

4) 初始化

在 WaveletDemo 的初始化函数 OnInitDialog()中对 MATLAB 库进行初始化。初始化代码如图 13.20 所示。注意：图中的省略号表示略去了的代码。

```
// CWaveletDemoDlg message handlers

BOOL CWaveletDemoDlg::OnInitDialog()
{
    CDialog::OnInitDialog();

    ● ● ● ● ● ●

    ● ● ● ● ● ●

    // TODO: Add extra initialization here

    //调用mclInitializeApplication函数初始化
    //在调用MATLAB的API函数或MATLAB编译器生成的共享库函数之前必须调用此函数
    if( !mclInitializeApplication(NULL,0) )
    {
        AfxMessageBox( "Could not initialize the application.");
        exit(1);
    }
    //调用库的初始化函数
    if (!libwaveletInitialize())
    {
        AfxMessageBox("Could not initialize the library.");
        exit(1);
    }
    return TRUE;  // return TRUE  unless you set the focus to a control
}
```

图 13.20　在 OnInitDialog()函数加入初始化代码

5) 注销

在 OnDestroy()函数中进行 MATLAB 库文件资源的释放。在程序退出时会自动调用 OnDestroy 函数，要生成 OnDestroy 函数，使用类向导(ClassWizard)的消息映射，如图 13.21 所示。OnDestroy 由消息“ON_WM_DESTORY”驱动，ON_WM_DESTORY 消息在程序退出时会自动发送。

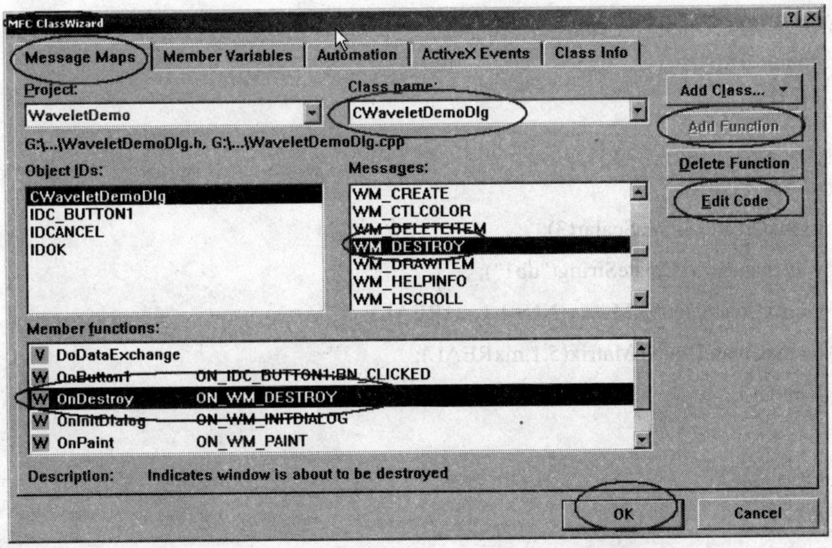

图 13.21　使用类向导生成消息映射函数 OnDestroy

在 OnDestroy 函数中添加注销 MATLAB 库的代码，如图 13.22 所示。

```
void CWaveletDemoDlg::OnDestroy()
{
    CDialog::OnDestroy();

    // TODO: Add your message handler code here

    //注销MATLAB库，释放资源
    libwaveletTerminate();
    mclTerminateApplication();

}
```

图 13.22　注销代码

6) *添加按钮响应函数*

在框体设计视图(如图 13.18 所示)中的“信号的小波分解与重构演示”按钮上双击，VC 集成环境就会自动生成该按钮的响应函数。

7) *编辑按钮响应函数*

在按钮响应函数 OnButton1()中，依次添加变量声明、变量初始化、装载信号 C、对 L 赋值、调用小波函数 mlfWaverec 进行信号的重构、保存信号 X 和删除变量的代码。

这部分的编程使用了部分 mx-函数，可以参看 13.1.2 小节中 mx-函数部分。OnButton1()函数的完整代码如下所示。

```
#define NN 100
void CWaveletDemoDlg::OnButton1()
{
    // TODO: Add your control notification handler code here

    ///变量声明
    mxArray *C, *L, *n, *wavename, *X;
    double dX[NN+1];
    FILE *stream;

    ///变量初始化
    n=mxCreateDoubleScalar(3);
    wavename=mxCreateString("db1");
    C=mxCreateDoubleMatrix(NN+1,1,mxREAL);
    L=mxCreateDoubleMatrix(5,1,mxREAL);
    X=NULL;

    ////信号重构
    ///打开文件，装载信号 C
    stream = fopen( "G:\\private\\VC_MATLAB\\WaveletDemo\\Debug\\C.dat", "rb" );
    if( stream == NULL )
    {
```

```
        AfxMessageBox("打开 C.dat 文件失败");
        return;
    }
    fread(dX,sizeof(double),NN+1,stream);
    fclose(stream);
    memcpy(mxGetPr(C), dX, (NN+1)*sizeof(double));
    ///对 L 赋值
    dX[0]=13; dX[1]=13; dX[2]=25; dX[3]=50; dX[4]=100;
    memcpy(mxGetPr(L), dX, (5)*sizeof(double));
    //调用小波函数 mlfWaverec 进行信号的重构
    mlfWaverec(1, &X, C, L, wavename);

    ///保存信号 X
    memcpy(dX,mxGetPr(X),NN*sizeof(double));
    stream=fopen( "G:\\private\\VC_MATLAB\\WaveletDemo\\Debug\\VC_X.dat", "wb+" );
    if( stream == NULL )
    {
        AfxMessageBox("创建 VC_X.dat 文件失败");
        return;
    }
    fwrite(dX,sizeof(double),NN,stream);
    fclose(stream);

    //删除变量
    mxDestroyArray(wavename);
    mxDestroyArray(n);
    mxDestroyArray(L);
    mxDestroyArray(C);
    mxDestroyArray(X);
}
```

程序能正常运行后，点击按钮“信号的小波分解与重构演示”一次，然后退出程序，到工程所在目录 Debug\下面会发现程序生成了 VC_X.dat，这个文件中就是所求的利用小波重构的信号。

5. 查看处理信号

在 MATLAB 中，切换当前目录为 G:\private\VC_MATLAB，将 VC 程序重构的信号文件 VC_X.dat 拷贝到当前目录，并在当前目录中编写一个 MATLAB 脚本文件，用来读取重构的信号数据，并与原始信号进行比较。MATLAB 文件名为 VC_waverec.m，其代码如图 13.23 所示。

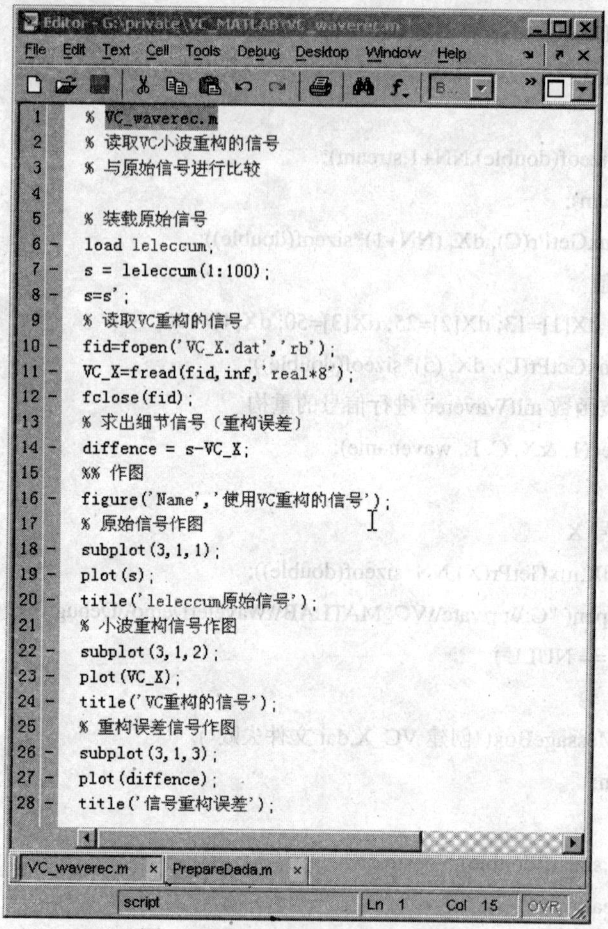

图 13.23　VC_waverec.m 文件

运行 VC_waverec.m 文件将得到如图 13.24 所示的结果。

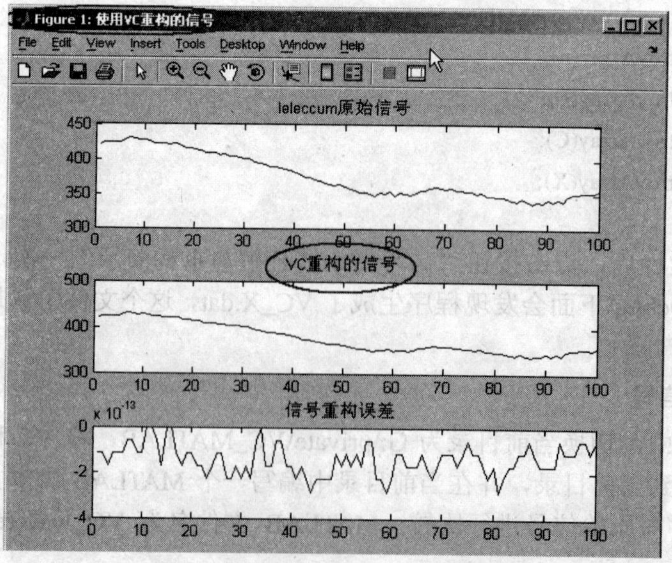

图 13.24　重构信号与原始信号对比图

6. 发布程序

要把上面的应用程序发布到目标机上，必须拷贝的文件除了可执行的程序以外，还要拷贝以下文件：

- DLL 共享库(例如：libwavelet.dll)；
- 共享库对应的 ctf 文件(例如：libwavelet.ctf)；
- MCRInstaller.exe。

其中，MCRInstaller.exe 文件是 MATLAB 运行时组件(MCR：MATLAB Component Runtime)安装文件，位于“%MATLABR2008%\toolbox\compiler\deploy\win32”目录下，文件大小为 77.8 MB。安装好 MCR 之后，将目录%mcr_root%\runtime\win32 加入到系统的环境变量 path 中去，其中%mcr_root%表示 MCR 的安装目录。

附录　小波分析工具箱函数

附录列出了部分在本书前面没有介绍，但是较为常用的 MATLAB 小波工具箱函数。

FL.1 小波包算法

1. 函数 wpsplt

函数 wpsplt 的调用格式有以下 3 种方式：

(1) T = wpsplt(T, N)

(2) [T, cA, cD] = wpsplt(T, N)

(3) [T, cA, cH, cV, cD] = wpsplt(T, N)

函数 wpsplt 返回分解结点后得到的更新小波包树结构。

T = wpsplt(T, N)分解结点 N 后得到的更新小波包树结构 T。

对于一维分解，[T, cA, cD] = wpsplt(T, N)返回分解结点 N 后得到的更新小波包树结构 T 以及结点 N 的近似信号系数 cA，以及细节信号系数 cD。

对于二维分解，[T, cA, cH, cV, cD] = wpsplt(T, N)返回分解结点 N 后得到的更新小波包树结构 T 以及结点 N 的近似信号系数 cA，以及水平、垂直、斜线方向的细节信号系数 cH、cV、cD。

2. 函数 wp2wtree

函数 wp2wtree 的调用格式如下：

T = wp2wtree(T)

T = wp2wtree(T)根据小波包分解后的树结构计算修改后的树结构。

3. 函数 wpcutree

函数 wpcutree 的调用格式有以下两种：

(1) T = wpcutree(T, L)

(2) [T, RN] = wpcutree(T, L)

T = wpcutree(T, L)返回剪切掉第 L 层以下所有二叉子树后的小波包树结构。[T, RN] = wpcutree(T, L)除返回上面同样的系数外，还返回包含重组后的节点的索引序号向量 RN。

4. 函数 bestlevt

函数 bestlevt 的调用格式有以下两种：

(1) T = bestlevt(T)

(2) [T, E] = bestlevt(T)

函数 bestlevt 根据一种熵标准计算初始树的最佳完整子树，这个完整的子树比初始树的深度小。

T = bestlevt(T)根据最优深度树分解，计算修改后的小包树 T。

[T, E] = bestlevt(T)除返回最优树外，还返回最优熵值 E。

5. 函数 besttree

函数 besttree 的调用格式有以下 3 种：

(1) T = besttree(T)

(2) [T, E] = besttree(T)

(3) [T, E, N] = besttree(T)

函数 besttree 根据一种熵标准计算初始树的最佳子树，子树要比初始树小得多。

根据小波包的组织方式，对一个长度 N = 2L 的信号有多种分解方式，其分解方式数目等于一个完整的深度为 L 二叉树的二叉子树的数目。由于这个数目非常庞大，一一列举是难以想象的，因此需要一种简单易行的算法来寻找一种最佳的分解方式。

T = besttree(T)根据最佳熵值计算分解树 T。

[T, E] = besttree(T)计算最佳分解树 T 以及最佳熵值 E。

[T, E, N] = besttree(T)计算最佳子树 T，最佳熵值 E 以及结点的索引向量 N。

6. 函数 wpfun

函数 wpfun 的调用格式有以下两种：

(1) [WPWS, X] = wpfun('wname', NUM, PREC)

(2) [WPWS, X] = wpfun('wname', NUM)

[WPWS, X] = wpfun('wname', NUM, PREC)计算在二进制时间间隔上(其长度为 2^{PREC}，PREC 必须为正整数)的小波包函数。'wname'指定了计算的小波包函数的小波名称，输出矩阵 WPWS 包含从 0 到 NUM 的小波包函数，以[W0；W1；…；WNUM]的方式存储。

[WPWS, X] = wpfun('wname', NUM)等价于[WPWS, X] = wpfun('wname', NUM, 7)。

当使用正交小波时，产生小波包的方法是很简单的。首先根据相应的小波，用两个长度为 2N 的滤波器，分别记为 h(n)和 g(n)。

接着定义如下的函数序列(Wn(x)，n = 0，1，2，…)：

$$W_{2n} = 2\sum_{k=0}^{2N-1} h(k)W_n(2x-k)$$

$$W_{2n+1} = 2\sum_{k=0}^{2N-1} g(k)W_n(2x-k)$$

其中 $W_0(x)=\phi(x)$ 是尺度函数，$W_1(x)=\psi(x)$ 是小波函数。

7. 函数 wpjoin

函数 wpjoin 的调用格式有以下 4 种：

(1) T = wpjoin(T, N)

(2) [T, X] = wpjoin(T, N)

(3) T = wpjoin(T)

(4) [T, X] = wpjoin(T)

函数 wpjoin 用于在重组结点后更新小波包树，即把结点 N 以下的二叉子树去掉后，返回一个更新后的小波包分解结构。结点从左到右，从上到下标号。根索引是 0。

T = wpjoin(T, N)在重组结点 N 后，返回修改了的小波包树。

[T, X] = wpjoin(T, N)同时返回结点的系数。

T = wpjoin(T)等价于 T = wpjoin(T, 0)。

[T, X] = wpjoin(T)等价于[T, X] = wpjoin(T, 0)。

8. 函数 entrupd

函数 entrupd 的调用格式有以下两种：

(1) T = entrupd(T, ENT)

(2) T = entrupd(T, ENT, PAR)

T = entrupd(T, ENT)或 T = entrupd(T, ENT, PAR)根据指定的小波包树 T，返回根据熵方程 ENT 计算的更新后的树结构，此时各结点的熵值发生了变化，PAR 是一个可选参数，用法与函数 wentropy 中参数 P 用法相同。

9. 函数 wnerngy

函数 wnerngy 的调用格式有以下两种：

(1) [Ea, Ed] = WENERGY(C, L)

(2) E = WENERGY(T)

[Ea, Ed] = WENERGY(C, L)的返回值 Ea 是近似信号对应能量百分比，Ed 是包含细节信号能量百分比的向量。

对一个小波包树 T，E = WENERGY(T)返回向量 E，它包含树 T 的终结点的能量百分比。

10. 函数 wentropy

函数 wentropy 的调用格式有以下两种：

(1) E = wentropy(X, T, P)

(2) E = wentropy(X, T)

E = wentropy(X, T, P)返回输入向量或矩阵 X 的熵。在两种调用格式中，返回的熵值都为实数。E = wentropy(X, T)等价于 E = wentropy(X, T, 0)。

参数 T 是熵的类型，P 是一个可选参数，其关系如表 A-1 所示。

表 FL-1 T 与 P 的关系

熵类型名称(参数 T)	参数 P	说明
'shannon'		不使用 P
'log energy'		不使用 P
'threshold'	0≤P	P 是阈值
'sure'	0≤P	P 是阈值
'user'	string	P 是单输入 X 下，包含用户自己的熵函数的 M 文件名称的字符串
'norm'	1≤P	P 是指数
FunName	P 没有限制	FunName 是除了上面列举的熵类型名称外的任意字符串。FunName 包含用户自己熵函数的 M 文件名称，其中输入是 X，P 是关于用户上函数的一个附加参数

FL.2 树 管 理

1. 函数 allnodes

函数 allnodes 的调用格式有以下两种：

(1) N = allnodes(T)

(2) N = allnodes(T, 'deppos')

函数 allnodes 返回小波分解树结点信息，它可以返回两种树结构，即索引形式和深度-位置形式中的任何一种。树结点按照从左到右、从上到下的方式进行编号，根结点的索引为 0。

N = allnodes(T)返回向量 N，它包含树 T 的所有结点的索引。

N = allnodes(T, 'deppos')返回矩阵 N，它包含所有结点的深度和位置信息，N(i, 1)和 N(i, 2)分别是结点 i 的深度和位置。

2. 函数 cfs2wpt

函数 cfs2wpt 的调用格式如下：

T = cfs2wpt (WNAME, SIZE_OF_DATA, TN_OF_TREE, ORDER, CFS)

CFS2WPT 构建一个小波包树 T 和相关的分析信号或图像(X)。主要的输入参数为：

- WNAME：用于分析的小波；
- SIZE_OF_DATA：分析的信号或图像的大小；
- TN_OF_TREE：终结点索引向量；
- ORDER：树的叉数，信号为 2，图像为 4；
- CFS：用于重构信号或图像的系数，CFS 是可选的，当没有输入 CFS 时，所有的树系数都为空，包括 X。

3. 函数 depo2ind

函数 depo2ind 的调用格式如下：

N = depo2ind(ORD, [D P])

函数 depo2ind 用于将深度-位置结点形式转化为索引结点形式。对一个叉数为 ORD 的树，N = depo2ind(ORD, [D P]) 计算深度与位置分别对应[D, P]的结点的索引向量 N。结点按照从上到下，从左到右的顺序编号，根索引为 0。D 和 P 是列向量，D≥0，$0 \leqslant P \leqslant ORDD^{-1}$。输出向量 $0 \leqslant N \leqslant (ORD^{\max(D)-1}) / (ORD-1)$。对一个列向量 X，depo2ind(O, X) = X。

4. 函数 disp

函数 disp 的调用格式如下：

disp(T)

disp(T)显示 WPTREE 对象 T 的内容。

5. 函数 drawtree

函数 drawtree 的调用格式有以下 3 种：

(1) drawtree(T)

(2) drawtree(T, F)

(3) F = drawtree(T)

drawtree(T)画出小波包树 T，F = drawtree(T)同时还返回图形的句柄。对于先前调用 drawtree 函数的生成的句柄为 F 的图形，drawtree(T, F)在此图形中画出小波包树。

6. 函数 dtree

函数 dtree 调用格式有以下 4 种：

(1) T = dtree(ORD, D, X)

(2) T = dtree(ORD, D, X, U)

(3) [T, NB] = dtree(...)

(4) [T, NB] = dtree('PropName1', PropValue1, 'PropName2', PropValue2, ...)

T = dtree(ORD, D, X)根据参数 X 计算叉数为 ORD、深度为 D 的树。

调用 T = dtree(ORD, D, X, U)，用户可以设置用户数据字段 U。

[T, NB] = dtree(...)同时返回树 T 的终结点的数量。

[T, NB] = dtree ('PropName1', PropValue1, 'PropName2', PropValue2,...)中参数'PropName'的有效值为：

- 'order'：树的阶数；
- 'depth'：树的深度；
- 'data：和树相关的数据；
- spsch'：结点的分割方法；
- 'ud'：用户数据字段。

7. 函数 get

函数 get 的调用格式有以下两种：

(1) [FieldValue1, FieldValue2, ...] = get(T, 'FieldName1', 'FieldName2', ...)

(2) [FieldValue1, FieldValue2, ...] = get(T)

[FieldValue1, FieldValue2, ...] = get (T, 'FieldName1', 'FieldName2', ...)返回 WPTREE 对象 T 的由参数'FieldName'所指定的字段的内容。如果字段内容为对象或结构，则可以继续调用函数获取子字段的内容。

[FieldValue1, FieldValue2, ...] = get(T)返回树的所有字段内容。

参数'FieldName'的有效输入是：

- 'dtree'：DTREE 父对象；
- 'wavInfo'：结构(小波信息)；
- 'wavName'：小波名称；
- 'Lo_D'：低通分解滤波器；
- 'Hi_D'：高通分解滤波器；
- 'Lo_R'：低通重构滤波器；
- 'Hi_R'：高通重构滤波器；
- 'entInfo'：熵信息；

- Name'：熵名称；
- Par'：熵参数；
- 'ntree'：NTREE 父对象；
- 'allNI'：所有结点信息；
- 'terNI'：终结点信息；
- 'wtbo'：WTBO 父对象；
- 'order'：树的叉数；
- 'depth'：树的深度；
- 'spsch'：结点的分割方法；
- 'tn'：树的终结点的排列；
- 'wtboInfo'：对象信息；
- 'ud'：用户数据字段。

8. 函数 ind2depo

函数 ind2depo 的调用格式如下：

[D, P] = ind2depo(ORD, N)

函数 ind2depo 用于将索引结点形式转化为深度-结点形式。对于叉数为 ORD 的树，[D, P] = ind2depo(ORD, N)计算索引为 N 的结点的深度 D 和位置 P。结点从左到右，从上到下进行编号，根结点的索引为 0。N 为大于或等于 0 的整数列向量。

9. 函数 isnode

函数 isnode 的调用格式如下：

R = isnode(T, N)

如果结点 N 存在于树结构 T 中，则 R = isnode(T, N)返回 1，否则返回 0。N 可以是包含结点索引的列向量，也可以是包含结点深度和位置信息的矩阵。如果 N 是一个矩阵，则 N(i,1)是第 i 个结点的深度，N(i,2)是第 i 个结点的位置。结点按照从左到右，从上到下进行编号，根结点的索引为 0。

10. 函数 istnode

函数 istnode 的调用格式如下：

R = istnode(T, N)

函数 istnode 判断结点是否是终结点并给出排列值。如果终结点 N 属于树结构 T，则 R = istnode(T, N)按照从左到右的顺序返回终结点的排列，否则返回 0。N 可以是包含结点索引的列向量，也可以是包含结点深度和位置信息的矩阵。如果 N 是一个矩阵，则 N(i,1)是第 i 个结点的深度，N(i,2)是第 i 个结点的位置。结点按照从左到右，从上到下进行编号，根结点的索引为 0。

11. 函数 leaves

函数 leaves 的调用格式有以下 4 种：

(1) N = leaves(T)

(2) N = leaves(T, 'dp')

(3) [N, K] = leaves(T, 'sort')

(4) [N, K] = leaves(T, 'sortdp')

函数 leaves 列举树结构 T 的终结点。

N = leaves(T)返回树结构 T 中终结点的索引，N 是一个向量，结点按照从左到右的顺序编号。

[N, K] = leaves(T, 's')或[N, K] = leaves(T, 'sort')列举按照索引分类后的终结点，其中 N 是终结点的索引号，K 是终结点的编号(从 1 开始)。

N = leaves (T, 'dp')返回矩阵 N，包含终结点的深度和位置信息。N(i,1)是第 i 个终结点的深度信息，N(i,2)是第 i 个终结点的位置信息。

[N, K] = leaves(T, 'sortdp')或[N, K] = leaves(T,'sdp')列举按照深度-位置分类后的终结点，其中 N 是终结点的深度-位置信息，K 是终结点的编号(从 1 开始)。

12. 函数 nodeasc

函数 nodeasc 的调用格式有以下两种：

(1) A = nodeasc(T, N)

(2) A = nodeasc(T, N, 'deppos')

A = nodeasc(T, N)返回树结构 T 中结点 N 的所有上溯结点的索引，N 可以是索引形式，也可以是深度-位置形式。A 是一个列向量，A(1) = 结点 N 的索引。

A = nodeasc(T, N, 'deppos')返回树结构 T 中结点 N 的所有上溯结点的深度-位置矩阵。A(i, 1)是第 i 个上溯结点的位置，A(i, 2)是第 i 个上溯结点的深度。

结点按照从左到右，从上到下进行编号，根结点的索引为 0。

13. 函数 nodedesc

函数 nodedesc 的调用格式有以下两种。

(1) D = nodedesc(T, N)

(2) D = nodedesc(T, N, 'deppos')

D = nodedesc(T, N)返回树结构 T 中结点 N 的所有下溯结点的索引，N 可以是索引形式，也可以是深度-位置形式。D 是一个列向量，D (1) = 结点 N 的索引。

D = nodeasc(T, N, 'deppos')返回树结构 T 中结点 N 的所有上溯结点的深度-位置矩阵，N 可以是索引形式，也可以是深度-位置形式。D 是一个矩阵，D(i, 1)是第 i 个上溯结点的位置，D(i, 2)是第 i 个上溯结点的深度。

结点按照从左到右，从上到下的顺序进行编号，根结点的索引为 0。

14. 函数 nodejoin

函数 nodejoin 的调用格式有以下两种：

(1) T = nodejoin(T, N)

(2) T = nodejoin(T)

T = nodejoin(T, N)返回通过对结点 N 进行重组后的树结构 T，结点按照从左到右，从上到下的顺序进行编号，根结点的索引为 0。

T = nodejoin(T)等价于 T = nodejoin(T, 0)。

15. 函数 nodepar

函数 nodepar 的调用格式有以下两种：

(1) F = nodepar(T, N)

(2) F = nodepar(T, N, 'deppos')

F = nodepar(T, N)返回树结构 T 中结点 N 的父结点的索引，N 可以是包含结点索引的列向量，也可以是包含结点深度-位置信息的矩阵。如果 N 是一个矩阵，则 N(i,1)是第 i 个结点的深度，N(i,2)是第 i 个结点的位置。

F = nodepar(T, N, 'deppos')返回树结构 T 中结点 N 的父结点的深度-位置信息，N 可以是包含结点索引的列向量，也可以是包含结点深度和位置信息的矩阵。F(i,1)是第 i 个结点的深度，F(i,2)是第 i 个结点的位置。

nodepar(T, 0)或 nodepar(T, [0,0])返回−1。nodepar(T, 0, 'deppos')或 nodepar(T, [0, 0], 'deppos')返回[−1, 0]。

结点按照从左到右，从上到下的顺序进行编号，根结点的索引为 0。

16. 函数 nodesplt

函数 nodesplt 的调用格式如下：

T = nodesplt(T, N)

T = nodesplt(T, N)返回经过对结点 N 进行分解后的树结构 T。结点按照从左到右，从上到下的顺序进行编号，根结点的索引为 0。

17. 函数 noleaves

函数 noleaves 的调用格式有以下两种：

(1) N = noleaves(T)

(2) N = noleaves(T, 'dp')

N = noleaves(T)返回树结构 T 中非终结点的索引 N。N 是一个列向量，树 T 中的结点按照从左到右的顺序编号。

N = noleaves(T, 'dp')返回包含非终结点的深度-位置信息的矩阵。N (i,1)是第 i 个非终结点的深度，N(i,2)是第 i 个非终结点的位置。

18. 函数 ntnode

函数 ntnode 的调用格式如下：

NB = ntnode(T)

NB = ntnode(T)返回树结构 T 中终结点的个数。

19. 函数 ntree

函数 ntree 的调用格式有以下 5 种。

(1) T = ntree(ORD, D)

(2) T = ntree

(3) T = ntree(ORD)

(4) T = ntree(ORD, D, S, U)

(5) T = ntree('PropName1', PropValue1, 'PropName2', PropValue2, ...)

函数 ntree 用于构造对象类 NTREE。

T = ntree(ORD, D)返回一个 NTREE 对象，它是一个叉数为 ORD，深度为 D 的树。

T = ntree 等价于 T = ntree(2, 0)。

T = ntree(ORD)等价于 T = ntree(ORD, 0)。

调用 T = ntree(ORD, D, S)可以设置一个结点的分解方法，分解方法字段为 S。树的根可以被分解，它有 ORD 个子结点。如果 S(j) = 1，则可以对第 j 个子结点进行分解。每一个可以分解的结点具有和根结点相同的属性。

调用 T = ntree(ORD, D, S, U)还可以设置一个用户数据字段 U。输入也可以写成如下的形式：T = ntree('order', ORD, 'depth', D, 'spsch', S, 'ud', U)。没有输入时，默认值为 ORD = 2，D = 0，　S = ones([1:ORD])，U = { }。

[T, NB] = ntree(...)同时可以返回树结构 T 中终结点的个数。

类 NTREE(父类：WTBO)的字段主要有：

- wtbo：父对象；
- order：树的叉数；
- depth：树的深度；
- spsch：结点的分解方法；
- stn：终结点索引列向量。

20. 函数 plot

函数 plot 的调用格式有以下 5 种。

(1) plot(T)

(2) plot(T, FIG)

(3) FIG = plot(T)

(4) NEWT = plot(T, 'read', FIG)

(5) NEWT = plot(DUMMY, 'read', FIG)

函数 plot 用于画树结构 T。

包含树结构 T 的图形是一个 GUI 工具，用户可以改变结点标签为索引形式或深度-位置形式，结点的行为为分解-组合形式或显示形式。缺省的设置为结点标签为深度-位置，结点的行为显示形式。可以单击结点执行结点的行为。

plot(T, FIG)在句柄为 FIG 的图形中画树 T。这个图形已经用于画树结构，如使用命令 FIG = plot(T)。

在使用了一些分解和合并命令之后，用户可以调用 NEWT = plot (T, 'read', FIG)得到使用其父图形句柄的新树。事实上，第一个参数是 DUMMY，最常用的调用语法是：NEWT = plot (DUMMY, 'read', FIG)。DUMMY 是一个对象，其父对象为 NTREE。更一般的，DUMMY 可以是返回父对象为 NTREE 的任何对象名称，例如：

- NEWT = plot(ntree, 'read', FIG)；
- NEWT = plot(dtree, 'read', FIG)；
- NEWT = plot(wptree, 'read', FIG)。

21. 函数 read

函数 read 的调用格式如下：

VARARGOUT = read(T, VARARGIN)

VARARGOUT = read(T, VARARGIN)是最常用的读取 WPTREE 对象一个或多个属性值

的函数。其他调用形式还有 PropValue = read (T, 'PropName')，或 PropValue = read (T, 'PropName', 'PropParam')，或先前调用格式的任意组合[PropValue1, PropValue2, ...] = read (T, 'PropName1', 'PropParam1', 'PropName2', 'PropParam2', ...)，其中 'PropParam'是可选的。

'PropName' 和 'PropParam' 的有效值列举在表 A-2 中。

表 FL-2 'PropName'和'PropParam'的有效值

PropName	PropParam
'ent'，'ento' 或 'sizes'(查看 wptree)	没有'PropParam'，或者'PropParam' = 结点索引向量，PropValue 包含按照上升结点索引顺序的树结点的熵(或最优熵，或大小)
'cfs'	'PropParam' =一个终结点索引，cfs = read(T, 'cfs', NODE) 等价于 cfs = read(T, 'data', NODE)，并且返回终结点的系数
'entName'，'entPar'， 'wavName' (查看 wptree)或'allcfs'	没有'PropParam'。cfs = read (T, 'allcfs')等价于 cfs = read (T, 'data')。PropValue 包含按照上升结点索引顺序的树结点的需要的信息
'wfilters'(查看 wfilters)	没有'PropParam'或者'PropParam' = 'd'，'r'，'l'，'h'
'data'	没有'PropParam'或者'PropParam' = 一个终结点索引或者'PropParam' = 终结点索引列向量。没有'PropParam'，PropValue 包含按照上升结点索引顺序的树结点的系数

22. 函数 readtree

函数 readtree 的调用格式如下：

T = readtree(F)

T = readtree(F)从句柄为 F 的图形中读取小波包分解树。

23. 函数 set

函数 set 的调用格式如下：

T = set(T, 'FieldName1', FieldValue1, 'FieldName2', FieldValue2, ...)

T = set(T, 'FieldName1', FieldValue1, 'FieldName2', FieldValue2, ...)设置 WPTREE 对象的由参数 'FieldName' 指定的字段的值。如果字段为对象或结构，则可以继续使用函数设置子字段的值，将子字段的名称作为参数'FieldName'。

'FieldName' 的有效输入是：

- 'dtree'：DTREE 父对象；
- 'wavInfo'：结构(小波信息)；
- 'wavName'：小波名称；
- 'Lo_D'：低通分解滤波器；
- 'Hi_D'：高通分解滤波器；
- 'Lo_R'：低通重构滤波器；
- 'Hi_R'：高通重构滤波器；
- 'entInfo'：熵信息；
- Name'：熵名称；
- Par'：熵参数；
- 'ntree'：NTREE 父对象；
- 'allNI'：所有结点信息；

- 'terNI'：终结点信息；
- 'wtbo'：WTBO 父对象；
- 'order'：树的叉数；
- 'depth'：树的深度；
- 'spsch'：结点的分割方法；
- 'tn'：树的终结点的排列；
- 'wtboInfo'：对象信息；
- 'ud'：用户数据字段。

24. 函数 tnodes

函数 tnodes 的调用格式有以下 4 种。

(1) N = tnodes(T)

(2) N = tnodes(T, 'deppos')

(3) [N, K] = tnodes(T)

(4) [N, K] = tnodes(T, 'deppos')

函数 tnodes 用于计算终结点。

N = tnodes(T)返回树结构 T 的终结点的索引。N 是一个列向量。结点按照从左到右、从上到下的顺序编号，根节点的索引为 0。

N = tnodes(T, 'deppos')返回包含终结点深度-位置信息的矩阵 N。N(i,1)是第 i 个终结点的深度，N(i,2)是第 2 个终结点的位置。

[N, K] = tnodes(T)或[N, K] = tnodes(T, 'deppos')，M = N(K)是树 T 中按照从左到右的顺序重新排序后的索引。

25. 函数 treedpth

函数 treedpth 的调用格式如下：

　　D = treedpth(T)

D = treedpth(T)返回树结构 T 的深度 D。

26. 函数 treeord

函数 treeord 的调用格式如下：

　　ORD = treeord(T)

ORD = treeord(T)返回树结构 T 的叉数 ORD。

27. 函数 wptree

函数 wptree 的调用格式有以下 3 种。

(1) T = wptree(ORDER, DEPTH, X, WNAME, ENT_TYPE, ENT_PAR)

(2) T = wptree(ORDER, DEPTH, X, WNAME)

(3) T = wptree(... , USERDATA)

函数 wptree 用于构造对象类 WPTREE。

T = wptree(ORDER, DEPTH, X, WNAME, ENT_TYPE, ENT_PAR)返回一个完整的小波包树 T。ORDER 是一个整数，代表树的叉数(即每个非终结点的子结点数)。ORDER 必须等于 2 或 4。如果 ORDER = 2，则 T 是一个对应向量(信号)X 使用小波 WNAME 在层次 DEPTH

上的小波包分解后的 WPTREE 对象。如果 ORDER = 4，则 T 是一个对应矩阵(图像)X 使用小波 WNAME 在层次 DEPTH 上的小波包分解后的 WPTREE 对象。ENT_TYPE 是包含熵类型的字符，ENT_PAR 是一个可选的用于熵计算的参数。

T = wptree (ORDER, DEPTH, X, WNAME)等价于 T = wptree (ORDER, DEPTH, X, WNAME, 'shannon')，T = wptree (... , USERDATA)可以设置一个用户数据字段 USERDATA。

类 WPTREE(父类为 DTREE)的主要字段有：

- 'dtree'：DTREE 父对象；
- 'wavInfo'：小波信息；
- 'entInfo'：熵信息。

其中小波信息结构 'wavInfo' 包含如下字段：

- 'wavName'：小波名称；
- 'Lo_D'：低通分解滤波器；
- 'Hi_D'：高通分解滤波器；
- 'Lo_R'：低通重构滤波器；
- 'Hi_R'：高通重构滤波器。

熵信息结构'entInfo'包含如下字段：

- 'entName'：熵名称；
- 'entPar'：熵参数。

28. 函数 wtbo

函数 wtbo 的调用格式有以下两种：

(1) OBJ = wtbo

(2) OBJ = wtbo(USERDATA)

函数 wtbo 用于构造对象 WBTO。

OBJ = wtbo 返回一个 WTBO 对象。小波工具箱中的任何对象都是 WTBO 的子对象。调用 OBJ = wtbo(USERDATA)，可以设置一个用户数据。

WTBO 对象主要包含字段：

- wtboInfo：对象信息；
- ud：用户数据。

29. 函数 wtreemgr

函数 wtreemgr 的调用格式如下：

VARARGOUT = wtreemgr(OPT, T, VARARGIN)

函数 wtreemgr 用于 NTREE 对象管理。

函数 wtreemgr 返回的关于树结构 T 的信息依赖于参数 OPT 的值。参数 OPT 的所有有效输入如下所示：

- 'allnodes'：树结点；
- 'isnode'：结点存在返回 1，否则返回 0；
- 'istnode'：为终结点返回 1，否则返回 0；
- 'nodeasc'：上溯结点；

- 'nodedesc'：下溯结点；
- 'nodepar'：父结点；
- 'ntnode'：终结点的个数；
- 'tnodes'：终结点；
- 'leaves'：终结点；
- 'noleaves'：非终结点；
- 'order'：树的叉数；
- 'depth'：树的深度。

FL.3 提升小波变换

1. 函数 addlift

函数 addlift 的调用格式有下面 3 种：

(1) LSN = addlift(LS, ELS)

(2) LSN = addlift(LS, ELS, 'begin')

(3) LSN = addlift(LS, ELS, 'end')

函数 addlift 添加提升步骤到一个提升方案中。

LSN = addlift(LS, ELS)通过添加提升步骤 ELS 到提升方案 LS 中获得新的提升方案 LSN。

LSN = addlif t(LS, ELS, 'begin')预先考虑提升步骤 ELS。

LSN = addlif t(LS, ELS, 'end')等价于 addfilt(LS, ELS)。

如果 ELS 是一系列的基本提升步骤，保存在一个元胞数组中或者一个结构数组中，则每一个提升步骤都会被添加到 LS 中。

关于提升方案信息，可以查看函数 lsinfo。

2. 函数 bswfun

函数 bswfun 的调用格式有以下 4 种：

(1) [PHIS, PSIS, PHIA, PSIA, XVAL] = bswfun (LoD, HiD, LoR, HiR)

(2) [PHIS, PSIS, PHIA, PSIA, XVAL] = bswfun (LoD, HiD, LoR, HiR, ITER)

(3) [PHIS, PSIS, PHIA, PSIA, XVAL] = bswfun (LoD, HiD, LoR, HiR, 'plot')

(4) [PHIS, PSIS, PHIA, PSIA, XVAL] = bswfun (LoD, HiD, LoR, HiR, ITER, 'plot')

函数 bswfun 用于计算并画出双正交尺度和小波方程。

[PHIS, PSIS, PHIA, PSIA, XVAL] = bswfun (LoD, HiD, LoR, HiR)返回和两对滤波器(LoD, HiD)和(LoR, HiR)相关的两对尺度方程(PHIA, PSIA)和小波方程(PHIS, PSIS)在 XVAL 上的近似。

bswfun(LoD, HiD, LoR, HiR,ITER)使用 ITER 次迭代计算两对尺度方程和小波方程。

bswfun(LoD, HiD, LoR, HiR, 'plot')或 bswfun(LoD, HiD, LoR, HiR, ITER, 'plot')或 bswfun(LoD, HiD, LoR, HiR, 'plot', ITER)不仅计算并且画出尺度方程和小波方程。

3. 函数 displs

函数 displs 的调用格式如下：

S = displs(LS, FRM)

S = displs(LS, FRM)返回描述提升方案 LS 的字符串。FRM 为字符串的格式。displs(LS)等价于 DISPLS(LS, '%12.8f')。

4. 函数 filt2ls

函数 filt2ls 的调用格式如下：

LS = filt2ls(LoD, HiD, LoR, HiR)

LS = filt2lsv(LoD, HiD, LoR, HiR)返回和四个滤波器 LoD、HiD、LoR、HiR 相关的提升方案 LS。

5. 函数 liftfilt

函数 liftfilt 的调用格式有以下两种：

(1) [LoDN, HiDN, LoRN, HiRN] = liftfilt (LoD, HiD, LoR, HiR, ELS)

(2) [LoDN, HiDN, LoRN, HiRN] = liftfilt (LoD, HiD, LoR, HiR, ELS, TYPE, VALUE)

函数 liftfilt 应用提升步骤在滤波器上，返回新的滤波器。输入参数 LoD、HiD、LoR 和 HiR 是滤波器，ELS 是提升步骤，返回值 LoDN、HiDN、LoRN 和 HiRN 是新的滤波器。

ELS 是一个结构，它包括 TYPE 和 VALUE。

- TYPE = ELS.type 为基本提升步骤的类型。类型的有效值包括'p' (primal)或'd' (dual)。
- VALUE = ELS.value 为与基本提升步骤相关的 Laurent 多项式 T。如果 VALUE 是一个向量，相关的 Laurent 多项式 T 等于 laurpoly(VALUE,0)。

另外，ELS 可能是一个尺度步骤。此时，TYPE 等于's' (scaling)，VALUE 是一个不等于 0 的标量。

liftfilt(LoD, HiD, LoR, HiR, ELS, TYPE, VALUE)与格式(1)的输出相同。

需要注意下面 4 种情况：

- 如果 TYPE = 'p'，滤波器 HiD 和 LoR 不变。
- 如果 TYPE = 'd'，滤波器 LoD 和 HiR 不变。
- 如果 TYPE = 's'，四个滤波器都将改变。
- 如果 ELS 是一个提升步骤数组，liftfilt(...,ELS)连续地执行每个提升步骤。

6. 函数 laurmat

函数 laurmat 的调用格式如下：

M = laurmat(V)

M = laurmat(V)返回和 V 相关的 Laurent 矩阵对象 M，V 可以是一个 Laurent 多项式的元胞数组(最多二维)或一个一般的矩阵。

7. 函数 laurpoly

函数 laurpoly 的调用格式有下面三种。

(1) P = laurpoly(C, d)

(2) P = laurpoly(C, 'dmin', d)

(3) P = laurpoly(C, 'dmax', d)

函数 laurpoly 用于构造 Laurent 多项式。

P = laurpoly (C, d)返回一个 Laurent 多项式对象。参数 C 是一个向量，其元素为多项式 P 的系数，d 是 P 的最高阶单项式。如果 m 是向量 C 的长度，Laurent 多项式 P 的表达式为

P(z) = C(1)*z^d + C(2)*z^(d−1) + ... + C(m)*z^(d−m+1)

P = laurpoly(C, 'dmin', d)定义 P 的最低阶而不是最高阶的单项式。返回值 Laurent 多项式 P 的表达式为

P(z) = C(1)*z^(d+m−1) + ... + C(m−1)*z^(d+1) + C(m)*z^d

P = laurpoly(C, 'dmax', d)等价于 P = laurpoly(C, d)。

8. 函数 ls2filt

函数 ls2filt 的调用格式如下：

[LoD, HiD, LoR, HiR] = ls2filt (LS)

[LoD, HiD, LoR, HiR] = ls2filt (LS)返回与提升方案 LS 相关的 4 个滤波器 LoD、HiD、LoR 和 HiR。

9. 函数 lsinfo

函数 lsinfo 的调用格式如下：

lsinfo

函数 lsinfo 显示关于提升方案的信息。一个提升方案 LS 是一个 N×3 的元胞数组。数组的前 N−1 行是基本的提升步骤(ELS)，最后一行给出 LS 的规范化。

每一个 ELS 的形式都为{type, coefficients, max_degree}。其中 type 的取值为'p' (primal)或'd' (dual)；coefficients 是一个实向量 C，定义了 Laurent 多项式 P 的系数；max_degree 是 P 的最高阶单项式。Laurent 多项式 P 的形式为

P(z) = C(1)*z^d + C(2)*z^(d−1) + ... + C(m)*z^(d−m+1)

提升方案 LS 满足下面的条件：

- 对于 k = 1:N−1，LS{k,:}是一个 ELS；
- LS{k,1}是提升类型'p'(primal)或'd'(dual)；
- LS{k,2}是相应的提升滤波器；
- LS{k,3}是对应滤波器 LS{k,2}的 Laurent 多项式的最高次数；
- LS{N,1}是 primal 标准化实数；
- LS{N,2}是 dual 标准化实数；
- LS{N,3}不使用。

10. 函数 wave2lp

函数 wave2lp 的调用格式如下：

[Hs, Gs, Ha, Ga] = wave2lp (W)

[Hs, Gs, Ha, Ga] = wave2lp(W)返回和小波 W 相关的 4 个 Laurent 多项式。(Hs,Gs)和(Ha,Ga)分别是合成和分析多项式对。H-多项式是低通多项式，G-多项式是高通多项式。对于正交小波而言，有 Hs = Ha、Gs = Ga。

11. 函数 wavenames

函数 wavenames 的调用格式如下：

W = wavenames(T)

W = wavenames(T)返回包含类型 T 的所有小波名称的数组。T 的有效值包括：

- 'all'——所有小波；
- 'lazy'——“lazy”小波；
- 'orth'——正交小波；
- 'bior'——双正交小波；

W = wavenames 等价于 W = wavenames('all')。

12. 函数 liftwave

函数 liftwave 的调用格式有下面两种：

(1) LS = liftwave(WNAME)

(2) LS = liftwave(WNAME, 'Int2Int')

LS = liftwave(WNAME)返回由参数 WNAME 指定的小波的提升方案，LS 是一个结构，而不是整数。

LS = liftwave(WNAME, 'Int2Int')进行整数到整数的小波变换。使用参数'Int2Int' 产生的 LS 满足当使用[CA,CD] = lwt(X, LS)或 Y = lwt(X, LS)，X 是一个整数向量时，返回值 CA、CD 以及 Y 都是整数向量。如果没有'Int2Int'，则函数 lwt 返回实数向量。

参数 WNAME 的有效值如表 A-3 所示。

表 FL-3 WNAME 的有效值

WNAME 值	说　明
'lazy'	一个“lazy”小波是一个 second-generation 小波，并非一个真正数学上的小波
haar'	和'db1'、'bior1.1'、cdf1.1'一样
'db1'、'db2'、'db3'、'db4'、'db5'、'db6', 'db7'、'db8''	'db2'和'sym2'、'db3'、'sym4'一样
'sym2'、'sym3'、'sym4'、'sym5'、'sym6'、'sym7'、'sym8'	
Cohen-Daubechies-Feauveau 小波 'cdf1.1'、'cdf1.3'、'cdf1.5' 'cdf3.1'、'cdf3.3'、'cdf3.5' 'cdf5.1'、'cdf5.3'、'cdf5.5' 'cdf2.2'、'cdf2.4'、'cdf2.6' 'cdf4.2'、'cdf4.4'、'cdf4.6' 'cdf9.2'、'cdf9.4'、'cdf9.6'	chulebior4.4 和 bior5.5，cdfX.Y'和'biorX.Y'一样
'biorX.Y'	
'rbioX.Y'	
'bs3'	和'cdf4.2'一样
'rbs3'	
'9.7'	和'bior4.4'一样
'r9.7'	

参 考 文 献

[1] 胡昌华，李国华，周涛. 基于 MATLAB 7.x 的系统分析与设计——小波分析. 3 版.西安：西安电子科技大学出版社，2008.

[2] 飞思科技产品研发中心. 小波分析理论与 MATLAB 7 实现. 北京：电子工业出版社，2005.

[3] 高志，余啸海. Matlab 小波分析与应用. 2 版. 北京：国防工业出版社，2007.

[4] 成礼智. 小波的理论与应用. 北京：科学出版社，2004.

[5] (美)伯罗斯，等. 小波与小波变换导论. 程正当，译. 北京：机械工业出版社，2007.

欢迎选购西安电子科技大学出版社工程应用类图书

嵌入式系统设计师案例导学 34.00
NiosⅡ软件架构解析 24.00
NiosⅡ嵌入式处理器设计大赛 2006 年
优秀作品精选集 42.00
电子银行学 31.00
数字 IC 系统设计 22.00
C/C++语言硬件程序设计
——基于 TM320C5000 系列 DSP 22.00
集成稳压器使用指南与应用电路 35.00
新型集成电路使用手册及应用实例 43.50
新型集成电路简明手册及典型应用（上） 55.00
新型集成电路简明手册及典型应用（下） 52.00
数据转换器选型手册 78.00
专用集成电路设计基础 29.00
电路设计与制板——Protel DXP 实用教程 27.00
线性稳压器集成电路及应用
——低压差与一般压差稳压器 39.00
线性稳压器集成电路及应用
——基准电压源 35.00
DC/DC 变换器集成电路及应用
——极性翻转式 DC/DC 变换器 27.00
——混合 DC/DC 变换器 39.00
——降压式 DC/DC 变换器 38.00
——升压式 DC/DC 变换器 39.00
电源管理集成电路及应用（上册） 34.00
电源管理集成电路及应用（下册） 34.00
现代电子电路应用基础 32.00
电子标签原理与应用（含光盘） 36.00
综合布线系统方案设计 30.00
安防系统工程方案设计 36.00
基于现场总线DeviceNet的智能设备开发指南 22.00
无线局域网（WLAN)—原理、技术与应用 55.00
TCP/IP 协议与网络编程 30.00
OPNET Modeler 与计算机网络仿真 33.00
网格原理与开发 27.00
SDH 网络管理系统维护基础 30.00
PC 计算机测控技术及应用 21.00
FPGA 设计及应用（第二版） 35.00

基于 FPGA 的嵌入式系统设计 35.00
基于 FPGA 的工程设计与应用（含光盘） 53.00
FPGA 与 SOPC 设计教程
——DE2 实践（含光盘） 38.00
流行 PLC 实用程序及设计(三菱 FX2 系列) 32.00
流行 PLC 实用程序及设计
（西门子 S7-200 系列) 34.00
MPC860/850 嵌入式系统开发入门与指导 33.00
ColdFire 嵌入式系统设计 27.00
ARM 嵌入式系统设计 25.00
微型计算机嵌入式系统设计 34.00
SOPC 设计基础与实践（含光盘） 39.00
TMS320 5000 系列 DSP 汇编语言程序设计 30.00
TMS320 C54X DSP 原理及应用 29.00
USB 接口开发技术 30.00
VHDL 与复杂数字系统设计 29.00
基于 Verilog 的 FPGA 设计基础 35.00
面向数字系统综合的 Verilog 编码风格 30.00
VHDL 硬件描述语言
与数字逻辑电路设计（修订版） 20.80
PCI 局部总线及其应用 24.00
盲信号处理及应用 40.00
实时信号处理系统设计 25.00
DSP 接口电路设计与编程 24.00
IEEE-1394 (Fire Wire）系统原理与应用技术 22.00
IEEE 1394 协议及接口设计 45.00
IP 电话终端设备——原理、电路及应用 22.00
Multisim 2001 及其在电子设计中的应用 20.00
数字水印与图像认证——算法及应用 22.00
高性能 SoC 模拟信号处理单片机
MSC1210 原理与开发应用 21.00
易学易用高性能 SoC 单片机 ADuC841 28.00
新型单片机接口器件与技术 34.00
单片机系统设计及工程应用 26.00
单片机数据通信技术从入门到精通 27.00
流行单片机实用子程序及应用实例 19.00
单片机原理及实用技术：
凌阳 16 位单片机原理及应用 30.00

单片机系统设计与实例分析 22.00
电子电路CAD技术(基于 OrCAD 9.2 版,含盘) 29.00
PWM 控制与驱动器使用指南及应用电路
——单端控制与驱动器部分 28.00
——双端控制与驱动器部分 38.00
——SPWM、PPC 和 IGB 控制与驱动器部分 39.00
开关稳压电源
——原理设计及实用电路（修订版） 48.00
数据采集与分析技术 30.00
便携式电子设备电源管理技术 39.00
智能传感器系统 35.00
智能数据挖掘与知识发现 52.00
传感器与检测技术 45.00
传感器简明手册及应用电路
——温度传感器分册（上册） 36.00
——温度传感器分册（下册） 35.00
——压力传感器分册 32.00
——线性输出磁场传感器分册 26.00
网络对抗原理 42.00
天线理论与技术 30.00
无线电抗干扰通信原理及应用 32.00
雷达系统建模与仿真技术(杨万海) 26.00
GPS 基本原理及其 Matlab 仿真 20.00
IP 网络多媒体通信技术及应用 27.00
现代应急通信技术 21.00
通信光缆线路工程与维护 30.00
图像通信 36.00
卫星光通信导论 13.00
电磁场的多尺度变换理论及其应用 16.00
Ansoft HFSS 基础及应用 19.00
电磁波空间传播 18.00
电磁场并行计算 22.00
数据压缩 30.00
智能仪器与数据采集系统中的新器件及应用 26.00
用 ISP 器件设计现代电路与系统 26.00
PLD 与数字系统设计 25.00
EDA 技术入门与提高 25.00
OPENT Modeler 网络建模与仿真 30.00
Pro/ENGINEER 建模实例及快速成型技术 25.00
现代测试技术及应用 33.00
短信与 BREW 开发技术及实践（含光盘） 42.00
变速率语音编码 34.00
数字语音编码原理 26.00
分组编码学 16.00
地理信息系统及其应用（含光盘） 32.00
知识元挖掘 25.00
Stateflow 逻辑系统建模 30.00
MATLAB 在时间序列分析中的应用 19.00
MATLAB 在自动控制中的应用 34.00
MATLAB7.X 程序设计语言（第二版） 30.00
MATLAB 外部接口编程 20.00
MATLAB 应用程序集成与发布 30.00
MATLAB 辅助模糊系统设计 22.00
Simulink 动态系统建模与仿真基础 26.00
MATLAB 遗传算法工具箱及应用 26.00
MATLAB 应用图像处理 22.00
MATLAB 小波分析高级技术 26.00
MATLAB 及其在理工课程中的应用指南（第三版） 25.00
基于 MATLAB6.X 的系统分析与设计
——神经网络（第二版） 20.00
——小波分析（第二版） 38.00
基于 MATLAB7.X 的系统分析与设计
——信号处理（第二版） 34.00
——控制系统（第二版） 22.00
基于MATLAB的系统分析与设计
——时频分析 20.00
——模糊系统 14.00

欢迎来函索取本社最新书目和教材介绍，欢迎投稿！
通信地址：西安市太白南路2号 西安电子科技大学出版社发行部 邮 编：710071
邮购业务电话：（029）88201467 传 真：（029）88213675